沼气技术及其应用

第五版

Biogas Technology
and Application

张全国

张志萍 主编

化学工业出版社

·北京·

内容简介

本书以生态循环农业为核心，结合近几年沼气技术领域的新技术与新发展，在第四版的基础上进行了修订和完善，系统补充了最新的数据和资料，详细介绍了沼气技术基础，户用沼气池的设计、施工及运行管理，沼气工程的设计与施工及运行管理，沼气能源化利用的基本原理，沼气发电技术以及其他沼气综合利用技术，沼液加工利用技术和沼渣综合利用技术以及以沼气为纽带的生态农业模式。

本书适合广大农业技术人员，从事现代农业建设和美丽乡村建设的组织管理人员和基层沼气建设工作者参阅，可作为农业工程、生态农业、可再生能源工程和农业环境工程等领域科技工作者的参考资料，亦可作为高等院校相关专业师生的教材和参考书。

图书在版编目（CIP）数据

沼气技术及其应用 / 张全国，张志萍主编. —5 版
. —北京：化学工业出版社，2024.2
ISBN 978-7-122-44380-9

Ⅰ.①沼⋯　Ⅱ.①张⋯　②张⋯　Ⅲ.①沼气-技术
Ⅳ.①S216.4

中国国家版本馆 CIP 数据核字（2023）第 209289 号

责任编辑：刘　军　孙高洁　　　　　　　文字编辑：李娇娇
责任校对：刘　一　　　　　　　　　　　装帧设计：王晓宇

出版发行：化学工业出版社（北京市东城区青年湖南街 13 号　邮政编码 100011）
印　　装：大厂聚鑫印刷有限责任公司
710mm×1000mm　1/16　印张 24¼　字数 437 千字　2024 年 2 月北京第 5 版第 1 次印刷

购书咨询：010-64518888　　　　　　　　售后服务：010-64518899
网　　址：http://www.cip.com.cn
凡购买本书，如有缺损质量问题，本社销售中心负责调换。

定　　价：98.00 元　　　　　　　　　　　　　　版权所有　违者必究

本书编写人员名单

主　　编：张全国　张志萍

副 主 编：张　洋　张　寰　李亚猛

编写人员：（按姓名汉语拼音排序）

　　　　　蒋丹萍　荆艳艳　李亚猛　路朝阳

　　　　　岳建芝　张　寰　张　甜　张全国

　　　　　张　洋　张志萍　朱胜楠

前言

"十四五"开局之年，我们迎来了碳达峰、碳中和的"双碳"时代，加快发展生物质能源开发利用技术对实现"双碳"目标至关重要。沼气工程作为一种环境友好的废弃物资源化利用的零（负）碳新能源技术，具有低碳环保、适用范围广、社会经济效益显著等特点。推广应用沼气工程技术是有效改善农村生态环境状况、提高农民生活质量和健康水平的重要手段，也是生态文明建设时代发展循环经济、生态农业、零碳能源的必由之路。《沼气技术及其应用》自 2005 年第一版、2008年第二版、2013 年第三版以及 2017 年第四版出版以来，受到广大读者尤其是沼气行业读者的广泛好评，本书于 2007 年荣获第九届中国石油和化学工业科技图书一等奖，2009 年获得"中国书刊发行业协会全行业优秀图书畅销品种"。

近年来，我国沼气基础理论不断完善，沼气工程技术逐步优化，沼气工程装备更新换代，沼气产业快速发展，沼气科学技术与工程应用领域的研究进展日新月异，许多读者希望本书尽可能多地反映沼气科学技术与工程应用的最新研究成果，并建议对本书进行修订再版。为此，根据化学工业出版社的修订计划，在本书第四版的基础上进行了部分增补和修订工作。

本书系统地介绍了沼气技术的发展及其在"双碳"目标实现中的作用，沼气技术基础，户用沼气池的设计、施工及运行管理，沼气工程的设计与施工及运行管理，沼气能源化利用的基本原理、沼气发电技术以及其他沼气综合利用技术，沼液加工利用技术，沼渣综合利用技术和以沼气为纽带的生态农业模式，充分反映了沼气技术的国内外最新进展。

本书的第五版由张全国、张志萍担任主编，张洋、张寰、李亚猛担任副主编，其中第一章由张全国和张志萍修编，第二章由李亚猛和蒋丹萍修编，第三章由张洋和岳建芝修编，第四章由张洋和张甜修编，第五章由路朝阳和李亚猛修编，第六章由张寰和张洋修编，第七章由李亚猛和张寰修编，第八章由荆艳艳和朱胜楠修编，全书最后由张全国、张志萍统稿。本书第五版的修编工作得到了化学工业出版社的帮助和大力支持，农业农村部可再生能源新材料与装备重点实验室的研究生们也为本书第五版的修编工作付出了辛勤的劳动，在此一并致以衷心的感谢。虽然本书的第五版内容注意吸收了沼气技术发展的最新成果，参考引用了沼气同行们的技术资料，但因编写人员学术水平和实践经验所限，书中还可能有不足及疏漏之处，敬请读者批评指正。

编者

2023 年 5 月

第一版前言

随着人们对健康生活的追求，科学消费观念的更新，人们更加关心生态环境对人类生活的影响。追求绿色、环保、健康型的产品，特别是在无污染的生态环境中，采用无公害、生态良性循环的生态农业工艺技术生产出来，经检验合格的安全卫生的食（饮）用优质农产品及其加工品更让广大消费者情有独钟。现代农业从作物、病、虫、草等整个生态系统出发，综合运用各种防治措施，创造不利于病虫草害孳生和有利于各类天敌繁衍的环境条件，保持农业生态系统的平衡和生物多样性，减少各类病虫草害所造成的损失，强调生产环境无污染、生产要素无污染以及生产过程不造成环境污染和生态破坏，即农产品的采摘、分选、包装、储藏、搬运，直至上架销售的各个环节都有严格的要求，严禁二次污染，甚至对包装的材质是否达到环保标准都有要求。以沼气技术为纽带的农业生态工程作为按照生态学原理和经济学规律建立起来的社会、经济和生态三种效益统一的农业生产体系，它遵循生态学原理，能够有效地运用农业生态系统中生物群落共生原理，系统内多种组分相互协调和促进的功能原理，以及地球化学循环的规律，实现物质和能量多层次多途径利用与转化，从而设计与建设合理利用自然资源，保持生态系统多样性、稳定性和持续高效功能的农业生态系统。沼气技术已经成为我国生态农业发展的重要技术支撑之一。本书全面系统地介绍农业生态工程中的沼气技术。内容主要包括以沼气技术为基础的现代生态农业模式、理论基础、工艺原理及其实用技术，深入浅出地介绍了农村家用沼气工程应用技术及利用沼液沼渣替代农药化肥生产生态农产品等相关技术，充分反映了沼气技术在我国农业生态工程中的研究成果和实践经验，适用于广大农村的农业技术人员，从事生态农业、农业环境保护和农村可再生能源研究开发的科技工作者以及从事管理工作的领导干部阅读，亦可作为高等院校相关专业的教材和参考书。

本书由张全国担任主编、倪慎军和关树义担任副主编，其中第一章由杨世关和倪慎军编写，第二章由杨群发和郭前辉编写，第三章由岳建芝和张国强编写，第四章由张全国和李改莲编写，第五章由李刚和张全国编写，第六章由杨世关和关树义编写，第七章由徐桂转编写，第八章由岳建芝编写，全书最后由张全国、关树义统稿。在本书编写过程中，虽然注意吸收了沼气技术的新发展和新成果，但由于编写时间仓促和作者水平所限，书中难免存在不足及疏漏之处，敬请各位读者提出宝贵意见，以使本书日臻完善。

编者

2004 年 12 月

第二版前言

《沼气技术及其应用》自 2005 年出版以来，深受广大读者的欢迎和好评，并于 2007 年荣获第九届中国石油和化学工业科技图书一等奖。尤其是近年来沼气建设事业的迅速发展，已使沼气技术研究与应用步入了新的更高的发展阶段，出现了许多新内容，有必要重新修订和增补，许多读者也希望能够修订再版。为此，作者根据化学工业出版社的修订再版计划，在第一版的基础上针对读者提出的意见和建议进行了较大幅度的增补和修订工作。

由于是再版，原版的整体框架基本不动，对书中的陈旧内容和资料进行了更新，增加了一些新知识、新技术和新工艺。第一章内容结构有所调整，增补了"沼气技术在促进社会发展中的作用"；第二章内容基本保持不变，章目修改成"沼气技术基础"，跳出原来"农村家用沼气技术基础"的框框；第三章增添了"输气管道的安装"和"户用沼气池启动过程中常见故障分析"等内容，同时在户用沼气池运行管理和安全管理方面也增加了篇幅；第四章"中小型沼气工程的设计与施工"是新增加的一章内容，并着重介绍了沼气新技术——辅热集箱式沼气工程技术。由于新增加了一章内容，原版的第四、五、六、七、八章依次成为第二版的第五、六、七、八、九章，这些章节的内容也都有所增补，尽量引用最新的数据和资料以反映沼气技术在这几年中的新发展。

本书的修订再版由张全国担任主编、王艳锦和樊峰鸣担任副主编，其中第一章由杨世关编写，第二章由杨群发和郭前辉编写，第三章由岳建芝和焦有宙编写，第四章由王艳锦和陈开碇编写，第五章由周雪花和李改莲编写，第六章由李刚和张全国编写，第七章由杨世关和樊峰鸣编写，第八章由徐桂转编写，第九章由岳建芝和周雪花编写，全书最后由张全国、王艳锦、樊峰鸣统稿。本书在修订再版过程中，得到了李景明、杨秀山、袁振宏、邱凌、李文哲、王晓华、刘荣厚等专家教授，以及化学工业出版社领导、编辑的关怀和大力支持，谨此一并致以衷心的感谢。虽然本书的修订再版内容注意吸收了沼气技术发展的最新成果，但因编写人员学术水平和实践经验所限，书中还可能有不足及疏漏之处，敬请读者批评指正。

编者

2008 年 4 月

第三版前言

《沼气技术及其应用》自 2005 年出版和 2008 年再版以来，深受广大读者的欢迎和好评，并于 2007 年荣获第九届中国石油和化学工业科技图书一等奖。近年来我国沼气产业稳步快速发展，沼气技术应用及产业链发展也在不断深化，沼气新工艺、新材料、新设备不断更新换代，沼气技术研究及工程应用等方面都出现了许多新内容，因此有必要对本书进行重新修订和增补，以反映我国沼气技术在这几年中的最新研究成果和实践经验，许多读者也希望能够修订再版。为此，作者根据化学工业出版社的修订三版计划，在本书第二版的基础上针对读者提出的意见和建议进行了较大幅度的增补和修订工作。

由于是第三版，原版的整体框架基本不动，本书在第二版的基础上，主要修订内容有以下几个方面：增加了现阶段研究较广的沼气干发酵内容，包括沼气干发酵原理及工艺条件等方面；增加了大中型沼气工程的设计、施工、运行、维护等方面的内容，使书籍覆盖整个小型（户用）、中型、大型沼气工程，覆盖面更广，需求范围更广，并增加若干工程实例，使书籍更有直观性和指导性；增加了沼气综合利用相关内容。此外，对第二版中部分陈旧内容进行了修订和完善，尽量引用最新的数据和资料以反映沼气技术在这几年中的新发展。

本书的第三版由张全国担任主编，王艳锦、郑戈和王毅担任副主编，其中第一章由杨世关编写，第二章由郭前辉和胡建军编写，第三章由岳建芝和焦有宙编写，第四章由王艳锦和王毅编写，第五章由周雪花和李改莲编写，第六章由李刚和张全国编写，第七章由杨世关和荆艳艳编写，第八章由徐桂转和郑戈编写，第九章由岳建芝和周雪花编写，全书最后由张全国、王艳锦、郑戈和王毅统稿。本书第三版的编著工作得到了李景明、杨秀山、袁振宏、雷廷宙、邱凌、李文哲、王晓华、刘荣厚、李秀金、刘圣勇等专家教授，以及化学工业出版社领导、编辑的帮助和大力支持，农业部可再生能源新材料与装备重点实验室的博士研究生张志萍和硕士研究生朱艳艳、蒋丹萍、袁杭州等也为本书第三版的编著修订工作付出了辛勤的劳动，谨此一并致以衷心的感谢。虽然本书的第三版内容注意吸收了沼气技术发展的最新成果，参考引用了沼气同行们的技术资料，但因编写人员学术水平和实践经验所限，书中还可能有不足及疏漏之处，敬请读者批评指正。

编者

2012 年 8 月

第四版前言

《沼气技术及其应用》自 2005 年第一版、2008 年第二版以及 2013 年第三版出版以来,受到广大读者尤其是沼气行业读者的广泛好评,本书于 2007 年荣获第九届中国石油和化学工业科技图书一等奖,2009 年获得"中国书刊发行业协会全行业优秀图书畅销品种"。近年来,我国沼气产业稳步快速发展,沼气基础理论与工程技术应用研究也在不断深化,沼气新工艺、新材料、新设备不断更新换代,沼气技术研究及工程应用等方面都出现了许多新内容,因此有必要对本书进行重新修订和增补,以反映我国沼气技术在这几年中的最新研究成果和工程应用经验,许多读者也希望能够修订再版。为此,作者根据化学工业出版社的修订四版计划,在本书第三版的基础上针对读者提出的意见和建议进行了较大幅度的增补和修订工作。

由于本书是第四版,原版的整体框架基本不动,在第三版的基础上,主要修订内容有以下几个方面:在绪论部分增补了沼气技术研究现状与发展趋势等内容,以期对近年来沼气技术的发展进行综合评述。在沼气工程化技术部分增加了温室隧道式沼气工程和罐池组合式沼气工程等技术,在沼气利用技术部分增加了沼气冷热电联供技术,以增加本书的沼气工程技术覆盖面。沼气纯化技术是近年来沼气技术研究的一个新热点,本书将这部分内容单独增列为一章,主要介绍沼气纯化及其利用技术等方面的相关内容。此外,对原版中部分陈旧内容进行了修订和完善,尽量引用最新的数据和资料以反映沼气技术的国内外最新进展。

本版由张全国任主编、王毅和周雪花任副主编,其中第 1 章由杨世关和王毅编写,第 2 章由郭前辉和王毅编写,第 3 章由岳建芝和焦有宙编写,第 4 章由张志萍和胡建军编写,第 5 章由周雪花和胡建军编写,第 6 章由李刚和徐桂转编写,第 7 章由荆艳艳和贺超编写,第 8 章由徐桂转和王毅编写,第 9 章由贺超和张志萍编写。全书最后由张全国、王毅、周雪花统稿。本书第四版的编著工作得到了李景明、袁振宏、王凯军、赵立欣、陈冠益、邱凌、李文哲、林聪、工晓华、刘荣厚、李秀金、董仁杰、董长青、邓宇、刘庆玉等专家教授，以及化学工业出版社领导、编辑的帮助和大力支持，农业部可再生能源新材料与装备重点实验室、河南省沼气工程技术研究中心的博士研究生路朝阳、李亚猛和硕士研究生张洋、刘会亮、张甜、赵甲等也为本书第四版的编著修订工作付出了辛勤的劳动，在此一并致以衷心的感谢。虽然本书的第四版内容注意吸收了沼气技术发展的最新成果，参考引用了沼气同行们的技术资料，但因编写人员学术水平和实践经验所限，书中还可能有不足及疏漏之处，敬请读者批评指正。

编者

2017 年 5 月

目录

第 1 章

绪论

1.1 沼气技术发展历程

沼气是由意大利物理学家 A. 沃尔塔于 1776 年在沼泽地发现的，当时由于沼气池过于简陋，产气率低，沼气没能得到推广应用。世界上第一个沼气发生器（又称自动净化器）是由法国 L. 穆拉于 1860 年将简易沉淀池改进而成的。1925 年在德国、1926 年在美国分别建造了备有加热设施及集气装置的消化池，这是现代大、中型沼气发生装置的原型。第二次世界大战后，沼气发酵技术曾在西欧一些国家得到发展，但由于廉价的石油大量涌入市场而受到影响。后随着世界性能源危机的出现，沼气又重新引起人们重视。1955 年新的沼气发酵工艺——高速率厌氧消化工艺产生。它突破了传统的工艺流程，使单位池容积产气量（即产气率）在中温下由每天 $1m^3$ 容积产生 $0.7 \sim 1.5m^3$ 沼气，提高到 $4 \sim 8m^3$ 沼气，滞留时间由 15 天或更长的时间缩短到几天甚至几个小时。

近年来，随着市场经济的发展，农村经济与农民生活发生了翻天覆地的变化。规模化、集约化、专业化的养殖企业不断涌现，而且规模越来越大，聚集程度越来越高。大量的畜禽粪便垃圾随意堆积或者直接排放到周边的河流中，污粪中的碳水化合物、硫化物以及含氮的有机物严重污染了养殖场周边的环境，影响农村卫生状况，污染农村地下水，危害居民身体健康，阻碍了畜禽养殖业的健康发展。沼气工程是解决农业废弃物和畜禽粪便最有效的途径之一，它对改善农村居民生活质量、提高村民健康水平、维护农村周边生态环境安全都起到了非常积极的作用。农业废弃物或者畜禽粪便通过沼气工程厌氧发酵处理后，可有效去除有害的病菌、虫卵和杂草种子，产生的沼液、沼渣可用于农业生产，生产的沼气可作为养殖企业的热能来源或者用于发电，也可给周边农户炊事使用。沼气工程可大大提高农业废弃物或者畜禽粪便的能量转换效率和物质循环效能，增强农业生态系统的稳定性，实现生态环境与社会发展的双收益。

在欧洲国家中，德国是发展沼气技术的典型代表，十分重视包括沼气能在内的可再生能源开发。首先，德国政府在 2000 年制定了《可再生能源法》，提出大力推动可再生能源的开发与利用，并制定可再生能源发展目标，为可再生能源并网发电提供法律保障。并且，德国政府于 2004 年对《可再生能源法》进一步修订，以加强对沼气并网发电的支持力度，这极大地增强了德国企业和农场主建设沼气工程和沼气并网发电的信心。其次，德国政府还出台了一系列政策措施支持企业和农场主进行沼气设备的投资，给予一定的财政补贴或提供低息贷款，拉动企业和农场主对沼气设备的消费。再次，德国政府十分重视沼气新技术的开发、示范和推广工作，政府划拨专门的财政资金予以支持，建立起强大的沼气工业开发团队，为沼气技术的深度开发、持续开发提供了强劲的科研力量。此外，德国政府指导出台一系列沼气行业的技术规范、标准和法规，使沼气工程在全国范围内有统一的规范标准，为沼气能后续开发提供有力保障。在先进技术的支持及严格工程监管下，德国沼气工程建造质量很高，且自动化程度较高，可实现远程监控，较少的人员就可以让沼气工程高效、稳定地运行。

英国沼气产业的发展得益于政府的大力支持。首先，英国颁布强制性法令来限制企业向环境中排放各种农业废弃物和畜禽粪便，并加大污染物排放的税费征收力度，督促企业对农业废弃物进行合理的处置和利用。其次，英国政府颁布一系列法规和优惠政策来促进包括沼气能在内的可再生能源的开发利用，积极发展可再生能源示范工程，大力发展沼气综合利用工程。英国为可再生能源用于发电制定了专项目标，并颁布了《非化石燃料公约》，强制要求电力供应企业购买一定量的非化石能源电力，并对非化石能源的入网电价进行补贴。此外，还对利用可再生能源进行发电和供热的企业执行税收减免等激励措施。进入 21 世纪，英国建起大量的沼气工厂，这些沼气工厂所产生的沼气可替代目前英国煤气消耗量的四分之一。英国沼气的一半用于发电，所发电除了供企业和农场自身使用外，其余出售给电网，同时英国沼气实现热电联产，38%转化成电能，其余可转化成热能用于沼气发酵增温和日常使用，总的能量利用率可达 80%，大大提高了沼气设施的产气能力和能源利用效率。

瑞典是使用沼气作汽车燃料最先进的国家。1996 年，瑞典开始把沼气提纯至甲烷含量 95%以上，作为汽车燃料使用，并制定了相关标准。在瑞典，交通工具所使用的气体燃料中，沼气占 54%，其余是天然气。2004 年开始，哥德堡等城市把沼气注入天然气管网，输送到用户。沼气厂一般都建设在天然气管网旁，以便将沼气净化后输入天然气管网系统，用沼气替代天然气。斯德哥尔摩市居民使用的燃气，就是厌氧消化处理有机废弃物后得到并净化的沼气。

美国在沼气方面的工作主要集中在基础研究上，如产甲烷菌的基因排序、厌氧消化的生化过程、厌氧消化微生物菌群结构及沼渣沼液中的特殊生物酶，而应用技术研究相对较少。美国主要是利用垃圾填埋气进行沼气能源的开发利用，目前，垃圾场是美国沼气生产的主要来源，占总数的 34%。美国更注重新技术研发，已对沼气燃料电池替代传统的内燃机发电进行了一定的研究。

中国是沼气开发利用较早的国家之一，沼气在中国的应用已经有一个多世纪了，其发展历程大体上可分为 4 个阶段，即 20 世纪 30 年代、20 世纪 50 年代、20 世纪 70 年代、20 世纪 80 年代至今。沼气早期被称为瓦斯，沼气池被称为瓦斯库。在 19 世纪 80 年代末，中国广东潮梅一带民间就开始了制取瓦斯的试验，到 19 世纪末出现了简陋的瓦斯库，并初步懂得了制取瓦斯的方法。中国真正意义上的沼气研究和推广始于 20 世纪 30 年代，当时的代表性人物主要有我国台湾新竹县的罗国瑞、武汉汉口的田立方。他们从反对帝国主义对中国进行经济侵略和为农村解决燃料问题出发，决心从事天然瓦斯的研究推广工作。罗国瑞从 20 世纪初期即开始了天然瓦斯库的研究和试验工作，历经 10 多年的辛勤工作，研制出了中国第一个较完备且具有实用价值的瓦斯库。他为了推广该项技术，于 1929 年在广东汕头市开办了中国第一个推广沼气的机构——汕头市国瑞瓦斯汽灯公司。为了能在更大范围内推广该技术，1931 年他将公司迁至上海，更名为"中华国瑞瓦斯总行"，之后又更名为"中华国瑞瓦斯全国总行"。总行又在全国各地设立了分行，据考证，当时共在全国设立了 14 个省分行，21 个市分行，15 个县分行。"中华国瑞瓦斯全国总行"于 1942 年被日军纵火焚毁而停办，其下的省、市、县分行也相继关门。其间，罗国瑞于 1933 年开始了沼气技术人员的培训工作，并编写了培训教材《中华国瑞天然瓦斯库实习讲义》。田立方在 1930 年左右成功设计了带搅拌装置的圆柱形水压式和分离式两种天然瓦斯库。由于瓦斯库应用效果较好，所以他于 1933 年左右开办了"汉口天然瓦斯总行"，在总行内设立了一个研究机构"汉口天然瓦斯灯技术研究所"和一个人员培训机构"天然瓦斯传习所"。田立方于 1937 年编写了《天然瓦斯（沼气）灯制造法全书》，此书共 4 个分册，即《材料要论》、《造库技术》、《工程设计》和《装置使用》。1937 年日本侵占武汉时"汉口天然瓦斯总行"被迫关门。

沼气在中国进行第二次大范围推广是在 20 世纪 50 年代。这次全国大办沼气的策源地在武昌，其发起人是 30 年代在"汉口天然瓦斯传习所"接受过培训的原中南材料学研究所工程所的工程师姜子钢。武昌办沼气的经验经新闻媒体报道后在全国震动很大，全国各地纷纷派人到武昌学习。为了适应当时的发展形势，农业部于 1958 年上半年委托中国农业科学院和北京农业大学举办了全国沼气技术培训班。1958 年 4 月 11 日毛主席视察武汉地方工业展览馆参观应用沼气的展览时，指示"这要好好推广"，从而加速了沼气在全国的推广，当时全国大多数省（区市）、县都办上了沼气。但由于操之过急，忽视建池质量以及沼气池缺乏正确的管理等原因，当时所建的数十万个沼气池大多都废弃了。

中国第三次大规模推广沼气是在20世纪70年代。70年代末期由于农村生活燃料的严重缺乏，河南、四川、江苏等农村又掀起了发展沼气的热潮，而且这股热潮很快传遍了全国，短短几年时间内全国累计修建户用沼气池700万个。这种搞运动式的推广带来的弊端在短时间内便显现出来，修建的沼气池平均使用寿命只有3～5年，到70年代后期便有大量的沼气池报废。

可以说20世纪50年代和20世纪70年代两次的沼气推广最后都以失败而告终。这两次失败，特别是70年代的推广失败为此后沼气在中国农村的推广和应用带来了严重的负面影响，直到现在一些农村地区的农民对沼气技术还持怀疑态度。这也提醒人们在今后的沼气技术推广应用中一定要严格控制建池的质量和实行科学的管理，唯有如此，才能保证这项技术得到健康发展，真正造福于民。

同时，在以上三次规模化的沼气推广过程中，人们对沼气技术的认识还大都停留在利用其解决燃料短缺的层面，建沼气池的出发点大都是为了获取燃料来点灯做饭，也就是说人们看到的只是其作为能源的价值。对沼气技术更深层次的认识和更大范围的应用始于20世纪80年代。

20世纪80年代以后沼气技术在中国的发展主要有以下几个特点：其一是有了可靠的技术保障。农业部组织成立了专门的研究机构——农业部沼气科学研究所，1980年又组织成立了中国沼气学会，一些高校如首都师范大学、浙江农业大学、河南农业大学等也开展了这方面的研究和人才培养工作。经过广大科技工作者的努力，在沼气发酵微生物学原理和沼气发酵工艺方面都取得了重要进展。其二是沼气池池型和沼气发酵原料有了大的发展和变化。在池型方面，在传统的圆筒型沼气池的基础上，研究出了许多高效实用的池型，如曲流布料沼气池、强回流沼气池、分离浮罩沼气池、预制板沼气池等。在沼气发酵原料方面实现了秸秆向畜禽粪便的转变，从而解决了利用秸秆作为原料存在的出料难、易结壳等难题。其三是沼气技术的利用途径实现了重大转变，由以前的单一制取能源向改善农村环境卫生、保护生态环境、发展生态农业等多元化利用转变，尤其是其在生态农业方面的独特作用，更是近年来这一技术得到重视和推广的重要原因。沼气发酵的主要产物沼气、沼液和沼渣都可以在农业生态工程的建设中发挥重要作用，如沼气可以用于诱蛾，可以为日光温室大棚增温并提供CO_2气肥；沼液可以用作叶面肥和杀虫剂；沼渣是一种很好的有机肥。所以，以沼气为纽带的各种农业生态工程技术模式得到快速发展，并且产生了良好的效果。可以说，目前沼气技术已经成为中国生态农业发展的重要技术支撑之一。

1.2　沼气技术在"双碳"时代的作用

1.2.1　缓解我国化石能源供应压力

能源是国民经济的基础,直接影响着经济发展的速度和国家安全。随着我国国民经济持续快速的发展,一些能源消耗行业呈现快速发展的势头,使能源总需求明显扩大、价格不断上升,局部地区出现了能源供应紧张的情况。目前中国已成为世界煤炭第一消费大国,继美国之后的第二石油和电力消费大国,而我国石油储量仅是世界的2%。我国近年来能源消费情况见表 1-1,随着我国经济的持续发展,对能源的需求量也呈逐年递增趋势,所以面临的能源供应压力也在不断增加。在这种形势下,加大沼气等生物能的开发利用已成为缓解我国能源供应压力的一个重要途径。

表 1-1　我国能源消费结构　　　　　　　　　单位:%

年份	煤炭	石油	天然气	一次电力及其他能源
2000	68.5	22.0	2.2	7.3
2005	72.4	17.8	2.4	7.4
2010	69.2	17.4	4.0	9.4
2015	66	17.1	5.7	11.2
2020	56.8	18.9	8.5	15.8

注:国家统计局统计资料。

沼气作为可再生的清洁能源,既可替代秸秆、薪柴等传统生物质能源,也可替代煤炭等商品能源,而且能源效率明显高于秸秆、薪柴、煤炭。发展沼气是我国能源战略的重要组成部分,对增加优质能源供应、缓解国家能源压力具有重大的现实意义。比如,建设一个 $8m^3$ 的户用沼气池,年均产沼气 $385m^3$,相当于替代 605kg 标准煤,可解决 3~5 口之家一年 80%的生活燃料。一个年存栏 1 万头育肥猪场大中型沼气工程,年可处理鲜粪 7200t 左右,生产沼气约 55 万 m^3,给居民供气相当于每年可替代 850t 标准煤。近年来,在一系列政策的支持下,我国沼气产业发展经历了从小到大、从无到有的过程。据统计,2021 年,全国生物质年发电量达 1637 亿 kW·h,同比增长约 23.6%;占总发电量比重达 2.0%,同比提高 0.2 个百分点。其中,农林生物质年发电量达 516 亿 kW·h,占比 31.5%;垃圾焚烧年发电量达 1084 亿 kW·h,占比 66.2%;沼气年发电量达 37 亿 kW·h,占比 2.3%。

1.2.2　改善农民生活环境及卫生条件

之前我国部分地区的农村生活环境可描述为"柴草乱垛、垃圾乱倒、污水乱流、粪土乱堆、畜禽乱跑、蚊蝇乱飞、烟熏火燎"。炊烟是危害农民健康的主要因素之一，世界卫生组织和联合国开发计划署公布的数据显示，发展中国家每年约有 160 万人因炊烟引发的疾病而死亡。发展户用沼气，可以做到使猪进圈、粪进池、沼渣沼液进地，从而显著改善农民的居住环境和卫生状况。沼气的使用，使广大农村妇女从繁重的烟熏火燎的劳动中解放出来，提高了身体健康水平和生活质量。在长江中下游地区，人畜粪便是血吸虫病主要传播途径。发展农村沼气，对人畜粪便进行无害化、封闭处理，消灭、阻断传染源，切断疫病传播渠道，把环境卫生问题解决在家居、庭院和街区之内，对防控人、畜疾病、疫病有显著效果，已成为各地防控血吸虫病、煤烟型地氟病、猪链球菌病等疾病、疫病的重要措施。据三亚市典型调查，凡集中连片发展农村沼气的地方，蚊虫减少 70% 以上，农民消化系统疾病发病率减少 10% 以上，村容整洁，环境优美，沼气的使用促进了农民传统生活方式的改变。

1.2.3　控制局部地区环境污染

之前，我国部分地区养殖业排放的高浓度有机废水对环境造成的污染已成为影响当地环境质量的重要因素。随着养殖业的快速发展，我国畜禽粪便产生量很大，畜禽养殖每年产生 38 亿吨畜禽粪便，有效处理率不到 50%，这些未实现资源化利用、未进行无害化处理的农业废弃物量大面广、乱堆乱放、随意焚烧，给城乡生态环境造成了严重影响。畜禽粪便产生量是工业固体废弃物的 2.4 倍，部分地区如河南、湖南、江西甚至超过 4 倍，除北京、天津、上海等少数发达的城市地区外，大多数地区都超过了一倍以上。规模化畜禽养殖场产生的粪便相当于工业固体废弃物的 27%，山东、广东、湖南等地区规模化畜禽养殖场的粪便产生量已相当于本地区工业固体废弃物的 40%。而且，畜禽粪便 COD（化学需氧量）已达 7118 万吨，远远超过工业废水与生活废水 COD 排放量之和。另外，从畜禽粪便的土地负荷来看，我国总体的土地负荷警戒值已经达到体现出一定环境胁迫水平的 0.49，部分地区如北京、上海、山东、河南、湖南、广东、广西等地已经呈现出严重或接近严重的环境压力水平。畜禽养殖场的污水中含有大量的污染物质，如猪粪尿和牛粪尿混合排出物的 COD 值分别高达 81000mg/L 和 36000mg/L，蛋鸡场冲洗废水的 COD 为 43000～77000mg/L，NH_3-N 浓度为 2500～4000mg/L。据对部分大型养殖场排出粪水的检测结果，COD 超标 50～70 倍，生化需氧量（BOD）超标 70～80 倍，水中的悬浮物（SS）超标 12～20 倍。结合我国规模化养殖采取正常水冲类工艺导致的上述污染物的流失率（见表 1-2），并考虑到我国规模化养殖场的数量，如果不加以控制，任由这些高浓度畜禽有机污水排入江河湖泊中，势必造成水质不断恶化。

表 1-2　畜禽粪便污染物进入水体流失率　　　　　　　单位：%

项目	牛粪	猪粪	羊粪	家禽粪	牛猪尿
COD	6.16	5.58	5.50	8.59	50
BOD	4.87	6.14	6.70	6.78	50
NH_3-N	2.22	3.04	4.10	4.15	50
TP（总磷）	5.50	5.25	5.20	8.42	50
TN（总氮）	5.68	5.34	5.30	8.47	50

由于养殖场所排放的污水是一种高浓度有机废水，所以适合采用厌氧生物技术进行处理。通过养殖场沼气工程的建设，在产出清洁燃料的同时，还可使养殖场粪污达标排放，从而显著改善当地的环境质量。近年来，养殖场污水处理沼气工程在我国得到了快速发展。2015 年起，为适应农业生产方式、农村居住方式、农民用能方式的变化，国家对农村沼气工程进行转型升级，积极发展日产沼气 500m³ 及以上，能有效推进农牧结合和种养循环、促进生态循环农业发展的规模化大型沼气工程。

1.2.4　促进农业生态环境的改善

在促进农业生态环境改善方面，沼气技术可以发挥以下几方面的功能。

（1）保护森林资源，减少水土流失。我国广大农村地区，尤其是中西部地区，农村生活用能仍以林木、柴草和秸秆等生物质能源为主，因此大量植被被消耗和破坏。我国森林资源量最为丰富的云南省，在每年 4000 多万立方米的林木消耗中，被作为薪柴烧掉的就占有一定的比例。在农村推广沼气技术以沼气代替薪柴，将会有效缓解这种状况。

（2）生产有机肥和杀虫剂，降低农药和化肥污染。农村沼气的开发利用，可以解决燃料和肥料问题，减少农药化肥的污染。开发沼气降低化肥使用量，主要是通过生产沼肥替代化肥来实现。沼肥中的腐植酸含量为 10%～20%，对土壤团粒结构的形成起着直接的作用；沼肥中的氨态氮和蛋白氮使该有机肥具有缓速兼备的肥效特性；沼肥中的纤维等有机成分为疏松土壤及增强土壤有机质含量提供了必不可少的物质基础；而沼肥中大量活性微量元素则是提高肥料利用率以及增强土壤肥力的因素。长期施用沼肥的土壤，有机质、氮、磷、钾等营养元素的含量明显增加，土壤酶活性增强，土壤物理性状得到不同程度的改善，增加了作物对营养的利用和吸收，显著提高土壤肥力，促进农业持续增产。此外，森林的恢复，减少了水土流失，也使得土壤肥力增强，间接减少了化肥的施用量。

（3）无害化处理畜禽粪便和生活污水，防治农村面源污染。由于农田径流水、生活污水和养殖污水等造成的面源污染严重，控制和降低面源污染难度很大。在这方面，沼气可以发挥很好的作用，养殖粪便污水经过沼气发酵处理后显著降低了废水中有机质的含量，改善排放废水的水质，如果再对其加以综合利用则会产生更好的环保效果。采用污水净化沼气池处理生活污水可以解决小城镇发展带来的水污染问题，而且与废水好氧生物处理技术相比，沼气厌氧处理技术还具有运行维护费用低、污泥产量低和产生沼气能源等优点。

1.2.5 促进新农村建设

党的十九大提出乡村振兴战略，而改善农村人居环境，建设美丽宜居乡村，是实施乡村振兴战略的一项重要任务。"乡村振兴了，环境变好了，乡村生活也越来越好了。"党的十八大以来，以习近平同志为核心的党中央，高度关注农村生态环境发展，深入开展农村人居环境治理和美丽宜居乡村建设，为建设美丽中国、实施乡村振兴战略注入了新动能，为全球环境治理提供了中国方案。只有农村人居环境改善了，农民幸福指数提升了，才能真正深入推进乡村振兴战略。乡村振兴的实质就是要提高农民的生活质量。

沼气技术在农村的推广利用可以为乡村振兴战略目标的实现提供有力的支持。第一，沼气技术的发展可以促进农村经济的发展，从而为提高农民的生活质量提供必要的经济保障。从小的方面讲，建设一口沼气池可以通过节省燃料费用、化肥和农药费用以及增加畜禽养殖效益等为一个家庭带来每年 1200 元左右的直接收益。第二，近年来各种各样以沼气为纽带的生态农业模式已经成为许多地区调整农业产业结构的重要技术支持，而调整农业产业结构的根本任务是为了生产发展。第三，通过以沼气技术为核心的生态家园的建设，将会使农村的村容村貌得到根本性的改变，从而实现"村容整洁"的目标。

正是由于沼气技术这些独特的作用，近年来，沼气建设和发展受到了各级政府部门的重视。农业部于 2000 年 1 月启动和实施了以沼气综合利用建设为重点、符合当前农业和农村经济发展新阶段的"生态家园富民计划"，并根据发展基础和生态环境建设的要求，对全国农村沼气建设进行了科学规划。截至 2019 年，我国户用沼气约有 4000 万户，中小型沼气工程 11.8 万处，规模化大型沼气工程约 8720 处，全国沼气年产量约 190 亿立方米，其中户用沼气年产气量约 160 亿立方米，大中小沼气工程年产气量约 30 亿立方米。已投产运行 14 个商业化生物天然气项目，年产气量约 12775 万立方米，年产有机肥 105.6 万吨。规划的实施将有效提高农村优质能源的使用率，使 5000 多万农户清洁燃料使用比重达到 80% 以上，受益人口 2 亿人以上；保护林地 7000 多万亩（1 亩 = 666.7m²），改善耕地 4000 多万亩，年处理畜禽粪便 2000 多万吨，改善农村卫生条件；增加农民收入，仅燃料和肥料效益可使户均年直接增收节支 300 元以上。推进实施生态家园建设，使受益农户获得更大的利益，使农村面貌得到更大的改善。据统计，近年来中国累计投入了近千亿元农村沼气建设资金，已形成了户用沼气、养殖场大中型沼气工程、养殖小区和联户沼气工程、秸秆集中供气沼气工程、农村中小学校沼气工程等共同发展的新格局。

"十三五"期间，国家继续把沼气工程作为生物质能发展的战略重点，建立多元化投入机制，进一步完善扶持政策，拓宽原料来源和应用领域，大力推进沼气工程的建设和发展。进一步优化投资结构，加大向农户集中供气大中型沼气工程支持力度，发展"产业沼气"，不断提高沼气发展的综合效益。相关农业部门将按照国家发展绿色经济、建设资源节约型社会和社会主义新农村的总体要求，围绕"巩固成果、优化结构，建管并重、强化服务，综合利用、提高水平"的思路，把农村沼气作为发展现代农业、推进新农村建设、促进节能减排、改善农村环境、提高农民生活水平的一项全局性、战略性、长远性的系统工程，进一步加大建设力度，促进农村沼气发展上规模、上水平，让更多农民受益。

1.2.6　助力"双碳"目标实现

近年随着"双碳"目标的提出，全社会对具有负碳排放特性的沼气产业的呼声越来越高。欧洲是全球沼气产业发展先进地区，有超过 40 年工业化沼气发展经验，技术、商业模式成熟。沼气已经成为欧洲可再生能源的重要组成部分，是欧洲现代化农业循环经济可持续发展的关键支柱和未来化石天然气的主要替代补充。欧洲沼气设施数量多，遍布各国，德国有 9600 余座，意大利 1500 余座。欧洲沼气原料多元化，主要有能源作物、秸秆、畜禽粪便、生活垃圾等；工艺成熟且技术多样化，拥有湿法、半干法、干法厌氧发酵等多种工艺，产气效率高、自耗能低、自动化程度高；装备制造、设计建设、运营管理和产品服务等方面，形成了完整的产业体系和成熟的商业模式。德国等沼气产业成熟国家，农民 25% 的收入来自沼气。除沼气发电方兴未艾外，近年各国均大力发展沼气提纯制生物天然气，到 2030 年主要国家的生物天然气将占用气量的 10%。因大规模沼渣、沼液还田，欧洲化肥、农药的使用量处在全球较低水平，土壤有机质含量保持较高水平。沼气的负碳排放特性，使之成为欧洲目前碳市场最受欢迎的减排品类，沼气产业也已成为欧盟 2050 年实现碳中和目标的重要支撑。

在新时代、"双碳"目标背景下，对中国沼气产业历史进行总结，重新统一思想、形成合力，寻找到一条适合中国特色的沼气发展道路，让沼气产业实至名归发挥重要作用，十分必要。沼气工业化是实现"双碳"目标的主力军。秸秆厌氧发酵综合利用，可以将植物在生长过程中吸收的 CO_2，部分通过沼渣、沼液进入土壤，增加土壤碳库。相较于风能、太阳能的低碳排放，沼气产业综合利用具有典型的负碳排放特性，能够发挥更显著的碳减排作用。根据研究，每利用 1 万 m^3 沼气可减少 115t 温室气体排放，预计 2060 年我国沼气产业可减少温室气体排放 23 亿 t。我国 2030 年前碳达峰时碳排放量约 106 亿 t，到 2060 年前沼气产业可为碳中和贡献 21.7% 的减排量，沼气产业必将为中国"双碳"目标实现发挥关键作用。

总之，沼气工业化能够推动农村能源革命，促进美丽乡村建设。随着科学技术的进步和人们对沼气技术认识的逐步加深，以及国家政策的大力支持，相信沼气技术将会取得更快更好的发展，从而为缓解中国能源供应压力，改善农民的生活环境与卫生条件，控制局部地区环境污染，改善中国的生态环境，以及促进新农村建设事业的发展提供强有力的支持。

参考文献

[1] 王冠. 中国生态农业可持续发展面临问题探析. 农业展望, 2018, 14(12): 87-90.
[2] 王克林, 李文祥. 精确农业发展与我国农业生态工程创新. 农村生态环境, 2000(01): 45-47+64.
[3] 王夏晖, 王金南, 王波, 等. 生态工程: 回顾与展望. 工程管理科技前沿, 2022, 41(04): 1-8.
[4] 李瑞平, 郭慧锋. 生态经济系统能值分析探讨. 安徽建筑, 2019, 26(11): 23-24+68.
[5] 周孟津. 沼气实用技术. 北京: 化学工业出版社, 2004.
[6] 李婷, 吴海波. 农业生态学的发展及趋势探讨. 现代农业研究, 2022, 28(10): 138-140.
[7] 范仁英. 沼气生态农业技术的应用探析. 现代农业科技, 2020(09): 182-183.
[8] 吴晓, 江建荣. 秸秆沼气实用技术. 河南农业, 2011(07): 21.
[9] 翟勇. 中国生态农业理论与模式研究. 杨凌: 西北农林科技大学, 2006.
[10] 曹俊霞, 郭庆水. 农村能源生态模式对农业产业结构调整的效益分析. 农业开发与装备, 2020(02): 9-10.
[11] 李世楠. 农业生态学的发展及趋势. 现代农业科技, 2013(24): 265.
[12] 闫金定. 中国生物质能源发展现状与战略思考. 林产化学与工业, 2014, 34(4): 151-157.
[13] 薛亚奇. 乡村振兴战略视阈下美丽乡村建设研究. 农业技术与装备, 2022(11): 70-72.

第 2 章

沼气技术基础

2.1 沼气发酵微生物

有机物质在厌氧条件下变成沼气，要经过一系列复杂的物理化学变化，其中任何变化都离不开微生物的作用。沼气池里有各种类型的微生物，它们的作用各不相同，必须使微生物分工合作才能使有机物产生沼气。

2.1.1 沼气发酵微生物种类

近年来国内外科学家对沼气微生物进行了大量的研究，已发现沼气池内不产甲烷菌有 18 个属 51 种，产甲烷菌有 3 个目、4 个科、7 个属和 13 种。其中，不产甲烷菌能将复杂的有机物变成简单的小分子量的物质。不产甲烷菌按照在生长过程中对氧气的需求分为好氧菌、专性厌氧菌和兼性厌氧菌 3 类。其中专性厌氧菌数量最大，是在不产甲烷阶段起主要作用的菌类。产甲烷菌是沼气的生产者。产甲烷菌是沼气发酵的核心，它们是一群非常特殊的微生物。它们严格厌氧，对氧和氧化剂非常敏感，最适合 pH 值的范围为中性或微碱性。它们依靠二氧化碳和氢生长，并以废弃物的形式排出甲烷。产甲烷菌在自然界分布广泛，如湖泊、沼泽、土壤中，淡水或碱水池塘污泥中，下水道污泥中，腐烂秸秆堆以及城乡垃圾堆中等，都有大量的甲烷菌存在。由于产甲烷菌的分离、培养和保存都有较大的困难，所以对产甲烷菌的生理生化特征还不清楚，产甲烷菌的纯种还不能应用于生产，这些都直接影响沼气发酵的进一步研究和沼气池的产气率。

2.1.2 沼气发酵微生物之间的关系

在沼气发酵中，产甲烷菌和不产甲烷菌相互依赖、相互制约，一方面互为对方创造维持生命活动所需的物质基础和适宜的环境条件，另一方面又互相制约。它们之间的关系主要表现在下面几个方面。

（1）不产甲烷菌为产甲烷菌提供生长活动所需的物质和养分，产甲烷菌帮助不产甲烷菌为其生化反应解除反馈抑制。不产甲烷菌通过其生命活动为产甲烷菌提供了合成细胞物质和产甲烷菌所需的前提物质和能源物质，而另外，不产甲烷菌的发酵产物又可抑制本身的发酵过程。酸的积累可以抑制产酸细菌的继续产酸，氢的积累也同样抑制产氢细菌继续产氢。但是在正常发酵中，产甲烷菌可以连续不断地利用酸、氢气和二氧化碳等，使厌氧消化中氢和酸不能积存，这样不产甲烷菌就可以进行正常的代谢和生长。

（2）不产甲烷菌为产甲烷菌创造适合其生长和产甲烷的厌氧环境。在沼气发酵初期，随着原料和水分的加入，沼气池中也进入了大量的空气，这对在厌氧环境中生长活动的产甲烷菌是十分不利的。但是由于不产甲烷菌中的好氧和兼性厌氧微生物的活动，使得发酵液中含氧量不断下降，从而为产甲烷菌的生长和活动创造了良好的厌氧环境。

（3）不产甲烷菌与产甲烷菌共同调节维持沼气池中的 pH 值，使其保持在一个适宜的状态。在沼气发酵初期，不产甲烷菌首先降解原料中的淀粉和糖类等，产生大量的有机酸和 CO_2。产生的 CO_2 也部分溶于水，这就使发酵液的 pH 值下降。但是，由于不产甲烷菌类群中的氨化细菌同时也要进行氨化作用，其产生的氨气（NH_3）可中和部分酸；再由于不断地产生甲烷，消耗掉乙酸、氢气（H_2）和 CO_2，又使发酵液的 pH 值上升。所以在日常发酵中，沼气池内的 pH 值能通过产甲烷菌和不产甲烷菌的共同作用而维持在一个适宜的状态。

2.1.3 微生物沼气发酵基本原理

沼气发酵的实质是微生物自身物质代谢和能量代谢的一个生理过程。沼气发酵过程中，微生物在厌氧的情况下为了取得进行自身的生活和繁殖所需的能量，而将一些高能量的有机物质分解，有机物质在转变为简单的低能量成分的同时放出能量以供微生物代谢之用。总结多年的研究表明，沼气发酵的过程一般可以分为 3 个阶段。

第一阶段是液化阶段。由微生物的胞外酶，如纤维素酶、淀粉酶、蛋白酶和脂肪酶等对有机物质进行体外酶解，将多糖水解成单糖或二糖、蛋白质分解成多肽和氨基酸、脂肪分解成甘油和脂肪酸。通过这些微生物对有机物质进行体外酶解，把固体有机物转变成可溶于水的物质。这些水解产物可以进入微生物细胞，并参与细胞内的生物化学反应。

第二阶段是产酸阶段。上述水解产物进入微生物细胞后，在胞内酶的作用下，进一步将它们分解成小分子化合物，如低级挥发性脂肪酸、醇、醛、酮、脂类、中性化合物、氢气、二氧化碳、游离状态氨等。其中主要是挥发性酸，乙酸比例最大，约占 80%，故此阶段称为产酸阶段。参与这一阶段的细菌，统称为产酸菌。

液化阶段和产酸阶段是一个连续过程，可统称为不产甲烷阶段。这个阶段是在厌氧条件下，经过多种微生物的协同作战，将原料中的碳水化合物（主要是纤维素和半纤维素）、蛋白质、脂肪等分解成小分子化合物，同时产生二氧化碳和氢气，这些都是合成甲烷的基质。因此，可以把液化阶段和产酸阶段看成是原料加工阶段，将复杂的有机物转化成可供甲烷细菌利用的基质，如甲酸、乙酸、丙酸等。其中乙酸就是脂肪、淀粉和蛋白质发酵后生成的一种副产物，甲烷大部分是在发酵过程中由乙酸形成的，所以这个阶段为大量产生甲烷奠定了雄厚的物质基础。

第三阶段是产甲烷阶段。这一阶段中，产氨细菌大量繁殖和活动，氨态氮浓度增高，挥发酸浓度下降，为产甲烷菌创造了适宜的生活环境，产甲烷菌大量繁殖。产甲烷菌利用简单的有机物、二氧化碳和氢等合成甲烷。在这个阶段中合成甲烷主要有以下几种途径。

（1）由醇和二氧化碳形成甲烷

$$2CH_3CH_2OH + CO_2 \rightarrow 2CH_3COOH + CH_4$$
$$4CH_3OH \rightarrow 3CH_4 + CO_2 + 2H_2O$$

（2）由挥发酸形成甲烷

$$2CH_3CH_2CH_2COOH + 2H_2O + CO_2 \rightarrow 4CH_3COOH + CH_4$$
$$CH_3COOH \rightarrow CH_4 + CO_2$$

（3）二氧化碳被氢还原形成甲烷

$$CO_2 + 4H_2 \rightarrow CH_4 + 2H_2O$$

沼气发酵的 3 个阶段，可用图 2-1 表示。

图 2-1　沼气发酵过程简图

沼气发酵的 3 个阶段是相互连接、交替进行的，它们之间保持动态平衡。在正常情况下，有机物质的分解消化速度和产气速度相对稳定。如果平衡被破坏，就会影响产气。若液化阶段和产酸阶段的发酵速度过慢，产气率就会很低，发酵周期就变得很长，原料分解不完全，料渣就多。但如果前两个阶段的发酵速度过快而超过产甲烷速度，则会有大量的有机酸积累起来，出现酸阻抑，也会影响产气，严重时会出现"酸中毒"，而不能产生沼气（甲烷）。

2.2 沼气发酵生化过程及其工艺调控

2.2.1 沼气发酵原料

日常生活中的农作物秸秆、杂草、树叶等，猪、牛、马、羊、鸡等家畜家禽的粪便，农业、工业产品的废水废物（如豆制品的废水、酒糟和精渣等），还有水生植物都是用来进行沼气发酵的原料。沼气发酵原料既是生产沼气的物质基础，又是沼气微生物进行正常生命活动所需的营养和能量的物质来源。为了保证沼气发酵过程中有充足而稳定的发酵原料，同时使池内发酵既不结壳，又容易进料和出料，达到管理方便、产气率高的目的，须认真选择好沼气发酵原料。为了确切地表示固体或液体中有机物质的含量，一般采用如下一些方法来测定原料的有机质的量。

（1）总固体（TS）和挥发性固体（VS） 总固体（total solid，TS），又称干物质，是指发酵原料除去水分以后剩下的物质。测定方法为：把样品放在 105℃ 的烘箱中烘干至恒重，此时物质的质量就是该样品的总固体质量。

$$TS(\%)=\frac{样品中TS质量（W_{干}）}{样品质量（W_S）}\times100\%$$

挥发性固体（volatile solid，VS），是指原料总固体中除去灰分以后剩下的物质。测定方法为：将原料总固体样品在 500～550℃ 温度下灼烧 1h，其减轻的质量就是该样品的挥发性固体质量，余下的物质是样品的灰分，其质量是该样品灰分的质量。

$$VS(\%)=\frac{样品中TS质量（W_{干}）-样品灰分质量（W_{灰}）}{样品中TS质量（W_{干}）}\times100\%$$

原料中总固体、挥发性固体、水分和灰分之间的组成关系如图 2-2 所示。

在沼气发酵中，沼气微生物只能利用原料的挥发性固体，而灰分是不能利用

的。因此就应该用挥发性固体的质量来表示原料的
质量。但考虑到测定挥发性固体含量要比测定总固
体含量的要求更高，在大多数农村还不具备这个条
件，而农村常用的沼气发酵原料（粪便和秸秆）在
风干状态下的总固体质量分数又比较稳定，测定几

图 2-2　TS、VS、水分和
灰分之间的组成关系

次后的平均值基本就可以作为常数通用。一般就使用总固体质量表示农村原料质
量，计算比较方便。农村常用发酵原料总固体含量见表 2-1。

表 2-1　农村常用发酵原料总固体含量（近似值）　　　　　　单位：%

发酵原料	总固体含量	水分含量	发酵原料	总固体含量	水分含量
风干稻草	83	17	猪粪	18	82
风干麦草	82	18	牛粪	17	83
玉米秆	80	20	人尿	0.4	99.6
青草	24	76	猪尿	0.4	99.6
人粪	20	80	牛尿	0.6	99.4

（2）生化需氧量（BOD）　　BOD 是指微生物将溶液中的有机质分解所消耗氧
的量，称生化需氧量（biochemical oxygen demand）。测定生化需氧量要保持一定
的温度和一定的时间，通常在 20℃下，经 5 天培养所消耗的溶解氧量，用 BOD_5
表示，单位为 kg/m^3。

（3）化学需氧量（COD）　　COD 是指在一定条件下，溶液中有机质与强氧化
剂重铬酸钾作用所消耗氧的量，即称为化学需氧量（chemical oxygen demand）。
单位为 kg/m^3 或 kg/L，1kg COD 可能产生 CH_4 约 $0.35m^3$。

COD 和 BOD 被普遍用来表示原料中含有机质的量，BOD 基本上反映了能被
微生物分解的有机质的量。不易被微生物分解的物质，其 COD 可能比 BOD 大得
多。生活污水的 BOD 与 COD 之比常在 0.4～0.8 之间。

（4）农村常用的发酵原料产出量　　人、畜、禽排泄量及产沼气量一般通过查
表得到，具体见表 2-2，猪、牛、马日排粪、尿量见表 2-3。

表 2-2　人、畜、禽排泄量及产沼气量

种类	日排粪量/kg	日排尿量/kg	年排粪量/kg	产沼气量/m³
人（成年）	0.5	1	183	5.4～5.5
猪（饲养 7 个月）	2～5.5	4～8	730～2008	50～78.6
黄牛	10～15		3650～5475	110～164
水牛	15～20		5475～7300	164～220
奶牛	34	34	12410	208～370

续表

种类	日排粪量/kg	日排尿量/kg	年排粪量/kg	产沼气量/m³
马	15	15	5475	190
羊	1.5	2	548	17.5
鸡	0.1		36.5	2.7
鸭	0.15		54.8	
鹅	0.25		90	

表 2-3 猪、牛、马日排粪、尿量

项目类别			日排粪量/kg						日排尿量/kg				
			春	夏	秋	冬	全年平均	近似值	夏	秋	冬	全年平均	近似值
猪质量/kg	母猪	大（100 以上）	8.6	9.4	8.0	6.6	8.15	8.2	10.9	14.75	11.75	12.45	12.5
		中（50～100）	4.35	4.65	5.4	4.3	4.67	4.7	9.35	13.9	10.4	11.2	11.2
		小（50 以下）	3.6	3.5	4.3	3.0	3.6	3.6		10.9		10.9	10.9
	架子猪	特小（25 以下）	2.0	2.0	2.05	1.65	1.92	1.9	4.5	4.7	3.25	4.15	4.2
		小（25～50）	3.9	2.9	3.5	2.75	3.26	3.3	6.5	7.7	9.05	7.75	7.8
	肥猪	大（100 以上）	5.2			5.4	5.3	5.3					
		中（75～100）	5.85	5.2	4.7	4.4	5.03	5.0	7.5	8.7	7.5	7.9	7.9
		小（50～75）		6.25	4.2	4.25	4.9	4.9	8.05	8.6	8.2	8.2	8.2
牛质量/kg	黄牛	大（150 以上）	9.25	8.5	8.45	8.4	8.65	8.5					
		中（50～150）	6.05	7.55	6.85	7.55	7.0	7.0					
		小（50 以下）	4.1	4.75	6.5	6.5	5.46	5.5					
	水牛	大（200 以上）	11.2	24.6	25.2	24.0	21.2	21.2					
		中（200 以下）	9.9	12.0	13.4	13.0	12.1	12.1					
马质量/kg		（150 左右）	7.2	7.1	6.85	4.2	6.33	6.3					

注：1. 近似值系全年日平均数的四舍五入数。
2. 该表由湖南省怀化市农村能源办公室测定。

2.2.2 沼气发酵原料的产气特性

不同的发酵原料进行沼气发酵时具有不同的产气特性，即使同一种原料，当其处在不同地区或所处的发酵条件不相同时，其产气特性也不相同。

2.2.2.1 原料产气率、料液产气率、池容产气率

（1）原料产气率 原料产气率是指单位原料质量在整个发酵过程中的产气量。

说明在一定的发酵条件（即配料、温度、时间、浓度、酸碱度等）下，原料被利用水平的高低。

原料产气率的表示方法如下。

$$原料产气率 = \frac{沼气（m^3）}{TS（kg）}$$

$$原料产气率 = \frac{沼气（m^3）}{VS（kg）}$$

$$原料产气率 = \frac{沼气（m^3）}{COD（kg）}$$

（2）料液产气率　料液产气率是指单位体积的发酵料液每天产生沼气的数量。其表示单位为 $m^3/（m^3 \cdot d）$。

当料液中所含原料的种类和质量（料液度）不同，其产气率也不同。故料液产气率不能说明发酵原料被利用水平的高低，也不能说明消化器容积被利用的程度。

实际应用中一般不采用料液产气率。

（3）池容产气率　池容产气率是指沼气池（消化器）单位容积每天产生沼气量的多少。其表示单位为：生产中使用 "$m^3/(m^3 \cdot d)$"，小型试验时用 "$L/(L \cdot d)$"。

池容产气率说明装置被利用水平的高低。

原料产气率和池容产气率说明了原料和装置被利用水平的高低，这两个指标是衡量沼气生产水平的重要参数。使用它们来评价消化器时，要考虑二者的发酵条件和生产状况。例如，甲池池容产气率为 $0.15m^3/（m^3 \cdot d）$，乙池为 $0.12m^3/（m^3 \cdot d）$，是否就能肯定甲池的质量比乙池好呢？这要分析一下甲池的原料质量、浓度、是否正处在产气高峰时期等，根据综合因素来判定消化器的生产水平。又例如甲池的原料产气率为 $0.2m^3/kg(TS)$，乙池为 $0.3m^3/kg(TS)$，不能简单地就说乙池的原料就比甲池的质量好。要分析甲乙两池的发酵条件、发酵滞留期的长短和发酵温度等，再来作出评价。农村常用发酵原料在中温条件下的原料产气量见表2-4。

表2-4　农村常用发酵原料在中温条件下的原料产气量

原料种类	每千克 TS 沼气产量/L		原料种类	每千克 TS 沼气产量/L	
	滞留 10 天	滞留 20 天		滞留 10 天	滞留 20 天
玉米秆	290	470	猪粪	340	490
麦秆	200	280	牛粪	170	220
甜菜叶	290	340	马粪	140	200
青草	235	305	羊粪	105	210
水生杂草	290	380	家禽粪	190	430

2.2.2.2 发酵原料产气量的估算

农村各种发酵原料能够转变成沼气（甲烷）的最大数量称为"理论产气量"，也可以称为发酵原料的"产气潜力"。理论产气量的大小取决于该发酵原料中的碳水化合物、蛋白质和类脂化合物等有机物的含量，这类有机物的含量越大，发酵原料的产气潜力就越大；反之发酵原料中的灰分和木质素含量越大，其产气潜力就越小。对农村常用的 10 种发酵原料的产气潜力进行了测定和计算（见表 2-5）。

表 2-5　农村常用 10 种发酵原料的化学组成和理论产气量（以干重计）

原料种类	1kg 发酵原料中化学成分的含量/kg					理论产气量/(m^3/kg)	
	灰分	木质素	类脂	蛋白质	碳水化合物	沼气	甲烷
水葫芦	0.1275	0.1099	0.0386	0.1167	0.6073	0.6254	0.3220
水花生	0.1487	0.1307	0.0271	0.0972	0.5963	0.5815	0.2964
玉米秆	0.0830	0.1811	0.0463	0.0633	0.6263	0.5984	0.3109
麦草	0.1051	0.2021	0.0234	0.0298	0.6396	0.5426	0.2756
稻草	0.1581	0.1756	0.0321	0.0316	0.6026	0.5291	0.2718
人粪	0.1824	0.1452	0.0814	0.1753	0.4157	0.6008	0.3244
猪粪	0.2244	0.1801	0.0603	0.1148	0.4204	0.5146	0.2745
鸡粪	0.2084	0.1876	0.0455	0.0882	0.4703	0.5047	0.2645
马粪	0.1834	0.2401	0.0283	0.0946	0.4536	0.4737	0.2436
牛粪	0.2713	0.3012	0.0528	0.1046	0.2704	0.3813	0.2062

结果表明：不同的发酵原料，其产气潜力不同；同一类发酵原料，由于来源、存放时间等条件的不同，其有机物含量会有所变化，产气潜力也有一定的变化；日常用发酵原料产沼气潜力约为 0.38～0.62m^3/kg（干重），产甲烷潜力约为 0.2～0.32m^3/kg（干重）。一般来说，产气潜力大的发酵原料能够生产更多的沼气。

在日常的沼气发酵中，原料不可能完全分解，即使分解的原料也有一部分转化为污泥和菌体以及其他的产物而不能变成沼气。所以实际的原料产气量比理论产气量（即按巴斯维尔公式计算的产气量）要低。根据经验，在中温发酵条件下，猪粪、牛粪实际产气量占理论产气量的 70% 左右，稻草占 44% 左右。农村家用水压式沼气池用猪粪、牛粪、稻草、青草、酒糟等原料混合发酵。为便于人们在沼气发酵过程中估算发酵原料的产气量，农业农村部成都沼气科学研究所提供的常温发酵条件下鲜料产气量见表 2-6。

表 2-6　农村常用沼气发酵原料（鲜料）产气量

原料种类	1kg 鲜料产气量/m³	生产 1m³ 沼气需原料量/kg	备注
鲜人粪	0.040	25.0	鲜粪
鲜猪粪	0.038	26.3	鲜粪
鲜牛粪	0.030	33.3	鲜粪
鲜马粪	0.035	28.6	鲜粪
鲜鸡粪	0.031	32.3	鲜粪
鲜青草	0.084	11.9	鲜粪
玉米秆	0.190	5.3	风干态
高粱秆	0.152	6.6	风干态
稻草	0.152	6.6	风干态

2.2.2.3　发酵原料的产气速度

发酵原料的产气速度是指发酵原料投入消化器后产生沼气快慢的程度。知道了产气速度，便于掌握消化器产气规律，从而可以确定消化器进料、出料的时间。对猪粪、牛粪、马粪、人粪、稻草、麦草、玉米秆和青杂草等农村常用沼气原料的产气特性进行测定，结果表明秸秆类原料木质纤维含量高，碳氮比高，分解速度慢，产气速度慢；粪便类原料碳氮比低，分解较快。在 35℃条件下，粪便经 60 天就可以发酵完全，秸秆则需要 90 天才能发酵完全，几种原料产气速度列于表 2-7。

在温度为 20℃条件下，每千克总固体产气量为 35℃时的 60%左右。

表 2-7　农村常见发酵原料产气速度

发酵时间/d　原料名称	原料产气速度（占总气量的百分数）/%									原料产气率/（m³/kg TS）
	10	20	30	40	50	60	70	80	90	
人粪	40.7	81.5	94.1	98.2	98.7	100				0.43
猪粪	46.0	78.1	93.9	97.5	99.1	100				0.42
牛粪	34.4	74.6	86.2	92.7	97.3	100				0.30
青草	—	—	—	98.2	—	100				0.41
麦草	8.8	30.8	53.7	78.3	88.7	93.2	96.7	98.9	100	0.435

注：发酵温度 35℃；发酵周期粪类 60 天，秸秆类 90 天；发酵料液的总固体含量占发酵料液的 60%。

2.2.3　沼气发酵原料的前处理

沼气发酵原料进入沼气池前，还需要进行适当的前处理过程，主要包括发酵原料的浓度控制、发酵原料的碳氮比调节、发酵原料的预处理、发酵过程的接种物准备、发酵过程的浓度计算和粪草比选择等。

2.2.3.1　发酵原料的浓度控制

沼气发酵原料的浓度又称料水比。掌握适当的料液浓度对沼气发酵的研究具有很重要的意义。沼气池最适宜的发酵浓度，随着季节的交替（即发酵温度不同）而相应变化。一般来说，沼气池发酵浓度的变化范围为 6%～12%，夏季浓度以 6%～10%为宜，低温季节浓度则以 10%～12%为佳。

可以用简便的方法来测定各种原料所含干物质和水分的比例：将准备好的原料充分搅拌均匀，从中取出少量的混合原料，晒干或烘干，直至质量稳定为止。一般原料都含有大量的水分，表2-8介绍了常用沼气发酵原料的含水量。

表2-8　常用沼气发酵原料的含水量

原料名称	鲜人粪	鲜人尿	鲜猪粪	鲜猪尿	鲜牛粪	鲜羊粪	鲜马粪	鲜鸡粪	干稻草
含水量/%	80	99.6	82	96	83	60	76	70	17
干物质含量/%	20	0.4	18	4	17	40	24	30	83
原料名称	干麦草	玉米秆	油菜秆	花生藤	蚕豆壳	青草	污泥	一般风干粪	
含水量/%	18	20	17	12	28	76	78	30～40	
干物质含量/%	82	80	83	88	72	24	22	60～70	

2.2.3.2　发酵原料的碳氮比调节

碳氮比是指发酵原料中所含的碳素和氮素量之比，常用符号 C/N 表示。沼气发酵原料的碳氮比，是根据微生物所需要的营养物质而定的。碳元素为沼气微生物的生命活动提供能源，又是形成甲烷的主要物质，氮元素是构成沼气微生物细胞的主要物质。微生物对碳素和氮素的需求量有一定的比例。如果沼气发酵原料中的 C/N 过高，例如 30:1 以上，发酵就不易启动，而且产气效果不好。在农村发酵原料中，通常根据碳氮的含量多少将原料分为两类。一类是富氮原料，主要是指人、畜和家禽的粪便。这类原料的颗粒较细，含有较多的低分子化合物，氮素含量较高，碳氮比一般小于 30:1（见表2-9），其产气特点是发酵周期短，容易分解，且产气速度快，单位原料的总产气量比农作物秸秆低。另一类是富碳原料，主要是指农作物秸秆。它的碳素含量较高，碳氮比一般在 30:1 以上。农作物秸秆通常是由木质素、纤维素、半纤维素、果胶和蜡质等化合物组成，其产气特点是分解速度较慢，产气周期较长，但单位原料总产气量较高，因此使用这种原料在入池前要进行预处理，以便提高产气效果。

碳氮比对厌氧消化的影响问题，国内外科学家都进行过大量的研究，而结论并不一致。一般原料的碳氮比介于（15～30）∶1，即可正常发酵，一旦达到35∶1时，产气量明显减少。但是也有说法认为碳氮比为16∶1和13∶1时产气率高。根据科研部门和我国农村沼气发酵的试验和经验，投入原料的C/N以（20～30）∶1的比例为宜。

表 2-9　常用沼气发酵原料的碳氮比（近似值）

原料		碳素占原料重量/%	氮素占原料重量/%	碳氮比
粪便类	鲜羊粪	16	0.55	29∶1
	鲜牛粪	7.3	0.29	25∶1
	鲜马粪	10	0.42	24∶1
	鲜猪粪	7.8	0.60	13∶1
	鲜鸡粪	35.7	3.70	9.7∶1
	鲜人粪	2.5	0.85	2.9∶1
	鲜人尿	0.4	0.93	0.4∶1
秸秆类	干麦草	46	0.53	87∶1
	干稻草	42	0.63	67∶1
	稻壳	40	0.60	67∶1
	玉米秆	40	0.75	53∶1
	落叶	41	1.00	41∶1
	大豆茎	41	1.30	32∶1
	野草	14	0.54	26∶1
	花生藤	11	0.59	19∶1
	红薯藤叶	36	5.3	6.8∶1
	红花草子秆	44.3	1.4	32∶1
	蚕豆秆	40.9	1.94	21∶1
	油菜秆	38.4	2.09	18∶1
	马铃薯秆	36.8	2.13	17∶1
	水浮莲	23.6	1.42	17∶1
	水葫芦	30.4	3.12	10∶1
	水花生	34.5	3.89	9∶1

　　不同形式的碳素，被微生物利用的难易程度很不一样。例如纤维素、半纤维素、葡萄糖、木质素都是碳水化合物，它们都含有碳素，但葡萄糖就很容易被沼气微生物利用产生沼气；微生物对氮素的利用也是如此。

　　当 C/N 过小时，过量的氮变成可溶性氮，导致料液"氨中毒"，会使发酵停止。

　　混合原料的 C/N 为各种原料碳量和与氮量和之比。即：

$$K = \frac{C_1 X_1 + C_2 X_2 + C_3 X_3 + \cdots}{N_1 X_1 + N_2 X_2 + N_3 X_3 + \cdots} = \frac{\sum C_i X_i}{\sum N_i X_i}$$

式中　C——碳素的质量分数，%；

　　　N——氮素的质量分数，%；

　　　X——原料质量，kg；

　　　K——C/N。

例：某农家有玉米秆 500kg，人粪 80kg，要求配成 C/N = 25/1 的混合原料，需要多少猪粪？

设需要猪粪为 Xkg

查表 2-9 知：玉米秆 C 40%，N 0.75%

　　　　　　　人粪 C 2.5%，N 0.85%

　　　　　　　猪粪 C 7.8%，N 0.60%

所以 $25/1 = \dfrac{500 \times 40\% + 80 \times 2.5\% + X \times 7.8\%}{500 \times 0.75\% + 80 \times 0.85\% + X \times 0.6\%}$

得出：X = 1267.36kg

农户需用猪粪 1267.36kg 满足配料要求。

2.2.3.3　发酵原料的预处理

农作物秸秆碳素含量高，其 C/N＞30/1。秸秆由木质素、纤维素、半纤维素、果胶和蜡质等化合物组成进行沼气发酵。秸秆难于消化，其中的木质素是一种很难被细菌分解利用的物质，而纤维素的分解也比较慢。所以，农业废物沼气发酵时的分解率一般只有 50%左右。而可溶性原料就较容易消化，进行沼气发酵时，废水中的可溶性有机质往往可去除 90%以上。

秸秆表面有一层蜡质，不容易被沼气微生物所破坏。如果秸秆直接下池会大量漂浮结壳而未被充分利用分解，所以必须进行预处理。常用的预处理方法有以下几种。

（1）切碎或粗粉碎　用铡刀将秸秆切成 60mm 左右长短，或进行粗粉碎。这样不仅可以破坏秸秆表面的蜡质层，而且增加了发酵原料与细菌的接触面，可以加快原料的分解利用。同时，也便于进出料和施肥时的操作。经过切碎和粗粉碎的秸秆下池发酵，一般可以将产气量提高 20%左右。

（2）堆沤处理　堆沤处理是先将秸秆进行好氧发酵，然后再将堆沤过的秸秆下沼气池进行厌氧发酵。秸秆经过堆沤后，纤维束变得松散，这样扩大了纤维素与细菌的接触面，可以加快纤维素的分解，进而加快沼气发酵过程的进行；通过堆沤还可以破坏秸秆表面的蜡质层，下池后不易浮料结壳。

堆沤的方法有两种。一种是池外堆沤，先将作物秸秆铡碎，起堆时分层加入占干料重 1%～2% 的石灰或草木灰，用以破坏秸秆表面的蜡质层，并中和堆沤时产生的有机酸。然后再层层泼一些人畜粪尿或沼气液肥、污水，加水量以使料堆下部不流水而秸秆充分湿润为度。料堆上覆盖塑料薄膜或糊一层稀泥。堆沤时间夏季 2～3 天、冬季 5～7 天。当堆内发热烫手时（50～60℃），要立即翻堆，把堆外的翻入堆内，并补充些水分，待大部分秸秆颜色呈棕色或褐色时，便可投入沼气池内发酵。

另一种方法是池内堆沤。池内堆沤与池外堆沤相比，其能量和养分损失要少一些，而且可以利用堆沤时所产生的热量来增高池温。新池进料前应先取出沼气池内试压的水，老池大换料时也要把发酵液基本取出（留下菌种部分），然后按配料比例配料，可以在池外拌匀后装入沼气池；也可以将粪、草分层，一层一层地交替，均匀装入池内。草料必须充分湿润，但池底基本不能积水。将活动盖口用塑料薄膜盖好，当发酵原料的料温上升到 50℃ 时（打开活动盖口塑料薄膜时有水蒸气），再加水至零压水位线，封好活动盖。使用这种方法，能够使池温增高，及早产气。

动物粪便属于富氮性原料，其 C/N<25/1。粪便类原料的颗粒较细，含有较多低分子化合物，原料分解产气速度快，不必进行预处理。

2.2.3.4 发酵过程的接种物准备

接种物是指为了加快沼气发酵的启动速度和提高沼气产气量而向沼气池加入的富含沼气微生物的物质。在一般的沼气发酵原料和水中，沼气微生物的含量比较少，靠其自己繁殖，不利于尽快产气。所以在新池投料和老池大换料的时候，一定要添加 30% 含有大量沼气微生物的接种物，这样才能保证沼气发酵的顺利进行。

大自然里，产甲烷菌群的分布是比较广的，如沼泽、池塘污泥，以及老粪坑底脚污泥，屠宰场阴沟污泥，酒厂、豆制品厂废水污泥，沼气池沉渣表面污泥等，都可作沼气发酵的菌种。由于各种厌氧消化污泥中含有大量的沼气微生物，具有很高的生物活性，所以又称"活性污泥"。

如果当地接种物难以获得或数量不足时，可以采取扩大富集培养的方法，把少量的接种物加以增殖，然后逐步扩大，作为沼气发酵的接种物。

2.2.3.5 发酵过程的浓度计算

沼气发酵料液的浓度是指沼气发酵料液中发酵物质的质量分数。采用发酵物质总固体（TS）表示的称作总固体浓度 [TS(%)]，采用挥发性固体（VS）

表示的称作挥发性固体浓度［VS(%)］。例如：100kg 发酵液中含总固体 8kg，则总固体浓度［TS(%)］= 8%；100kg 发酵液中含挥发性固体 7kg，则挥发性固体浓度［VS(%)］= 7%。

　　例：使用猪粪为单一原料的消化器中，发酵料液总质量为4000kg，据计算所投猪粪中的总固体量为320kg，则总固体浓度为多少？

$$TS(\%) = \frac{320}{4000} \times 100\% = 8\%$$

　　混合发酵原料的料液总固体浓度计算法如下。

$$m_0 = TS(\%) = \frac{X_1 + X_2 + X_3 + \cdots}{Z} \times 100\%$$

式中　X——原料总固体量，kg；

　　　Z——发酵料液总质量，kg；

　　　m_0——混合发酵料液总固体的质量分数，即 TS(%)。

　　例：一粪便和秸秆混合投料的沼气池，据计算投入猪粪的总固体为60kg，人粪的总固体为40kg，麦草的总固体为200kg，沼气池料液总量为3750kg，求混合发酵料液总固体的质量分数。

$$m_0 = \frac{60 + 40 + 200}{3750} \times 100\% = 8\% = TS(\%)$$

　　知道投料原料数量后，要按照一定的浓度来配制发酵料液，计算加多少水。

已知 $m_0 = \dfrac{\text{总固体质量}}{\text{发酵液质量}} \times 100\%$

发酵液质量 = 发酵原料质量 + 水质量

总固体质量 = 原料量×总固体（%）

$$m_0 = \frac{X_1 m_1 + X_2 m_2 + X_3 m_3 \cdots}{X_1 + X_2 + X_3 \cdots + W} \times 100\% = \frac{\sum X_i m_i}{\sum X_i + W} \times 100\%$$

式中　X——原料质量，kg；

　　　m——某种原料总固体的质量分数，%；

　　　W——加水量，kg；

　　　m_0——发酵液中总固体的质量分数。

　　例：某农户有猪粪2000kg，人粪300kg，玉米秆1000kg，要配制总固体浓度为10%的沼气发酵液，要加水多少？

　　查表 2-8 知：猪粪 TS(%) = 18%；人粪 TS(%) = 20%；玉米秸 TS(%) = 80%。

　　所以

$$10\% = \frac{2000 \times 18\% + 300 \times 20\% + 1000 \times 80\%}{2000 + 300 + 1000 + W}$$

$W = 8900\text{kg}$

注意：沼气池投料时还要加入相当数量的接种物，接种物既有总固体也有水分。在计算投料浓度和加水量时，应把接种物中的水分和总固体都加入计算，这里是有意忽略没有计算。

按照一定的 C/N 和料液 TS 浓度要求进行配料。

例：一个 6m^3 的沼气池，按 80% 的池容进行投料，要求 TS(%) = 8%，C/N = 25 : 1，接种物量为原料总量的 25%［接种物 TS(%) = 10%］，设混合后料液容重为 1，以猪粪、麦草作原料，不考虑接种物的氮、碳含量，问使用猪粪、麦草、接种物和水各多少？

设用猪粪 $X\text{kg}$，麦草 $Y\text{kg}$

据题意：接种物质量 $= (X + Y) \times 25\%$

加水量 $= (6000 \times 80\%) - [X + Y + (X + Y) \times 25\%]$

查表 2-9 知：猪粪含氮 0.60%、碳 7.8%，麦草含氮 0.53%、碳 46%；猪粪 TS(%) 为 18%，麦草 TS(%) 为 82%。

按公式：

$$25/1 = \frac{X \times 7.8\% + Y \times 46\%}{X \times 0.60\% + Y \times 0.53\%}$$

$$8\% = \frac{X \times 18\% + Y \times 82\% + [(X + Y) \times 25\%] \times 10\%}{6000 \times 80\%}$$

解方程：$X = 219\text{kg}$，$Y = 1057\text{kg}$

接种物为 319kg，加水量为 3205kg。

沼气池要用猪粪 219kg，麦草 1057kg，接种物 319kg，加水量 3205kg。

2.2.3.6　粪草比选择

所谓粪草比是指投入沼气池发酵原料中粪便原料与秸秆类原料质量之比。例如，入池原料中，各种粪便的总质量为 1000kg，各类秸秆的总质量为 500kg，入池原料的粪草比则为 2 : 1，原料的粪草比一般为 2 : 1 以上为宜，不要小于 1 : 1。

按照 C/N = (20～30)/1 的要求，动物粪便与秸秆发酵原料的配料比实例，列于表 2-10。

表 2-10 1m³发酵料液配料比

配料组合	重量比	6%（质量分数）		8%（质量分数）		10%（质量分数）	
		加料质量比	加水量/kg	加料质量比	加水量/kg	加料质量比	加水量/kg
猪粪		333	667	445	555	555	445
牛粪		353	647	470.5	529.5	588.2	411.8
骡马粪		300	700	400	600	500	500
猪粪：青杂草	1：10	27.5：275	697.5				
猪粪：麦草	4.54：1	163.5：36	800.5	217.4：47.8	734.8	271.8：59.8	668.4
猪粪：稻草	3.64：1	144.6：39.7	815.7	192.8：52.9	754.3	241：66.2	692.8
猪粪：玉米秆	2.95：1	132.8：45	822.2	177.3：60.1	762.6	221：75.1	703.9
牛粪：麦草	40：1	331：8.2	660.8	440：11	549	551：13.7	435.3
牛粪：稻草	30：1	318.5：10.5	671	424：14.1	561.9	530：17.7	452.3
牛粪：玉米秆	23.1：1	307.8：13.3	678.8	410：17.7	572.3	513.3：22.2	464.5
人粪：稻草	1.5：1	80：53	867	107：71	822	134：90	776
人粪：麦草	1.5：1	92：51	857	122：68	810	153：85	762
人粪：玉米秆	1.13：1	68：60	872	90：80	830	112：99.5	788.5
牛粪：骡马粪	随机混合	350	650	460	540	550	450
骡马粪：玉米秆	10.8：1	219：20.3	760.7	291.6：27	681.4	366：33.9	600.1
猪粪：人粪：麦草	1：1：1	49.5：49.5：49.58	851.58	66：66：66	802	82：82：82	754
	2：0.75：1	89.2：33.5：44.6	832.7	119：44.6：59.5	776.9	148：55.5：74	722.5
猪粪：人粪：稻草	1：1：1	50：50：50	850	66：66：66	802	83：83：83	751
	2.5：0.5：1	107.5：21.5：43	828	145：29：58	768	180：36：72	712
猪粪：人粪：玉米秆	1：0.75：1	53.8：40.4：53.8	852	71.8：53.8：71.8	802.6	89.7：67.3：89.7	753.3
	2：0.2：1	100：10：50	840	134：13.4：67	785.6	167：16.7：83.5	732.8
猪粪：牛粪：麦草	3：1：0.5	159：53：26.5	761.5	211.8：70.6：35.3	682.3	264：88：44	604
	5：1：1	155：31：31	783	210：42：42	706	260：52：52	636
猪粪：牛粪：稻草	3.5：1：1	126：36：36	802	169.8：48.5：48.5	733.2	212：60.5：60.5	667
猪粪：牛粪：玉米秆	2.2：2：1	86：78：39	797	115：104：52	729	143：130：65	662
猪粪：人粪：牛粪	1：0.5：3.2	75：37.4：240	647.6	100：55：320	530	125：63：400	412
青杂草：稻草：猪粪	1：1：3.64	35.3：35.3：128	801.4	46.3：46.3：168.5	738.9	58.6：58.6：213.5	669.3
	0.5：1：3.65	18.7：37.4：136	807.9	24.9：49.7：181.5	743.9	31.1：62.2：227	679.7

续表

配料组合	重量比	6%（质量分数）		8%（质量分数）		10%（质量分数）	
		加料质量比	加水量/kg	加料质量比	加水量/kg	加料质量比	加水量/kg
水葫芦：稻草：猪粪	1：1：2.7	43：43：116	798	57.3：57.3：155	730.4	71：71：191.7	666.3
水葫芦：玉米秆：猪粪	1：2：5	24：48：117	811	31.3：62.6：156	750.1	39：78：195	688
青杂草：玉米秆：猪粪	1：1：3	39：39：116.9	805.1	52：52：156	740	64.9：64.9：194.7	675.5
骡马粪：人粪：玉米秆	3.29：0.5：1	127.5：19.4：38.8	814.3	170：25.8：51.7	752.5	512.5：32.3：64.6	690.6
骡马粪：猪粪：玉米秆	3：1.52：1	107：54.6：35.9	801.8	143.7：72.8：47.9	735.6	179.7：91：59.9	669.4

2.2.4　沼气发酵工艺及控制条件

　　沼气发酵工艺是指沼气发酵从配料入池到产出沼气的一系列操作步骤、过程和所控制的条件。按照沼气发酵的温度、进料方法、装置类型以及作用方式、发酵液的状态等可以把沼气发酵工艺分若干种类型（见表 2-11）。

表 2-11　沼气发酵工艺类型

分类依据	工艺类型	主要特征
发酵温度	常温发酵	发酵温度随气温的变化而变化，沼气产气量不稳定，转化效率低
	中温发酵	发酵温度 28～38℃，沼气产气量稳定，转化效率高
	高温发酵	发酵温度 48～60℃，有机质分解速度快，适用于有机废物及高浓度有机废水的处理
进料方式	批量发酵	一批料经一段时间发酵后，重新换入新料。可以观察发酵产气的全过程，但不能均衡产气
	半连续发酵	正常的沼气发酵，当产气量下降时，开始小进料，以后定期地补料和出料，能均衡产气，适用性较强
	连续发酵	沼气发酵正常运转后，便按一定的负荷量连续进料或进料间隔很短，能均衡产气，运转效率高，一般用于有机废水的处理
装置类型	常规发酵	装置内没有固定或截留活性污泥的措施，提高运转效率受到一定限制
	高效发酵	装置内有固定或截留活性污泥的措施，产气率、转化效果、滞留期等均较常规发酵好
作用方式	二步发酵	沼气发酵的产酸阶段与产甲烷阶段分别在两个装置中进行，有利于高分子有机废水及有机废物的处理，有机质转化效率高，但单位有机质的沼气产量稍低
	混合发酵	沼气发酵的产酸阶段与产甲烷阶段在同一装置内进行
发酵料液状态	液体发酵	干物质含量在 10%以下，发酵料液中存在流动态的液体
	固体发酵（或干发酵）	干物质含量在 20%左右，不存在可流动态的液体。甲烷含量较低，气体转化效率稍差，适用于水源紧张、原料丰富的地区
	高浓度发酵	发酵浓度在液体发酵与固体发酵之间，适宜浓度为 15%～17%

2.2.4.1 小型沼气发酵工艺

（1）家用水压式沼气池常温发酵工艺　家用水压式沼气池是属于半连续进出料，单级常温发酵工艺，其工艺流程如图 2-3 所示。

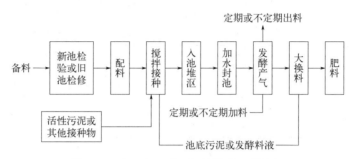

图 2-3　家用水压式沼气池发酵工艺流程

备料：做好原料准备，要求数量充足、种类搭配合理、要铡碎的做到尽量铡碎。

新池检验或旧池检修：做到确保不漏水、不漏气。

配料：满足工艺对料液总固体浓度 [TS(%)] 和 C/N 的要求。

搅拌接种：做到拌和均匀。

入池堆沤：把拌和好的原料放入池内，踩紧压实，进行堆沤。

加水封池：当堆沤原料温度上升至 40～60℃时，从进料口加水，然后用 pH 精密试纸检查发酵液的酸碱度，pH 值在 6～7 时，可以盖上活动盖，封闭沼气池。若 pH 值低于 6，可加草木灰、氨水或澄清石灰水将其 pH 值调整到 7 左右，再盖水封盖。封盖后应及时安装好输气管、开关和灯、炉具，并且关闭输气管上的开关。

点火试气：封池 2～3 天后，在炉具上点火试气，如能点燃，即可使用；如若不能点燃，则放掉池内气体，次日再点火试气，直至能点燃使用为止。

日常管理：按照工艺规定添加新料，进行搅拌，冬季防寒，检查有无漏气的现象。

大换料：发酵周期完成后，除去旧料，按照工艺开始第二个流程。

（2）家用水压式沼气池均衡产气工艺　家用水压式沼气池均衡产气工艺下，常规发酵工艺北方地区产气率：0.12～0.15m³/（m³ 池容·d）；南方地区产气率：0.15～0.25m³/（m³ 池容·d）；0.15～0.2m³/（m³ 料液·d）；0.1～0.2m³/（kg TS·d）。

一年投入原料：秸秆 500kg 和 2 头大猪（或 3 头中等猪，或 1.5 头牛）的粪便。

池外堆沤：采用秸秆质量 1%～2% 的石灰，兑成石灰水，均匀施于秸秆上，再泼上粪水（沼液）。湿度以不见水流为宜，料堆层层踩紧，气温小于 10℃时要保湿。

堆沤时间：春夏 1～2 天，秋天 3～5 天，气温 25℃时堆沤 1 天，当堆沤温度达到 60℃时，拌料接种，入池启动。

原料配比浓度：鲜猪粪：玉米秆为 2.95：1。

6%（质量分数）：132.9：45.0，加水 882.1kg

8%（质量分数）：127.3：60.1，加水 762.6kg

10%（质量分数）：221.0：75.1，加水 703.9kg

接种物量：投料时应加入占原料 30%以上的活性污泥，或 10%以上正常产气池底污泥，或 10%～30%的沼液。

大换料：北方在春季进行一次大换料，气温、地温低于 10℃不宜大换料，换料前 10 天不进料。

非三结合（厕所、猪圈、沼气池）的沼气池，在启动运转 30 天左右、产气量明显下降时，应该添加新料，5～6 天加料 1 次，加料量为发酵液的 3%～5%，冬季宜多宜干。

（3）分层满装料沼气发酵工艺　分层满装料沼气发酵工艺的生产经济指标如下。

池容产气率：夏秋季在 0.15m³/（m³·d）以上；冬春季在 0.1m³/（m³·d）以上。

原料产气率：夏秋季在 0.25m³/（kg TS·d）以上；冬春季在 0.2m³/（kg TS·d）以上。

例：一个 6m³ 沼气池，采用分层满装料工艺，全年饲养 3 头猪（50kg/头），使用 600kg 秸秆，夏秋季运转 120 天可产气 154m³；冬春季运转 200 天可产气 171m³，全年总计可产气 325m³。

该工艺流程分为启动、运转、大出料三大阶段，如图 2-4。

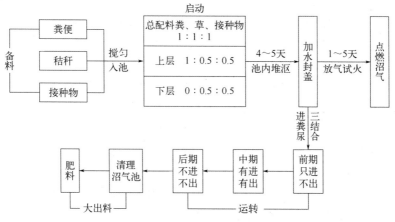

图 2-4　分层满装料沼气发酵工艺流程

一般根据秸秆收获和用肥的季节，南方地区一年可分别在夏秋季和冬春季完成两个流程；而北方因气温低一年只能完成一个流程。南方两个流程的时间安排是：6月前后利用收获的小春作物秸秆投料启动，7～10月运转4个月，11月大出料，为种植小春作物提供有机肥料；11月前后利用大春收获的秸秆投料启动。11月或12月至第二年4月或5月运转200天后大出料，为大春栽插提供有机肥料。

该工艺的启动技术如下。按粪：草：接种物为1:1:1备料。秸秆宜铡为10cm左右的小节，装料之前先用水预湿，每立方米的备料量为麦草45kg、粪45kg、接种物45kg，或稻草60kg、粪60kg、接种物60kg。装料时，下层按粪：草：接种物为0:0.5:0.5装，上层按粪：草：接种物为1:0.5:0.5装。6m³沼气池下层装麦草135kg、接种物135kg，上层装粪270kg、麦草135kg、接种物135kg，或下层装稻草180kg、接种物180kg，上层装粪360kg、稻草180kg、接种物180kg。原料拌和均匀，分层入池后，夏秋季堆沤3～4天，冬春季堆沤5～6天，下雨时遮住活动盖口。堆沤期满，从进料口向池内加水，加水的数量以水封住进出料管下口后再加400～500kg为宜。然后封盖，进行点火试气。因为该工艺在投料阶段是分上下两层配料加料，而且装满全池，不预留贮气箱，所以称之为分层满装料工艺。

该工艺运转阶段的管理十分简单，只需每天将三结合的粪便进料入池，为了确保原料在池内充分分解，每立方米沼气池每天入池总固体数不宜超过0.7kg。出料时，应掌握前期只进不出，中期（液面达到池容的80%～90%时）有进有出。后期不进不出，不用进行搅拌。

（4）干发酵工艺　所谓干发酵，通常是指发酵液总固体浓度超过20%的发酵方法，由于固体浓度太高难以采用连续投料或半连续的投料方式，绝大多数均采用批量投料。下面介绍以秸秆为原料的干发酵方法（同时也适用于粪草混合发酵）的关键点：添加足够的优质接种物；秸秆要切碎并用石灰水预处理，并进行池内外堆沤；添加适量氮源，发酵浓度为20%～30%。

① 配料和预处理

a. 秸秆用量和预处理。风干秸秆［TS(%) = 85%］切成150mm左右的小段，加石灰水泼湿，再将接种物总用量的1/3混入，进行池外堆沤，堆沤时间为2～3天。堆沤的目的是初步破坏秸秆的纤维木质结构，并增加秸秆容重，以提高单位池容的秸秆处理量。堆沤结束后加入其余接种物和氮肥，入池再堆沤24h，用以增加启动的料温。

通常，每立方米池容处理风干秸秆约为100kg，加入粪便一般不影响秸秆的处理量。如果发酵周期为90天，那么平均体积有机负荷率（每立方米池平均每天处理的总固体量）为：

$$\frac{100 \times 85\%}{90} = 0.94 \, [\text{kg TS/(m}^3 \cdot \text{d)}]$$

这时平均体积产气率可超过 $0.2\text{m}^3/$（$\text{m}^3 \cdot \text{d}$）。如果增加粪便，则由于平均体积有机负荷率增加，可以提高平均体积产气率。例如，按秸秆质量的 2 倍加入猪粪[$\text{TS}(\%) = 20\%$]，则平均体积有机负荷率为：

$$\frac{(100 \times 85\%) + (200 \times 20\%)}{90} = 1.4 \, [\text{kg TS/(m}^3 \cdot \text{d)}]$$

这就可以保证平均体积产气率超过 $0.28\text{m}^3/$（$\text{m}^3 \cdot \text{d}$）。

b．接种物。对接种物的要求与其他发酵工艺相同，接种物数量应为秸秆质量的 1.5 倍以上。它是保证干发酵正常进行的关键。池外堆沤时先用 1/3 的量，其余的入池时再加入。

c．氮源添加。由于采用的是批量投料方法，平时没有含氮丰富的粪尿流入，而秸秆本身含氮量不足，因此必须在入池时补充氮源。但由于干发酵的水分含量较少，太多的氮易造成发酵抑制。所以加碳酸氢铵时用量为秸秆用量的 2%，加尿素时用量为秸秆用量的 1%。

d．石灰水预处理。石灰的用量应为秸秆质量的 5%，此项措施的目的在于破坏秸秆的木质纤维结构，并中和发酵过程中产生的酸，以防止 pH 值下降。

② 浓度控制。用加水量来控制料液的浓度，石灰 5kg 加水 100kg 配成石灰水用于预处理；接种物［$\text{TS}(\%) = 10\%$］按 1∶1 加水稀释；氮肥每千克加水 50kg 溶解后使用。由于堆沤过程中水分会损失，按上述比例加水，一般可将浓度控制在20%～30%。

③ 发酵周期。为了充分利用沼气池和积造有机肥，南方地区在冬春季可以采用一个发酵周期，约 150～200 天；夏秋季（5～10 月）可采取两个发酵周期，每个周期约为 90～100 天。各地区应该把发酵周期和农事用肥密切结合起来考虑。

④ 贮气问题。干发酵池必须附有贮气设施，如塑料贮气袋、分离浮罩或水压式贮气池。采用每户一个干发酵池和一个水压式池最简便。

（5）半连续投料发酵工艺

① 备料。备料是沼气发酵工艺的首要步骤。新建沼气池和沼气池大换料前，必须准备好充足的发酵原料。小康型沼气池采用人、畜粪尿等流体、半流体发酵，备料较难，因此要做到边建池边备料、接种、堆沤。

② 新池检验或旧池检修。新建沼气池时，必须严格按照设计要求，检查建池的质量，经试压检查证明质量合格，才能投料使用。对于使用一年以上，又未用密封涂料的沼气池，在大换料后，应用水把气箱、池墙冲洗干净，对池体进行一次非常仔细的检查，若发现有裂缝的地方和渗漏现象，要及时修复。同时，应将

池盖、池墙等部件用水泥浆涂刷 3～4 遍，以防止渗漏。

③ 原料接种堆沤。新建沼气池投料或旧池大换料的时候，一般应加入占原料质量 30% 以上的活性污泥，或留 10% 以上正常发酵的沼气池底部活性污泥，或用 30% 的沼气发酵液作启动接种物。

如果新建沼气池没有活性污泥，可用堆沤 5～10 天的畜粪（牛粪、羊粪）或老粪坑底部粪便作接种物，用量仍占原料质量的 30% 以上。

从沼气池拱顶活动盖口加入已拌匀的发酵原料。应该边进料边踩紧压实。原料入池以后，即可进行适当的池内堆沤，堆沤时间各地区随季节不同而异：一般夏季 1～2 天，冬春季 3～5 天。如果用喂配合饲料的猪的粪、鸡的粪发酵，池内堆沤的时间应长一些（注意加接种污泥菌种）。进行池内堆沤时，切忌盖上活动盖。若遇上降雨天气或气温太低时，可在活动盖口覆盖遮蔽物，雨过天晴或气温回升后，应及时揭开遮蔽物，以利于好氧和兼性微生物发酵。

④ 加水封池

a. 适量加水。沼气发酵的含水量以 88%～94% 为佳，换言之就是，原料的干物质浓度占 6%～12%。在这个范围内，夏天宜稀，冬天则宜浓。小康型沼气池采用人畜粪尿等流体、半流体原料发酵，猪粪尿、人粪尿的干物质浓度在 7.5%～10% 的范围内，完全可以满足沼气发酵原料含水量的要求，不需要另外加水。

如果采用稻草垫栏的猪牛栏粪发酵，则要进行池内堆沤。当堆沤到发酵原料温度上升到 50～60℃ 时，便可加水。加水时应从出料口（水压间）加入，不宜从天窗口或进料口加入，以免冲走已经附着在原料上的粪尿及菌种。加入的水应该是温度较高的污水或沼气肥水，这样可以增加发酵微生物的数量和部分溶于水的低分子化合物，进而加速产气。总加水量应扣除拌料时加入的水量。加水完毕后，可用 pH 广泛试纸检查发酵液的酸碱度，若 pH 值低于 7，那么可以加入适量草木灰、氨水或澄清石灰水将其 pH 值调整到 7 左右，让池内的发酵原料在好氧条件下（不封活动盖）发酵几天，防止挥发酸的积累。经常用手电照明观察沼气池，当池内液面布满很多大小不一的紫光色气泡（即沼气）时，说明沼气发酵已经启动，可以将活动盖盖上封池使用。

b. 密封活动盖的方法

Ⅰ. 密封材料。常用的沼气池活动盖的密封材料有黏土、白干泥、水泥等。首先将不含砂的干黏土锤碎，筛去粗粒和杂物，按 1∶（10～15）的配比（质量比）将水泥与黏土干拌均匀后，分成大小两堆料，再加水拌和，将大堆料拌湿，将小堆拌成泥浆状，以"手捏成团，落地开花"状为宜。

Ⅱ. 清洁表面。首先用扫帚扫去粘在蓄水圈（又称天窗口）、活动盖底及圆周边的泥沙杂物，再用水冲洗，使蓄水圈、活动盖表面洁净，以利于黏结。

Ⅲ．封盖步骤。先用瓦刀将拌好的泥浆抹在蓄水圈内气箱拱盖上面，抹匀粉平，再把活动盖坐在泥浆上，注意活动盖与蓄水圈之间的间隙要均匀，用脚踏紧，使之紧密贴合；然后将拌好的水泥黏土撒在活动盖与蓄水圈之间的间隙里，分层锤紧，填满为止。当锤紧第一层黏土后，选 3 个卵石等距离放入活动盖与蓄水圈墙的间隙内。卵石粒径与间隙大小相同，楔紧活动盖。水泥黏土起着密封的作用，3 个卵石起骨架作用，这样可以防止沼气池内压力增高时，活动盖向上移动而造成漏气。

Ⅳ．养护使用。用水泥黏土密封活动盖后，打开沼气开关，将水灌入蓄水圈内，养护 1～2 天后即可关闭开关使用。揭开活动盖换料时，注意先钩出 3 个卵石，匀松间隙内的密封材料，再揭活动盖，防止损坏蓄水圈墙。

⑤ 放气试火。封池后，当压力表水柱上升到 3～4kPa（300～400mmH$_2$O）时，开始放气。第一次排放的气体主要是二氧化碳和空气，甲烷含量很少，一般不会点燃。当压力表水柱上升到 2kPa（200mmH$_2$O）时，进行第二次放气，并且开始试火，应在炉具上做点火试验（切忌在沼气池导气管直接点火）。如果能点燃，说明沼气发酵已经正常启动，次日即可使用。

2.2.4.2　大中型沼气工程沼气发酵工艺

大中型沼气工程沼气发酵工艺就发酵原料来说，可分成过稀、稀、稠和过稠4 种，如表 2-12 所示。

表 2-12　发酵原料类型

原料特性	形态	含量		原料来源
		TS/%	COD/(mg/L)	
过稀原料	液态	<0.1	<1000	城镇生活污水
稀原料	液态	>0.1	>1000	酒糟液分离的糟液、屠宰场清液、城镇粪便
稠原料	液固态混合	5～15		畜禽粪便、秸秆
过稠原料	液固态混合	>15		粪便、秸秆

就发酵原料的使用情况，可分成酒厂（酒精厂）、屠宰场、畜牧场和城镇粪便处理厂等 4 种。

（1）酒厂（酒精厂）沼气发酵工艺

① 发酵原料。酒厂（酒精厂）使用发酵原料主要分成 3 类：以甘薯干为原料酿酒和制取酒精的糟液；以玉米为原料酿酒和制取酒精的酒糟；以糖蜜为原料制取酒精的糟液。

现将几个制酒厂和酒精厂的原料情况和酒糟主要成分分别列于表 2-13 和表 2-14。

表 2-13　酒厂发酵原料情况

工厂	制酒工艺	生产产品			年排放量/t	
		原料	种类	年产量/t	液态酒精	固态酒精
南阳酒精厂	液态发酵	甘薯干	酒精	50000	800000	
	制酒	甘薯干	白酒	10000		
			溶剂	5000		
乐至酒厂	制酒	坏甘薯干	白酒	2300	46800	
蓬莱酒厂	制酒	甘薯干	酒精	5000	64500	
通城酒厂	制酒	麦麸	酒精			
龙泉酒厂	制酒	甘薯干或渣	酒精	800～1000	18000	
长白酒厂	固态发酵制酒	玉米	白酒	200		1080
英达酒厂	固态发酵制酒	玉米	白酒	360		2520
平沙糖厂	酵母发酵法	甘蔗糖蜜	酒精	2100	28350	

表 2-14　酒糟主要成分

工厂	种类	TS/%	悬浮物/(mg/L)	pH	COD/(mg/L)	BOD/(mg/L)	备注
南阳酒精厂	酒糟液	4.5	20000	4.2～4.5	50000	25000	BOD/COD＝0.5
乐至酒厂	酒糟液	3.8	42500	3～4	19000	11600	0.61
蓬莱酒厂	酒糟液	5	28000	4.4	548000	23900	0.44
通城酒厂	酒糟液	4.1～4.5		6	43000～47000		
龙泉酒厂	酒糟液	3.5～4		4.5	43000～47000		
长白酒厂	酒精（稀释）	8.96		3.8	16500		去稻壳
平沙糖厂	原废水		17240	3.9～4.5	100000～130000	57700～67200	
	稀释废水			4.1～4.3	35000	12850	

② 液体酒糟沼气发酵工艺

a. 液体酒糟高温发酵工艺。液体酒糟高温发酵工艺是利用从酒精蒸馏塔排出具有 80～90℃ 的糟液，通过沉沙池将酒糟中的沙粒和碎石沉淀分离，并进行适当的冷却。沼气发酵温度一般被控制在 53～58℃，所以要将高温糟液先冷却到 60℃左右，再进入消化器发酵。南阳酒精厂、蓬莱酒厂等都采用这种工艺。糟液高温沼气发酵情况见表 2-15。

表 2-15 糟液高温沼气发酵糟况

厂名	发酵温度/℃	pH 值		滞留期/d	负荷量/ [kg COD/(m³·d)]	产气率/ [m³/(m³·d)]	COD 去除率/%
		进	出				
南阳酒精厂	53~55	4.3~4.5	7.5~7.8	8	6.25	2.5	86
乐至酒厂	53~55	3~4	7.2~7.3	14~15	1	1.1~1.6	96.8
蓬莱酒厂	55	4.4	7.5	11~13	1	2	79
通城酒厂	55	6.0	7.2	8	5.4	2.5	75
龙泉酒厂	37	5	7.0	15	10	5	82

各酒厂在冷却糟液时，采用的方法不同：有的采用喷淋冷却塔冷却，有的则采用卧式列管冷却。而蓬莱酒厂则较好地利用糟液的余热，使其糟液通过具有冷水流过的套管，因而冷水得到预热，将预热水提供给生产锅炉用水，达到锅炉节能的目的。

液体酒糟高温发酵，通常采用地下或半地下普通消化器，滞留期为 8~15 天，产气率为 1.1~5m³/(m³·d)，负荷量为 1~10kg COD/(m³·d)（表 2-15）。

南阳酒精总厂日产 40000m³ 沼气工程，所产沼气除供给南阳市 2 万多户家庭用外，还供本厂职工食堂、锅炉和作工业原料。南阳是我国实现民用沼气的第一个城市。

工厂年产酒精 5 万 t，丙酮、丁醇 5000t，白酒 1 万多 t。月排放废糟液 2700t，年排放量达 80 万 t 以上。

工厂从 1964 年开始试验研究生产沼气，在 1967 年建立的两座 2000m³ 隧道式沼气消化器的基础上扩建，1986 年又新建两座 5000m³ 的新型消化器，于 1987 年 12 月建成投产。

南阳酒精总厂沼气发酵工艺流程如图 2-5。

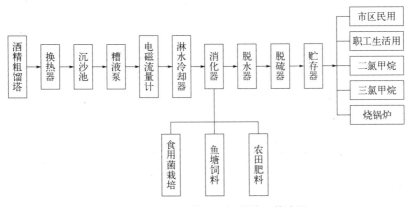

图 2-5 南阳酒精厂沼气发酵工艺流程

糟液进料浓度为 COD 50000mg/L，排放为 8000mg/L，去除率为 84%；BOD 由 25000mg/L 降至 2300mg/L，去除率 90.8%；pH 值由 4.2 升至 7.2～7.5；悬浮物 由 20000mg/L 降至 700mg/L，去除率 96.5%。

蓬莱酒厂沼气发酵工艺流程如图 2-6。

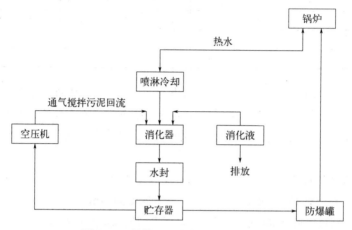

图 2-6　蓬莱酒厂沼气发酵工艺流程

糟液沼气发酵，启动消化器进行接种时，要调节料液的 pH 值。待启动运转 正常后，经冷却后的糟液可以按规定投料量直接进入消化器，发酵过程中可以通 过控制投料量及污泥回流来调节 pH 值，应保持 pH 值在 7.5 左右。

b. 液体糟液中温发酵工艺。中温发酵工艺指的是依靠糟液自身具有的温度来 进行中温发酵，龙泉酒厂采用的就是中温发酵工艺，其工艺流程如图 2-7。

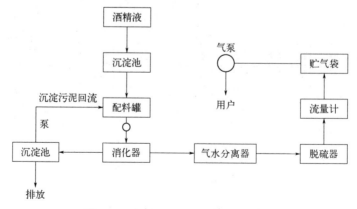

图 2-7　龙泉酒厂沼气发酵工艺流程

酒厂玉米酒精糟液呈酸性，其 pH 值为 4.5，经竹帘过滤稀释 1 倍后 pH 值为 5.0，料液温度在 40℃左右。过滤后料液的 TS(%)为 1.2%，VS(%)为 TS(%)的 70.9%，COD 为 22300mg/L，BOD 为 6810mg/L，悬浮物为 7130mg/L。进行中温发酵（37℃±2℃），产气率为 5m^3/（m^3·d），处理负荷为 10kg COD/（m^3·d），COD 去除率为 82%，排放消化液 pH 为 7.0。

消化器是属于污泥床 UASB 和过滤器 AF 联合型，消化器总容积为 2×10^{8}m^3。料液先进入配料罐与沉淀池回流的污泥混合并停留 1 天（pH 值为 5.5），再进入消化器消化。

③ 固体酒糟中温沼气发酵工艺。长白酒厂和英达酒厂均采用玉米为原料酿酒，玉米酿酒以稻壳为填充料，酒糟为带稻壳的固态酒糟。进行沼气发酵时，先对酒糟加 2 倍水稀释，再筛除稻壳，料液入沉淀池，沉淀 3～5h 后，取其上清液送进消化器发酵。长白酒厂沼气发酵工艺流程如图 2-8。

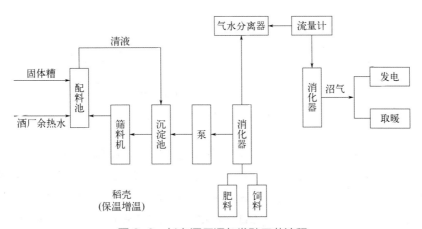

图 2-8　长白酒厂沼气发酵工艺流程

消化器增保温方法：采用从酒糟中分离出的稻壳，使消化器埋在糟壳中，利用糟壳生物发酵热对消化液增温和保温，在东北地区可以长年供气。

（2）屠宰污水沼气发酵工艺　屠宰场的污水和猪栏的粪便是沼气发酵的良好原料。屠宰场生产沼气对卫生与环境保护有很大的意义，同时生产沼气也可解决全场职工生活用能的问题。处理屠宰污水和猪粪的沼气发酵工艺流程方案按沼气发酵和发酵后处理方式不同分成 3 种类型，见图 2-9。

屠宰污水与猪粪沼气发酵和后处理工艺流程分别介绍如下。

① 屠宰污水与猪粪二级沼气发酵工艺。屠宰污水与猪粪在第一级消化器发酵后又进入第二级消化器再发酵，使有机物更好地为微生物所代谢分解，减少对环境的污染，其工艺流程图如图 2-10。

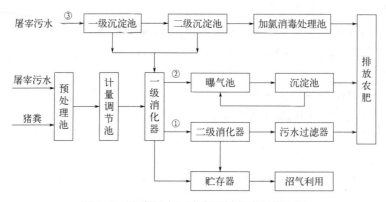

图 2-9　屠宰污水和猪粪沼气发酵工艺流程

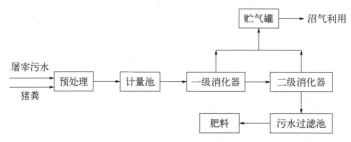

图 2-10　屠宰污水、猪粪二级沼气发酵工艺流程

在预处理池里，屠宰污水与猪栏的粪便通过格栅除去杂物后用计量泵从计量池送入一级消化器。经发酵后的污水通过滤池里的细沙石滤层，可进一步减少寄生虫卵与 COD 的值，达到较好的卫生环境效果。例如，某食品收购站，屠宰污水与粪便混合，经发酵 120d 后，COD 的值由发酵前的 19000mg/L 至 1306mg/L，去除率为 93%，大肠杆菌菌值由 10^{-9} 到 10^{-4}。

注：大肠杆菌菌值是指检出一个大肠杆菌所用的样品的最小数量（通常以 g 或 mg 表示）。大肠杆菌菌值越大，则说明检出的大肠杆菌数量越少，处理粪便的卫生效果越好。为方便起见，一般把大肠杆菌菌值用负指数来表示。例如，用样品 0.01mg 检出有大肠杆菌，记为 10^{-2}。

② 屠宰污水沼气发酵和加氯处理工艺。冷冻厂在一级沉淀池内，宰猪的大量污水被除去猪肠胃内物和废毛蹄壳及部分漂浮物（废脏器、油渣），再进入二级沉淀池继续沉淀微细悬浮物及寄生虫卵。污水在沉淀池滞留两天，处于密封或半密封的状态，使有机质分解，血色素脱色，悬浮物减少。沉淀池的沉淀物刮入斜斗槽中，然后流入消化器发酵，猪栏粪便由人工和机械收集，直接进入消化器，发酵残渣用作农肥，其工艺流程如图 2-11。

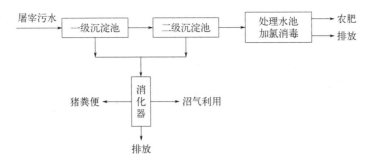

图 2-11 屠宰污水沼气发酵和加氯处理工艺

屠宰污水经两级沉淀后加氯处理效果良好，未加氯时，出水大肠杆菌个数为 2.38×10^6 个/L，细菌总数为 2.24×10^8 个/L；加氯处理后，余氯为 4mg/L 时，大肠菌降为 900 个/L，细菌总数为 1.79×10^5 个/L。BOD 降低了 42.6%（由 557.6mg/L 降至 320mg/L），而 COD 降低了 86.6%（由 744mg/L 降至 100mg/L）。

③ 屠宰污水沼气发酵和曝气处理工艺。北京和杭州肉联厂屠宰污水采用沼气发酵和曝气处理工艺，如图 2-12。

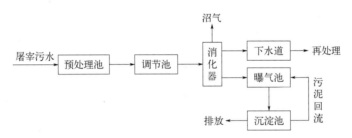

图 2-12 屠宰污水沼气发酵和曝气处理工艺流程

污水在预处理池除去碎皮、烂肉、毛屑类等难以消化物，进入调节池调节料液浓度和 pH 值，然后进入消化器消化，经厌氧消化器处理的污水分成两路再处理，以达到排放标准。经厌氧消化后的污水，可以采用曝气（好氧）处理并沉淀后排放，曝气池沉淀的污泥回到曝气池中再次被利用。

（3）禽畜场沼气发酵工艺 禽畜粪便中悬浮物太多，固形物浓度较高，原料的有机成分含量及碳氮比见表 2-16。

表 2-16 原料有机成分含量及碳氮比（近似值）

原料	总固体/%	挥发性固体/%	粗脂肪/%	木质素/%	纤维素/%	蛋白质/%	含氮量/%	含碳量/%	碳氮比（C/N）
鸡粪	68.9	82.2	2.84	19.82	50.55	9.52			
鲜牛粪	15～20	70～77	3.23	35.57	32.49	9.05	0.29	7.3	25：1

续表

原料	总固体/%	挥发性固体/%	粗脂肪/%	木质素/%	纤维素/%	蛋白质/%	含氮量/%	含碳量/%	碳氮比(C/N)
猪粪	20～27.4	76.54	11.5	21.49	32.39	10.95	0.60	7.8	13∶1
稻草	80～88	86.02	9.62	12.7	59.95	5.42	0.63	42	67∶1
人粪	17	77.42	11.22	14.66			4.84	50.5	10∶1

注：总固体是指对原料量的百分比，其他各项是指干物质百分比（表中数据由上海市工业微生物研究所、河北省微生物所等单位提供）。

　　以上海五四畜牧场沼气示范工程为例，装置以奶牛粪为原料，使用地面消化器，采用近中温发酵，两级消化，年平均产气率为 0.8m³/(m³·d)以上。其工艺特点为：原料前处理采用绞龙式粪草分离机、发酵原料固液分离机进行处理；消化器采用两级发酵方式，一级发酵是牛粪在全混合式消化器内发酵，消化液再进入二级消化器发酵，二级消化器是折流式生物过滤罐；沼气经过脱水、脱硫入贮存器，供应畜牧场 484 户用气。该工程消化器总容积为 1004m³，由 8 个消化器组成，生产实践证明，对于集约化奶牛场粪便，这种发酵工艺是合适的。沼气发酵工艺流程如图 2-13 所示。

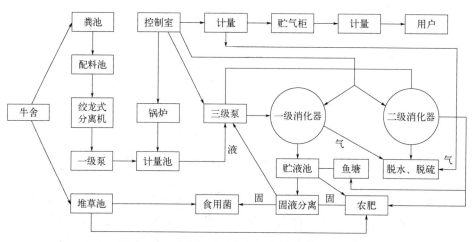

图 2-13　牛粪近中温两级沼气发酵工艺流程

　　（4）城市粪便沼气发酵工艺　城市粪便处理从卫生和环境要求上来说，要求采用高温发酵工艺，如图 2-14 所示。

　　城镇粪便中通常有一些不能用泵运送的杂物，需先用格栅将杂物除去。粪便液含固形物仅 1%～2%，产气量低，要求经过 24h 左右的沉淀，使沉淀物浓度提高到 5%～6%后，再进行高温发酵。生产的沼气用来烧锅炉，生产的蒸汽用来维持消化器在 53～55℃工作。经沉淀后的清液，COD 还在 1000mg/L 以上，必须经再处理后，方能达到环保排放要求。

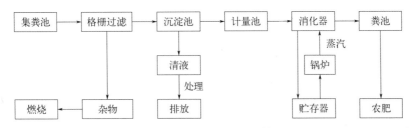

图 2-14 高温处理粪便工艺流程

城市粪便经高温发酵处理后的卫生效果是明显的，见表 2-17。

表 2-17 城市粪便经高温发酵处理后的卫生效果

单位	发酵温度/℃	滞留期/d	进料		出料	
			蛔虫卵死亡率/%	大肠杆菌菌值	蛔虫卵死亡率/%	大肠杆菌菌值
青岛市一厂	53±2	10	5~40	10^{-12}~10^{-8}	95~100	10^{-3}~10^{-1}
青岛市二、三厂	53±2	13	5~40	10^{-9}	95~100	10^{-3}~10^{-1}
烟台市	55±1	10	13	10^{-8}	100	10^{-3}~10^{-2}

由表 2-17 知，蛔虫卵死亡率都在 95%以上，大肠杆菌菌值也由 10^{-12}~10^{-8} 到 10^{-3}~10^{-1}，达到了国家粪便无害化卫生标准。

国家标准《粪便无害化卫生要求》GB 7959—2012 关于沼气发酵的卫生标准见表 2-18。

表 2-18 沼气发酵的卫生标准

编号	项目		卫生标准
1	消化温度与时间	户用型	常温厌氧消化≥30d
			兼性厌氧消化≥30d
		工程型	常温厌氧消化≥10℃ ≥20d
			中温厌氧消化35℃ ≥15d
			高温厌氧消化55℃ ≥8d
2	蛔虫卵		常温、中温厌氧消化 沉降率≥95%
			高温厌氧消化 死亡率≥95%
3	血吸虫卵和钩虫卵		不得检出活卵
4	粪大肠菌值		中温、常温厌氧消化 ≥10^{-4}
			高温厌氧消化 ≥10^{-2}
			兼性厌氧发酵 ≥10^{-4}
5	沙门氏菌		不得检出

注：在非血吸虫病和钩虫病流行区，血吸虫卵和钩虫卵指标免检。

（5）原料两相发酵工艺 两相发酵工艺（two-phase anaerobic digestion process）是 1971 年由美国 S. Ghosh 等人开发研究的。通常情况下，人们认为沼气发酵主要过程经历了酸化和甲烷化两个阶段。酸化阶段所繁殖的酸化菌群在营养要求、生理代谢及其繁殖速度和对环境条件的要求等方面与在甲烷化阶段所繁殖的菌群有很大的差别。因此，人们把酸化阶段和甲烷化阶段人为分开，建立起所谓的酸化罐和甲烷化罐两相发酵工艺，使沼气的产生效果大大提高。

在酸化阶段的酸化菌群繁殖较快，故滞留期较短；而甲烷化阶段的滞留期较长。每升料液有机物达数十克，一般来说，酸化阶段滞留期为 1～2 天，甲烷化阶段滞留期为 2～7 天。所以，前者的消化器容积较小，而后者的容积较大。酸化阶段一般采用高速度消化器或常规消化器，或采用完全混合式的反应器。而甲烷化阶段可采用任何厌氧消化器，生产中应用较多的是第二代高效装置，即污泥床反应器。由于不同发酵阶段仍然不可能是纯菌群培养，故在实际生产运行中酸化阶段还包括有液化（水解）和甲烷化的发酵反应。所以，为了更好地发挥酸化菌群和甲烷菌群的分解效率，对不同沼气原料或废水，则往往需要通过试验，以便确定最佳两相发酵工艺条件。

有机物在酸化阶段被分解成有机酸、醇、氢气以及少量的 CO_2、CH_4 等，而甲烷化阶段把大量有机酸进一步分解成 CH_4 和 CO_2 等。两相发酵工艺见图 2-15，为广东某糖厂采用两相沼气发酵工艺处理糖蜜废水。

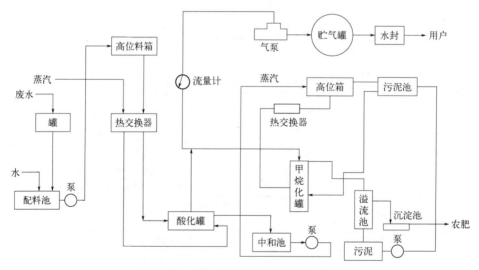

图 2-15　130m³ 两相沼气发酵工艺流程

其工艺过程分为酸化阶段和甲烷化阶段。

酸化阶段（第一阶段）：先将高浓度的废水进行适当稀释，用泵打入高位料箱，然后通过热交换器将料液加热至 36℃ 进入酸化罐（33℃），酸化罐容积为 30m³。

甲烷化阶段（第二阶段）：从酸化罐出来的料液，经过中和池中和，再泵入高位料箱；通过热交换器加热至 35℃ 进入甲烷化罐（温度 33℃），罐容积为 100m³；

经消化后的污泥污水再回流至高位污泥池进入发酵池，而溢流的消化液流入污泥沉淀池，上清液作为灌溉之用而排放。

两相发酵工艺的运行效果见表 2-19。

表 2-19　两相发酵生产性运行效果

有机负荷/[kg COD/(m³·d)]	废水 HRT/t			产气率/[m³/(m³·d)]			产气量/m³		
	酸化	甲烷化	系统	酸化	甲烷化	系统	总产气量	每千克 COD 产气量	每立方米废水产气量
4.72	0.77	2.56	3.33	0.263	1.96	1.57	203.9	0.33	40.9
6.34	0.86	2.88	3.74	1.24	2.319	2.07	269.1	0.33	38.7
8.02	0.69	2.31	3.00	1.10	3.373	2.85	370.4	0.36	37.8
10.36	0.56	1.92	2.50	1.57	3.624	3.15	409.6	0.30	33.2
10.00	0.77	2.56	3.33	2.75	3.70	3.48	452.5	0.35	36.7

有机负荷/[kg COD/(m³·d)]	pH		COD 浓度/(mg/L)			COD 去除/%		沼气（CH₄）含量/%	
	进水	出水	进水	酸化液	出水	酸化	系统	甲烷化	混合气
4.72	4.4	7.3	15717	15359	4596	2.28	70.8	72.2	70.2
6.34	4.3	7.4	23760	20134	4933	15.26	79.2	72.1	66.5
8.02	4.3	7.3	24122	21325	5949	11.6	75.3	69.6	61.3
10.36	4.4	7.4	25962	20691	5582	20.3	78.5	67.5	62.1
10.00	4.5	7.4	33208	29210	7380	12.04	77.8	70.2	66.3

两相发酵比常规发酵有明显的优点，采用两相沼气发酵处理果酒废水中温（35℃）运行情况，如表 2-20。

表 2-20　果酒废水中温（35℃）两相发酵与常规发酵比较

指标	常规发酵	两相发酵
负荷/[kg COD/(m³·d)]	0.8	6.1
原料在沼气池内的滞留时间（HRT）/d	15	7.4
产气率/[m³/(m³·d)]	0.4	2.9
CH₄ 含量/%	61.1	70.5
H₂ 含量/%	0	2.9
出水 pH	6.8	7.5
COD 去除率/%	84	96

应指出表 2-20 中的两相法所取得的效果，是因为产甲烷阶段采用第二代的消化器，故两相法适于处理含悬浮固体高的有机废水。

2.2.4.3　沼气发酵工艺控制条件

在日常沼气发酵过程中，要使沼气发酵正常进行，获得较好的产气效果，就要创造适宜沼气发酵微生物进行正常生命活动所需要的基本工艺条件。影响沼气发酵的工艺条件主要有以下几个方面。

（1）严格的厌氧环境　微生物发酵分解有机物，若在好氧的条件下产生 CO_2；若在厌氧的环境中就产生甲烷。沼气发酵是一个微生物学过程，在发酵过程中，产甲烷菌显著的特点是在严格的厌氧条件下生存和繁殖，有机物被沼气微生物分解成简单的有机酸等物质。产酸阶段的不产甲烷菌大多数是厌氧菌，在厌氧的条件下，把复杂的有机物分解成简单的有机酸等；而产气阶段的产甲烷菌是专性厌氧菌，不仅不需要氧气，而且氧气对产甲烷菌具有毒害作用，培养中要求氧化还原电位在 $-330mV$ 以下。因此，沼气发酵时必须创造严格的厌氧环境条件。

在沼气发酵的过程中，不仅需要充足的产甲烷菌，而且还需要大量的不产甲烷菌。不产甲烷菌中有好氧菌、厌氧菌和兼性厌氧菌。这些菌落构成了一个复杂的生态系统。因此，游离态氧对产甲烷菌的影响就不像纯培养产甲烷菌时那样严重。沼气池中原来存在的空气，以及装料时带入的一些空气对沼气发酵的危害并不大，虽然产甲烷菌的生长和繁殖需要严格的厌氧环境，若在有氧的环境中，产甲烷菌不会增长，反而受到抑制，但它们并不会死亡。所以，只要沼气池不漏气，投料时带入的氧气就会很快被一些好氧菌和兼性菌消耗掉，并为产甲烷菌创造一个良好的厌氧环境。据测定，在沼气发酵开始时，沼气池中的氧化还原电位（Eh）为 $-121mV$，发酵 $9\sim47$ 天后降低到 $-410\sim-353mV$。

沼气发酵微生物中产甲烷菌属专性厌氧菌，要求严格的厌氧环境。不产甲烷菌中多数也是专性厌氧菌，虽然也有一些好氧菌和兼性厌氧菌，它们需要一些氧气，但在沼气池投料时所带进的氧已能满足它们的要求，在启动和整个发酵过程中不必再添加氧气，因此，沼气池应严格密封。

（2）温度条件　沼气发酵微生物只有在一定的温度条件下才能生长繁殖，进行正常的代谢活动。一般来讲，沼气发酵细菌在 $8\sim65℃$ 的范围内都能进行正常的生长活动，产生沼气。在一定范围以内（$15\sim40℃$）随着温度的增高，微生物的代谢加快，分解原料的速度也相应提高，产气量和产气率都相应增高，见表 2-21。

表 2-21　温度对沼气产气速度的影响

沼气发酵温度/℃	10	15	20	25	30
沼气发酵时间/d	90	60	45	30	27
有机物产气率/(L/kg)	450	530	610	710	760

当温度为 $10℃$ 时尽管发酵了 90 天，但其产气率只有 $30℃$ 发酵 27 天时的 59%。猪粪在 $27.6℃$ 下发酵比在 $16.9℃$ 下发酵总产气量提高 67%。

许多学者系统地研究了温度对不同原料沼气发酵产生的影响后指出，若温度介于 30～60℃之间，沼气发酵的日产气效率和每日负荷量并非与温度的增高呈正相关，而是在这个范围之内出现了两个产气的高峰。一个高峰在 37℃左右，另一个在 52℃左右。不同研究者由于采用的发酵原料不同，结果不尽相同。概括地讲，一个高峰介于 30～40℃之间，另一个高峰介于 50～60℃之间。在这两个最适宜的发酵温度中，有两个不同的微生物类群参与作用。40～50℃是沼气微生物高温菌和中温菌过渡区间，它们在这个温度范围内都不太适应，因而此时产气速度会下降。但当温度增高到 53～55℃时，沼气微生物中的高温菌活跃，产沼气的速度最快。沼气发酵温度突然变化，对沼气产量有明显影响，过高时，则会停止产气。通常依沼气发酵对温度的要求划分为高温发酵（50～55℃）、中温发酵（33～38℃）和常温发酵（10～30℃）3 种类型，农村沼气发酵利用自然温度发酵，属于常温发酵。

我国农村的沼气池，基本建在地下，大都采用自然温度发酵。沼气池内的料液温度受到气温和地温的影响，特别是受地温的影响较大。在我国四川成都地区，建在地下的水压式沼气池全年发酵料液温度的变化范围是 10～26℃；在湖南长沙地区（宁乡县），建在地下的水压式沼气池的发酵料液的温度变化范围是 12～31℃，平均温度为 18.6℃，最高池温为 31℃，最低为 12℃，其中池温在 12～15.9℃之间的为 137 天，16～20.9℃的为 116 天，21～31℃的 112 天。沼气池发酵液温度与气温、地温变化比较见表 2-22。

表 2-22　沼气池发酵液温度与气温、地温变化比较

项目		冬			春			夏			秋			全年总计（365天）
		11月	12月	1月	2月	3月	4月	5月	6月	7月	8月	9月	10月	
成都地区	平均气温/℃	10.91	6.37	7.58	6.81	12.10	15.90	24.4	23.30	25.9	27.3	20.8	19.70	16.79
	平均地温（210mm 处）/℃	18.95	16.54	14.67	13.5	13.8	14.7	18.0	18.1	19.5	21.2	22.0	21.6	17.55
	平均池温/℃	20.61	14.84	11.65	11.28	12.5	14.8	18.4	20.9	22.65	24.5	23.25	21.95	18.12
长沙地区	平均气温/℃	10.2	6.5	5.8	4.8	10.2	16.1	20.8	26.2	29.5	29.9	22.8	15.2	16.6
	平均地温（200mm 处）/℃	13.0	9.1	8.1	6.0	10.7	16.0	21.8	26.7	30.9	32.7	27.0	18.2	18.4
	平均池温/℃	18.6	15.9	13.3	12.9	13.0	14.9	17.7	19.6	23.4	26.2	24.9	21.2	18.6

注：1. 测试时间：成都地区 1981 年 11 月至 1982 年 10 月；长沙地区 1981 年 5 月至 1982 年 4 月。
2. 测试单位：成都地区由农业部成都沼气科学研究所测定；长沙地区由湖南省宁乡县农村能源办公室测定。

沼气发酵的速度与发酵温度有着密切的关系。我国广大农村采用的常温沼气发酵，随着一年四季气温的变化，池温变化也较大，产气率的变化也大。冬季池温低，产气率低；夏季池温高，产气率也相应提高，可达 $0.3～0.5m^3/(m^3 \cdot d)$。

但是，发酵原料总的产气量并不受发酵温度的影响。在一定的温度变化范围内（8～35℃），一定量的发酵原料的总产气量基本上是不变的，也就是说提高原料的发酵温度并不能提高发酵原料的分解利用率，只是能提高沼气发酵的速度。假如要产同样多的沼气，发酵池温度低的需要的发酵周期就长，发酵池温度高的需要的发酵周期就短。例如在夏季（27℃）1个月就可充分分解利用的发酵原料，在冬季（10℃）却要用4个月或者更长的时间才能完全消化分解。

发酵温度的突然升高或降低，对产气量有很大的影响。一般认为发酵温度突然上升或者下降5℃，产气量就明显降低，若温度变化过大则会停止产气，当温度恢复正常后，仍可以正常产气。

沼气由于采用常温、中温和高温发酵，其产生的结果也不相同。为了防止发酵温度的突然变化而影响到正常产气，在农村自然发酵中可以对沼气池采取适当的保温措施，一般常温发酵温度不会突变；在进行中高温发酵时，一定要严格控制发酵料液的温度。

采用酒糟为原料进行沼气发酵时，因酒糟本身具有80～90℃的温度，宜进行高温发酵。

对于粪便，为了满足粪便的无害化处理，要求采用高温发酵，因此要求对发酵料液进行加温处理。

（3）营养和原料的处理　充足和适宜的发酵原料是产生沼气的物质基础。在沼气发酵中，各种微生物源源不断地从外界吸收营养成分，以构成菌体和提供自身进行生命活动所需的能量。同时，在降解有机物质的过程中也形成了许多中间代谢产物。沼气细菌需要从原料中吸取的主要营养物质是碳（C）元素、氮（N）元素和无机盐等。但是，不同的微生物所需的营养成分是不同的。例如，产甲烷菌只能利用简单的有机酸和醇类等作为碳源，形成甲烷。绝大多数产甲烷菌可利用二氧化碳为碳源，形成甲烷；氮源方面只能利用氨态氮，而不能利用复杂的有机氮化合物，如蛋白质等。有机物质必须先经过不产甲烷菌的分解作用，才能进一步被产甲烷菌利用。一般来说，碳素大都来源于碳水化合物，是细菌进行生命活动的主要物质能量来源。氮素多来源于蛋白质和亚硝酸盐、氨类等无机盐类，是构成细胞的主要成分。沼气发酵细菌对碳素和氮素营养需求要维持在一个适当的 C/N。关于沼气发酵中碳氮比例的影响问题很多学者都颇有争议，最初研究者引用土壤微生物学概念，过分强调 25∶1，通过进一步研究发现，用常规的化学分析法来分析原料中的碳、氮含量，并不能正确反映发酵原料中的碳氮比例的关系。例如，木质素虽含碳量很高，但多数微生物不能利用。同一种发酵原料不同碳氮比例产气量也不一定相同。

综合国内外研究资料来看，沼气发酵要求的碳氮比例并不十分严格，原料的碳氮比例为（20～30）：1，即可正常发酵。常用的发酵原料中，鲜人粪含氮多、含碳少，碳氮比值小；作物秸秆含碳多、含氮少，碳氮比值大。为了满足沼气发酵细菌对碳氮比的要求，在投料时要注意合理搭配，综合投料，才能获得较高的产气量。

自然界可以作为沼气发酵原料的有机物质是相当丰富的，除了矿物质和木质素外，几乎所有的有机物都可以作为沼气发酵原料，如人畜粪便、作物秸秆、青草、含有机质丰富的废水和污泥以及农业废弃物等。目前，我国农村沼气发酵的原料主要是人畜粪便和各种作物秸秆。从化学分析的结果来看，各种家禽的粪便中都含有丰富的营养物质，是沼气发酵微生物良好的营养基质。许多研究者进行了各种发酵原料产气潜力的测定工作，结果见表 2-23、表 2-24。

表 2-23　不同原料沼气发酵的产气率（自然温度条件下）

原料名称	产气率/（L/kg）			甲烷含量（体积分数）/%	发酵温度/℃	研究者
	湿料	干料	挥发性固体			
猪粪+牛粪		110～126			自然温度（室外池，一年）	钱泽澎
牛粪		230～290			自然温度（23～31）	李钰
猪粪		127.6			自然温度（27～30）	江苏省南京市六合区沼气试验站
牛粪		85.2			自然温度（27～30）	
稻秆		140.0			自然温度（27～30）	
麦秆		183.0			自然温度（27～30）	
人粪		322.0			自然温度（27～30）	
锯木屑		4.0			自然温度（27～30）	
凤眼莲		185～259		62.4～66.5	自然温度（平均23.8）	重庆师范学院

表 2-24　不同原料沼气发酵的产气率（定温条件下）

原料名称	产气率/（L/kg）			甲烷含量（体积分数）/%	发酵温度/℃	研究者
	湿料	干料	挥发性固体			
猪粪（2%）[①]		426.3～648.9			35	姚爱莉
猪粪（6%）[①]		405.1～541.3			35	
稻草（2%）[①]		405.70			35	
稻草（6%）[①]		353.57			35	
麦秆（2%）[①]		518.58			35	
麦秆（6%）[①]		435.24			35	
麦秆		487.29			35	周孟津
玉米秆		632.24			35	

续表

原料名称	产气率/（L/kg）			甲烷含量（体积分数）/%	发酵温度/℃	研究者
	湿料	干料	挥发性固体			
人粪		470	962		35	熊承宗
麦秆	460	495	780	60～67	35	姜锋等
稻秆	415	450	730	59～67	35	
玉米秆	500	555	845	60～68	35	
人粪	115	430	710	60～74	35	
猪粪	125	510	960	70～71	35	
牛粪	23	120	260	67～76	35	
马粪	74.6	345.3	425.7	74.7	35	郭梦云等
污泥	37.9	75.8	543.8	76.3	35	
酒精蒸馏废液		385			35	张树政
猪粪	116.70	426.0	556.57	65	30	彭武厚等
牛粪	58.86	294.3	382.76	66	30	
鸡粪	213.80	310.3	277.5	60～65	30	
青草	63.28	398.0	489.42	64	30	
稻草	193.20	216.0	320.00	65	30	
柠檬酸发酵废菌体		393～608		57～61	30	彭武厚
红萍	108.6	250.1		64.6	29.6	贺瑞征
油菜秆		382.3	459.5	67.6	29.4	

① 括号中的数据指的是原料中水的质量分数。

（4）适宜的酸碱度　溶液中氢离子（H$^+$）的浓度称作酸碱度。溶液中氢离子浓度大时则溶液呈酸性，氢离子浓度小时则呈碱性。

酸碱度的大小用 pH 值来表示。pH 是溶液酸碱度大小的度量单位。产甲烷最旺盛时，二氧化碳的含量很低，pH 值在 7.0～7.5 之间；当 pH 值处于最低值时，酸性气体（主要是 CO_2）的含量正是最大值，所以，料液的 pH 值是监测发酵过程并进行其控制的一个重要技术参数。

沼气发酵正常进行时，通常都是在微碱性环境。沼气发酵微生物细胞内细胞质的 pH 值一般呈中性，同时，细胞具有自我调节的能力，从而保持环境呈中性。所以，沼气发酵细菌可以在较为广泛的范围内生长和代谢，其 pH 值在 6.0～8.0 范围内均可发酵，最佳值是 7.0～7.2（这里的 pH 值指的是消化器内料液的 pH 值，而不是发酵原料的 pH 值）。通常来说，pH 值高于 8.5 或低于 6.5 时，对沼气发酵都有一定的抑制作用，因为过酸或过碱使开始产气的时间持续得很长，导致产气量很少，甚至不产气。若 pH 值小于 6.0 时就会产生严重的阻抑作用，造成"酸中毒"，所产的气体不能燃烧使用。一般来说，当 pH 在 6.0 以下时，则应大量投入接种物或重新进行起动。

为了顺利地进行沼气发酵、及早地产气、提高产气量，则必须调节好启动时的 pH 值，pH 值调到 7.5 左右为最佳。在发酵过程中，除了一次添加过量的新鲜作物秸秆或青草等易产酸的原料，造成发酵液酸化，从而使 pH 值下降需及时调节外，一般不用调节。

正常的沼气发酵过程中，pH 值一般会呈现出规律性的变化。在发酵初期，由于产酸细菌繁殖较快，而产甲烷菌繁殖较慢，所以，发酵初期的 pH 值往往下降，随着氨化作用的进行，产生氨，氨溶于水，形成氢氧化铵，中和有机酸，使 pH 值回升，保持在一定的范围之内，比较稳定。就是说在正常的情况下，沼气发酵过程中的 pH 值变化是一个自然平衡过程，pH 值有一个自行调节的能力，一般无需进行随时调节。但如果配料不当，或操作管理不合理，可能会导致大量挥发酸积累，从而使 pH 值下降。例如，用喂配合饲料的鸡的粪、猪的粪发酵，需用草木灰、石灰水调节 pH 值，方能启动。

另外，在人畜粪便和其他有机废弃物中含有许多对 pH 起缓冲作用的物质。因此，在发酵过程中，一般是不需要进行调节的。

在大中型沼气发酵消化器投料时，要根据 pH 值来控制投料量，如果投料量过多，会形成冲击负荷，造成产酸过多。一般在间断投料时，投料前的 pH 值应以 7.5～7.8 为宜，在投料以后，其 pH 值不应低于 6.5。

调节 pH 的方法：过酸时可以经常换料（少量），以稀释发酵液中的挥发酸，提高 pH 值；也可用适量的石灰乳、草木灰或氨水进行调节。石灰乳调节的好处：一是其价格低廉；二是钙离子与钾和钠离子相比对沼气的毒性较小，钙离子能与二氧化碳反应，生成碳酸钙沉淀。如果发酵液的 pH 值大于 8.0，可以加入适量的牛粪、马粪，同时加水稀释，因为牛马粪便是酸性物质，pH 值约为 5.0～6.0。常用发酵原料的酸碱度如表 2-25 所示。

表 2-25　常用发酵原料的酸碱度

原料	酒糟	猪粪	猪尿	牛粪	人粪	人尿	潲水	草木灰	石灰水
pH 值	4.3	6.0～7.0	7.0	7.0	6.0	8.0	6.0	11.0	12.0

建议采用测定挥发酸来控制投料量，这样可以做到精确管理。按南阳酒精厂的经验，以间断投料（每次投料 10%）为例，投料前发酵液的挥发酸以 650mg/L 以下为宜，超过 800mg/L 时就要加以注意或适当减少投料，当超过 1000mg/L 时将迅速转坏，应大量减少投料或停止投料，待挥发酸量下降以后再恢复投料。

当利用含有大量有机酸的原料进行沼气发酵时，尽管 pH 值较低，但在原料进入消化器后有机酸会很快被利用，消化器内仍能保持正常的 pH 值。因此，使用含有机酸的废水为发酵原料时，一般不需要调节 pH 值，只要适当控制进料负荷，发酵即可正常运行。酸性原料进出料 pH 的变化列于表 2-26。

表 2-26　酸性原料进出料 pH 值的变化

原料种类	进料 pH 值	出料 pH 值	负荷/[kg COD/(m³·d)]	备注
合成脂肪废水	4.3～4.6	7.0～7.3	5～6	上海市工业微生物研究所
酒精废水	4.0～4.4	7.8	7.2～9.6	南阳酒精厂
造纸及糠醛废水	6.5	7.0	4.5	广州能源所
豆制品废水	4.5	7.0	9.9	上海市工业微生物研究所

（5）干物质浓度和有机物负荷量　对于沼气发酵干物质浓度的问题，不同的研究者有不同的观点。据有关专家以稻草和猪粪为原料测定：在 27～30℃ 的范围内，干物质浓度从 5%～15%，随着浓度的增大，其总产气量也随之增大。但是，如果浓度进一步增大，增大到 15%～25% 时，总产气量增加反而不明显，甚至减少。

结合浓度和温度两个因素来考虑对产气量的影响。高浓度（13.5%）在 50℃ 和 32℃ 的条件下，产气量比较低浓度（7.4%）高一倍。但在 17℃ 的条件下，高浓度的产气量反而低于低浓度。这是因为高浓度在较低的温度条件下，容易引起有机酸的积累，使发酵料液的 pH 值减小，从而影响产气量。因此，发酵温度较低的沼气池不适合采用高浓度发酵。

近年来，我国一些地区开展了固体发酵（干发酵）的研究。一些研究发现，将干物质浓度提高到 20% 以上，不仅可以提高池容产气率，而且方便进出料，适合我国北方农村的用肥习惯。沼气固体发酵技术的核心是在较高水平的挥发性有机酸含量的运转中控制 pH 问题。

结合我国广大农村的实际生活生产中用气的特点，沼气发酵最适宜的干物质浓度，应随季节不同（即发酵温度不同）而相应变化。高温季节浓度控制在 6% 左右，低温季节浓度则以 10%～12% 为好。这是因为，我国冬季气温低，适当增加发酵浓度，可以略微提高发酵液温度，有利于发酵进行。另外，由于增加了发酵原料的数量，可以使日产气量增加，对改善冬季的供气状况有较大作用。而夏季气温较高，发酵旺盛，这时候适当降低发酵浓度，控制产气速度，使产生的气只要够用就行，产气过多，反而造成浪费。

沼气发酵的处理能力，中温发酵为 2～3kg/（m³·d），高温发酵为 5kg/（m³·d），常温发酵则远远小于前面两种发酵的处理能力，其处理能力还随着环境温度的变化而变化。

各种类型的沼气发酵工艺都有一定的有机物负荷能力，超过极限值就会出现超负荷现象，此时，产酸速度就会大大超过消耗酸的速度，造成有机酸的积累，减小了发酵液的 pH 值，使产气机制受到抑制，从而造成沼气发酵不能正常进行。因此，沼气发酵处理时首先要保证发酵原料中的有机物含量不能超出发酵容器的最大负荷。

（6）压力　据资料（尼泊尔）对隧道式消化器和水压式沼气池进行测试，气体压力对日产气量的影响列于表 2-27。

表 2-27　气体压力对日产气量的影响

沼气池	沼气测定	压力/mmH$_2$O[①]	温度/℃	气体产量/m³	读数/次
隧道式	1 天 1 次	变化，最高 1100	20.5	1.53	2
	1 天 2 次	变化，最高 780	20.5	1.63	2
隧道式	1 天 1 次	变化，最高 1100	21.1	2.16	2
	1 天 2 次	变化，最高 780	21.1	2.11	2
水压式	1 天 2 次	变化，最高 1200	24.5	1.74	7
	按流量计	固定，最高 40	24.5	1.67	6

① 1mmH$_2$O = 9.80665Pa。

表 2-27 试验结果表明，压力对每天的气体产量几乎没有影响。但是，大量的试验与研究表明压力的影响是具有双重性的，它既会影响气体的组成成分，也会影响总产气量。CO_2 可溶于水但甲烷不溶，在高压下，CO_2 的溶解度增加，所以此时沼气中甲烷的含量就相应地提高了。

压力对沼气发酵产气有一定的影响。大型沼气发酵罐的底部常由于搅拌不到，水压使沼气和硫化物处于过饱和状态，从而使挥发酸积累，抑制了反应的进行。小型沼气池也有类似现象。我国农村推广的水压式沼气池，将发酵部分和贮气部分结合在一起，使贮存的气体保持了比较高的压力。据研究，压力对产气有较大的影响。例如，贮气的压力保持在 981Pa 的比对照 6867Pa 总产气量高 15%。因此，压力是值得关注的影响因素之一。

我国的水压式沼气池发酵经常处于较高和变动的压力条件下，压力的变化造成料液流动，起到了搅拌作用，使压力的影响减小。如果将我国的传统池形进行改进，使其压力处于较低的状态，并增加搅拌装置，这样，沼气池的产气率将有显著提高。

通常情况下，习惯地认为压力表上的读数越大越好，其实不然，实际压力表上读数的大小并不能反映沼气产量的多少，且压力过高对产气量还会有负面影响。

（7）添加剂和抑制剂

① 添加剂　能够促进有机物分解并提高沼气产量的物质叫做添加剂。添加剂

的种类很多，包括一些酶类、无机盐类、有机物和其他无机物等。

在沼气发酵过程中添加少量的有益的化学物质，有助于促进沼气发酵，提高产气量和原料的利用率。分别在沼气发酵液中添加少量的硫酸锌、磷矿粉、炼钢渣、碳酸钙、炉灰等均可不同程度地提高产气量、甲烷含量及有机物的分解率，其中以添加磷矿粉的效果为最佳。硫酸锌添加量为 0.005%时，沼气产量提高 3%；0.01%时，沼气产量提高 40.2%；0.02%时，沼气产量提高 21%；0.05%时，起毒害作用。$CaCO_3$（碳酸钙）可提高牛粪消化器的产气量和甲烷的含量。

添加过磷酸钙，能促进纤维素的分解，提高产气量。添加少量的钾、钠、镁、锌、磷等元素能促进产气、提高产气率的原因：一是能促进沼气发酵菌落的生长；二是能增加酶的活性，尤其是镁、锌、锰等二价金属离子常常是酶活性中心的组成成分，Mn^{2+}、Zn^{2+}是水解酶的活化剂，能提高酶的活性和促进酶的反应速度，有利于纤维素等大分子化合物的分解。添加浓度如下：Na 为 100～200mg/L；K 为 200～400mg/L；Ca 为 100～200mg/L；Mg 为 75～150mg/L。

在进料时添加纤维素酶，可加速有机质分解，提高产气量。若添加少量的活性炭粉末则可以提高产气 2～4 倍。如果添加表面活性剂吐温 20，其浓度为 0.001%，则可降低表面张力，增强原料和菌种的接触，产气量最高可提高 40%。

另外，如果把尿素添加到牛粪消化器内，可提高产气速度和产气量；把黑曲霉添加到污泥消化器内，可提高甲烷的含量；把 H_2 通入消化器内，甲烷则与 H_2 呈适当比例增加，当氢耗尽后，产气中甲烷的含量又恢复到原来水平；添加 0.25%～0.5%的甲醇和 0.25%～0.5%的醋酸钠，可较大幅度地提高沼气产量。

② 抑制剂　除了由于沼气发酵不正常而造成有机酸大量积累，氨浓度过高所引起的发酵障碍以外，常由于添加了一些有害的物质而使沼气发酵受到抑制。这些对沼气发酵微生物的生命活动起抑制作用的物质叫做抑制剂。

抑制沼气发酵的最普遍的原因是：硫酸还原细菌将无直接作用的 SO_4^{2-} 还原成可溶性硫化氢（H_2S），与发酵液中的重金属反应，形成溶解度极小的硫化物，表现出很高的抗性；沼气发酵菌有一定的忍耐程度，超过极限浓度，常使沼气发酵受阻。抑制剂的种类很多，有无机物和有机物，有植物性的和矿物质的物质。下面罗列一些典型的抑制剂种类。

氨态氮：若浓度过高，则会杀伤沼气发酵菌。

各种农药：特别是剧毒农药，有极强的杀灭沼气发酵微生物的作用。

挥发酸浓度：中温发酵达到 $2×10^{-3}$ 以上，高温发酵达到 $3.6×10^{-3}$ 以上时，产生抑制。

金属元素：如 K、Na、Ca、Mg 等，适量起促进作用，过量（Na＞800mg/L，K＞1200mg/L，Ca＞800mg/L，Mg＞1000mg/L）时则起抑制作用。

（8）搅拌　在沼气发酵过程中，若对沼气池进行搅拌则能有效地提高产气速度和处理效率，因此，搅拌对整个沼气发酵过程来说具有举足轻重的作用。通过试验得知，如果搅拌时间短，那么消化效率下降；若不搅拌，则有机物处理量和产气量都减少到连续搅拌时的一半。搅拌的目的在于使消化器内原料的温度分布均匀，使细菌和发酵原料充分接触，加快发酵速度，提高产气量，并有利于除去产生的气体。此外，搅拌还破坏了浮渣层，便于气体的排出。但是也有说法认为无需搅拌，尤其是在高温发酵时，发酵液本身搅动就很激烈，再进行搅拌，效果不明显。

传统的沼气池中没有设计搅拌装置，这样沼气池中的料液一般会形成 3 层，自上而下分别为浮渣层（结壳层）、清液层和沉渣层，严重地影响了产气效果。为了打破浮渣层中的结壳，使料液充分均匀混合，并更好地与微生物接触，就必须设置必要的搅拌器。有关专家通过试验研究发现，搅拌作用对产气量具有显著的影响。搅拌的沼气池与不搅拌的进行比较，总产气量可提高 15%～35%。搅拌的效果是毋庸置疑的，关键问题是如何进行搅拌，设计既要结构简单，又要操作方便，并且价格低廉，符合各地方实际情况。

在日常管理中，可根据发酵规模大小，采用不同的搅拌方法。①机械搅拌。机械搅拌器安装在沼气池液面以下，定位于上、中、下层皆可。如果料液浓度高，安装要稍偏下一些。此种搅拌法比较适合于小型沼气池。②液体搅拌。即用人工或泵使沼气池内的料液循环流动，以达到搅拌的目的。③气体搅拌。即将沼气池产生的沼气，加压后从池底部冲入，利用产生的气流，达到搅拌的目的。液体搅拌和气体搅拌比较适合于大中型的沼气工程。

（9）接种物　在沼气发酵中，菌种数量的多少和质量的优劣直接影响着沼气发酵的产气率。在处理废水时，由于废水中含有的产甲烷菌比较少，故在投料前，必须进行接种。添加接种物可促使过早产气，提高产气速率。不同来源的沼气发酵接种物（俗称沼气菌种）的数量对产气和气体组成有着不同的影响。

若想添加优质适当的接种物，以提高沼气发酵的产气率，那么第一步就是要对菌种进行培养。通常都是先从老发酵池的池底部取出污泥，再移入新建的发酵池中，并在适宜的温度条件下，添加一些新料，逐步增加以培养菌种，也可以将老发酵池中的沼液抽取一部分出来加入到新发酵罐中，这样可以加快菌体繁殖的速度。需要注意的是，如果需要进行高温发酵，那么必须使用高温发酵的菌种；若需要进行中温发酵，则必须使用中温发酵的菌种。绝对不能用中温发酵的菌种给高温发酵接种，否则不能达到预期效果。因为，不同温度条件下的菌落具有不同的生理特性。

污泥中存在大量沼气发酵的微生物，如果在发酵器中提高污泥的浓度，那么就可以增大处理量。沼气发酵的处理能力，以有机质计，中温发酵为 2～3kg/(m³·d)，高温发酵为 5kg/(m³·d)，但如果提高污泥的浓度，那么可以使处理量增加近 3 倍，这样能大大缩小发酵器的容积。

新型沼气发酵装置，例如厌氧过滤器、上流式厌氧污泥层反应器、厌氧附着膨胀床反应器等，它们的重要特点之一就是保持有较高的菌体浓度，所以也就具有较高的处理能力。

农村户用沼气池一般以人畜粪便和作物秸秆作为原料，粪便中含有大量的沼气发酵菌，装入池后，经厌氧培养，就可以进行发酵。可以采用添加接种物的方法来提早产气和改善发酵的状况。通常情况下，开始发酵时要求菌种量达到发酵量的 5%以上。

实际操作中，接种物添加的数量，要按不同的发酵工艺要求来考虑。

① 常温发酵。此种情况下的接种物一般采用的是下水道中的污泥，添加量大约相当于发酵液重的 10%～15%；若采用沼渣时，则应加 10%以上，而如若使用较多的秸秆作发酵原料，应该加大接种用量，其重量应大于秸秆的重量。

② 中温发酵。中温发酵的菌种要从常温接种物中筛选，经富集驯化来得到。例如，某酒厂采用猪场自然发酵的猪圈粪 5t，7%浓度酒糟稀释液 1.5t，制酒排出料液 10t，用大型塑料袋培养近 1 个月。

③ 高温发酵。高温发酵的菌种一般是从中温发酵菌种富集驯化培养得来的。例如某酒精厂采用屠宰场臭水池底起泡有腥臭的污泥和酒糟沟底起泡的污泥，混合后加入少量（约 10%）酒糟液保温培养，刚开始时采用的是中温，以后逐步提高到高温（53～55℃）。起初污泥中产甲烷菌较少，繁殖较慢，待 pH 值回升到了7.5～7.8 后开始产气，再加料并逐步扩大。

还有一些酒厂就近就便，采用其附近城肥无害化处理厂的高温粪便沼气发酵液 64m³，自然发酵的猪圈粪 19m³，加酒糟沟底污泥 3m³ 作接种物，在 45～55℃的温度条件下，逐渐加入新鲜酒糟，进行菌种驯化和扩大培养。

2.3 沼气干发酵

2.3.1 沼气干发酵机制

干发酵，通常是指发酵液总固体浓度超过 20%的发酵方法。干发酵是以固体废弃物为原料，在无流动水的情况下进行沼气发酵的工艺，可以将传统的消化工艺中的干物质含量由低于 8%提高到 25%～30%。传统的发酵技术基本上都是采用湿发酵技术，即将秸秆与人畜粪便、生活废水或工业废水等有机物混合，在厌氧的条件下通过产甲烷菌的作用生成甲烷。它与湿发酵相比主要优点是自身能耗低、节约用水、节省成本、池容产气率较高等。从干发酵产沼气技术的特点来看，发酵工艺的初期投资、运营成本和环境成本都低于湿发酵技术，占地面积小，适合投入建设年处理可发酵农作物秸秆一万吨以上、年产沼气 100 万 m³ 以上的沼气工程。

厌氧干发酵和厌氧湿发酵在生化反应本质上是相同的，主要是厌氧和兼性厌氧微生物在厌氧环境下分解有机物产生沼气的过程，包括水解、酸化和甲烷化三个反应阶段，如图 2-16 所示：

与常规的沼气发酵机制相同，第一阶段的水解阶段，是将发酵原料中不可溶的复合有机物（多糖、蛋白质、脂肪、纤维素等）在某些细菌的作用下转化为可溶化合物（糖、氨基酸、长链脂肪酸等）及一定量的氢气和二氧化碳。整个过程中，细菌大多数为严格厌氧菌，如梭状芽孢杆菌、双歧杆菌。此外，也包括链球菌和肠杆菌科一些兼性厌氧菌。

第二阶段的酸化阶段，主要是产氢产乙酸菌将难挥发性脂肪酸再转化为短链的酸、乙醇以及氢气和二氧化碳。典型的菌是 *Acetobacterium woodii* 和 *Clostridium aceticum*。在发酵过程中，氢分压的高低对有机物的降解有一定的调节作用，产氢微生物只有在耗氢微生物共存的条件下才能生长。

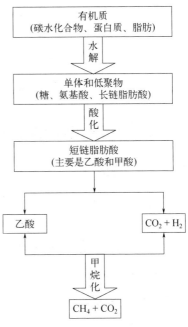

图 2-16　厌氧干发酵机制

第三阶段产甲烷阶段，将前两个阶段的产物再经各种厌氧菌转化为以甲烷和二氧化碳为主的混合气体，即沼气。

2.3.2　沼气干发酵工艺类型

干发酵由于固体浓度太高难以采用连续投料或半连续投料的方式，绝大多数均采用批量投料。国外目前干发酵厌氧工艺一般采用单级发酵系统，最具代表性的有 Dranco 工艺、Biocel 工艺、Kompogas 工艺和 Valorga 工艺等，四种工艺特点如表 2-28 所示。而间歇的厌氧消化工艺包括车库型干发酵系统、气袋型干发酵系统等。这些工艺的大规模工程应用已经表明干发酵系统是稳定的，高效的。我国在 21 世纪初开始了大型沼气干发酵研究，目前还处于小试研究阶段，和发达国家相比还有很大的差距。

表 2-28　四种工艺特点

工艺类型	年处理量/t	固含量/%	温度/℃	停留时间/d
Biocel 工艺	50000	30～40	35～40	10
Dranco 工艺	11000～35000	15～40	50～58	20(15～30)
Kompogas 工艺	10000	30～45	54	15～18
Valorga 工艺	10000～210000	25～35	无	14～28

2.3.3　沼气干发酵工艺条件控制

2.3.3.1　环境条件

沼气干发酵时起主导作用的细菌是厌氧菌，其中包括各种分解菌和产甲烷菌，严格的厌氧环境是产甲烷菌进行正常活动的先决条件。为保证沼气干发酵的厌氧状态，发酵设备必须严格密封，同时由于沼气干发酵的发酵原料含水率较低，物料处于非流动状态，厌氧干发酵一般采用批量式发酵。

2.3.3.2　发酵原料

发酵原料既是产生沼气的底物，又是厌氧发酵细菌赖以生存的养料来源。厌氧干发酵要求底物的 C/N 为 20～30，C/N 过高或过低均会影响产气量或产气率，TS 含量为 20%～30%。厌氧干发酵底物的种类很多，各种农业固体废弃物如畜禽粪便，农作物秸秆、杂草、树叶和能源作物等以及城市生活垃圾中的有机固体都是良好的干发酵原料。但是对于不同的有机物，其生化降解性不同。底物组成不同，在发酵过程中的营养需求与调控也不同。对于像以秸秆为主的底物，须补充 N 源的营养，因为秸秆中的碳氮比比较高，达 75：1。当 N 的含量很高时，高浓度的氨态氮抑制了厌氧发酵产甲烷，当氨增加到 2000mg/L 以上时，甲烷产量降低。当 N 的含量适当时，这些 N 经分解产生的氨可以调节酸碱度，防止酸积累，利于产甲烷菌发挥其活性。

但是，不同底物的组成成分有很大差别，其厌氧干发酵效果也不一样。城市垃圾中的有机固体是最主要的厌氧干发酵底物，对它的厌氧干发酵研究起步较早。在城市有机垃圾和污泥混合物的干物质含量达到 48% 的情况下，其 TS 产气率达到 0.128m³/kg。研究发现，由于城市垃圾有机物成分随不同地区、不同季节变化较大，因此应对城市垃圾进行分类，这样可以减小其成分波动对厌氧干发酵的影响。

研究马铃薯单组分以及马铃薯和甜菜叶子混合批式厌氧干发酵的特性，发现以马铃薯下脚料单组分进行发酵，在其 TS 含量为 40%，初始接种物与底物质量比为 1.5 时，其 VS 的 CH_4 产率为 0.32L/g，所产沼气中甲烷的体积分数高达 84%；以马铃薯下脚料和甜菜叶子混合物进行厌氧发酵，其沼气产量和甲烷产量比马铃薯单组分发酵提高 31%～62%。

研究厨房垃圾的厌氧干发酵过程，发现当厨房垃圾的 TS 含量为 20%、污泥接种量为 30%时，厨房垃圾 VS 的 CH_4 产率可达 0.49L/g。以草坪草进行厌氧干发酵，草坪草 VS 的 CH_4 产率达到 0.15L/g，沼气中甲烷含量达到 71%。研究稻草厌氧干发酵生产沼气的过程，发酵之前利用氨水进行补氮，以调节 C/N，发酵在中温条件下进行，结果表明稻草 VS 的 CH_4 产率达到 0.47L/g；研究 TS 含量为 23.9%的鲜猪粪批处理厌氧干发酵过程，结果发现，当发酵在 30～35℃条件下进行时，猪粪 VS 的 CH_4 产率为 0.39～0.40L/g。

2.3.3.3 发酵底物预处理

在干发酵的初始阶段，由于发酵底物浓度很高，水分含量很低，产生的有机酸得不到稀释而大量积累，使发酵底物酸化，因此必须对发酵底物做适当的预处理。对发酵底物进行一定的预处理，不仅可以促进有机物的分解，而且还可以为微生物生长繁殖创造适宜的环境，增大微生物与发酵底物的接触面积。主要预处理方法有物理法、化学法、生物法。

（1）物理法 物理法有机械加工、高压和高温蒸煮以及辐射处理等，常用的机械方法有切碎、粉碎、磨碎、高温球磨等。其目的是改变厌氧发酵底物的物理结构，增加厌氧微生物和发酵底物的接触面积，从而使厌氧干发酵能够顺利进行。

（2）化学法 利用化学手段对底物进行处理，可以提高发酵底物的降解性，防止底物在发酵过程中出现中毒的现象。化学法处理秸秆类发酵底物的主要目的在于破坏秸秆的木质纤维素结构，并中和发酵过程中产生的酸，以防止 pH 值的下降。常用石灰水进行预处理，处理时石灰的用量应为秸秆质量的 5%，部分研究也采用绿秸灵和速腐剂等。

（3）生物法 生物法就是利用具有强降解木质纤维素结构的微生物对发酵底物先进行固态发酵，把木质纤维素预先降解为易于厌氧消化的简单物质，以缩短随后的厌氧发酵时间，提高干物质消化率和产气率。常采用复合菌剂、白腐菌以及堆沤的方法对厌氧底物进行预处理。

下面介绍以秸秆为原料时采用石灰预处理的干发酵：

风干秸秆［TS(%) = 85%］切成 150mm 左右的小段，加石灰水泼湿，再将接种物总用量的 1/3 混入，进行池外堆沤，堆沤时间为 2～3d。堆沤目的是初步破坏秸秆的纤维木质结构，并增加秸秆容重，以提高单位池容的秸秆处理量。堆沤结束后加入其余接种物和氮肥，入池再堆沤 24h，用以增加启动的料温。

通常，每立方池容处理风干秸秆约为 100kg，加入粪便一般不影响秸秆的处理量。如果发酵周期为 90 天，那么平均体积有机负荷率（每立方池容平均每天处理的总固体量）为：

$$\frac{100 \times 85\%}{90} = 0.94 \left[\text{kg TS} / (\text{m}^3 \cdot \text{d}) \right]$$

这时平均体积产气率可超过 $0.2\text{m}^3/(\text{m}^3 \cdot \text{d})$。如果增加粪便，则由于平均体积有机负荷率增加，可以提高平均体积产气率。例如，按秸秆质量的 2 倍加入猪粪［TS(%) = 20%］则平均体积有机负荷率为：

$$\frac{(100 \times 85\%) + (200 \times 20\%)}{90} = 1.4 \left[\text{kg TS} / (\text{m}^3 \cdot \text{d}) \right]$$

这就可以保证平均体积产气率超过 $0.28\text{m}^3/(\text{m}^3 \cdot \text{d})$。

2.3.3.4 接种物

优质的接种物、接种率和接种方法是保证干发酵正常进行的关键，而接种物的来源非常丰富，如池塘底部的污泥，厌氧环境的土壤、市政污泥、湿地土壤、沼气池污泥等。但是，我们在选择接种物时最好使用同种污泥，以保证生态环境的一致性。

由于干发酵总固体的含量很大，为了提供足够的厌氧消化微生物，提高厌氧消化速度，就需要提高接种物的含量，一般情况下，接种物的数量应为接种底物的 1.5 倍以上，而当接种量很小时，就会延长发酵时间，产甲烷的速率也会减慢，因为产甲烷菌要先进行一个富集的过程，初期产生的酸也可能会积累下来，从而导致干发酵的停止，因此，经过大量研究表明，接种量在 20%～30%时为最宜，池外堆沤时先用 1/3 的量，其余的入池再加。

依据反应前沿厌氧干发酵机制，理想的接种物应该满足以下 3 个条件：①包含大块的固体物质；②包含完成分解的、营养贫瘠的厌氧发酵底物；③在厌氧发酵底物的内部含有丰富的产甲烷菌。同时高密度的接种物可以加速厌氧发酵进程。

2.3.3.5　温度

温度是影响厌氧干发酵的关键因素之一。厌氧发酵微生物对温度的要求范围较宽，一般在 10～60℃ 之内都能生长。但在一定温度范围内，温度越高，产气量越多。提高发酵温度，可缩短发酵周期，提高产气率。根据发酵温度不同，厌氧干发酵分为常温发酵、中温发酵（30～38℃）和高温发酵（50～55℃）三大类。常温发酵，产气率低，产气周期长，受环境温度影响大；中温发酵与常温发酵相比，分解快、产气率高、气质好，有利于规模化生产；高温发酵分解快、产气率高、环保效果好，但气质稍差、耗能较多。采用哪种类型进行发酵，应根据发酵原料的性质、来源、数量、处理目的、要求和经济效益来综合确定。

2.3.3.6　pH 值

厌氧发酵的最适合 pH 值为 6.8～7.4，6.4 以下或 7.6 以上都对产气有抑制作用，pH 值在 5.5 以下，产甲烷菌的活动则完全受到抑制。在发酵系统中，如果水解发酵阶段与产酸阶段的反应速度超过产甲烷阶段，则 pH 值会降低，影响甲烷菌的生活环境。在启动过程中，原料浓度较高时常有这种现象发生，即酸中毒，这往往是发酵启动失败的原因。在厌氧干发酵试验中，为防止发酵过程中 pH 值过度降低，出现酸中毒，可选择易降解的有机固体废弃物作为发酵原料，或者选择优良的接种物，或者加大接种物用量。对发酵装置中的 pH 值的变化情况进行监控，当 pH 值低于 6.4 时，加入石灰水或者氨水调节。

2.3.3.7　搅拌

对发酵物进行适当的搅拌，可使微生物与发酵原料充分接触，增加原料的分解速度，扩大活性层，使得所产生的沼气容易分离而逸出，提高产气率。常用的搅拌方法有液流搅拌和机械搅拌。液流搅拌即从外部将发酵液从反应器底部抽出，再从反应器顶部以一定角度喷回，高速液流的冲击力使发酵物混合，这种方法简单，器械维修方便。车库型干发酵系统、渗滤液储存桶型干发酵系统都采用了液流搅拌。机械搅拌是指在反应器内安装叶轮等进行的搅拌。但搅拌轴与缸壁之间保持密封比较困难，另外浆料或固体原料作用于搅拌器上的阻力较大，需要输入功率。

2.3.4　发酵过程管理

厌氧干发酵过程的管理主要包括厌氧发酵方式的选择、发酵的启动、发酵温度的控制、pH 值的调节以及渗出液的回流等。

厌氧干发酵方式主要有批式发酵、连续发酵、半连续发酵，目前普遍采用的是批式发酵工艺和半连续发酵工艺。由于固体物料（TS 含量在 10% 以上）的流动性差，很难在连续流式反应器中进行发酵，因此，连续发酵工艺很少在干发酵中应用。有国外学者提出了两相发酵工艺，即把厌氧发酵的产酸和产甲烷阶段分开在 2 个反应器中进行，可以提高产甲烷率和 VFA（挥发性脂肪酸）的去除率，但由于其造价较高，操作繁琐，因此目前还没有得到大规模应用。

在发酵过程中出现酸化现象时须采取必要的措施进行调节。向料堆中喷洒碱液是最常用的方法，也可以在发酵之前向料堆中加入缓冲剂，以使发酵过程中底物的 pH 值始终保持在中性附近。

游离氨对厌氧发酵过程的抑制作用也是人们经常遇到的问题。研究发现，当物料中游离氨的浓度达到 1200mg/L 时，将会抑制厌氧发酵的进行。为了克服这种抑制作用，可用水进行稀释或通过调节发酵底物的 C/N 来控制发酵过程中游离氨的浓度。

随着厌氧发酵的进行，厌氧床上部产生的渗出液携带厌氧微生物和中间产物向下渗漏，从而使发酵床底部含有大量的微生物和发酵中间产物，而发酵底物上部的环境对厌氧发酵越来越不利，将渗出液进行回流利用，即在固-液两相反应器中，把产酸反应器中的渗出液和产甲烷反应器中的渗出液循环回流到水解反应器中，能够加速固体有机垃圾的降解。

2.4 沼气发酵潜力的动力学特性

2.4.1 沼气发酵反应的吉布斯自由能变化

沼气发酵热力学主要研究沼气发酵过程中的能量转化和体系平衡，通常以自由能为参数，判断反应是否自发进行。

设在 298.15K，标准状态下发生下列反应：

$$aA+bB \rightarrow cC+dD$$

上述反应式的 ΔG 表示如下：

$$\Delta G = \Delta G^0 + RT\ln\left(\frac{[C]^c[D]^d}{[A]^a[B]^b}\right) = \Delta G^0 + RT\ln K = \Delta G^0 + 5.708\lg\left(\frac{[C]^c[D]^d}{[A]^a[B]^b}\right) \quad (2-1)$$

式中 ΔG——吉布斯自由能，kJ/mol；

ΔG^0——标准吉布斯自由能，kJ/mol；

[A]——A 物质的摩尔浓度，mol/L，或气体分压，atm；与此相应的有[B]、
[C]、[D]；

R——摩尔气体常数，8.314×10^{-3}kJ/（mol·K）；

T——绝对温度，K；

K——平衡常数。

实际上沼气发酵的热力学研究，多数是以简单的葡萄糖为底物来说明厌氧反应的吉布斯自由能变化，为有机废弃物沼气发酵提供重要的热力学依据。产酸发酵细菌以葡萄糖为底物的标准吉布斯自由能变化、产氢产乙酸菌对几种有机酸和醇代谢的标准吉布斯自由能变化和产甲烷菌对几种中间代谢的标准吉布斯自由能变化，分别见表 2-29、表 2-30 和表 2-31。

表 2-29　产酸发酵细菌以葡萄糖为消化底物的标准吉布斯自由能变化

反应（pH = 7，T = 298.15K）	ΔG^0/（kJ/mol）
$C_6H_{12}O_6 + 4H_2O + 2NAD^+ \rightarrow 2CH_3COO^- + 2HCO_3^- + 2NADH + 2H_2 + 6H^+$	−215.67
$C_6H_{12}O_6 + 2NADH \rightarrow 2CH_3CH_2COO^- + 2H_2O + 2NAD^+$	−357.37
$C_6H_{12}O_6 + 4H_2O \rightarrow 2CH_3COO^- + 2HCO_3^- + 4H_2 + 4H^+$	−184.20
$C_6H_{12}O_6 + 2H_2O \rightarrow CH_3CH_2CH_2COO^- + 2HCO_3^- + 2H_2 + 3H^+$	−261.46
$C_6H_{12}O_6 + 2H_2O + 2NADH \rightarrow 2CH_3CH_2OH + 2HCO_3^- + 2NAD^+ + 2H_2$	−234.83
$C_6H_{12}O_6 \rightarrow 2CH_3CHOHCOO^- + 2H^+$	−217.70

表 2-30　产氢产乙酸菌对几种有机酸和醇代谢的标准吉布斯自由能变化

反应（pH = 7，T = 298.15K）	ΔG^0/（kJ/mol）
$CH_3CH_2OH + 2H_2O \rightarrow CH_3COO^- + 2H_2 + H^+$	+9.6
$CH_3CH_2COO^- + 3H_2O \rightarrow CH_3COO^- + HCO_3^- + 3H_2 + H^+$	+76.1
$CH_3CH_2COO^- + 2HCO_3^- \rightarrow CH_3COO^- + H^+ + 3HCOO^-$	+72.4
$CH_3CH_2CH_2COO^- + 2H_2O \rightarrow 2CH_3COO^- + H^+ + 2H_2$	+48.1
$CH_3CH_2CH_2COO^- + 2HCO_3^- \rightarrow 2CH_3COO^- + H^+ + 2HCOO^-$	+45.5
$CH_3CH_2CH_2CH_2COO^- + 2H_2O \rightarrow CH_3COO^- + CH_3CH_2COO^- + H^+ + 2H_2$	+25.1
$CH_3CHOHCOO^- + 2H_2O \rightarrow CH_3COO^- + HCO_3^- + H^+ + 2H_2$	−4.2

表 2-31 产甲烷菌对几种中间代谢的标准吉布斯自由能变化

反应（pH = 7，T = 298.15K）	ΔG^0/（kJ/mol）
$4CH_3CH_2COO^- + 3H_2O \rightarrow 4CH_3COO^- + HCO_3^- + H^+ + 3CH_4$	−102.0
$2CH_3CH_2CH_2COO^- + HCO_3^- + H_2O \rightarrow 4CH_3COO^- + H^+ + CH_4$	−39.4
$CH_3COOH \rightarrow CO_2 + CH_4$	−31.0
$4HCOOH \rightarrow 3CO_2 + 2H_2O + CH_4$	−130.1
$4H_2 + HCO_3^- + H^+ \rightarrow 3H_2O + CH_4$	−135.6
$2CH_3CH_2OH + CO_2 \rightarrow 2CH_3COOH + CH_4$	−116.3
$CH_3OH + H_2 \rightarrow H_2O + CH_4$	−112.5
$4CH_3OH \rightarrow CO_2 + 2H_2O + 3CH_4$	−104.9
$4CH_3NH_2 + 2H_2O \rightarrow CO_2 + 4NH_2 + 3CH_4$	−75.0

表 2-29 说明，产酸发酵反应的 $\Delta G^0 < 0$，反应均能自发进行，产酸发酵细菌对 pH、有机酸、温度、氧气等生态因子适应性强。因发酵产物是产甲烷菌的底物，所以发酵产物种类和产率对产甲烷过程影响较大。产酸发酵末端产物组成取决于各种生态因子（温度、pH、ORP、OLR、HRT 和工艺稳定性）、底物种类（生物降解的难易程度）和生物因子（参与的微生物种群、数量和活性等）。产氢产乙酸是将产酸发酵阶段产生的 3C 以上的有机酸和醇转化为乙酸、H_2 和 CO_2，过程见表 2-30 并产生新细胞物质。

标准状态下，乙醇、丙酸、丁酸和戊酸的产氢产乙酸过程不能自发进行，因为在这些反应中 $\Delta G^0 > 0$（表 2-30），但由于后续反应中氢的消耗，使得反应能够向右（产物方向）进行，此阶段氢的平衡很重要，因而 H_2 分压降低有利于产物产生，同时后续产甲烷过程为此阶段的转化提供能量。

表 2-31 说明，产甲烷反应 $\Delta G^0 < 0$，反应均自发进行；而大多产氢产乙酸反应为吸能反应，不能自发进行。因此，产甲烷反应对产氢产乙酸反应有很好的拉动作用。

2.4.2 氢分压对挥发性脂肪酸降解的影响

挥发性脂肪酸（VFA）是厌氧过程中非常重要的中间产物，也是潜在抑制剂。它主要由乙酸、丙酸和丁酸等组成。只有乙酸能够被产甲烷菌利用，直接转化为 CH_4，约 70% 的 CH_4 来自乙酸，其余 30% 的源自 CO_2 和 H_2。但上述反应的热力学条件并不合适，厌氧系统的氢分压对这些反应有着显著的影响，见表 2-32。降低系统的氢分压有利于反应向产物的方向移动。

表 2-32　pH = 7 时丙酸、丁酸转化为乙酸的吉布斯自由能变化

反应	ΔG^0/(kJ/mol)(298.15K)	ΔG^0/(kJ/mol)(328.15K)
$CH_3CH_2COO^-$ $+3H_2O \rightarrow CH_3COO^-$ $+ HCO_3^- +3H_2+H^+$	$62.55+17.11 \lg[H_2]$	$48.12+8.87 \lg[H_2]$
$CH_3CH_2CH_2COO^- + 2H_2O \rightarrow$ $2CH_3COO^- +2H_2 + H^+$	$23.55+11.42 \lg[H_2]$	$22.84+12.55 \lg[H_2]$
$CH_3COOH \rightarrow CO_2 + CH_4$	-26.90	-32.80

同时 H_2 是又一个重要的中间产物，它能显著影响乙醇、碳水化合物、丙酸和丁酸等底物代谢过程。对于间歇反应而言，只有在产氢产乙酸菌产生的氢被利用氢的产甲烷菌有效利用时，系统中 H_2 才能维持在很低的分压，从而利用丙酸和其他底物的代谢，这说明生化反应需要菌种之间密切的共生关系，如"种间氢转移"。有关研究结果表明，几种有机酸的产氢产乙酸的速率顺序为：乙醇＞乳酸＞丁酸＞丙酸。

根据表 2-32 中 298.15K 时的 ΔG^0 值，利用式（2-1）可分别计算出产甲烷作用和丙酸、丁酸、乙醇氧化作用的氢分压的阈值。

产甲烷作用 $\Delta G = \Delta G^0 + RT \ln \dfrac{[CH_4]}{[HCO_3^-][H_2]} = \Delta G^0 + 5.7\lg \dfrac{[CH_4]}{[HCO_3^-][H_2]}$

当 $\Delta G^0 = -135.6$，$[HCO_3^-] = 10^{-3}$ mol/L，$[CH_4] = 0.5$atm时

$$\Delta G = -120.2 - 22.8\lg[H_2] \tag{2-2}$$

丁酸氧化作用

$$\Delta G = \Delta G^0 + RT \ln \frac{[acetate^-]^4[H_2]^4}{[butyrate]^2} = \Delta G^0 + 5.7\lg \frac{[acetate^-]^4[H_2]^4}{[butyrate^-]^2}$$

当 $\Delta G^0 = +96.2$，$[acetate^-] = [butyrate^-] = 10^{-3}$ mol/L时

$$\Delta G = +62.0 + 22.8\lg[H_2] \tag{2-3}$$

丙酸氧化作用 $\Delta G = \Delta G^0 + RT \ln \dfrac{[acetate^-]^4[HCO_3^-]^4[H_2]^{12}}{[propionate^-]^4}$

$$= \Delta G^0 + 5.71\lg \frac{[acetate^-]^4[HCO_3^-]^4[H_2]^{12}}{[propionate^-]^4}$$

当 $\Delta G^0 = +304.6$，$[HCO_3^-] = [acetate^-] = [propionate^-] = 10^{-3}$ mol/L时

$$\Delta G = +236.2 + 68.4\lg[H_2] \tag{2-4}$$

乙醇氧化作用

$$\Delta G = \Delta G^0 + RT \ln \frac{[\text{acetate}^-]^2[\text{H}_2]^4}{[\text{ethanol}^-]^2} = \Delta G^0 + 5.71\lg \frac{[\text{acetate}^-]^2[\text{H}_2]^4}{[\text{ethanol}^-]^2} \quad (2\text{-}5)$$

$$\Delta G = +19.3 + 22.8\lg[\text{H}_2]$$

利用式（2-2）～式（2-5），以氢分压对数（$\lg[\text{H}_2]$）和吉布斯自由能变化（ΔG）作图，可以得到 ΔG 和 $\lg[\text{H}_2]$ 的热力学关系曲线（图 2-17）。

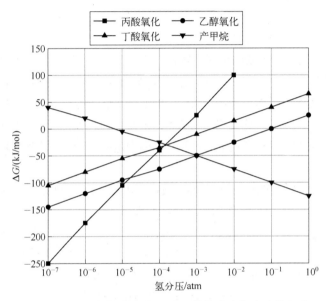

图 2-17　丙酸、丁酸和乙醇氧化作用以及产甲烷的吉布斯自由能与分压之间的关系

图 2-17 反映了产甲烷作用与氢分压的对数关系是一条斜率为−22.8 的直线，随着 H_2 分压的增大，ΔG 越小，反应释放的能量也就越多，越有利于产甲烷菌的代谢。而丙酸、丁酸和乙醇的氧化作用正好相反，H_2 分压越大，越不利于反应进行。从图 2-17 还可以看出，乙醇和丁酸的氧化作用的直线是两条斜率为 22.8 的平行线，说明两者受 H_2 分压的影响行为趋势是一致的。丙酸的氧化作用的直线斜率为 68.4，说明它受 H_2 分压的影响比乙醇氧化作用和丁酸氧化作用要显著。

由式（2-2）～式（2-5）和图 2-17，可得 $\Delta G = 0$ 时产甲烷作用和丙酸、丁酸、乙醇氧化作用的 H_2 分压阈值分别为 5.44×10^{-6}、3.59×10^{-4}、1.94×10^{-3}、1.44×10^{-1} atm，继而可知 $\Delta G = 0$ 时各反应能够顺利进行的 H_2 分压阈值和 H_2 分压范围（表 2-33）。

表 2-33 $\Delta G \leqslant 0$ 时的 H_2 分压阈值和范围

项目	$\Delta G \leqslant 0kJ$ 时的 H_2 分压/atm	H_2 分压范围/atm
产甲烷作用	$\geqslant 5.44 \times 10^{-6}$	
乙醇氧化作用	$\leqslant 1.44 \times 10^{-1}$	$5.44 \times 10^{-6} \sim 1.44 \times 10^{-1}$
丙酸氧化作用	$\leqslant 3.59 \times 10^{-4}$	$5.44 \times 10^{-6} \sim 3.59 \times 10^{-4}$
丁酸氧化作用	$\leqslant 1.94 \times 10^{-3}$	$5.44 \times 10^{-6} \sim 1.94 \times 10^{-3}$

图 2-17 和表 2-33 说明，丙酸氧化作用的 H_2 分压范围最小，乙醇氧化作用的 H_2 分压范围最大。因此，环境因素波动，体系受丙酸的影响比乙酸和乙醇大，因而更容易干扰沼气发酵反应体系的顺利进行。产氢产乙酸过程均受氢分压调控，产丙酸、丁酸、乙醇分别在氢分压为 3.59×10^{-4}、1.94×10^{-3}、1.44×10^{-1} atm 以下时产乙酸过程才能自发进行（表 2-33），否则为耗能过程，代谢受阻，导致发酵代谢产物挥发性有机酸的积累，造成酸化，使整个厌氧处理失败。MeCarty 和 Smith 认为，当 H_2 分压小于 10^{-4} atm 时，两酸转化为乙酸和 H_2 的反应才能发生；当 H_2 分压大于 10^{-6} atm 时，H_2 才能被产甲烷菌利用转化为 CH_4。因而，要使厌氧反应顺利进行，就必须保证体系的 H_2 分压在 $10^{-6} \sim 10^{-4}$ 范围之间。

2.4.3 沼气发酵动力学

2.4.3.1 沼气发酵的限速步骤

根据沼气发酵三阶段理论，发酵过程从复杂有机质到沼气的形成经历了水解、产氢产乙酸和产甲烷三阶段。由于产氢产乙酸的生化反应速度比较快，因此沼气发酵的限速步骤主要是第一阶段的水解和第三阶段的产甲烷。

有学者基于产甲烷菌倍增时间较长和产甲烷速度较慢，认为产甲烷阶段是整个沼气发酵的限速步骤。因此为了降低产甲烷过程的限制、提高沼气发酵的速率，一方面是在启动时加大接种物的接种量，增加产甲烷菌的数量；另一方面则是驯化培养具有较高比产甲烷率的活性污泥作为接种物，提高产甲烷菌的比产甲烷的活性。也有学者认为复杂有机质水解较慢，水解阶段才是沼气发酵的限速步骤。因此，通过各种方式促进底物水解如提高沼气发酵的温度，对原料进行预处理（包括物理处理、化学处理和生物处理），以及在沼气发酵过程中添加水解酶等，这些方法无疑均能降低水解过程的限制，提高沼气发酵产气效率。尽管他们的出发点以及采取的方法和手段不同，但都得到了较为满意的结果。也就是说，沼气发酵的限速步骤既可能是产甲烷过程也可能是水解过程，视具体的底物特征而定。对于低固含量垃圾或是可溶性糖类，产甲烷阶段是限速步骤，而对于高固含量垃圾或是复杂大分子有机物，水解阶段将是整个厌氧消化的限速步骤。

在沼气发酵用于处理畜禽粪便、农作物秸秆以及城市有机垃圾等有机废弃物时，我们不妨认为水解阶段是产甲烷的限速步骤。其水解过程的底物水解速率和浓度的关系，当温度和 pH 等环境条件一定的情况下，可用一级反应动力学来表述，如式（2-6）所示：

$$R = -\frac{dS}{dt} = K(S - S_n) \tag{2-6}$$

式中　R——水解反应速率，mg/（L·d）；

　　　t——水解反应时间，d；

　　　K——水解反应速率常数，d^{-1}；

　　　S——有机底物浓度，mg/L；

　　　S_n——难以降解的有机底物浓度，mg/L。

对 CSRT 厌氧反应器进行物料衡算得式（2-7）：

$$QS_i = QS_e + V\left(\frac{dS}{dt}\right) \tag{2-7}$$

式中　Q——进料流量，L/d；

　　　V——反应器有效容积，L；

　　　S_i——进料中有机物浓度，mg/L；

　　　S_e——出料中有机物浓度，mg/L。

将式（2-6）代入式（2-7）得到如下结果：

$$QS_i - QS_e + VK(S_e - S_n) = 0$$
$$\frac{(S_i - S_e)}{\theta} = -K(S_e - S_n) \tag{2-8}$$

式中，θ 为水力滞留时间，θ（d）$= V/Q$。式（2-8）两边同时除以 S_i，可得式（2-9）：

$$\frac{E}{\theta} = -K(1 - E) + K\frac{S_n}{S_i} \tag{2-9}$$

式中，E 为水解率，E（%）$= \frac{(S_i - S_e)}{S_i}$。

式（2-9）中，K，S_n，S_i 为常数，所以 E/θ 与（$1-E$）呈直线关系。通过实验改变水力滞留时间，可根据这条直线求出水解参数。不同底物水解反应速率常数见表 2-34。水解反应速率常数越大，水解速率越快，底物越容易水解，水解阶段的限制越小。

表 2-34 不同物质沼气发酵水解一级反应速率常数

成分	水解反应速率常数（K）/d^{-1}
蛋白质	0.015～0.075（Chist et al.，2000）；0.081～0.177（Zeeman et al.，1999）
纤维素	0.011（Barlaz et al.，1989）
碳水化合物	0.025～0.200（Chist et al.，2000）
食物垃圾（混合物）	0.4（Vavilin et al.，1999）；0.55（Cho et al.，1995）
固体垃圾（混合物）	0.012～0.042（Kalyuzhnyi et al.，1999）；0.3（Lagerkvist and Chen，1992）
陈腐生活垃圾	0.0035（Jokela et al.，2001）
生活垃圾	0.03～0.15（20℃），0.24～0.47（40℃）（Veeken and Hamelers，1999）

2.4.3.2 沼气发酵动力学模型

沼气发酵动力学反映了消化速率大小、产物组成、物质传递、过程参数优化和反应器设计等方面内容。一个高效沼气发酵模型，将使操作参数得到最优控制，因此，沼气发酵动力学模型一直是该领域的研究热点，建模对象几乎涵盖了目前所有的沼气发酵工艺。然而，由于沼气发酵的多步骤和众多微生物的参与，反应底物异常复杂，废弃物组成、各组分含量、温度等会随时间而变化，反应过程在较宽的范围内波动，因此，模拟有机废弃物沼气发酵过程存在着许多困难。况且许多动力学模型过于复杂，参数繁多，常常无法求解，直接应用于模拟控制比较困难。因此，这里我们将介绍一种利用 Monod 方程建立基于 CSRT 反应器的沼气发酵动力学模型。

（1）微生物增殖速率与底物消耗速率的关系　莫诺（Monod）于 1942 年用纯种微生物在单一底物的培养基上研究了微生物增殖速率与底物浓度之间的关系，发现这个结果和酶促反应速度与底物浓度之间关系相同。因此，莫诺认为，可以通过经典的米氏方程式来描述底物浓度与微生物比增殖速率之间的关系。

$$\mu = \mu_{max} \frac{S}{S + K_s} \qquad (2\text{-}10)$$

式中　μ——微生物比增殖速率，即单位生物量的增殖速率，即

$$\mu = \frac{\left(\dfrac{dX}{dt}\right)_g}{X} \qquad (2\text{-}11)$$

μ_{max}——微生物最大比增殖速率；

S——有机底物浓度；

K_s——饱和常数，为当 $\mu = \mu_{max}/2$ 时的底物浓度，也称半速率常数；

X——微生物浓度；

$\left(\dfrac{dX}{dt}\right)_g$——微生物比增殖量。

与微生物比增殖速率 μ 相对应，有机底物比消耗速率也可以用米氏方程来表示，即

$$v = -v_{max} \frac{S}{S + K_s} \tag{2-12}$$

式中　v——有机底物比消耗速率，即单位生物量的有机底物消耗速率，即

$$v = -\frac{\left(\dfrac{\mathrm{d}S}{\mathrm{d}t}\right)}{X} \tag{2-13}$$

v_{max}——有机底物最大比消耗速率；

　S——限制微生物增殖的有机底物浓度；

K_s——饱和常数，为当 $\mu = \mu_{max}/2$ 时的底物浓度，也称半速率常数；

　X——微生物浓度；

$\dfrac{\mathrm{d}S}{\mathrm{d}t}$——有机底物消耗速率。

对于污水和有机废弃物处理来说，有机底物的比降解速率要比微生物的比增殖速率更为实际，应用性更强，是我们讨论的对象。

微生物的增殖速率与有机底物的消耗速率满足线性关系，即

$$\frac{\mathrm{d}X}{\mathrm{d}t} = -Y_T \left(\frac{\mathrm{d}S}{\mathrm{d}t}\right)_{\mu} \tag{2-14}$$

式中　X——微生物浓度；

$\left(\dfrac{\mathrm{d}S}{\mathrm{d}t}\right)_{\mu}$——有机底物被微生物利用的速率；

　Y_T——总产率系数。

由于有机底物消耗的一部分是用来合成新的细胞物质，一部分用来产生 ATP 提供微生物维持生命活动所需的能量，因此可以把有机底物的利用速率分为两个部分，用于微生物生长新的细胞物质而产生的以 $\left(\dfrac{\mathrm{d}S}{\mathrm{d}t}\right)_{生长}$ 表示，用于维持微生物生命活动所需能量而产生的以 $\left(\dfrac{\mathrm{d}S}{\mathrm{d}t}\right)_{维持}$ 表示，则可得式（2-15）：

$$\left(\frac{\mathrm{d}S}{\mathrm{d}t}\right)_{总} = \left(\frac{\mathrm{d}S}{\mathrm{d}t}\right)_{生长} + \left(\frac{\mathrm{d}S}{\mathrm{d}t}\right)_{维持} \tag{2-15}$$

式（2-15）中的 $\left(\dfrac{\mathrm{d}S}{\mathrm{d}t}\right)_{总}$ 即为式（2-14）中的 $\left(\dfrac{\mathrm{d}S}{\mathrm{d}t}\right)_{\mu}$，由式（2-14）、式（2-15）可知：

$$\left(\frac{\mathrm{d}S}{\mathrm{d}t}\right)_{总} = -\frac{1}{Y_{\mathrm{T}}}\frac{\mathrm{d}X}{\mathrm{d}t} \tag{2-16}$$

$$\left(\frac{\mathrm{d}S}{\mathrm{d}t}\right)_{生长} = -\frac{1}{Y_{\mathrm{G}}}\frac{\mathrm{d}X}{\mathrm{d}t} \tag{2-17}$$

$$\left(\frac{\mathrm{d}S}{\mathrm{d}t}\right)_{维持} = -K_{\mathrm{d}}X \tag{2-18}$$

式中 Y_{T}——总产率系数；

Y_{G}——真产率系数；

K_{d}——衰减系数，或微生物自身氧化速率。

把式（2-17）、式（2-18）代入式（2-16）可得：

$$\left(\frac{\mathrm{d}S}{\mathrm{d}t}\right)_{总} = -\frac{1}{Y_{\mathrm{G}}}\frac{\mathrm{d}X}{\mathrm{d}t} - K_{\mathrm{d}}X \tag{2-19}$$

整理可得

$$\frac{\mathrm{d}X}{\mathrm{d}t} = -Y_{\mathrm{G}}\left(\frac{\mathrm{d}S}{\mathrm{d}t}\right)_{总} - K_{\mathrm{d}}Y_{\mathrm{G}}X \tag{2-20}$$

令 $b = K_{\mathrm{d}}Y_{\mathrm{G}}$，则可得

$$\frac{\mathrm{d}X}{\mathrm{d}t} = -Y_{\mathrm{G}}\left(\frac{\mathrm{d}S}{\mathrm{d}t}\right)_{总} - bX \tag{2-21}$$

令微生物的增殖速率 $\dfrac{\mathrm{d}X}{\mathrm{d}t} = R_{\mathrm{g}}$，有机底物被微生物利用的速率 $\left(\dfrac{\mathrm{d}S}{\mathrm{d}t}\right)_{总} = R_0$，则式（2-21）可以简化为

$$R_{\mathrm{g}} = -Y_{\mathrm{G}}R_0 - bX \tag{2-22}$$

由式（2-11）可知 $\mu = \dfrac{R_{\mathrm{g}}}{X}$，因此式（2-10）可以改写为

微生物的增殖速率

$$R_{\mathrm{g}} = \frac{\mu_{\max}S}{S + K_{\mathrm{s}}}X \tag{2-23}$$

式（2-23）两边同时除以 X，并以 $r_{\mathrm{g,max}}$ 代替 $\mu_{\max}$ 可得

微生物的比增殖速率

$$r_{\mathrm{g}} = \frac{R_{\mathrm{g}}}{X} = \frac{r_{\mathrm{g,max}}S}{S + K_{\mathrm{s}}} \tag{2-24}$$

同理可知：

有机底物消耗速率

$$R_0 = -\frac{v_{\max}S}{S+K_s}X \tag{2-25}$$

式（2-25）两边同时除以 X，并以 $r_{0,\max}$ 代替 $v_{\max}$ 可得

单位生物量的有机底物比消耗速率

$$r_0 = \frac{R_0}{X} = -\frac{r_{0,\max}S}{S+K_s}X \tag{2-26}$$

为了绕过求微生物集团内底物浓度的分配函数，引入了有效系数 E，式（2-26）的表现形式为

$$R_0 = -E\frac{r_{0,\max}S}{S+K_s}X \tag{2-27}$$

$$r_0 = -E\frac{r_{0,\max}S}{S+K_s} \tag{2-28}$$

为了方便实验，以 k_0 代替 $Er_{0,\max}$，式（2-27）和式（2-28）分别改写为

$$R_0 = -\frac{k_0S}{S+K_s}X \tag{2-29}$$

$$r_0 = -\frac{k_0S}{S+K_s} \tag{2-30}$$

（2）反应器动力学模型的建立　沼气发酵过程一般包括三个阶段，即水解阶段、产氢产乙酸阶段和产甲烷阶段。如果对每个阶段进行描述，就要了解每个阶段微生物种群数量和有机底物的浓度，这是很难做到的。因此下面只对整个反应进程进行总体的描述。

在模型建立之前，先进行如下假设。

① 整个处理系统处于稳定状态，即反应器中的微生物浓度和有机底物浓度不随时间的变化，维持一个常数；

② 反应器中的物质按完全混合和均匀分布的情况考虑，即整个反应器中的微生物和有机底物的浓度不随位置变化，维持一个常数。

$Q_0S_0 \longrightarrow$ CSRT $\longrightarrow Q_1S_1$

图 2-18　CSRT 厌氧反应器的模型图

图 2-18 为 CSRT 厌氧反应器的模型图，对图所示的反应器进行微生物质量衡算得：

$$V\left(\frac{dX}{dt}\right)_n = Q_0X_0 - Q_1X_1 + V\left(\frac{dX}{dt}\right)_g - V\left(\frac{dX}{dt}\right)_e \tag{2-31}$$

式中　V——厌氧反应器的有效容积；

　　　Q_0——进入厌氧消化反应器的基质流量；

　　　Q_1——流出厌氧消化反应器的基质流量；

　　　X——厌氧消化反应器中微生物浓度；

　　　X_0——进入原料中微生物浓度；

　　　X_1——流出料液中微生物浓度；

$\left(\dfrac{\mathrm{d}X}{\mathrm{d}t}\right)_{\mathrm{n}}$——污泥厌氧消化反应器中微生物净增殖速率；

$\left(\dfrac{\mathrm{d}X}{\mathrm{d}t}\right)_{\mathrm{g}}$——污泥厌氧消化反应器中微生物增殖速率；

$\left(\dfrac{\mathrm{d}X}{\mathrm{d}t}\right)_{\mathrm{e}}$——污泥厌氧消化反应器中微生物衰减或内源呼吸速率。

对于 CSRT 反应器 $Q_0 = Q_1$，统一使用 Q；$X = X_1$，统一使用 X，则

$$V\left(\frac{\mathrm{d}X}{\mathrm{d}t}\right)_{\mathrm{n}} = QX_0 - QX + V\left(\frac{\mathrm{d}X}{\mathrm{d}t}\right)_{\mathrm{g}} - V\left(\frac{\mathrm{d}X}{\mathrm{d}t}\right)_{\mathrm{e}} \tag{2-32}$$

据假设可知，反应器处于稳定状态，$\left(\dfrac{\mathrm{d}X}{\mathrm{d}t}\right)_{\mathrm{n}} = 0$，另反应器的污泥滞留时间

$\theta = \dfrac{V}{Q}$，则式（2-32）变为

$$\left(\frac{\mathrm{d}X}{\mathrm{d}t}\right)_{\mathrm{g}} - \left(\frac{\mathrm{d}X}{\mathrm{d}t}\right)_{\mathrm{e}} = \frac{X - X_0}{\theta} = R_{\mathrm{g}} \tag{2-33}$$

如不考虑原料中的微生物，则由式（2-33）可得

$$R_{\mathrm{g}} = \frac{X}{\theta} \tag{2-34}$$

同样对污泥厌氧消化反应器进行有机底物的物料衡算可得

$$V\left(\frac{\mathrm{d}S}{\mathrm{d}t}\right)_{\mathrm{n}} = QS_0 - QS - V\left(\frac{\mathrm{d}S}{\mathrm{d}t}\right)_{\mu} \tag{2-35}$$

式中　S_0——进料中有机底物的浓度；

　　　S——厌氧反应器中或流出料液中有机物的浓度（$S = S_1$）；

$\left(\dfrac{\mathrm{d}S}{\mathrm{d}t}\right)_{\mathrm{n}}$——有机物的净变化速率；

$\left(\dfrac{\mathrm{d}S}{\mathrm{d}t}\right)_{\mu}$——有机底物被微生物利用的速率；

其余符号同前。

由于反应器处于稳定状态，则 $\left(\dfrac{\mathrm{d}S}{\mathrm{d}t}\right)_{\mathrm{n}} = 0$，且对于 CSRT 反应器来说，污泥滞留时间等于水力滞留时间，将污泥滞留时间代入式（2-35）可得

$$\left(\frac{\mathrm{d}S}{\mathrm{d}t}\right)_{\mu} = \frac{S_0 - S}{\theta} = R_0 \tag{2-36}$$

由式（2-34）可计算出 R_{g}，由式（2-36）可计算出 R_0。

把式（2-29）代入式（2-22）中，可得

$$S = \frac{K_{\mathrm{s}}(1 + b\theta)}{Y_{\mathrm{G}} k_0 \theta - (1 + b\theta)} \tag{2-37}$$

把式（2-33）、式（2-36）代入式（2-22）中可得

$$R_{\mathrm{g}} = Y_{\mathrm{G}} \frac{(S_0 - S)}{\theta} - bX = \frac{X}{\theta} \tag{2-38}$$

整理后可得

$$X = \frac{Y_{\mathrm{G}}(S_0 - S)}{1 + b\theta} \tag{2-39}$$

式（2-37）为 CSRT 反应器内底物浓度 S 随水力滞留时间 θ 变化的动力学方程；而式（2-39）为 CSRT 反应器内微生物浓度随底物浓度 S 和水力滞留时间 θ 变化的动力学方程。只要通过实验确定了 Y_{G}、b、K_{s} 和 k_0 四个生化动力学参数，就可以得出不同进料有机底物浓度和滞留时间下反应器的有机底物浓度和微生物浓度，以及有机底物的消耗速率、微生物增殖速率等参数，从而建立生化反应的动力学方程，为实际工程的设计和调试、运行提供理论依据。

2.5 沼气提纯技术

从发酵装置里出来的沼气中含有二氧化碳、硫化氢、水蒸气及固体杂质颗粒。二氧化碳和水的存在会降低沼气的热值，阻碍沼气的燃烧；而硫化氢的存在，不仅加速输送管路及配件的腐蚀，还会对人身安全造成极大的威胁。因此，作为燃料，沼气在使用前一般需要进行脱水、脱硫化氢等提纯净化步骤。如果为了提高沼气燃烧质量，减少沼气收集、输送费用，降低沼气对管路及贮气设备的腐蚀，还应考虑脱除沼气中的二氧化碳、氮气等惰性气体成分。

2.5.1　沼气脱水工艺及装置

2.5.1.1　沼气脱水工艺

从发酵装置出来的沼气含有饱和水蒸气，可采用冷分离法将其去除。冷分离法是利用压力能变化引起温度变化，使水蒸气从气相中冷凝下来，冷分离法常用的流程有节流膨胀冷却脱水法和加压后冷却法两种。

（1）节流膨胀冷却脱水法　一般用于高压燃气，经过节流膨胀或低温分离，使部分水冷凝下来。这种方法简单、经济。

（2）加压后冷却法　如净化气在 0.8MPa 压力下冷却脱水温度与常压供气露点的关系见表 2-35。

表 2-35　净化气 0.8MPa 压力下的冷却脱水温度与常压供气露点关系

0.8MPa 时脱水温度/℃	8	6	4	2	0	−2	−4
常压供气露点/℃	−18.5	−19.9	−21.3	−22.8	−24.3	−25.8	−27.2

从表 2-35 可见，净化气在 0.8MPa 压力下冷却，脱水温度在−4℃以上，而常压供气露点却一般要低于−18.5℃，管道中的净化气温度基本上不会低于该露点的温度，因而就不会出现冷凝水。

对于高、中温沼气为脱除部分水蒸气可进行初步冷却。冷却方式有 3 种，即管式间接冷却、填料塔式直接冷却和间-直混合冷却。对于上述装置需要冷却源和热交换器。为了满足不同脱硫剂合理量的要求，对高、中温沼气需要考虑适当冷却降温，脱除沼气中部分水蒸气。

为了避免沼气在管道输送过程中所析出的凝结水对金属管路的腐蚀或堵塞阀门，则常采用在管路的最低处安装凝水器的方法，并将沼气中冷凝下来的水蒸气聚积起来定期排除，以使其后的沼气内所含水分减少。如沼气从 30℃降至 15℃，则 1m³ 沼气冷却后可去除 17.5g 水。沼气凝结水脱除方法可分为溶剂吸收法和固体物理吸附法。

（1）溶剂吸收法　属于这类脱水剂的有氯化钙、氯化锂及甘醇类。

氯化钙价格低廉，损失少（0.0016～0.006g/m³），但与油类相遇时会乳化，溶液能产生电解腐蚀。露点降小（11～20℃），与 H_2S 接触又会发生沉淀，为此目前已逐渐淘汰。

氯化锂溶液吸水能力强，腐蚀性较小，不易加水分解，露点降也较大（22～37℃），明显优于氯化钙，但价格昂贵。

甘醇类脱水剂性能要优越得多，二甘醇和三甘醇吸水性能都较强，二甘醇的露点降为 17～33℃，三甘醇更大，为 28～47℃。二甘醇在脱水过程中有雾沫夹带；

三甘醇较少，但有液烃存在时易起泡，需添加消泡剂。三甘醇宜达到 98% 以上再生，二甘醇再生则不宜超过 95%。因此，三甘醇使用最多，但初期投资较高。

（2）固体物理吸附法　吸附是在固体表面力作用下产生的，根据表面力的性质分为化学吸附（脱水后不能再生）和物理吸附（脱水后可再生）。

能用于沼气脱水的有硅胶、活性氧化铝、分子筛以及复式固定干燥剂，后者综合了多种干燥剂的优点。各种干燥剂的特点见表 2-36。

表 2-36　各种干燥剂的特点

脱水剂	优点	缺点	使用情况
硅胶	吸附能力好，吸水选择性强	遇液态水，油料易碎，处理量大时失效快	适用于处理量大、含水量不大的情况
活性氧化铝	吸附能力较好，再生温度低，在液态水中不易碎	活性丧失快，特别是酸性气体较多时	适用于含酸性气体少的燃气
分子筛	吸附能力较好，对高酸性气体的脱水可用抗酸性分子筛	成本稍高	适用于处理量较大、对露点降要求高的气体

与溶液脱水比较，固体吸附脱水性能远远超过前者，并具有下列优、缺点。

优点：能获得露点极低的燃气；对燃气温度、压力、流量变化不敏感；设备简单，便于操作；较少出现腐蚀及起泡等现象；适用于少量燃气的廉价脱水过程。

缺点：基本建设投资大；压力降一般较高；易于中毒或破碎；耗热较多；吸附和再生都不是连续操作。

2.5.1.2　沼气脱水装置

对于大型沼气利用工程，沼气的脱水可以在板式塔或填料塔内完成；对于小型沼气利用系统，像农村户用沼气，则可以采用干燥剂脱水或冷凝器脱水。

（1）干燥剂脱水装置　利用干燥剂脱水时，干燥剂装在容器中，沼气自下而上流过容器。使用一段时间后，干燥剂需要再生，具体结构如图 2-19。

（2）脱水板式塔、填料塔　沼气的脱水量

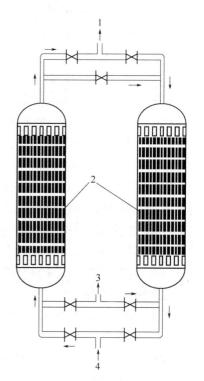

图 2-19　干燥剂脱水装置

1—干燥沼气出口；2—吸水剂；
3—再生气出口；4—含水沼气出口

较大时，可采用化工吸收操作中的板式塔或填料塔进行水分的脱除。板式塔和填料塔的结构和设计参数可参阅《化工原理》。

2.5.2　沼气脱硫工艺及装置

沼气中含有微量的硫化氢，硫化氢是无色气体，有类似腐烂鸡蛋的恶臭味，剧毒、易溶于水，其水溶液呈酸性，能与碱生成盐，可用碱溶液来吸收除去气体中硫化氢。硫化氢具有极强的毒性，空气中浓度为 140mg/m³（标）时，会引起结膜炎和角膜炎，当浓度大约为 280mg/m³（标）时会造成昏迷、呼吸困难甚至死亡。低浓度硫化氢引起的症状有头痛、呕吐、失眠、乏力、眼睛和黏膜发炎。因此国家环境卫生标准规定，硫化氢气体含量在居民区的空气中不得超过 0.00001mg/L，在工厂车间不得超过 0.01mg/L，在城市煤气中不得超过 0.02mg/L。因为硫化氢含量达 0.6mg/L 时可使人在 0.5～1h 内死亡，含量在 1.2～2.8mg/L 时可使人立即死亡。但根据实验数据，不同原料产生的沼气中硫化氢的含量均超过此规定值：

城市粪便处理厂沼气中含有	7.56～7.59mg/L
屠宰场沼气中含有	1.7～1.96mg/L
禽畜场沼气中含有	1.22～1.79mg/L
酒厂沼气中含有	0.96～1.15mg/L
垃圾填埋场沼气中含有	1.0～1.15mg/L

从上面的数据可以看到，人造沼气中硫化氢的含量均超出了卫生标准，因此在使用沼气时，必须首先对沼气进行脱硫化氢处理。除了对人身安全造成威胁外，硫化氢还会在空气中及潮湿环境条件下，对管道、燃烧器以及其他金属设备、仪器仪表等造成强烈腐蚀；硫化氢燃烧生成的二氧化硫，遇水生成硫酸分子，腐蚀周围设备，污染环境，接触到金属，特别是有色金属就要发生腐蚀，例如，会使沼气发动机的轴承和一些配件表面腐蚀，使发动机的润滑油变质，从而加快发动机磨损。沼气脱硫方法一般可分为直接脱硫和间接脱硫两大类，直接脱硫就是将沼气中硫化氢气体直接分离，而间接脱硫是指采用具体方法，减少或抑制沼气生产中硫化氢气体的产生。沼气直接脱硫方法按原理可分为湿式法和干式法两类，湿式法主要有水洗法、KLK 法、改良 KLK 法、砷碱法和碱性盐液法等；干式法主要有氧化铁法、活性炭法等。对于硫化氢含量较少的沼气可以采用干式法中的常温氧化铁法直接脱除硫化氢，该法同样适用于农村户用沼气的脱硫。农村沼气池产生的沼气一般含有 1～3g/m³ 的硫化氢，可以在农户家中沼气输送管路中串接一脱硫器，内装氧化铁脱硫剂把沼气中的硫化氢吸收掉，从而达到净化沼气、消除硫化氢危害的目的。但当硫化氢含量高时，如超过 10g/m³ 时，一般应先采取湿

式法对硫化氢进行粗脱，再用氧化铁干法进行精脱。

2.5.2.1　沼气干法氧化铁脱硫

沼气干法脱硫适用于含硫量较低的燃气，日处理量较小。该法工艺简单、成熟可靠、造价低，能达到较高的净化程度。但采用此法时设备笨重，间歇式干法脱硫还存在更换脱硫剂时劳动强度大、污染环境、废脱硫剂难以处理等问题。

（1）干法氧化铁脱硫工艺　干法脱硫是在圆柱状脱硫塔内装填一定高度的脱硫剂，沼气自下而上通过脱硫剂，H_2S 被去除，实现脱硫。污水处理厂常用的脱硫剂为氧化铁，其颗粒为圆柱状，氧化铁脱硫的原理如下。

脱硫：$Fe_2O_3 \cdot H_2O + 3H_2S = Fe_2S_3 \cdot H_2O + 3H_2O$

由上面的反应方程式可以看出，Fe_2O_3 吸收 H_2S 变成 Fe_2S_3，随着沼气的不断产生，氧化铁不断吸收 H_2S，当吸收 H_2S 达到一定的量，H_2S 的去除率将大大降低，直至失效。Fe_2S_3 可以还原再生，与 O_2 和 H_2O 发生化学反应还原为 Fe_2O_3，原理如下。

再生：$2Fe_2S_3 \cdot H_2O + 3O_2 = 2Fe_2O_3 \cdot H_2O + 6S$

由上述化学反应方程式可以看出，Fe_2O_3 吸收 H_2S 变成 Fe_2S_3，Fe_2S_3 要还原成 Fe_2O_3，需要 O_2 和 H_2O，因此沼气在干法脱硫之前不需进行脱水处理，只需通过空压机在脱硫塔之前向沼气中投加空气即可满足脱硫剂还原对 O_2 的要求。

沼气直接进入脱硫塔通过脱硫剂，同时投加空气，脱硫剂吸收 H_2S 失效，空气中的 O_2 和沼气中的饱和水将失效的脱硫剂还原再生成 Fe_2O_3，此工艺即为沼气干法脱硫的连续再生工艺。

氧化铁存在着多种形式，而只有 α-$Fe_2O_3 \cdot H_2O$ 和 γ-$Fe_2O_3 \cdot H_2O$ 这两种形态能作为脱硫剂。氧化铁吸收硫化氢的反应速度视其与氧化铁表面的接触程度而变化，要求脱硫剂的孔隙率应不少于 50%。氧化铁法脱硫时，沼气中的 H_2S 在固体氧化铁 $Fe_2O_3 \cdot H_2O$ 的表面进行反应，沼气在脱硫器内的流速越小，接触时间越长，反应进行得越充分，脱硫效果也就越好。当脱硫剂中的硫化铁含量达到 30% 以上时，脱硫效果明显变差，脱硫剂不能继续使用，需要再生。将失去活性的脱硫剂与空气接触，把 $Fe_2S_3 \cdot H_2O$ 氧化析出硫黄，即可使失去活性的脱硫剂再生。由于再生时析出硫沉积在氧化铁的表面，有时竟达到氧化铁含量的 2.5 倍以上，所以要将其中的硫分离出来，或更换新的脱硫剂，此为间断式干法脱硫工艺。

（2）氧化铁脱硫剂的种类

① 天然沼铁矿。α-型氧化铁含于沼铁矿中，γ-型氧化铁含于铝土矿生产三氧化二铝的废渣中。颗粒直径为 1～2mm 的占 85% 以上的沼铁矿，按比例掺入木屑（或稻壳）和熟石灰，其质量比为沼铁矿 95%、木屑 4%～4.5%、熟石灰 0.5%～1%。装箱前应均

匀喷洒 30%～40%的水分。天然沼铁矿脱硫剂含高价铁 50%～60%，脱硫效率高，这种沼铁矿在我国黑龙江省的伊春、天津的蓟州区及北京的怀柔区等地均有生产。

② 商业开发的常温氧化铁脱硫剂。目前在我国有很多厂家从事氧化铁脱硫剂的生产，例如，北京南郊科星环保净化剂厂生产的 TTL-1 型常温氧化铁脱硫剂，山西汾阳催化剂厂生产的 TG 型常温氧化铁脱硫剂，四川江油 857 脱硫剂厂生产的 XJ-1 型氧化铁脱硫剂等。这类脱硫剂以氧化铁为主要活性组分，添加多种助剂，形状、性能各不相同，有粉状的，也有条状的。

③ 转化炉炼钢赤泥。转化炉炼钢赤泥中主要含有氧化铁、氧化钙、氧化锰、三氧化二铝、二氧化硅等。其中氧化铁的含量在 45%～70%之间，主要以 $\gamma\text{-}Fe_2O_3 \cdot H_2O$ 和 $\gamma\text{-}Fe_2O_3$ 的形式存在。当直接利用炼钢赤泥作脱硫剂时，应将赤泥晾干，粉碎成 90 目/dm 以下的粉末，当 pH 值低于 8 时可掺加少量熟石灰。当沼气中 H_2S 含量低于 400mg/m^3 时，赤泥与木屑（或稻壳）的质量比为 1∶（1～2）；如 H_2S 大于 500mg/m^3 时，赤泥与木屑的质量比为 1∶（0.5～1）。装箱前脱硫剂的含水量应达到 30%～40%。

④ 硫铁矿灰。硫铁矿灰是硫酸厂的副产品，其中含有活性氧化铁 $\alpha\text{-}Fe_2O_3 \cdot H_2O$ 和 $\gamma\text{-}Fe_2O_3 \cdot H_2O$，大约在 12%。用硫铁矿灰与木屑按 1∶2 混合，加入 0.5%的熟石灰，使其 pH 值为 8～9，含水分 30%～40%即可使用。

⑤ 新型脱硫剂。目前国内出现了许多新型的脱硫剂，如上海市煤气公司研究所研究的 PM 型成型脱硫剂，当硫化氢平均浓度达到 1.84g/m^3 时，一次工作硫容可达 25.5%。当出口硫化氢大于 20mg/m^3 时须进行间歇再生。该脱硫剂应用于沼气时，可以增大孔径，从而提高硫化氢的脱除率。河北轻化工学院及石家庄市煤气站联合研制的 SW 型脱硫剂，该脱硫剂即是利用硫酸厂的生产废渣，经活化后进行脱硫。在常温常压下，把 800g 粒径为 2～10mm 的 SW 型脱硫剂，装入直径为 5cm、23cm 高的脱硫柱中，在河北新华第一制药厂进行试验，试验中发现，当沼气中硫化氢含量达到 3000～6000mg/m^3、气速为 0.1m/s、接触时间为 60s 时，该脱硫剂吸附一次后工作硫容为 7.75%，再生一次后累计工作硫容为 12.29%，再生二次后累计工作硫容达 21.43%，再生三次累计工作硫容达 30.3%。与国外同系列脱硫剂比较，各项指标均达到国际同类产品水平。而且，该类脱硫剂使用、再生方便，废脱硫剂还可作为制取硫酸的原料。同济大学环境工程学院采用鹅卵石作为填料，对污泥厌氧消化产生的沼气直接进行脱硫处理，当 H_2S 含量高达 2000mg/m^3 时，脱硫率大于 98%，出口 H_2S 含量小于 20mg/m^3，采用空气再生处理后，其脱硫率可保持在 98%以上。

（3）脱硫剂的基本性能指标　脱硫剂的硫容从一定程度上反映了脱硫剂脱除硫化氢的能力，硫容的计算公式如下。

$$硫容(\%) = \frac{净化气中H_2S浓度(g/m^3) \times 通入沼气量(g/m^3) \times \left(\frac{32}{34}\right) \times 100}{脱硫剂质量(g)} \quad （2-40）$$

脱硫剂的脱硫效率可由式（2-41）进行计算：

$$脱硫效率(\%) = \frac{入口H_2S浓度 - 出口H_2S浓度}{入口H_2S浓度} \times 100\% \quad （2-41）$$

沼气中因含硫化氢较高，要彻底清除其中的硫化氢，使其达到民用燃料和发动机燃料标准，脱硫剂的选择就非常重要。一般使用硫铁矿灰或炼钢赤泥作脱硫剂时，首先将其进行活化处理以提高其一次工作硫容及累计硫容；当选用厂家生产的成型脱硫剂时，要对脱硫剂进行综合比较。成型脱硫剂，如柱状、环状、条状脱硫剂，适宜采用脱硫塔；天然沼铁矿和粉状脱硫剂，要使用箱型脱硫器。

脱硫剂主要的技术指标应满足一定的要求，具体如表 2-37 所示。

表 2-37 脱硫剂技术指标

技术指标名称		指标	
		合格品	一级品
穿透硫容重/%		≥20.0	≥22.5
颗粒径向抗压碎强度	平均值/（N/m）	≥50.0	≥60.0
	强度低于 30N/m 的颗粒百分数/%	≤10.0	
磨耗率/%		≤10.0	

2.5.2.2 干法氧化铁脱硫装置及流程

（1）脱硫塔及其设计要点

① 脱硫塔。大型沼气工程中的脱硫装置一般为塔式，如图 2-20 和图 2-21 所示。这种塔由碳钢壳组成，内有可移动的筐子，每筐内装有两层放在木架上的氧化物。筐的构造为：当它们放在塔内可形成一中央进气管，管的每一段开有长方形孔，气体经过此孔进入每个筐的两层氧化物之间的空间。气体与氧化物接触后，流入筐与塔壳间的环隙内，并由此通至出口。通常脱硫塔放在湿法脱硫（粗脱）、脱碳之后，在脱硫塔前需设置汽水分离器，而且必须有足够的分离能力，在操作中，实现"严禁带液"。沼气工程中脱硫一般由多个塔组成，其中 1～2 个备用。

② 脱硫塔设计要点。根据当前大中型沼气工程的实际情况及沼气中硫化氢的浓度范围确定。

一级脱硫：H_2S 在 $2g/m^3$。

二级脱硫：H_2S 在 $2\sim5g/m^3$。

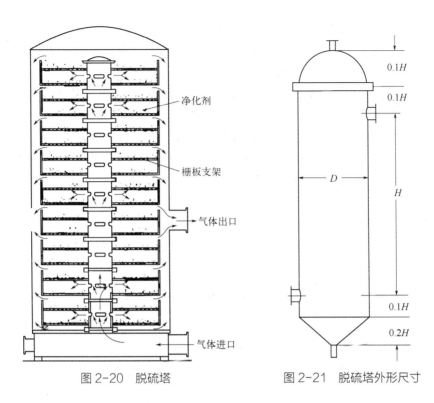

图 2-20　脱硫塔　　　　　图 2-21　脱硫塔外形尺寸

三级脱硫：H₂S 在 5g/m³ 以上。

脱硫剂的装填量：脱硫剂的装填量取决于原料气的气量、硫含量和设计脱硫剂的使用寿命，以 V 来表示脱硫剂的装填量，则 V 为：

$$V = \frac{CQt}{Wd} \times 10^{-9} \qquad (2\text{-}42)$$

式中　V——脱硫剂装填量，m³；

　　　C——进口气体中 H₂S 的浓度，mg/m³（标）；

　　　Q——原料气流量，m³/h；

　　　t——脱硫剂使用寿命，h；

　　　W——脱硫剂原粒度的质量穿透硫容，%；

　　　d——脱硫剂的质量堆密度，t/m³。

注意：使用式（2-42）进行计算时，要考虑穿透硫容所受的影响，进行适当调整。比如，双塔串联硫容可相应提高 50%；在较高的 CO₂ 含量下（>5%），绝大部分的脱硫剂的硫容均要降低约 25%。

脱硫塔的直径：脱硫塔的直径应满足以下两个条件：一般情况下，粗脱硫时取高径比为 3~4，精脱硫时的高径比为 2~3，当高径比增大时，脱硫效果提高，但同时压力损失增大，因此，在满足压力损失的情况下，尽量取上限值；脱硫塔内常用气体的线速度为 0.1～0.3m/s，当线速度下降时，通过气膜的传质能力亦下降，提高线速度，会使脱硫效果提高，但同时会增加床层阻力。

（2）典型氧化铁法脱硫净化工艺装置及流程　高压氧化铁法的典型流程如图 2-22 所示。实际上可以用 1～4 个装氧化铁的反应器，但流程上只标示出两个。连续的和周期性的床层再生管路系统也表现于图 2-22 中，在两塔流程上，一个塔处于从含硫气体中脱除 H_2S 的周期，而另一个塔则处于再生循环或更换海绵铁床层的周期。流程图上，含硫气体自上而下地通过床层。

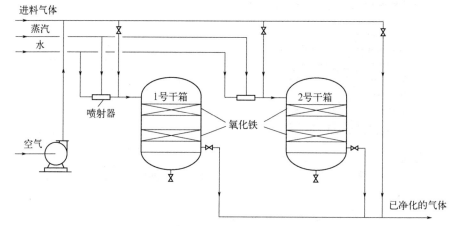

图 2-22　典型氧化铁法脱硫工艺流程

采用周期性再生时，塔要操作到床层为硫所饱和，且 H_2S 开始出现于净化气流之中。

此时，塔从脱硫运行中切换下来，使空气循环通过床层以再生氧化铁。由于再生反应是放热反应，其速度必须控制，因而再生操作应小心地进行。

不论采用何种再生过程，一个给定的氧化铁床层都将逐渐失活，最终需要更换。因此，在设计流程图中的塔时，应使之在更换床层时尽量减少困难。更换床层是有危险的，因为床层卸料时，由于暴露于空气而引起的剧烈温升，会导致床层自燃，打开塔与空气接触时必须十分小心，在开始卸料操作前整个床层应该淋湿。氧化铁必须在碱性条件下操作，用加入纯碱的方法维持合适的 pH 值。因为氧化铁必须保持水合形式，通常还要向氧化铁上加水。这样也为纯碱的加入提供了方便的途径。此外，床层的操作温度必须维持低到足以防止水合水蒸发而使氧化铁失活，操作温度应不超过 110℃。

采用连续再生的场合，在含硫气体处理前要先把少量空气加入其中。这部分空气能连续地按上述反应再生与 H_2S 反应后的氧化铁，延长了塔的运行寿命，但却可能会降低一定质量床层所能脱除的 H_2S 总量。

（3）氧化铁法连续净化流程　当使用连续净化工艺脱硫时，装置一般是三个串联的硫化床吸附塔组成（图 2-23），塔中填充人工氧化铁粒状净化剂。颗粒由氧化铁、锯屑、水泥和石灰组成，并经活化后提高其性能，颗粒直径为 12.7～19.0mm。颗粒由塔顶加入，靠重力向下慢慢移动至塔底经密封阀排出。如果气体中缺氧不能氧化，则排出的氧化铁颗粒应进行活化与过筛，然后再进行硫的萃取。从 1 号塔出来的氧化铁经处理后送入 2 号塔，2 号塔出来的氧化铁经过筛与活化后送给 1 号塔。由于氧化铁颗粒在流动、输送和筛分过程中磨细，而筛分出一部分细粉，因此必须补充新的氧化铁颗粒。这部分新料送入 3 号塔，由此塔出来的颗粒经筛分与活化后送给 2 号塔。这个流程实现了净化和氧化铁净化剂处理的连续化操作。它的缺点是氧化铁的最终含硫量仅能达到满载量的 30%。

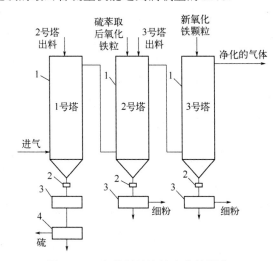

图 2-23　氧化铁法连续净化装置流程

1—流动床吸附塔；2—密闭卸料阀；3—筛分与活化器；4—硫萃取装置

再生的氧化铁可继续净化硫化氢气体，这种循环可以重复很多次。但是由于在氧化铁表面上生成的元素硫不断增加，致使氧化铁的活性表面积逐渐减少，并且氧化铁颗粒之间的空隙逐渐堵塞，床层的压力损失增加，最后，必须清除元素硫，净化才能继续进行。

清除元素硫的方法有燃烧法和溶剂萃取法两种。燃烧法就是将元素硫燃烧，氧化成高浓度二氧化硫气体进一步生产硫酸。溶剂萃取法是用选择性溶剂，如二硫化碳、过氯乙烯或甲苯萃取硫，然后用蒸馏法或结晶法回收硫。

普通氧化铁脱硫剂使用时如脱硫塔出口气体中 H_2S 浓度大于 1mg/m³（标）或

使用要求指标，可用空气进行再生，再生时的操作条件：空速为 $0.5\sim1.40m^3/h$；压力为常压；温度为 $30\sim60℃$。由干法脱硫连续再生工艺可知，1 体积的 H_2S 完全反应要消耗 0.5 体积的 O_2，根据脱硫试验，脱硫剂吸收氧气的效率为 $50\%\sim67\%$，如按吸收效率 60% 计，那么脱除 1 体积 H_2S 需要 0.83 体积的 O_2（即 4 体积的空气），由此确定脱硫连续再生工艺空气的投加量，其计算过程繁琐，可操作性差，且难以实现自动控制。由于氧化铁再生是一强放热反应，再生时必须十分细心操作。再生过程中有严重刺激性的 SO_2 气体产生，对环境有污染。再加上有的脱硫剂的一次硫容可满足使用 1 年以上的需要，故多已不使用再生方法。

（4）农村户用沼气脱硫器及安装注意事项　图 2-24 中是一种常见的农村沼气脱硫器。主体为塑料吹塑而成的薄壁圆柱壳体，两端加带接口的塑料盖，内装脱硫剂。

图 2-24　农村沼气脱硫器

T_o—沼气进入脱硫温度；
T_i—沼气在脱硫器内部温度；
Q_m—脱硫过程中热化学反应放出的热量

沼气由入口进入脱硫器，经脱硫后由出口流向灶具。在这个过程中，脱硫器内因热化学反应要产生热量。产生的热量一部分用于使脱硫剂升温，一部分通过脱硫器的壳壁向周围散失，还有一部分被流出的气体带走。根据计算处于正常脱硫工作状态时，脱硫器内平均温度增高不到 1℃。脱硫剂经过长时间的使用后，需要对脱硫剂进行再生。再生时将脱硫剂取出，在脱硫器外进行再生反应。但是，如果用户操作不当，在沼气池出料时没有采取一定的措施，而是任由空气倒流进脱硫器，然后流向沼气池消除出料引起的负压，脱硫器中将由于脱硫剂的再生产生高温，使脱硫器的塑料壳被熔穿。由此可见，沼气池出料时让空气流经脱硫器是十分危险的。出料时，为消除沼气池内负压，让空气不经过脱硫器而进入沼气池是容许的，这样一来沼气池内的气体中空气就占了较大比例。当打开灶具，这些空气会流经脱硫器，但与前述情况不同的是，这时气体流速（$0.5m^3/h$）远低于出料时因非正常操作引起气体倒流进脱硫器时的流速，因此再生反应的强度应低得多，仅使脱硫器产生有限温升，不会造成不利影响。

由于出料对脱硫器的影响，正确的出料操作是在脱硫器之前通过打开旁路开关或拔掉管接头，让空气不经过脱硫器而直接进入沼气池消除负压。此外，为让效率降低的脱硫剂再生，应将脱硫剂从脱硫器中取出，平摊在无易燃物且通风良好的场地上，让其安全地进行再生反应。正常的脱硫反应产热很少，没有任何安全问题。每次正常出料后虽然沼气中空气比例较大，但打开灶具让这种气体以正常流速通过脱硫器所产生的热量不会引起危险。

（5）微量硫分析仪　脱硫塔进、出口气体中硫化物的形态和含量的分析是监控脱硫指标的重要仪器。过去脱硫比较粗放，多用化学分析方法与微库仑等方法进行分析。随着脱硫精度的提高与测试技术的进步，在脱硫工段中，不论是精脱还是粗脱，都应配备微量硫分析仪，因为它可同时测定不同形态的有机硫含量，且灵敏度高。目前，国内最常用的是 HC-2 型（湖北省化学研究所）与 WLSP852 型（西南化工研究院）微量硫分析仪。

2.5.2.3　沼气湿法脱硫原理及装置

湿式氧化法脱硫是将硫化氢在液相中氧化成元素硫的一种脱硫方法，这种方法的流程比较简单，可以直接得到元素硫，主要用于处理硫化氢浓度较低而二氧化碳浓度较高的气体。液相氧化法对硫化氢的吸收有一定的选择性，这种脱硫方法的缺点是溶液吸收硫化氢的硫容量低，因此溶液循环量大和回收硫的处理设备大。适用于除去每天少于 10t 硫的气体。

硫化氢氧化为元素硫是借助于溶解于溶液中的载氧体来实现的，此类方法很多。有 20 世纪 50 年代开发的砷碱溶液 Giammarco-Vetrocoke 法，不过砷有毒性，这类方法目前已很少使用；60 年代开发的苯醌氧化-还原反应的脱硫工艺，比较著名的是蒽醌二磺酸钠法（Stretford）。

ADA 是蒽醌二磺酸钠的英文缩写，因此这种方法也叫 ADA 法。这种方法所用的吸收溶液是加入少量的 2,6-蒽醌二磺酸钠或 2,7-蒽醌二磺酸钠作催化剂的 Na_2CO_3 水溶液。最早的 ADA 法所需反应时间要半小时，其设备庞大，硫容量低，副反应多，脱硫效果差。现运行的工业装置中，在溶液中添加适量的偏钒酸钠、酒石酸钾钠及三氯化铁后以提高脱硫效率，称作改良 ADA 法。

（1）改良的 ADA 法脱硫基本原理　改良的 ADA 法脱硫过程可用 4 个反应来概括。

① 在脱硫塔内，当 pH = 8.5～9.2 时，在被湿润的填料表面上，稀碱液（Na_2CO_3 水溶液）吸收 H_2S，生成 NaHS。

$$Na_2CO_3 + H_2S = NaHS + NaHCO_3$$

② 在液相中 NaHS 被偏钒酸钠氧化成元素 S，偏钒酸钠还原成焦钒酸钠。

$$2NaHS + 4NaVO_3 + H_2O = Na_2V_4O_9 + 4NaOH + 2S$$

③ 具有还原性的焦钒酸钠与氧化态 ADA 反应生成还原态的 ADA，焦钒酸钠则被 ADA 氧化再生成偏钒酸钠。

$$Na_2V_4O_9 + 2ADA（氧化态）+ 2NaOH + H_2O = 4NaVO_3 + 2ADA（还原态）$$

④ 还原态的 ADA 在再生塔中被空气中的氧氧化成氧化态的 ADA，再生后的溶液循环使用。

$$ADA + O_2 = 2ADA + 2H_2O$$

当原料气中含有 CO_2、O_2、HCNS 时，会产生下列副反应。

$$Na_2CO_3 + CO_2 + H_2O = 2NaHCO_3$$
$$2NaHS + 2O_2 = Na_2S_2O_3 + H_2O$$
$$Na_2CO_3 + HCNS = NaCNS + NaHCO_3$$
$$2NaCNS + 5O_2 = Na_2SO_4 + 2CO_2 + SO_2 + N_2$$

因为沼气中不可避免地存在以上杂质，上述副反应一定存在。但是，这些副反应消耗了一定量的 Na_2CO_3，从而降低了溶液的吸收能力。另外，当脱硫液中的 NaCNS 和 Na_2SO_4 杂质积累到一定量后，为确保正常生产，必须排放部分溶液以提高吸收能力，在生产过程中应补充相应数量的脱硫液。

（2）ADA 法脱硫工艺流程　　ADA 法中应用到的脱硫塔及再生塔结构如图 2-25、图 2-26 所示。ADA 法脱硫工艺过程为：从脱水装置进来的原料气，进入脱硫塔底部，通过塔内填料层时，与塔顶喷淋而下的脱硫液逆流接触，稀碱液吸收硫化氢生成 NaHS，塔顶出来的净化气中硫化氢含量下降到 $20mg/m^3$。脱硫气体由塔顶放出，经分离器分离出液滴后送入下一工序。吸收了硫化氢的溶液在塔器和反应槽中反应，反应后用循环泵送入再生塔，同时在塔底鼓入空气使溶液再生，尾气由塔顶排放。再生溶液经液位调节器进入脱硫塔顶部循环使用（图 2-27）。

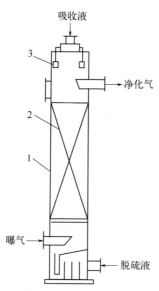

图 2-25　湿法脱硫塔示意

1—脱硫塔；2—填料层；3—喷嘴

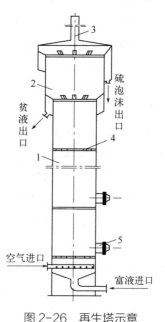

图 2-26　再生塔示意

1—塔体；2—放大部分；3—放空管；
4—空气分布板；5—人孔

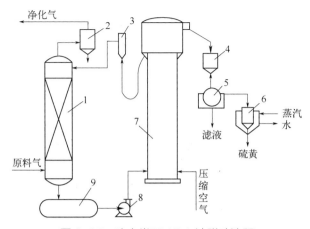

图 2-27 改良常压 ADA 法脱硫流程

1,7—脱硫塔；2—分离器；3—液位调节器；4—硫泡沫槽；5—真空过滤机；
6—熔硫釜；8—循环泵；9—溶液循环槽（反应槽）

2.5.2.4 其他脱硫方法

（1）生物法脱硫　浙江大学环保系方士等研制了利用反应塔外曝气、介质循环供氧处理沼气中 H_2S 的新方法，结果表明：一定成分的硫代硫酸钠培养液可以富集培养出效果良好的脱硫污泥，在反应器中脱硫污泥可以高效地去除 H_2S，当进气 H_2S 浓度为 1.1g/m³、进气量为 0.34L/min 时，去除率可达 98.6%，H_2S 最大负荷为 15.9mmol/（L·d）；当进气 H_2S 浓度为 2.44g/m³、进气量为 0.17L/min 时，去除率为 100%，H_2S 负荷可达 17.6mmol/（L·d），系统运行的最佳酸度为 pH 1.9～2.0，尾气中残留氧的浓度不超过 0.56g/m³，远远低于国家标准，且具有较强的抗冲击负荷能力。

生物法脱硫流程和装置见图 2-28，本实验系统对沼气中 H_2S 含量的变化有较大的缓冲能力，在 H_2S 含量变化较大时基本不受影响，失常状态可以在短时间内自动恢复。沼气通过流量计进入生物反应塔，营养介质通过液泵从介质贮槽中不断抽入生物反应塔，然后自塔底回流至贮槽，形成稳定的循环。空气通过气泵连续地鼓入介质贮槽，使介质液体中含有足够的溶解氧。

（2）萘醌法脱硫　萘醌法由日本东京煤气公司首先用于焦炉气裂化石油气的脱硫。当用于沼气脱硫时，由于沼气中二氧化碳含量较高，与吸收剂反应后降低了吸收剂的硫容，必须对吸收剂的组成进行研究。为了提高吸收剂对硫化氢的选择性，减少二氧化碳对吸收效果的影响，在吸收剂内加入少量 $FeCl_3$，同时加入乙二胺四乙酸（EDTA）螯合剂起稳定作用。用少量 NaOH 补充 Na_2CO_3 损失，尽量缩短停留时间，可以有效地阻止因二氧化碳吸收消耗 Na_2CO_3 的反应。吸收过程

中 Fe^{3+} 络合离子被还原成 Fe^{2+} 络合离子，再生过程中又被氧化成 Fe^{3+} 络合离子。

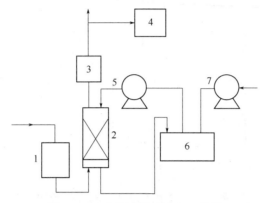

图 2-28　生物法脱硫流程和装置

1—流量计；2—生物反应塔；3—出气取样点；4—尾气吸收液；5—液泵；6—介质贮槽；7—气泵

　　含 H_2S 沼气经计量后进入吸收塔下部，与从塔顶喷淋而下的吸收液逆流接触。吸收硫化氢的液体进入再生塔顶部，与底部通入的空气逆流接触，再生后的吸收液经沉降过滤分离出粗硫黄，吸收液循环使用。萘醌法脱硫流程见图 2-29。

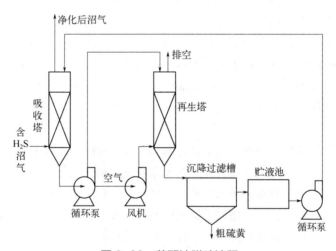

图 2-29　萘醌法脱硫流程

　　萘醌法用于脱除沼气中硫化氢时，对吸收液的组成进行适当改进，可以使脱硫率达到 99%～99.5%。吸收和再生操作都可以在常温、常压下进行。吸收液的适宜配方为：Na_2CO_3 为 25%，1,4-萘醌-2-磺酸钠（NQS）浓度为 12mol/m³，$FeCl_3$ 浓度为 10%，EDTA 浓度为 0.15%，液相 pH 值 8.5～8.8，吸收操作的液气比（L/m^3）为 11～12。

　　（3）双塔吸收法提纯沼气　日本某市用双塔式吸收法提纯沼气，装置简图如

图 2-30 所示，这种装置具有组成简单、成本低、操作简便的特点。第一吸收塔用处理水吸收大部分 CO_2 和 H_2S，第二吸收塔用 NaOH 溶液，这样可节省 NaOH 的用量。用此装置提纯沼气，CH_4 的回收率高，运行稳定可靠。

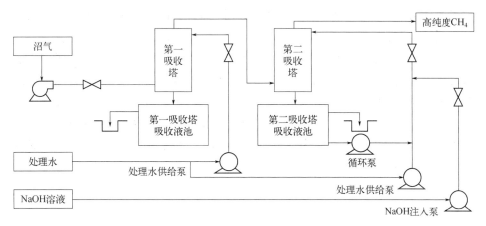

图 2-30　双塔式吸收法提纯沼气

2.5.3　沼气脱二氧化碳工艺及装置

随着科学技术的不断提高，工厂生产废弃物、污水处理厂中的污泥、大型畜牧养殖场的粪便，甚至垃圾都能作为沼气厌氧菌的养料以生产沼气，即工业沼气正在或将要大量生产。工业沼气是作为燃料来使用的，为了提高燃料的热值、降低沼气输配管路的阻力、减少沼气输送管路的腐蚀，有必要对沼气进行脱除二氧化碳的处理。

2.5.3.1　G-V 法脱除二氧化碳的工艺流程及装置

G-V 法是一种能有效脱除 CO_2 的方法，该法最早根据医学研究成果发展而来。

（1）工作原理　G-V 法利用少量有机物或大量无机物作为热碳酸钾法的活化剂，以去除二氧化碳。吸收和再生反应式如下。

吸收：

$$6CO_2 + 2K_3AsO_3 + 3H_2O \rightleftharpoons 6KHCO_3 + As_2O_3$$

$$CO_2 + K_2CO_3 + H_2O \rightleftharpoons 2KHCO_3$$

再生：

$$6KHCO_3 + As_2O_3 \rightleftharpoons 2K_3AsO_3 + 6CO_2 + 3H_2O$$

$$2KHCO_3 \rightleftharpoons K_2CO_3 + CO_2 + H_2O$$

在 G-V 脱除 CO_2 循环中，溶液中的活化剂起两种作用。首先，它作为一个催化剂增加了 CO_2 吸收速率，它同时也改善了解吸，容许用较低温度的气体代替较高温度的蒸汽来再生。其次，对于一定量的碳酸钾溶液，催化剂可起增加 CO_2 吸收量的作用。与常规的碳酸钾溶液相比，用了催化剂的碳酸盐溶液可能有两倍的理论酸气吸收量。

（2）蒸汽再生 G-V 法　用蒸汽再生的 CO_2 脱除装置的典型流程示于图 2-31。酸性气进入吸收塔底，向上流动与吸收塔顶板上进入的碳酸盐贫液逆流接触。净化气离开吸收塔顶富液从吸收塔底流到闪蒸罐，闪蒸罐内的压力下降使相当多的 CO_2 从碳酸盐溶液中闪蒸出来。部分再生了的溶液从闪蒸罐底流经换热器。溶液从换热器流到再生塔顶，由于温度升高及压力进一步下降，在此处从溶液中又进一步汽提出 CO_2 来。

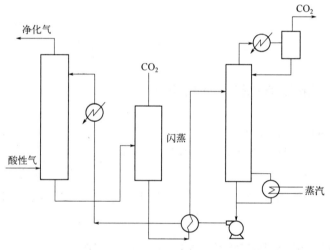

图 2-31　蒸汽再生的 G-V 法

随溶液在再生塔内向下流动与重沸器发生的蒸汽逆流接触，从溶液中汽提出了剩余的 CO_2。CO_2 出塔后通过冷凝器及收集器，在此处除去冷凝水并作为回流用泵送返再生塔。借助间接蒸汽加热向重沸器供热。贫液离开再生塔底，用泵将贫富液送到换热器及冷却器，然后到吸收塔顶。

（3）空气再生 G-V 法　使用空气再生 G-V 法脱除 CO_2 过程如图 2-32 所示，在操作上和蒸汽再生是十分类似的。然而，没有贫富液换热器，因为溶液的热量在汽提塔被汽提空气带走了。为了预热进入闪蒸罐的富液，使用了一个蒸汽加热器。汽提是借助一股进入再生塔底的、预热了而且以水饱和了的空气与碳酸盐溶液的逆流接触而实现的。离开再生塔顶的 CO_2 与空气流经冷水洗涤，其作用是使

CO_2-空气混合物离开装置时得到最大的热回收和最小的水损失。离开减湿器（冷凝器）的水流被用来加热并预热饱和进入汽提塔底的空气。冷却了的 CO_2-空气混合物排放掉，离开汽提塔底的再生了的溶液返回吸收塔顶。需要一个空气鼓风机使空气有足够的压力流过预饱和器、汽提塔和减湿器。

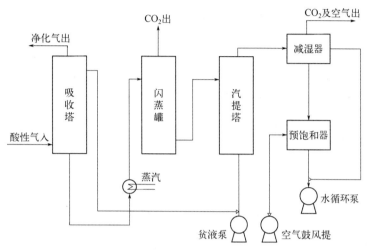

图 2-32　空气再生 G-V 法除 CO_2 流程

2.5.3.2　氨水法脱除 CO_2 的工艺流程

氨水法脱除 CO_2，既可以除掉 CO_2，又可以除掉 H_2S。利用氨水法除 CO_2 时，需首先对沼气进行加压。氨处理装置包括一个氨吸收塔、低压快速蒸发缸、萃取塔和重沸器、溶剂冷却器、泵和回流系统。氨处理装置基本设备见图 2-33。

加压后的沼气进入吸收塔下端，并向上与半浓氨和稀氨在吸收塔内的塔板上形成逆流。为有效去除 CO_2，吸收塔分成两个区段。CO_2 浓度高的气体在塔的下部与中等浓度的氨接触，能去除大量的 CO_2。浓氨从吸收塔底部送到快速蒸发缸内，在缸内由于减压，去除大量的 CO_2。部分再生溶剂（半浓氨）从快速蒸发器进入到吸收塔的较上部位，进一步和含 CO_2 的气流接触。

气流继续在吸收塔内上升，与热再生溶剂低浓度的氨接触，热再生溶剂（低浓度的氨）吸收 CO_2，使气体中 CO_2 含量降低到设计要求水平。

从快速蒸发缸内抽出少量的半浓氨送到萃取塔加热再生，产生稀氨。半浓氨进入萃取塔内的顶部下流接触中间物质。氨重沸器的热沸蒸汽升入塔内和氨成逆流接触，并使从快速蒸发缸流出的氨气中残存的 CO_2 分离。

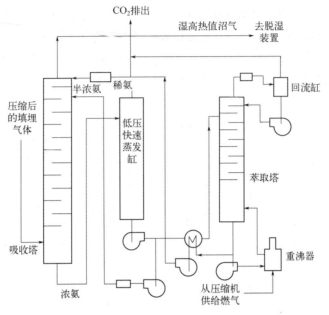

图 2-33　氨水法脱除 CO_2 工艺流程

　　用塔顶蒸汽冷却凝汽器，将热汽从萃取塔的顶部提取出来。冷凝物和 CO_2 在回流缸分离，冷凝物被泵送到萃取塔的顶部做回流冷却，CO_2 和部分蒸汽被排入大气，稀氨通过冷却器后泵回吸收塔，完成循环。

　　为消除浓氨气流带来的杂质，可用活性炭过滤。这样去除 CO_2 后的沼气就可以流入脱水装置脱水。

2.6　纯化沼气应用技术

　　随着全球化石能源的日益枯竭以及社会对环保意识的增强，清洁、高效的生物质能源正成为传统化石能源的有效替代品之一。沼气是生物质能源的一种，但目前大多数沼气都被用于供热、发电、民用做饭和照明，沼气的深加工水平较差，在国家替代能源中发挥的作用不大。近 20 年来，随着社会主义新农村建设步伐的加快，农村沼气逐渐转型，大中型沼气工程因能量利用率、产品多样性比户用沼气池更具竞争力的特点而得到大力推广，正向规模化和产业化方向发展。大中型沼气工程发展迅速，沼气产量已十分可观，将沼气经过脱硫脱碳等提纯净化为生物天然气，其具有清洁、安全、高效、可再生的特点，将其并入城市燃气管网或进一步制成车用压缩天然气是目前国内和国际上越来越受重视的一种生物质能利用模式。

2.6.1 纯化沼气并入燃气管网作为燃气方面的应用

沼气经过净化提纯后，在达到管道天然气质量标准的条件下即可并入燃气管网。这大幅提升了沼气的应用价值及当地天然气管道供应的可靠性。

欧美等地区已具备了实现沼气提纯并网的各项条件，其中荷兰最具代表性，其天然气管网辐射覆盖范围广，每 1000 个居民平均占据 9km 的燃气管网，成功地将沼气纯化后作为天然气的替代能源。国内纯化沼气并入燃气管网作为燃气应用的例子也很多，例如，大连东泰夏家河污泥厂污泥沼气提纯后并入城市管网等。在国内，这种利用方式特别适合于长江以南温带和亚热带地区，这些区域的自然条件优越、生物质资源丰富、经济条件好，而天然气资源相对缺乏，利用生物甲烷替代化石天然气能率先得到突破。

图 2-34 为以管道天然气为媒介的沼气高值化利用示例。

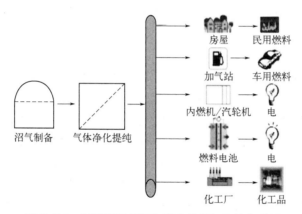

图 2-34 以管道天然气为媒介的沼气高值化利用

将低品质的沼气净化提纯得到生物甲烷，达到管道天然气质量标准后并入燃气管网，是未来重要的发展方向，是极具开发前景的一种生物质能产业，将节约和替代大量化石能源，减少污染物和温室气体排放，对建设社会主义新农村起到重要作用，会有力推进经济和社会的可持续发展。

2.6.2 纯化沼气在车用燃料方面的应用

沼气经净化提纯后，品质相当于化石天然气，在条件允许、符合标准的情况下，可替代燃油和天然气作车用燃料。

瑞典是使用沼气作车用燃料最先进的国家，沼气被广泛用于大、中、小型汽车，甚至火车的驱动。1995 年瑞典首都斯德哥尔摩出现了第一辆沼气汽车，2005 年 6 月世界上第一辆沼气火车在瑞典东海岸的两地区之间成功运行。瑞典先进的沼气纯化技术、车辆燃气技术，以及完善的加气设备、商业供应有效推动了沼气车用燃料的发展。瑞典应汽车制造商的要求颁布了沼气作为车用燃料的国家标准，要求甲烷含量不低于 97%、水含量不超过 32mg/m³、总硫含量不超过 23mg/m³。沼气汽车可由常规燃料汽车改装而来，将沼气加压至 200～250bar（1bar = 100kPa）储存到汽车后备箱内的沼气罐中，发动机通常为双燃料型，当沼气燃尽时自动转换为燃油。且纯化后的沼气和天然气性质相似，在−162℃低温下可变为液态，液化沼气密度是压缩沼气的 3 倍，运输成本降低。2012 年 8 月瑞典在林雪平投产一新型沼气厂，专为中型车生产液化沼气。

在国内，净化提纯沼气在车用燃料方面的应用主要有国新天汇襄阳污泥处置项目沼气提纯气为车用压缩天然气、哈尔滨宾县垃圾处理厂沼气提纯为车用压缩天然气以及广西武鸣区安宁淀粉有限责任公司利用提纯后的沼气制备车用生物天然气等。

2.6.3 纯化沼气在沼气燃料电池方面的应用

沼气燃料电池是一种效率高、清洁、噪声低的发电装置，其应用范围逐渐拓展，用于可移动电源、发电站、分布式发电、热电联产和热电氢联产等领域。沼气既可通过高温燃料电池直接发电，也可经过重整后转换为氢气作为燃料电池的传统燃料。由于不受卡诺循环的限制，燃料电池的能量转换综合效率可达 60%～80%，与沼气发电机组相比具有很大发展优势。尽管在融资、技术和相关政策法规上面临巨大挑战，沼气燃料电池在一些发达国家已得到较好发展。

沼气燃料电池在美国一些对环境污染和能源供给格外重视的地区得到推广应用。圣地亚哥市将污水处理厂生产的沼气净化提纯后作为燃料电池的原材料，发电量达 2.4MW，预计 10 年内可节省 78 万美元的电力成本；怀俄明州的夏延市干溪谷污水处理厂建设了沼气燃料电池项目，该项目配置独立电网，从而在断电时可为微软公司数据中心持续供电（微软公司向该项目投资了 500 万美元）。

总之，沼气应用处于大有可为的重要战略机遇期，在前进的道路上面临许多挑战。我国拥有丰富的生物质资源（农业废弃物、禽畜粪便和城市生活垃圾等），如果将其转化为沼气，并借鉴国外先进经验，发展"产业沼气"，加大对沼气提纯压缩、管道输送和罐装使用的研发力度，拓展沼气用途，改变传统低附加值的利用方式，实现沼气制备车用压缩天然气等高值化利用，不但符合沼气这种洁净可再生能源的未来发展方向，更能够切实缓解中国面临的严峻能源及生态危机，实现资源的充分合理利用，使沼气在我国能源可持续发展中发挥巨大的经济、环境和社会效益。

参考文献

[1] 刘芳. 户用沼气池建设对改善农村生态环境效果分析. 农业开发与装备，2018(12): 168-169.

[2] 杜翼. 推进农村能源变革. 海峡通讯，2021(05): 54.

[3] 陈丽娟. 生物质能综合利用中的安全问题及解决途径. 沈阳：东北大学，2011.

[4] 王秀礼，皇甫冠男. 秸秆发酵沼气新技术应用研究探讨. 河南农业，2015(09): 21+26.

[5] 郑兴国. 浅析沼气工程设计及利用. 啤酒科技，2015(06): 41-43.

[6] 王学涛. 新型高效户用沼气发酵装置试验研究. 郑州：河南农业大学，2002.

[7] Peter, Weiland. Biogas production: current state and perspectives. Applied Microbiology & Biotechnology, 2009, 85(4): 849-860.

[8] 李强，曲浩丽. 沼气干发酵技术研究进展. 中国沼气，2010, 28(5): 5.

[9] 秦俊玲. 沼气发酵中的酸中毒处理技术. 河南农业，2008(21): 28.

[10] 林省农委科教处. 世界最新干法沼气发酵技术. 吉林农业，2007(08): 10.

[11] Zhu J Y，Li W，Shen R X. Theoretical models of reaction mechanisms in solid anaerobic digestion: A review. Advanced Materials Research, 2011, 347-353: 1247-1250.

[12] 石卫国. 生物复合菌剂处理秸秆产沼气研究. 农业工程学报，2006(S1): 93-95.

[13] 何荣玉，同志英，刘晓风，等. 秸秆干发酵沼气增产研究. 应用与环境生物学报，2007, 13(4): 583-585.

[14] 李想，韩捷，赵立欣，等. 沼气干发酵技术的研究现状及展望//生态家园富民计划国际研讨会论文集，2005: 195-197.

[15] 简弃非. 沼气燃料电池及其在我国的应用前景. 中国沼气，2003, 21(3): 32-34.

[16] 熊树生，楚书华，杨振中. 活塞式内燃机燃用沼气的研究. 太阳能学报，2003, 24(5): 688-692.

[17] 朱玲玲，陈秀莲，林庆明. 完善家用沼气炉具使用性能与提高热效率. 中国沼气，2003, 21(4): 39-40.

[18] 刘乔明，汤东，窄长学，等. 沼气发动机概述. 江苏大学学报(自然科学版)，2003, 24(4): 37-40.

[19] 田晓东，强健，陆写. 大中型沼气工程技术讲座（五）沼气的脱硫与工程运行管理. 可再生能源，2003, 3: 58-60.

[20] 石磊，赵由才，唐圣钧. 垃圾填埋沼气的收集、净化与利用综述. 中国沼气，2004, 22(1): 14-17.

[21] 曾友为. 农村沼气脱硫剂使用中的热现象分析. 中国沼气，2002, 20(4): 41-43.

[22] 田晓东，强健，陆军. 大中型沼气工程技术讲座（二）工艺流程设计. 可再生能源，2002, 6: 45-48.

[23] 田晓东，强健，陆军. 大中型沼气工程技术讲座（四）沼气工程的前处理与输配系统. 可再生能源，2002, 3: 53-56.

[24] 田晓东，强健，陆军. 大中型沼气工程技术讲座（六）吉林省大中型沼气工程实例. 可再生能源，2003, 4: 57-60.

[25] 方组华，周华，徐宏兵，等. 小型沼气发动机性能试验. 上海师范大学学报（自然科

学版），2006, 35(6): 53-57.

[26] 李民，章雪强，王邓刚. 小型沼气-柴油双燃料发电技术探讨. 可再生能源, 2006, 4: 84-86.

[27] 周大汉，高顶云. 微型燃气轮机沼气发电应用技术探讨. 上海煤气, 2007, 5: 19-21.

[28] 刘振波，徐广印，杨群发，等. 户用沼气发电装置的设计与研究. 河南农业大学学报, 2007, 41(3): 333-337.

[29] 赵翔涌，樊栓狮，杨向阳，等. 200kW 猪粪发酵沼气燃料电池示范研究项目综述. 生物加工过程, 2005, 3(1): 20-22.

[30] 王兴娟，王坤勋，刘庆祥. 燃料电池的研究进展及应用前景. 炼油与化工, 2011(1):5.

[31] 曾国揆，谢建，尹芳. 沼气发电技术及沼气燃料电池在我国的应用状况与前景. 可再生能源, 2005, 1: 37-40.

[32] 李丽丹，钟甦. 利用垃圾填埋沼气发电　走垃圾资源化道路. 江苏环境科技, 2006, 19(S2): 136-137.

[33] 沈一青. 武夷山市生活垃圾处理能值分析. 环境科学与管理, 2007, 32(3): 37-42.

[34] 罗福强，窄长学. 气体-柴油双燃料发动机动力性分析. 江苏大学学报（自然科学版）, 2007, 28(2): 108-111.

[35] 孔庆阳. 沼气发电机组的开发利用. 山东内燃机, 2006, 2: 28-31.

[36] 李景明，颜丽. 关于沼气发电设备生产行业发展情况的调研报告. 可再生能源, 2006, 3: 1-5.

[37] 杨世关，张百良. 德国沼气工程技术考察及思考. 农业工程技术（新能源产业）, 2007, 1: 57-62.

[38] 董玉平，王理鹏，邓波，等. 国内外生物质能源开发利用技术. 山东大学学报（工学版）, 2007, 37(3): 64-70.

[39] 邓良伟，陈子爱. 欧洲沼气工程发展现状. 中国沼气, 2007, 25(5): 23-32.

[40] 袁书钦，周建方. 农村沼气实用技术. 郑州：河南技术出版社, 2005.

[41] 宋洪川. 农村沼气实用技术. 北京：化学工业出版社, 2011.

[42] Borjesson M，Ahlgren E O. Cost-effectivebiogasutilisation-A modelling assessment of gas infrastructural options in a regional energy system. Energy, 2012, 48(1): 212-226.

[43] 陈祥，梁芳，盛奎川，等. 沼气净化提纯制取生物甲烷技术发展现状. 农业工程, 2012, 2(7): 38-42.

[44] 焦文玲，刘珊珊，唐胜楠. 借鉴国外先进经验推动我国沼气应用. 太阳能, 2015, (5): 15-19.

第 3 章

户用沼气池的设计、施工及运行管理

3.1 户用沼气池的设计

3.1.1 沼气池设计原则

合理的设计，可以节约材料、省工省时，是确保沼气池修建成功的关键。设计沼气池的主要原则如下。

（1）技术先进，经济耐用，结构合理，便于推广。

（2）在满足发酵工艺要求，有利于产气的情况下，兼顾肥料、卫生和管理等方面的要求，充分发挥沼气池的综合效益。

（3）因地制宜，就地取材，力求沼气池池形标准化、用材规范化、施工规范化。

（4）考虑农村修建沼气池面广量大，各地气候、水文地质情况不一，既要考虑通用性，又要照顾区域性。

总之，户用沼气池的设计关键就是要使设计出来的沼气池有利于进出料，有利于沼气池的管理，有利于提高产气率和提高池温。根据实践经验证明：沼气池的结构要"圆"（圆形池）、"小"（容积小）、"浅"（池子深度浅）；沼气池的布局，南方多采用"三结合"（厕所、猪圈、沼气池），北方多采用"四位一体"（厕所、猪圈、沼气池、太阳能温棚）。

3.1.2 户用沼气池的常用池形及其特点

随着我国沼气科学技术的发展和农村户用沼气的推广，根据当地使用要求和气温、地质等条件，户用沼气池有固定拱盖的水压式池、大揭盖水压式池、吊管式水压式池、曲流布料水压式池、顶返水水压式池、分离浮罩式池、半塑式池、全塑式池和罐式池。形式虽然多种多样，但是归总起来大体是由水压式沼气池、浮罩式沼气池、半塑式沼气池和罐式沼气池四种基本类型变化形成的。与"四位一体"生态型大棚模式配套的沼气池一般为水压式沼气池。

随着沼气的不断产生，沼气压力相应提高。这个不断增高的气压，迫使沼气池内的一部分料液进到与池体相通的水压间内，使得水压间内的液面升高。这样一来，水压间的液面跟沼气池体内的液面就产生了一个水位差，这个水位差就叫做"水压"（也就是 U 形管沼气压力表显示的数值）。用气时，沼气开关打开，沼气在水压下排出；当沼气减少时，水压间的料液又返回池体内，使得水位差不断下降，导致沼气压力也随之相应降低。这种利用部分料液来回串动，引起水压反复变化来贮存和排放沼气的池形，就称之为水压式沼气池。它又有几种不同形式。

3.1.2.1　固定拱盖水压式沼气池

固定拱盖水压式沼气池有圆筒形、球形和椭球形 3 种池形。这种池形的池体上部气室完全封闭，密封方式可为瓶塞式、平板式正盖（即由上往下盖）、反盖（即由下往上盖）。

固定拱盖水压式沼气池，是我国推广最早、数量最多的池形，是在总结"三结合""圆、小、浅""活动盖""直管进料""中层出料"等群众建池的基础上，加以综合提高而形成的。"三结合"就是厕所、猪圈和沼气池连成一体，人、畜粪便可以直接打扫到沼气池里进行发酵。"圆、小、浅"就是池体圆、体积小、埋深浅。"活动盖"就是沼气池顶加活动盖板。该池形有以下四个优点。

（1）池体结构受力性能良好，而且充分利用土壤的承载能力，所以省工省料，成本比较低。

（2）适于装填多种发酵原料，特别是大量的作物秸秆，对农村积肥十分有利。

（3）为便于经常进料，厕所、猪圈可以建在沼气池上面，粪便随时都能打扫进池。

（4）沼气池周围都与土壤接触，对池体保温有一定的作用。

水压式沼气池形也存在一些缺点，主要如下。

（1）由于气压反复变化，而且一般在（4～16）kPa（即 40～160cmH$_2$O）压力之间变化。这对池体强度和灯具、灶具燃烧效率的稳定与提高都有不利的影响。

（2）由于没有搅拌装置，池内浮渣容易结壳，又难于破碎，所以发酵原料的利用率不高，池容产气率（即每立方米池容积一昼夜的产气量）偏低，一般产气率仅为 0.15m^3/(m^3·d)左右。

（3）由于活动盖直径不能加大，对发酵原料以秸秆为主的沼气池来说，大出料工作比较困难，因此，出料的时候最好采用出料机械。

3.1.2.2　变形的水压式沼气池

变形的水压式沼气池主要有中心吊管式和曲流布料水压式两种，其具体结构特征如下。

（1）中心吊管式沼气池　将活动盖改为钢丝网水泥进、出料吊管，使其有一管三用的功能（代替进料管、出料管和活动盖），简化了结构，降低了建池成本，又因料液使沼气池拱盖经常处于潮湿状态，有利于其气密性能的提高，而且，出料方便，便于人工搅拌。但是，新鲜的原料常和发酵后的旧料液混在一起，原料的利用率有所下降。

（2）曲流布料水压式沼气池　该池形是由昆明市农村能源环保办公室于 1984 年设计成功的一种新池形。它的发酵原料不用秸秆，全部采用人、畜、禽粪便。原料的含水量在 95% 左右（不能过高）。该池形有如下特点：

① 在进料口咽喉部位设滤料盘。

② 原料进入池内由布料器进行半控或全控式布料，形成多路曲流，增加新料扩散面，充分发挥池容负载能力，提高了池容产气率。

③ 池底由进料口向出料口倾斜。

④ 扩大池墙出口，并在内部设隔板，塞流固菌。

⑤ 池拱中央、天窗盖下部吊笼，输送沼气入气箱。同时，利用内部气压、气流产生搅拌作用，缓解上部料液结壳。

⑥ 把池底最低点放在水压间底部。在倾斜池底作用下，发酵液可形成一定的流动推力，实现进出料自流，可以不打开天窗盖把全部料液由水压间取出。

除了上述两种变形的水压式沼气池外，各地还根据各自的具体使用情况，设计了多种其他变形的水压式沼气池形。例如，为了减少占地面积、节省建池造价、防止进出料液相混合、增加池拱顶气密封性能的双管顶返水水压式沼气池，采用为了便于出料的大揭盖水压式沼气池和便于底层出料的圆筒形水压式沼气池，为了多利用秸草类发酵原料而采用的弧形隔板、干湿发酵水压式沼气池。

3.1.2.3　无活动盖底层出料水压式沼气池

无活动盖底层出料水压式沼气池是一种变形的水压式沼气池。沼气池为圆柱形，斜坡池底。它由发酵间、贮气间、进料口、出料口、水压间、导气管等组成。该池形将水压式沼气池活动盖取消，把沼气池拱盖封死，只留导气管，并且加大水压间容积，这样可避免因沼气池活动盖密封不严带来的问题，在我国北方农村，与"模式"配套新建的沼气池提倡采用这种池形。

（1）进料口与进料管　进料口与进料管分别设在猪舍地面和地下。厕所、猪舍及收集的人、畜粪便由进料口通过进料管注入沼气池发酵间。

（2）出料口与水压间　出料口与水压间设在与池体相连的日光温室内。其目的是便于蔬菜生产施用沼气肥，同时出料口随时放出二氧化碳进入日光温室内促进蔬菜生长。水压间的下端通过出料通道与发酵间相通。出料口要设置盖板，以防人、畜误入池内。

（3）池底　池底呈锅底形状，在池底中心至水压间底部之间，建一U形槽，下返坡度5%，便于底层出料。

（4）工作原理

① 未产气时，进料管、发酵间、水压间的料液在同一水平面上。

② 产气时，经微生物发酵分解而产生的沼气上升到贮气间，由于贮气间密封不漏气，沼气不断积聚，便产生压力。当沼气压力超过大气压力时，便把沼气池内的料液压出，进料管和水压间内水位上升，发酵间水压下降，产生了水位差，由于水压气而使贮气间内的沼气保持一定的压力。

③ 用气时，沼气从导气管输出，水压间的水流回发酵间，即水压间水位下降，发酵间水位上升。依靠水压间水位的自动升降，使贮气间的沼气压力能自动调节，保持燃烧设备火力的稳定。

④ 产气太少时，如果发酵间产生的沼气跟不上用气需要，则发酵间水位将逐渐与水压间水位相平，最后压差消失，沼气停止输出。

目前发展的沼气池池形主要有：曲流布料式、预制钢筋混凝土板装配、圆筒形、椭球形、分离贮气浮罩等户用沼气池。

3.1.2.4　曲流布料式沼气池

曲流布料沼气池是在"圆、小、浅"圆筒型沼气池的基础上，经过筛选而设计出具有先进发酵工艺和池形结构的沼气池。

特点：池底由进料口向出料口倾斜，池底部最低点在出料口底部，在倾斜池底的作用下，形成流动推力，实现主发酵池进出料自流；能够利用外力连动搅拌装置或内部气压进行搅拌，防止料液结壳；采用连续发酵工艺，发酵条件稳定；池形结构合理，原料进入池内由分流板进行半控或全控式布流，充分发挥池容负载能力，池容产气率高；造价低廉，自身耗能少；操作简单方便，容易推广。

适用范围、条件：该池适用于经济条件好、原料丰富（日进料量100kg）、耗能大的养殖业发达地区，要求家庭成员有一定的文化技术知识，特别适用于能够进行科学管理的养殖专业户、科技户或要求建设高档沼气池的农户。

3.1.2.5　分离贮气浮罩式沼气池

特点：分离贮气浮罩式沼气池不属于水压式沼气池，其发酵池与气箱分离，没有水压间，采用浮罩与配套水封池贮气；有利于扩大发酵间装料容积，最大投料量为沼气池容积的 98%；浮罩贮气相对于水压式沼气池其气压在使用过程中是稳定的。

适用范围：该池适用于以人、畜、禽粪便为发酵原料的农村户用沼气池或畜牧场沼气工程，地温在 10℃以上均能正常运行，不受地域限制。

3.1.2.6　预制钢筋混凝土板装配沼气池

预制钢筋混凝土板装配沼气池是在现浇混凝土沼气池和砖砌沼气池基础上研制和发展起来的一种新的建池技术。它与现浇混凝土沼气池相比较，具有容易实现工厂化、规范化、商品化生产和降低成本、缩短工期、加快建设速度等优点。它把池墙、池拱、进出料管、水压间墙、各口及盖板等都先做成钢筋混凝土预制件，运到建池现场，在大开挖的池坑内进行组装。

3.1.3　沼气池设计参数的确定

（1）气压　农村户用沼气池，主要用于农户生产沼气，一般用于炊事和照明，沼气产量较多的农户，除炊事和照明外，还可以用于淋浴、冬季取暖、水果和蔬菜保鲜等，其沼气气压和气流量的设计，应根据产气源到用气点的距离、用气速度等来确定输气管的大小。但是，作为大众用的农村户用沼气池，这样就会比较复杂，很难达到定型和通用的目的。根据目前全国各地农村沼气池的选址调查，大多数沼气池都建于畜禽圈栏旁边和靠近圈栏处，甚至有的地区建在畜禽圈栏内（上为畜禽圈栏，下为沼气池），离用气点都比较近，一般在 20m 以内。因此，农村户用沼气池的设计气压一般为 2000～6000Pa 比较合适。

（2）产气率　产气率是指每立方米沼气池 24h 产沼气的体积，单位为 $m^3/(m^3 \cdot d)$。农村户用沼气池产气率的高低，一般与沼气池的池形没有明显直接关系，而是与发酵温度、原料的浓度、搅拌、接种物多少、技术管理水平等有关，当这些条件不同时，产气率也不同。根据经验，农村户用沼气池，在常温条件下，以人畜粪便为原料，其设计产气率为 $0.20～0.40m^3/(m^3 \cdot d)$ 之间。

（3）沼气池容积　沼气池设计的一个重要问题就是容积确定。沼气池池容设计过小，如果农户人畜禽粪便比较充裕，则不能充分利用原料和满足用户的要求。如果设计过大，若没有足够的发酵原料，使发酵原料浓度过低，将降低产气率。因此，沼气池容积主要是根据用户发酵原料的丰富程度和用户用气量的多少而定。

我国农村户用沼气池，每人每天用气量为 0.3～0.4m³，那么 3～6 口人之家，沼气池建造容积 6～10m³。

（4）贮气量　户用水压式沼气池是通过沼气产生的压力把大部分发酵料液压到出料间，少量的发酵料液压到进料管而储存沼气的。浮罩池由浮罩的升降来储存沼气。贮气容积的确定和用户用气的情况有关。养殖专业户沼气池的设计贮气量应按照 12h 产沼气量设计。

（5）投料量　沼气池设计投料量，主要考虑料液上方留有储气间，这是储存沼气的地方。投料量的多少，以不使沼气从进出料间排出为原则。一般来说，沼气池设计投料量，一般为沼气池池容的 90%。

3.1.4　沼气池设计计算

农村户用沼气池设计需要解决的主要问题如下。

（1）沼气池形式的选择问题　沼气发酵可以是连续投料、半连续投料和批量式投料。我国广大农村由于原料特点和用肥集中等原因，主要采用半连续投料发酵。沼气池的几何形状有圆柱形、球形、半球形和长方形等。由于圆柱形、半球形沼气池的结构合理，受力均匀，强度较高，抗震性强，施工方便，节约用料，密封性好，便于输气而得到广泛使用。圆形比长方形沼气池在同等容积、同等受力情况下，表面积可减小 20%，沼气池壁厚可减小 50% 左右。

圆形水压式地下沼气池，是我国农村推广的主要池型。它除了有上述优点外，其综合效益也较好，管理使用方便，节约用地，造价较低，适应性较强。我国农村户用小型沼气池，大部分采用立式圆柱形；在沿海和沙网地带采用较多的是球形。

从建筑材料来分，有砖砌的、石砌的、混凝土等结构，现在广大农村大多采用混凝土和砖砌结构的沼气池。

除了材料结构、池形之外，还必须考虑修建沼气池地点的地形、位置和地下水位等条件。

（2）沼气池容积大小和各部分尺寸的确定问题　沼气池容积的大小，要根据使用要求、产气率和气温等条件来确定。农村户用沼气池，通常用式（3-1）和式（3-2），按照人口数量来估算沼气池的容积。

$$V = V_1 + V_2 \tag{3-1}$$

式中　V——沼气池容积，m³；

　　　V_1——发酵间容积，m³；

　　　V_2——贮气间容积，m³。

$$V_1 = nkr \qquad\qquad (3\text{-}2)$$

式中　n——气温影响系数；

　　　k——人口多少系数；

　　　r——家庭人口数量。

一般来说，每人建造 $1.0 \sim 1.4 m^3$ 的发酵间，就基本上能满足生活用气的需要。由于人多用气省、人少用气费的特点，一般 $2 \sim 3$ 口人的农户，$k = 1.4 \sim 1.8$；$4 \sim 7$ 口人的农户，$k = 1.1 \sim 1.4$。另外，考虑气温对产气的影响，气温高，产气多；气温低，产气少。因而区域气候不同，发酵间的大小也要考虑增减。我国南方地区，$n = 0.8 \sim 1.0$；我国中部地区，$n = 1.0 \sim 1.2$；我国东北各省，$n = 1.2 \sim 1.5$。

贮气间和发酵间是相互连通、没有严格界限的整体。为了方便起见，一般将最大贮气部位线以上部位作为贮气间，考虑到用气、浮料和留有贮备量等，贮气间容积应占发酵间容积的 25% 左右（$V_2 = V_1 \times 25\%$）。

目前，我国农村户用沼气池，根据一般的生活水平，每人每天为 $0.2 \sim 0.3 m^3$，沼气池的容积以 $4 m^3$、$6 m^3$、$8 m^3$、$10 m^3$ 为宜。并且，我国科研人员已经修订出一套新的户用水压式 $4 m^3$、$6 m^3$、$8 m^3$、$10 m^3$ 沼气池标准图集及质量检查验收标准和施工操作规程，已经国家标准局批准，编号是 GB/T 4750—2016。

农户建池，可以根据估算式（3-1）和式（3-2）计算出大致沼气池总体积，然后再选择和其接近的标准图集的沼气池，按照该标准的图纸要求施工建造。

3.2　户用沼气池施工工艺

沼气池是个生产并贮存沼气的装置，所以它必须是抗渗漏和气密性均好的装置，要达到结构安全、不漏水、不漏气、寿命长的目的，除了进行科学合理的设计以外，其施工技术和施工质量是一个非常重要的环节。所以本节对施工中的具体细节和注意事项作阐述，对施工人员在施工中会有所帮助。

新建沼气池，必须符合科学要求，才能保证质量，达到好的使用效果。

3.2.1　建池时间的选择

沼气池建池时间的选择主要根据以下 3 个方面来考虑。

① 沼气池的发酵速度、产气率与温度变化呈正比关系。春夏季（上半年）气温逐渐升高，沼气池中厌氧细菌逐渐活跃，沼气池发酵旺盛，新池发酵启动比较快，产气率高；而秋冬（下半年）由于气温由高逐步降低，发酵由旺转缓慢。因

此，从季节气温的升降看，应选择气温较高的春夏季建池最好。

② 从春夏和秋冬季的降雨和地下水位升降的规律来看，前者雨水较多，地下水位升高，低洼地区建池有一定困难，而秋冬季节恰恰相反。所以，在低洼地区应选择下半年建池较好。

③ 从建材价格涨落情况看，上半年建池价格要比下半年低，每袋泥的季节差价一般在 5~6 元左右，如果建一座沼气池需水泥 20 袋，那么，上半年建池一般要比下半年节约 72 元左右。因此，从经济角度来考虑，在上半年建池比较合算。

综合以上分析，选择上半年建池比较合适，但地下水位较高的地区、村落，宜采用分期施工的方法，即上半年做好规划，下半年挖坑建池。

3.2.2　池形选择

我国农村户用沼气池，绝大部分埋在地下，受结构自重、土层的垂直和水平压力、地面活荷载、地基反作用力、静水压力和上浮力、池内料液重力及沼气压力等轴对称荷载作用。圆形池盖和池底的最不利情况是空池阶段。由于沼气池是封闭壳体，变形微小，所以作用于池体的土层水平侧压力可按弹性平衡理论采用静止土压力计算。对于水压式沼气池，其削球壳池盖、池体边界按无矩铰支假定的无矩理论计算，池墙按两端铰接的圆柱壳计算。经过计算分析，并通过实体模型验证以及破坏实验，证明实验结果同理论计算是吻合的。我国科研人员目前已经修订出一套新农村户用沼气池标准图集，也就是国家标准 GB/T 4750—2016。

建沼气池首先要了解各种沼气池形的布局状况，因为布局合理是提高沼气池产气量的重要前提；其次要了解池形的日常管理操作是否方便，特别是排渣清淤是否容易；同时，池形要具备正常的新陈代谢功能，可混合使用杂草、秸秆，不造成短路。进出料口一旦发生短路，要有切实可行的排除方法；此外要根据家庭人口和饲养畜禽的数量、种类等情况来确定容积，一般按每人 1.3~1.5m³ 池容的比例来预算沼气池的池容，比如，3 口之家选用 4m³ 的池容，5~6 人选用 8m³ 的池容，养猪多、发酵原料充足的农户可适当增大池容。

农户建池，可以根据用户所能提供的发酵原料种类、数量和人口多少、地质水文条件、气候等特点，因地制宜地选定池形和容积。

3.2.3　建池地址的选择

户用沼气池建池地址的选择要做到猪圈、厕所、沼气池三者联通建造，达到人、畜粪便能自流入池。池址与灶具的距离一般控制在 25m 以内；尽量选择在土质坚实、地下水位低、地势较高的地方建池。同时还要注意选择的地方要避风向阳、出料方便，并且能使运输车辆畅通。

3.2.4　施工工艺的选择

我国农村户用圆形（包括球形）沼气池施工工艺，总的说来有砌块建池、混凝土整体现浇建池和组合式建池 3 种。

（1）砌块建池施工工艺　砌块（这里包括混凝土预制块、标砖和块石）建池在我国较为广泛，在我国长期的实践中发现砌块建池有以下优点：由于标砖、混凝土预制块都是规格化的材料，所以这就为池形标准化创造了条件；施工简便，节约木材；适应性强，对于不同水位都可以采用；可以常年备料，常年建池，加快建设速度。该方法节约成本、主池体各部位厚薄均匀，受力好、抗压抗拉性能好，可分段施工，缩短地下建池时间，利于地下水位高的地区建池。

（2）混凝土整体现浇施工工艺　整体现浇池的整体性能比较好，质量比较稳定，使用寿命长，但是耗用的模板和人工比较多。但是，混凝土现浇施工时对技术要求较高，若挖坑和校模不准，易造成池墙厚薄不一，而且会增大建池成本；此外，现浇施工要求一气呵成，不能间歇，难免出现规范不一，质量难以保证的现象。实践证明，在地下水位较高的地区使用该法施工要比预制件施工难得多。因此，建造农村户用沼气池，预制件施工法要比混凝土现浇施工法更胜一筹。

（3）组合式建池施工工艺　组合式建池是指池墙和池盖采用两种不同的施工工艺，例如池盖采用现浇工艺而池墙采用砌块建池，或者池盖采用砌块而池墙采用现浇建池。

至于农户最后选择哪种施工工艺，这要根据当地的建池材料、地质水文条件、施工习惯等，因地制宜地确定施工工艺。

3.2.5　建筑材料的选择

沼气池设计要求经济合理地选用建筑材料。建筑材料的费用约占建筑物造价的 50%～60%，所以要尽可能地就地取材，使沼气构筑物取得较好的技术经济指标。目前，我国农村建池用材料有水泥、砖、混凝土、石灰、块石等。这里对这几种建池用的建筑材料的性质、配置和使用作一简单介绍。

（1）砖　指的是普通烧结黏土砖，它是以黏土为原料，经过焙烧而成的人造石材。砖的外形标准尺寸为 240mm×115mm×53mm 的直角平行六面体，容重约为

1600～1800kg/m³；外观尺寸应平整，没有过大翘曲，敲击声脆。普通黏土砖，按强度划分为 MU5.0、MU7.5、MU10、MU15、MU20 五种。建造户用沼气池适合采用强度等级为 MU7.5 号或 MU10 号的砖。

（2）水泥　在建筑中常用的水泥有硅酸盐水泥、普通硅酸盐水泥、矿渣硅酸盐水泥、火山灰质硅酸盐水泥及粉煤灰硅酸盐水泥。此外，还有一些具有特殊性能的水泥，以满足不同工程的特殊需要，如中热硅酸盐水泥、白色硅酸盐水泥、快硬硅酸盐水泥、膨胀水泥等。在每一品种水泥中，又根据其胶结强度的大小，分为若干标号。当水泥的品种和标号不同时，其性能也有差异。因此，在使用水泥时，必须注意水泥的品种及标号，了解其性能特点及使用方法，从而能够根据工程的具体情况合理地选择与使用水泥，这样既可以提高工程质量又能节约水泥。各不同类型水泥的性能如下：

① 硅酸盐水泥和普通硅酸水泥。在普通硅酸水泥成分中，绝大多数仍是硅酸盐水泥熟料，所以其基本特征与硅酸盐水泥相近。但由于普通硅酸盐水泥中掺入了少量混合材料，故其某些特性与硅酸盐水泥比较起来，又有差异。与同标号水泥相比，普通水泥的早期硬化速度稍慢，其 3 天、7 天的抗压强度较硅酸盐水泥稍低。同时，普通水泥的抗冻、耐磨等性能也较硅酸盐水泥稍差。

② 矿渣硅酸盐水泥。矿渣硅酸盐水泥是由硅酸盐水泥熟料和粒化高炉矿渣、适量石膏磨细制成的水硬性胶凝材料。矿渣水泥与普通水泥相比，它具有较强的抗溶出性侵蚀及抗硫酸盐侵蚀能力，所以矿渣水泥比较适用于溶出性或硫酸盐侵蚀的水工建筑工程、海港工程及地下工程。但是，矿渣水泥在酸性水（包括碳酸）及含镁盐的水中，抗侵蚀性能却较硅酸盐水泥和普通硅酸盐水泥差；水化热低，适宜于大体积工程；保水性较差、浸水性较大，这样矿渣水泥很容易在混凝土内形成毛细管道路及水囊，当水分蒸发后，便形成孔隙，降低混凝土的密实性和均匀性；干缩性较大，干缩是一种不良的性质，它将使混凝土产生干缩，使混凝土产生很多细微的裂缝，从而影响混凝土的密实性和均匀性，所以在使用矿渣水泥时要加强养护。

③ 火山灰质硅酸盐水泥。火山灰质硅酸盐水泥是由硅酸盐水泥熟料和火山灰质混凝土、适量石膏磨细制成的水硬性胶凝材料。火山灰水泥的许多性质，如抗侵蚀性、水化时的发热量、强度以及增进率、环境温度对凝结硬化的影响、碳化速度等，都与矿渣水泥有相同的特点。但火山灰水泥的抗冻性及耐磨性比矿渣水泥要差。根据这些性质可知，最适宜用于地下或水下工程，特别是对抗渗、抗淡水或抗硫酸盐侵蚀工程更具有优越性，由于抗冻性较差，不宜用于受冻部位。

④ 粉煤灰水泥。粉煤灰水泥抗硫酸盐侵蚀能力较强，但次于矿渣水泥，适用

于水工和海港工程。粉煤灰水泥抗碳化能力差，抗冻性较差。

（3）石灰　石灰是一种气硬性无机胶凝材料，它是以碳酸钙为主要成分的天然岩石在适当高温下煅烧得到的以氧化钙（CaO）为主要成分的生石灰。石灰在使用前，一般先加水，使之消解为熟石灰，其主要成分为氢氧化钙［$Ca(OH)_2$］。在建造沼气池的工程中，熟石灰被掺入水泥砂浆里配制成混合砂浆，用作砌筑砂浆和密封砂浆。

（4）块石　块石是将天然岩石用机械方法或人工方法进行加工，或不经过加工而获得的各种块状石料。在山区或者盛产石材的地区建造沼气池，可以用块石砌筑发酵间和出料间。用于建造沼气池的石料多选用组织紧密、均匀、无裂缝、无风化的砂岩或石灰岩，因为这样的岩石容易加工。需要指出的是，建造沼气池的石材要求有耐水性。材料的耐水性是指材料在水的作用下不会损坏，其强度也不会显著降低的性质。建筑材料的耐水性用软化系数表示。软化系数是材料在水饱和状态下的抗压强度和材料在干燥状态下的抗压强度的比值。用于建沼气池的石材其耐水性应取 0.85～0.90。

（5）混凝土　混凝土是以水泥为胶凝材料，与水和骨料（包括砂和石）按适当比例配合拌制成混合物，再经浇筑成型后得到的人工石材。新拌和的混凝土通常称为混凝土拌和物。对于新拌和的混凝土要求具有一定的和易性（包括流动性、黏聚性和保水性 3 方面的含义），这样便于施工操作并获得质量均匀、密实的混凝土。

3.2.6　土方工程

《户用沼气池施工操作规程》（GB/T 4752—2016）适用于《户用沼气池设计规范》（GB/T 4750—2016）施工的沼气工程。

3.2.6.1　池坑开挖放线

沼气池池坑开挖时，首先要按照设计池身尺寸放线，放线尺寸为：池身外包尺寸+2 倍池身外填土层厚度（或操作现场尺寸）+2 倍放坡尺寸。根据土壤的适度情况等，还会有不同的情况：

① 池址在无地下水、土壤具有天然湿度、池坑开挖深度小于表 3-1 所规定的允许值；或有地下水、池坑开挖深度小于表 3-1 的允许值时，可按直壁开挖池坑。

② 当土壤具有天然湿度、土质构造均匀、水文地质良好、无地下水、池坑开挖深度小于 5m，或者当沼气池建在有地下水、池坑开挖深度小于 3m 时，边坡的最大允许坡度应符合表 3-2 的规定。

表 3-1　直壁开挖的最大允许高度

土壤类型	直壁开挖的最大允许高度/m	
	无地下水，土壤具有天然湿度	有地下水
在堆填的砂土和砂石土内	1.00	0.60
在亚砂土和亚黏土内	1.25	0.75
在黏土内	1.50	0.95
在特别密实的土层内	2.00	1.20

表 3-2　边坡坡度

土壤名称	边坡坡度		
	人工挖土并将土抛在沟槽的上边	机械挖方	
		在沟槽或者沟底挖土	在沟槽或沟上边挖土
砂土	1：1	1：0.75	1：1
亚砂土	1：0.67	1：0.50	1：0.75
亚黏土	1：0.50	1：0.33	1：0.75
黏土	1：0.33	1：0.25	1：0.67
含砾石、卵石土	1：0.67	1：0.50	1：0.75
泥炭岩、白垩土	1：0.33	1：0.25	1：0.65

　　进行直壁开挖的池坑，为了省工、省料，应利用池坑土壁作胎模，并进行不同的放线。

　　圆筒形池、上圈梁以上部位按放坡开挖的池坑放线，圈梁以下部位按模具成型的要求放线。球形池和椭球形池的上半球，一般按直径放大 1m 放线，下半球按池形的几何尺寸放线。砌块沼气池池坑，按 GB 4752—2016 的几何尺寸，加上背夯回填土 15cm 宽度进行放线；土壤好时，将砌块紧贴坑壁原浆砌筑不留背夯位置。

　　池坑放线时，先定好中心桩和标高基准桩。中心桩和标高基准桩必须牢固不变位。

3.2.6.2　池坑开挖要求

　　池坑开挖应按照放线尺寸，开挖池坑不得扰动土胎模，不准在坑沿堆放重物和弃土。如遇到地下水，应采取引水沟和集水井等排水措施，及时将积水排除，引离施工现场；做到快挖快建，避免暴雨侵袭。

3.2.6.3　特殊地基处理

　　针对淤泥、流砂、膨胀土或湿陷性黄土等特殊地基，池坑开挖时还要做特殊处理。

　　淤泥地基开挖后，应先用大块石压实，再用炉渣或碎石填平，然后浇筑 1：5.5

水泥砂浆一层。流砂地基开挖后，池坑底标高不得低于地下水位 0.5m。若深度大于地下水位 0.5m，必须采取池坑外降低地下水位的技术措施，或迁址避开。膨胀土或湿陷性黄土开挖时。应更换好土或采取排水、防水措施。

3.2.7　施工标准及其操作要点

这里对不同施工工艺的操作要点作一一介绍。

3.2.7.1　整体现浇混凝土沼气池的施工

（1）抽槽土胎模浇注法　按 GB/T 4752—2016 的尺寸放线抽槽取土。先挖水压间池墙沟土，并修整好表面。浇注水压间池墙混凝土。待混凝土强度达到设计强度 70%后，取水压间中心土，同时挖取发酵间池墙土槽，修整池盖土胎模，刷上隔离剂，并将进、出料管沟槽挖通。待进、出料管安装就位后，一次浇注池墙、圈梁和池盖混凝土。当混凝土强度达到设计强度的 70%后，由活动盖口取出池心土，然后浇捣池底和水压间底板混凝土，再做内密封层的施工。

（2）大开挖支模浇注法　按照 GB/T 4752—2016 的尺寸，挖掉全池土方。池墙外模，利用原状土壁；池墙和池盖内模可用钢模、木模、砖模等。支模后浇注混凝土，一次成型。混凝土浇捣要连续、均匀对称、振捣密实，浇捣程序由下而上。池盖顶面原浆压实抹光。

① 支模　包括外模和内模。

a. 外模　圆筒形沼气池的池底、池墙，和球形、椭球形沼气池下半球的外模，对于适合直壁开挖的池坑，利用池坑壁作外模；土胎模的成型应由小变大，逐步修整。并将土模表面刮平，或粉一层好土，保持湿润。

b. 内模　圆筒形沼气池的池墙、池盖，和球形、椭球形沼气池的上半球内模，可采用钢模、木模或砖模。砌筑砖模时，砖块必须浇水湿润，保持内潮外干，砌筑灰缝不漏浆。

② 混凝土的材料要求　混凝土是由水泥、砂、石、水按照一定比例混合，经过搅拌、浇筑成型、凝固硬化形成的人造石材。混凝土的强度和密实度与所用材料以及拌制和浇筑都有很大关系。对于农村户用沼气池用的混凝土，根据其工程特点，对其材料的要求如下。

a. 水泥　优先选用硅酸盐水泥，也可以用矿渣硅酸盐水泥和火山灰质硅酸盐水泥。水泥标号选用 325 号。其强度和安定性指标要符合 GB 175—2007《通用硅酸盐水泥》标准。结块水泥不准使用。

b. 砂　宜采用中砂，要求不含有机杂物，水洗后含泥量不大于 3%、云母含量小于 0.5%。

c. 石子　采用粒径 0.5～2.0cm 碎石或卵石，级配合理，孔隙率不大于 45%；针状、片状小于 15%；压碎指标小于 10%～20%；泥土杂质含量用水冲洗后小于 2%；石子强度大于混凝土标号 1.5 倍。

d. 水　选择饮用水。

③ 混凝土的拌制　混凝土拌制需要注意以下情况。

a. 配合比　拌制混凝土采用施工配合比。当采用理论配合比时，必须将混凝土的标号提高 15%。配合比中的水灰比一般控制在 0.55～0.65。圈梁混凝土的水灰比应尽量控制在 0.50～0.55，可加入 0.2%～0.6%水泥质量的塑化剂改善其和易性。人工拌制时，每立方米混凝土的水泥用量不少于 275kg。

b. 混凝土坍落度　新拌制混凝土的坍落度应控制在 4～7cm。

c. 用量误差　拌制混凝土时，称料应准确。石子的称重允许误差±2%；砂子的称重允许误差±3%。

④ 混凝土的浇捣　浇捣混凝土前，应清除杂物，将模板浇水湿润。

混凝土浇捣采用螺旋式上升的程序一次浇捣成型。要求浇捣密实，无蜂窝麻面。

⑤ 养护　要求在平均气温大于 5℃的条件下进行自然养护。外露的现浇混凝土应加盖草帘浇水养护：硅酸盐水泥拌制的混凝土，应在浇捣完毕 12h 后连续潮湿养护 7 昼夜以上；矿渣硅酸盐水泥和火山灰质硅酸盐水泥拌制的混凝土，应在浇捣完毕 20h 后连续潮湿养护 14 昼夜以上；混凝土施工中掺入塑化剂时，连续养护时间不得少于 14 昼夜。

⑥ 拆模　拆侧模时混凝土的强度应不低于混凝土设计标号的 40%；拆承重模时混凝土的强度应不低于混凝土设计标号的 70%。

⑦ 回填土　回填土应以好土对称均匀回填，分层夯实。而拱盖上的回填土，必须待混凝土达到 70%的设计强度后进行，避免局部冲击荷载。

3.2.7.2　砌块沼气池的施工

（1）砌块沼气池所用材料要求　除应符合 GB/T 4750—2016 的技术要求外，还应满足下列要求。

① 砖。标号 75 号以上。外形规则无裂缝翘曲，声音清脆，质量均匀，无过火、无欠火，不含易爆裂物质。

② 块石。经加工成 9cm 厚、外形规则的石块，强度大于 300 号，软化系数大于或等于 0.7。

③ 制块。混凝土预制块强度大于 150 号，尺寸准确，外形规则，无缺棱少角。

④ 砌筑砂浆。采用 50～75 号水泥砂浆。

（2）池底施工　将池基原土夯实，铺设卵石垫层，浇捣 1：5.5 的水泥砂浆，再浇池底混凝土，振实压光，抹成池底曲面形状。

（3）池墙砌筑　采用"活动轮杆法"砌筑圆筒形沼气池池墙。砌筑中应注意如下几点。

① 砌块先浸水，保持面干内湿。

② 砌块砌筑应横平竖直，内口顶紧，外口嵌牢，砂浆饱满，竖缝错开。

③ 注意浇水养护砌体，避免灰缝脱水。

④ 若无条件紧贴坑壁砌筑时，池墙外围回填土必须回填密实。回填土含水量控制在 20%～25%之间，可掺入 30%的碎石、石灰渣或碎砖瓦块等；对称、均匀回填夯实。边砌筑边回填。

（4）进、出料管施工　进、出料管与水压间的施工及回填土，应与主池在同一标高处同时进行，进、出料管插入池墙部位按 GB 4750—2016 用混凝土加强。

（5）圈梁施工　在砌好的池墙上端，做好砂浆找平层，然后支模。当采用工具式弧形木模时，应分段移动浇灌低塑性混凝土，捣实抹光。

（6）池盖砌筑　待圈梁混凝土达到 70%强度后，方可砌筑池盖。采用"无模悬砌卷拱法"施工。

3.2.7.3　组合式沼气池的施工

比较常见的组合式沼气池是池墙砖模现浇和池拱砌块，这种施工方法在土质较好的地区，具有省工、省料、省模板、施工方便、质量好的优点。在组合式沼气池的具体施工中，需要注意以下几点。

（1）按设计图尺寸，沼气池直径放大 24cm（池壁浇灌混凝土厚度为 12cm）开挖土，池壁要求挖直、挖圆。

（2）画好池墙内圆线，依线砌砖模墙；每砌 20cm 高砖模墙后，贴上油毡或塑料膜（作隔离膜），浇灌一次混凝土，分层浇灌、分层捣固。捣固要密实，不留施工缝。砖模的坐浆，用黏性黄泥浆较好，便于脱膜。

（3）池墙与池拱的交接处，做 12cm 宽、12cm 高的混凝土圈梁，以利于加固池拱。

（4）池拱，用标砖采用"无模悬砌卷拱法"施工。

3.2.7.4　密封层施工

采用"三灰四浆工作法"施工。

（1）砌块沼气池密封层的施工

① 基层用水灰比为 0.4 的纯水泥浆均匀涂刷 1～2 遍。

② 底层抹灰，用 1：3 水泥砂浆抹底灰层 5mm 厚，初凝前反复压实 2～3 遍。

③ 刷纯水泥浆 1 遍，要求同①。

④ 中层抹灰，抹 1：2.5 水泥砂浆，厚 5mm，做法同②。

⑤ 刷纯水泥浆 1 遍，要求同①。

⑥ 面层抹灰，抹 1：2.5 水泥砂浆，厚 5mm，反复压实抹光，要求表面有光度、不翻砂、无裂纹。

⑦ 刷纯水泥素浆 2～3 遍，要求同①。

（2）现浇混凝土沼气池密封层的施工　要求与砌块沼气池密封层施工方法相同，只是减去中层抹灰层。

（3）密封涂料层施工　密封涂料层施工除采用"三灰四浆工作法"外，还可在面层抹灰后另做密封涂料层。

① 硅酸钠密封涂料。按层次顺序为水泥净浆、硅酸钠液交替涂刷 3～5 遍。要求涂刷均匀，不漏涂、不脱落、不起壳。

② 石蜡热熔密封涂料。要求涂刷部位内壁表面烘干，再将熔化后的石蜡液，多层、均匀地交叉涂刷，并用喷灯烘烤，促使石蜡液能渗入抹灰层毛细孔内部，起到填充密封作用。

③ 为了提高沼气池贮气室的密封性能，可采用"夹层水密封"技术。

3.2.8　沼气池的验收

按 GB/T 4751—2016《户用沼气池质量检查验收规范》进行检查验收。凡符合要求，可交付用户投料使用。

3.3　输气管道的安装

管道在工程建设中占有相当重要的位置，工程设计师希望选用性能可靠、运行安全、使用寿命长、施工方便、经济的管路。管道在输配系统投资中占 60%，因此，合理选择管材对安全可靠、经济的供气工程是至关重要的。

沼气的管道包括导气管和输气管两部分。导气管安装在沼气池的顶部，一般采用内径为 0.8～1.0cm、壁厚为 1mm 的带有密封节的铜质金属管作为导气管，将它浇筑在水泥结构的活动盖板上或气箱顶部的合适位置。输气管是接在导气管上的管道。沼气通过输气管输送到用气设备。

3.3.1　输气管道管材的选择

输送沼气的管网必须具有良好的机械性能、耐腐蚀性能、抗震性能和气密性能。常用钢管、铸铁管、镀锌管等。在农村户用沼气中，以塑料管居多；而对于大型的沼气工程，室外管应选择钢管或铸铁管，室内则可选用塑料管。

钢管具有较高的抗拉强度、韧性和抗冲击性，并具有良好的可塑性，易于焊接，气密性能得到保证。由于管壁较薄，易受腐蚀。在选用钢管时，直径在 150mm以下时，选直焊缝管；大于 150mm 时，选螺旋卷焊钢管。钢管壁厚，应不小于3.5mm，在街道红线内不小于 4.5mm；当穿越重要障碍物和土壤腐蚀性极强的地段时，应不小于 8mm。

塑料管，近年农村多选用高压聚乙烯（PE）为原料的半硬管。这种管安装方便，气密性好，价廉物美，适宜室外使用，很受用户欢迎，已逐步取代了 PVC 硬管。室内管宜选用聚氯乙烯透明软管。

3.3.2　管径的选择

输气管管径的大小，与沼气燃烧效果有直接的关系。输气管内径的大小主要由沼气池或沼气储罐到沼气用具的距离、沼气量的大小和管道压力损失等因素决定。一般说来，对于农村户用沼气池，距离沼气用具为 10m 左右时，可选用管径为 8mm 的输气管；距离为 20m 左右时，可选用管径为 10mm 的输气管。而大型沼气工程的输气管径则要较大，一般为 20mm 以上，这是由于大型沼气工程距离沼气用具较远，沿途产生的压力损失较大。

对于沼气的输送，最大气速为 4.6～9.1m/s，初速为 1.8～3.0m/s。在选择管子直径时，可合理选择经济、安全的流速，从而达到节约动力和管材的目的。

3.3.3　管件的选用

管路的管件有三通、四通、弯头、管接头等，这些管件均已标准化，使用时根据管径直接进行选取。对于塑料管，管接头端部有密封节，以防止塑料管的松动与脱落。为使每种管件均能适应内径为 8～12mm 的软塑料管，管件可制成带有一定锥度的结构。对于钢管，使用管件时，根据管子内径直接选用标准管件即可。

沼气管道上的阀门多采用球阀、旋塞阀、逆止阀和闸板阀等。沼气阀门应气密性好、动作灵活、开关迅速、检修方便、耐腐蚀性好。管网中阀门数量应尽量少，以能维持和满足运行的最低限度要求为准。

3.3.4　输气管路的安装要求

（1）室外管路按地下埋管方式或沿墙高架进行施工，室内管路按明管方式沿墙、梁进行安装。

（2）管路敷设应选择沼气池到沼气燃具最短的距离，管路敷设转角可以大于 90°。选择沼气池到沼气燃具最短的距离是指在设计管路走向时，既要考虑安全，又要考虑安装和维修方便，尽量选择使沼气输送通畅的路线，可以穿墙的不要绕墙走。减少输送距离，减少压力损失，又减少安装成本。

3.3.5　输气管路的安装方法

这里把输气管路分为室外和室内两部分分别讲述其安装方法。

（1）室外安装　室外管路安装应不在雨天进行，室外温度在 5℃以下时不宜接口操作。地下沼气管路与其他地下管路相交或平行时至少应有 10cm 的净距，不得直接接触、交叉或搭接。管沟开挖不得破坏沟底原状土。管沟宽度以小为宜，沟底平整，并应设有 1%以上的坡度，不得露有尖锐石块。如遇挖掘过深或沟底土质松软，应用细土或黄砂回填或更换后夯实。在地下水位较高地带，可预先将管道在沟旁地面进行连接，并气密试验合格，待管沟挖成后，即下入沟内，避免沟底受地下水泡浸变软，影响管路坡度。管段入沟后应随即覆土，以防重物或尖硬石块落入沟内损伤管道。回土时沟内如有积水应先抽干，然后用细土覆盖管子周围。分层回填结实，但不应使管道受到冲击。室外管路应采用地埋或高架敷设。南方地区管路埋设深度不得小于 0.2m，北方地区管路埋设深度应在冻土层下 0.1m，沿房舍高架敷设的管路应采取保暖措施。北方地区地埋深度有实践证明，与南方地埋深度一样也可以输送沼气，但必须有保护管路的保护沟槽，避免冻土对管路的挤压。

（2）室内安装　室内管路应沿墙、梁或屋架敷设，牢固地用钩钉或管夹固定在房屋的构件上。管路从室外地下引入室内的外墙穿孔，在管顶上方或下方应保留有 5cm 以上的空隙。管路水平管段的坡度应不小于 0.5%～1%，安装时可以根据不同情况选择坡度，并向立管方向落水。立管距离明火大于或等于 50cm，连接灶具的水平管段应低于灶面 5cm（立管距离明火大于或等于 50cm，要求调控器位置偏离灶具左或右 50cm，不能安装在双眼灶具的中间。连接灶具的水平管段应低于灶面 5cm 是为了保护管路，安装时应该注意）。管路距离烟囱应大于或等于 50cm，距离电线不小于 10cm。管路应牢固地固定在耐燃的构筑物上，固定支点的间距规定：立管上固定间距应不超过 1m，水平管上固定支点间距小于等于 0.8m。

3.3.6 输气管路中疏水瓶的安装

从沼气池出来的沼气含有饱和水蒸气，水蒸气在经过管道时温度下降生成冷凝水，如果凝结水积聚到一定的程度，不及时抽出就会堵塞管道，从而造成在燃烧时火力时强时弱，火焰不稳定，因此必须排出输气管中冷凝水。所以管道铺设时，要将水平管向立管倾斜，形成不小于 1%的坡度，从而排出管道中的积水。但当管道铺设较长的时候，必须在管道中间加入疏水瓶，管道铺设坡度向疏水瓶倾斜，坡度不小于 1%。

常见的疏水器如下：

（1）瓶形冷凝水排放装置 装置是把 T 型管装在有水的瓶内，在瓶的中央有专门保持 T 型管正确位置的导管，其结构简图如图 3-1 所示。

这种结构装置平日要注意瓶内的水位是否正确，有时可能会过分地蒸发而缺水；也可能由于雨水而使其过量。特别是深埋地下处，往往由于暴风雨产生的积水超过主输气管的水平位置，这时水压会大于沼气压，积水就进入输气管道内而堵塞管道。

（2）虹吸管冷凝水排放装置 虹吸管装置作为沼气输气管的接头连接，其结构简图如图 3-2。这种装置在瓶形装置的基础上进行了改进，在瓶侧增设一根虹吸管，利用沼气压力造成一定的水位差，使瓶内多余的冷凝水自动排出。当因暴风雨而积水时，会产生与瓶形装置相同的故障。

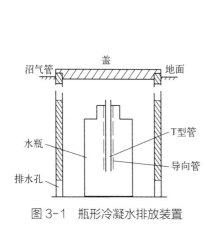

图 3-1 瓶形冷凝水排放装置

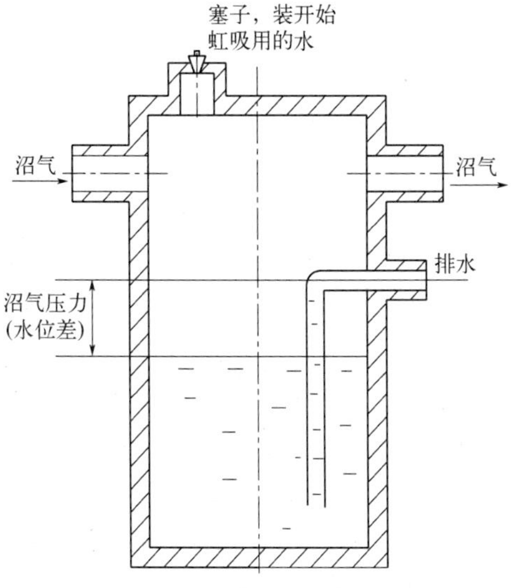

图 3-2 虹吸管排水装置

3.3.7　输气管路的气密性检查

沼气输气管道在安装之前，应进行气密性检查。具体方法是将要检验的管材和附件一端口封闭，从另一端用打气筒充气至压力为 $10 \times 10^3 Pa$，放入水中，不冒气泡为合格。

3.3.8　输气管路安装过程中的注意事项

（1）沼气管道在安装之前，要对所有管材和附件进行气密性检查；

（2）输气管路的安装要横平竖直，并以 1% 的坡度坡向最低处的凝水器；

（3）室外管要埋置在冻土层以下，室内管要用管卡固定在墙上。

3.4　户用沼气池的启动

沼气池的启动是指新建成的沼气池或者已经大出料的沼气池，从向沼气池内投入原料和接种物起，到沼气池能够正常稳定产生沼气为止的这个过程。

我国农村户用沼气池，普遍采用半连续沼气发酵工艺，它的启动可以按照下面的步骤逐步展开。

3.4.1　发酵原料的处理与配料

各种粪便用作沼气发酵原料时，一般不需要进行任何处理就可以下沼气池。但玉米秆、麦秸、稻草等植物性原料表皮上都有一层蜡质，如果不堆闷处理就下沼气池，水分不易通过蜡质层进入秸秆内部，纤维素很难腐烂分解，不能被产甲烷菌利用，而且会造成浮料或结壳现象。为了加快原料的发酵分解，提高沼气的产气量，需要对各种作物秸秆等植物性原料做预处理。

我国农村沼气发酵的一个明显特点就是采用混合原料（一般为农作物秸秆和人畜粪便）入池发酵。因此，根据农村沼气原料的来源、数量和种类，采用科学适用的配料方法是很重要的。配料、原料在入池前，应按下列要求配制。

（1）浓度。在沼气发酵中保持适宜的发酵料液浓度，对于提高产气量、维持产气高峰是十分重要的。发酵料液浓度是指原料的总固体（或干物质）质量占发酵料液质量的百分比。发酵原料的浓度，南方各省（区市）夏天以 6% 为宜，冬天以 10% 为宜；北方地区，沼气最佳发酵时间一般在 5～10 月，浓度为 6%～11%。

不同季节投料量不同，初始浓度低些有利于启动，早产气、早用气、早用肥。按 6%的浓度，每立方米池容许投入鲜人粪、鲜畜粪 300～350kg，水（包括接种物）650～700kg；按 8%的浓度，每立方米池容许投入鲜人粪、鲜畜粪约 430～470kg，加水 530～570kg，其中接种物占 20%～30%。

（2）碳氮比值。正常的沼气发酵要求一定的原料碳氮比。因此，在原料配比中，应考虑有适当的碳氮比，沼气发酵比较适宜的碳氮比值是（20～30）：1。常用动物粪便与秸秆发酵原料配比参考表 2-10。

3.4.2 投料

新池或大换料的沼气池，经过一段时间养护，试压后确定不漏气、不漏水，即可投料。将准备好的粪类原料、接种物和水按比例拌和均匀投入池内，并且入池后原料要搅拌均匀。

3.4.3 酸碱度的调整

产甲烷菌的适宜环境是中性或者微碱性，发酵液的酸碱度以 6.8～7.4 为宜。一个启动正常的沼气池一般不需调节 pH 值，靠其自动调节就可以达到平衡。沼气池发酵启动过程中，如果发现发酵液的颜色变黄或者沼气池产生的气体长期不能点燃或者产气量迅速下降，甚至完全停止产气，这就是酸化的重要特征，这时可以向沼气池内增投一些接种物，当 pH 降到 6.5 以下时，需取出部分发酵液，重新加入大量接种物或者老沼气池中的发酵液，也可以加入草木灰或者石灰水调节。

3.4.4 封池

封池前，先把蓄水圈、活动盖底及周围边上的泥沙杂物用扫帚扫去，再用水冲洗，使蓄水圈、活动盖表面清洁，以利于黏结。清洗完后，将揉好的石灰胶泥，均匀地铺在活动盖口表面上，再把活动盖坐在胶泥上，活动盖与蓄水圈之间的间隙要均匀，用脚踏紧，使之紧密结合，然后插上插销，向蓄水圈加入水密封，养护 1～2 天。

3.4.5 放气试火

沼气池封盖以后开始几天所产的气体主要是二氧化碳，甲烷含量较少，再加上池内原来有很多空气，所以开始放出来的气体难以燃烧，要排放数次废气才能试火。当沼气压力表上的压力读数达到 4kPa（400mmH$_2$O）时，应放气试火。放气 2~3 次后，由于产甲烷菌数量的增长，所产气体中甲烷含量逐渐增加，所产生的沼气即可点燃使用。这里应特别注意，试火一定在灶具上进行，不能在沼气池导气管上直接试火，以防回火引起沼气池内爆炸。

3.4.6　户用沼气池启动过程中常见故障分析

3.4.6.1　发酵液出现酸化现象

当户用沼气池的 pH 值低于 6 时，表明池子已经酸化，无法产气，所以对于酸碱度的调节不可大意。当发现料液偏酸时，就取 3~4kg 石灰兑上 4~5 桶清水，先充分搅匀后再直接从进料口倒入池中并用木棍或竹竿进行搅拌，使石灰澄清液与池中的料液充分接触。如果经处理后料液仍然偏酸就再适当加入石灰澄清液。

3.4.6.2　产气量很小

故障分析：这种情况可能是发酵料酸化或发酵料不足，或池中温度下降。

故障排除：可以用石灰水或草木灰调节 pH 值 7~7.4，补充原料和接种物；采取保温措施，增加投料量。

3.4.6.3　压力表上升到一定数值后不再上升，进出料间冒气泡

故障分析：①池内水位线太低，沼气贮满贮气间后把发酵液挤出，使池内液面与进出料间下口相平，沼气便从进出料间冒出；②用气不及时，池内贮气过多。

故障排除：①从进料口加水加料，提高池内水位；②要适时用气，不要使贮气间内贮气过多。有条件的农户可另设贮气柜，把沼气引出贮存。

3.4.6.4　产气量很大，但不能点燃或能点燃但不能连续燃烧

故障分析：产气量很大，但不能点燃或能点燃但不能连续燃烧的情况是因为沼气中含甲烷量少，原因可能是由于产甲烷菌少。

故障排除：可以调节好发酵原料的酸碱度，添加富含产甲烷菌的活性污泥。

3.4.6.5　虽能产气，但池内压力很小

故障分析：这种情况可能是沼气池密封性不强，存在漏气现象。

故障排除：清理沼气池，修补漏洞或重新粉刷密封。

3.5 户用沼气池的运行管理

3.5.1 沼气池的进出料管理

沼气池的进出料要做到经常化，这样做的目的主要是满足沼气菌生活所必需的原料，以利于沼气菌的新陈代谢。进出料的原则是：先出料后进料，进出料体积大致相同。对于正常运转的沼气池，切忌只进料不出料，否则当料液过满时用气，发酵液就会进入导气管导致导气管堵塞。此外，在添加新料时，切忌加大用水量，以免降低发酵浓度，影响产气效果。

对于三结合沼气池，从启动开始便可以陆续向池内进料。但是应对每天进料量作估计，当累计进料量达到池容积的 85%～90% 时，开始出料。若进料量不足，则应补加铡短的作物秸秆以及其他发酵原料。

对于非三结合的沼气池，启动运行约一个月，当产气量明显下降时，应及时添加新料。要求每 5～6 天加料一次，每次加料量占发酵液量的 3%～5%。在此量范围内，冬季宜多、宜干（可以 8～9 天加料一次）。加秸秆应先用粪水或水压间的料液预湿、堆沤。

3.5.2 池内搅拌

农村户用沼气池，一般都未安装搅拌装置，发酵原料在静止状态下分为三层，从上到下依次是浮渣层、发酵液层和发酵沉渣层。浮渣层，发酵原料较多，沼气菌却很少，原料不能充分利用，而且浮渣层过厚，还会影响沼气进入气箱。发酵液层，发酵原料少、水分多，沼气菌也很少。发酵沉渣层，发酵原料多，沼气菌也多，这是产生沼气的重要部位。由于这 3 个层次的存在，经常搅拌沼气池内的料液，搅拌有利于打破浮渣层结壳和搅动沉渣，可以使新鲜原料与发酵微生物充分接触，避免沼气池产生短路和死角，提高原料利用率和产气率，可提高产气 10% 以上。搅拌的方法可用长把物器从进料管伸入沼气池内来回拉动；也可从出料间舀出一部分粪液，倒入进料口，以冲动发酵料液；搅拌每 3～5 天进行一次，每次搅拌 3～5min。

3.5.3 发酵料液的酸碱度调节

发酵料液的酸碱度是通过 pH 值来反映的。沼气微生物最适宜的 pH 值范围是

6.8～7.5。需要指出的是这里的 pH 值指的是消化器内料液的 pH 值，不是发酵原料的 pH 值。当沼气料液的 pH 值小于 6 或者 pH 值大于 8 时，沼气发酵就会受到抑制，甚至停止产气，所以要经常检测 pH 值。配料不当，突然更换添加原料，可能导致发酵液过酸，造成产气量下降或气体中甲烷含量减少。在农村检查 pH 值一般可用广泛试纸浸泡在发酵液中（1min 左右）与标准试纸颜色对照后，如发现 pH 值小于 7（即试纸呈土黄色、橙色），说明发酵液呈酸性，应加入适量草木灰、氨水或澄清石灰水调节 pH 值至正常范围（6～8）；若广泛试纸显示橘红色，则表明发酵料液呈强酸性，应将大部分或全部料液取出，重新接种，投料启动。

3.5.4　冬季的保温增温管理

沼气微生物是在一定的温度范围进行代谢活动的，在 8～65℃范围内，温度越高，产气速度越快。我国的农村户用沼气池建于地下，受地温影响较大。对于我国北方地区，冬季气温较低，沼气池内温度随之较低，如果低于 10℃以下将不能正常产气，所以就必须采取保温和增温措施，保证沼气池正常运行。户用水压式沼气池的越冬管理，主要是做好增温保温，防止池体冻坏，并使发酵维持在较高水平，达到较高产气率。越冬管理的时期为寒露到春分。这是因为从寒露开始，气温低于地温，沼气池由吸热变为放热，池温下降速度加快，因此应提早采取保温措施。这里介绍 4 种行之有效的方法。

（1）添加增温剂。在冬季要保持沼气池产气足，可添加豆腐水、人尿、谷酒糟等增温。如用谷酒糟增温方法是：每隔 10 天向池内加料一次，每次 50kg 左右，连续加 4 次后，可保持池内越冬产气充足。

（2）池外保温。可用锯木屑和泥或用切碎的稻草和泥，夯实在挖好的沼气池周围的环形沟内进行隔温。但最好是先在沼气池上半球部的外表面，涂一层隔湿的沥青，这样可防池内热量散失，也可阻挡外面冷空气侵入，取得良好的保温作用，再在池子上面严密地盖上一层厚厚的稻草，或搭个塑料棚，效果会更好。

（3）要调节发酵浓度。沼气发酵的最适浓度，应随季节的不同而变化，夏季发酵浓度以 6%～7%为宜，冬天发酵浓度以 10%～12%为好，因此，冬季的用料要适当增加。在寒露节前后，选择晴天进行出料和进料，浓度要达到 10%～15%；等到了冬季还要及时补料，浓度要提高到 15%～20%左右，使冬季沼气池在高浓度下运转。

（4）搅拌池料提高产气量。在不搅拌的情况下，沼气池内明显分为浮渣、清液、沉渣 3 层，在发酵温度相同的情况下，进行搅拌后，总产气量可提高 15%～35%，在冬季更应注意在晴天定期搅拌。

3.5.5　夏季防止沼气外溢

夏天沼气产气旺盛，池内压力过大时，会胀坏气箱外溢。为了防止这种现象，夏天的发酵料液要稀一些，减少产气量；要经常观察压力表的变化，当发觉压力达到一定限度，要立即放气或者用气。

3.6　沼气池的安全管理

3.6.1　防火防爆

沼气是一种可燃气体，一旦有明火就会燃烧，所以沼气池边严禁烟火。如果需要检查是否产气，应在距离沼气池 5m 以上的沼气灶具上点火试验，不能在导气管导气上点火，防止产生回火，引起池子爆炸；在清除池内沉渣或者下池检修沼气池的时候，为了防止发生火灾，不得携带明火或者在池内吸烟，如果需要照明，可以用手电筒；使用沼气灶或沼气灯时，要先点着火柴或者引火物，后打开沼气开关，避免先打开沼气开关导致灶具或者灯的周围沼气聚集，发生火灾；要经常检查开关、管道和接头等处有没有漏气。

3.6.2　水压间防止人畜跌入

为了防止人畜跌入水压间发生危险，一定要在水压间上部设置盖板。

3.6.3　沼气池大出料及维修期间防止人员窒息

沼气池是一个密闭的容器，空气不流通，缺乏氧气。所产生的沼气的主要成分是甲烷、二氧化碳和一些对身体有害的气体如硫化氢、一氧化碳等。当空气中甲烷浓度达到 30% 时，人吸入后，肺部血液得不到充足的氧气，造成神经系统的呼吸中枢抑制和麻痹，就会使人发生窒息性中毒；当甲烷浓度达到 70%，就可以使人窒息死亡。空气中的二氧化碳浓度达到 3%～5% 时，人会有气喘、头晕和头痛的感觉；达到 6%，呼吸困难；达到 10% 会呼吸停止，引起死亡。而且二氧化碳密度较大，容易积累在沼气池底部，并且刚出料后沼气池内缺乏氧气，还可能有少量的硫化氢、磷化三氢等剧毒气体。沼气池一旦进料后，不要轻易下池出料或检修，若下池检修一定要做好安全防护措施。一是打开活动盖透风；二是把小鸡等动物吊入池内，待 20min 后，观察小动物是否正常，否则严禁下池。

参考文献

[1] 周孟津，张荣林. 沼气实用技术. 北京：化学工业出版社，2004.

[2] 周孟津. 沼气生产利用技术. 北京：中国农业大学出版社，1999.

[3] 刘荣厚. 生物质能工程. 北京：化学工业出版社，2009.

[4] 陈莹，李谦. 农村沼气新技术，让生活更美好. 中国农村科技，2015(11): 2.

[5] 李长生. 农家沼气实用技术（修订版）. 北京：金盾出版社，2004.

[6] 田宜水. 中国农村能源发展现状及"十二五"展望. 中国能源，2011, 35(5): 13-16.

[7] 农业部沼气产品及设备质量监督检验测试中心. 沼气技术标准汇编. 成都：2003.

[8] 农业部科技教育司. 2005 年全国沼气远程培训班教材. 北京：2005.

[9] 施骏. 农村户用沼气与综合利用. 北京：中国农业科学技术出版社，2005.

[10] 汪建华，彭爱华. 沼气输配系统的合理配置. 中国沼气，1998, 16(3): 25+28.

[11] 农业部人事劳动司、农业职能技能培训教材编审委员会. 沼气生产工（上、下册）. 北京：中国农业出版社，2004.

[12] 林聪. 沼气技术理论与工程. 北京：化学工业出版社，2007.

第 **4** 章

沼气工程的设计与 施工及运行管理

4.1 沼气工程的分类

沼气工程的规模主要按发酵装置的容积大小或日产沼气量的多少来划分。2011 年农业部发布了沼气工程规模分类行业标准，标准根据我国现有沼气工程建设规模和发展趋势，制定了沼气工程规模分类指标和分类方法，在行业范围内为沼气工程立项、审批、建设、投资及评估提供科学依据。标准中，将沼气工程分为大型、中型和小型沼气工程，规模分类指标见表 4-1。

表 4-1 沼气工程规模分类指标

工程规模	单体装置容积/m³	总体装置容积/m³	日产沼气量/m³	配套系统的配置
大型	≥300	≥1000	≥300	完整的发酵原料的预处理系统；沼渣、沼液综合利用或进一步处理系统；沼气净化、储存、输配和利用系统
中型	50≤V<300	100≤V<1000	≥50	发酵原料的预处理系统；沼渣、沼液综合利用或进一步处理系统；沼气的储存、输配和利用系统
小型	20≤V<50	50≤V<100	≥20	发酵原料的计量、进出料系统；沼渣、沼液的综合利用系统；沼气的储存、输配和利用系统

注：日产沼气量指标是指厌氧消化温度控制在 25℃以上（含 25℃），总体装置的最低日产沼气量。

其中，沼气工程规模分类指标中的单体装置容积指标和配套系统的配置被定为必要指标，总体装置容积指标与日产沼气量指标定为择用指标。沼气工程规模划分时，应同时采用两项必要指标和两项择用指标中的任意一项指标加以界定。

4.2　中小型沼气工程的设计计算

由于沼气工程设计所涉及的内容很多，本节只从反应器的角度，选择两种养殖场沼气工程应用较多的反应器，即 UASB 反应器和厌氧塘，介绍它们的设计方法。而无论何种反应器的设计，都需要先确定所处理废水的水量和水质。

4.2.1　基本参数的确定

准确计算并确定粪便污水水质和排放量的大小是确定厌氧工程规模的前提，因此，这里介绍规模化养猪场、养鸡场和养牛场粪便及污水的确定方法。在确定规模化养殖场沼气工程规模时主要依据以下 12 个方面的因素：

①　畜禽养殖场年出栏数量。

②　畜禽常年存栏数量，如存栏公猪、带仔母猪、空怀母猪、妊娠母猪、仔猪、不同体重育肥猪等的数量。

③　饲喂方式和饲料品种。

④　养殖工艺。

⑤　粪便清除方式。

⑥　每天饮用和冲洗水量。

⑦　养殖场所区域的气候条件。

⑧　养殖场所区域环境条件和当地环保部门对养殖场排放水质要求。

⑨　沼气项目建设地点的地理位置、地质条件。

⑩　养殖场周围的可利用资源和现有设施情况，如农田、蔬菜田、鱼塘、果园、茶园等。

⑪　养殖场的能源供应、消耗和利用方式。

⑫　养殖场附近地区村镇和农户的能源供应、消耗和利用方式。

畜禽排泄的粪尿量以及畜禽养殖业排放的废水量，由于受到饲养方式、管理水平、畜舍结构、漏粪地板的形式和清粪方式等的不同而差异较大。现有的统计资料尚不充分，不同统计资料提供的数值也不尽相同，以下介绍几种类型畜禽养殖场粪便污水排放确定方法。

（1）猪粪尿和污水量的确定

①　猪排泄粪尿量的估算　尽管猪粪尿排泄量受到环境因子、饲料质量、饮用

水量等影响，但一般可采用式（4-1）和式（4-2）估算。

$$Y_f = 0.530F - 0.049 \tag{4-1}$$

$$Y_u = 0.205 + 0.438W \tag{4-2}$$

式中　Y_f——粪便排泄量，kg；

　　　F——饲料采食量，kg；

　　　Y_u——尿排泄量，kg；

　　　W——饮水量，kg。

以此为依据计算的猪排粪量和排尿量见表 4-2 和表 4-3。

表 4-2　猪排粪量　　　　　　　　　　单位：kg

	体重	20	40	60	80	100
限饲	饲料采食量	0.91	1.43	1.95	2.47	2.99
	排粪量	0.43	0.71	0.99	1.26	1.54
任饲	饲料采食量	1.39	1.95	2.31	2.77	3.23
	排粪量	0.69	0.93	1.18	1.42	1.66

表 4-3　猪排尿量　　　　　　　　　　单位：kg

体重	20	40	60	80	100
饮水量	5.12	5.58	6.04	6.50	6.96
尿排泄量	2.45	2.65	2.85	3.05	3.26

依据表 4-2 和表 4-3，可以估算出每头猪在不同生长阶段排泄的粪尿量，见表 4-4。

表 4-4　育肥猪不同生长阶段排泄粪尿量　　　　　　　　　　单位：kg

	体重	20	40	60	80	100
粪尿量	限饲	2.88	3.36	3.84	4.32	4.79
	任饲	3.14	3.58	4.03	4.47	4.92

② 每头猪每天需水量　每头猪每天的需水量可参照下列数据。

带仔母猪：　　　　　　　　　　30～60L

公猪、空怀母猪、妊娠母猪：　　20～30L

肥猪：　　　　　　　　　　　　15L

断奶仔猪：　　　　　　　　　　5L

③ 冲洗水量　传统养殖人工清粪方式，平均每头猪冲洗水量 10～15L。工厂化养猪水冲清粪方式，平均每头猪冲洗水量 20～30L。

根据上述方法，可以估算出养猪场排放的粪便量和污水量，从而为沼气项目的设计提供最基本的设计依据。表 4-5 是根据上述方法计算出的年出栏万头规模猪场猪粪污水排放量。表 4-6 是有关猪粪污水的污染物特征的一些数据。

表 4-5　年出栏万头猪场猪粪污水排放量

项目	饲养周期/d	存栏数量/头	平均排粪尿量/[kg/(头·d)]	平均冲洗水量/[kg/(头·d)]	产生污水量/（t/d）
母猪	365	500	6.72	30	18.36
公猪	365	25	6.41	26	0.81
仔猪	49	1380	2.91	10	17.82
育肥猪	105	2920	5.95	20	75.77

表 4-6　猪粪污水的污染物特性

项目	TS/%	COD/(mg/L)	BOD/(mg/L)	NH_3-N/(mg/L)	TSS/(mg/L)	pH
未清除猪粪的污水	1.5～2.5	13000～20000	6500～10000	2120～2500	11000～25000	6.8～7.2
清除猪粪的污水	0.3～0.6	6000～10200	3500～6000	500～1200	3000～5000	6.5～6.8

（2）鸡粪和污水量的确定　养鸡场每只鸡日排泄粪便量为 0.1～0.11kg/（只·d）。养鸡场冲洗水额定量为 1.10～1.25kg/只。鸡粪污水的水质如表 4-7 所示。

表 4-7　鸡粪污水的水质

项目	TS/%	COD/(mg/L)	BOD/(mg/L)	NH_3-N/(mg/L)	TSS/(mg/L)	pH
鸡粪污水	2.0～2.5	15000～30000	7000～15000	2500～4400	12000～22000	6.5～7.5

（3）奶牛场粪尿和污水量的确定　奶牛场排放的粪尿与污水包括以下 4 部分：牛粪尿、牛圈冲洗水（含淋浴水）、挤奶消毒水、牛奶桶清洗水。

一头体重 600kg 的奶牛日排粪量为 20kg，排尿量为 34kg，养牛场冲洗水量为 500～800L/（头·d）。奶牛粪尿的组分如表 4-8 所示。

表 4-8　奶牛粪尿的组分

成分排泄物	BOD/(mg/L)	TSS/(mg/L)	TN/(mg/L)	P_2O_5/(mg/L)	K_2O/(mg/L)	pH
牛粪	24500	119000	9430	4400	1500	7.2～8.2
牛尿	4000	5000	8340	40	18900	7.2～8.2

根据国外资料，1 头 450kg 体重的肉牛每年排泄氮量达 430kg。一个具有 3200 头肉牛的规模化养牛场每年排放氮量达 1400t，它相当于 26 万人口当量的排氮量（每人每年排氮量按 5.4kg 计）。表 4-9 为不同年龄的牛的粪尿排泄量。

表 4-9　不同年龄的牛的粪尿排泄量

项目	1~6 个月小牛	12 个月小母牛	18 个月小母牛	12 个月小肉牛	奶牛
体重/kg	140	270	380	400	500
粪尿量/(L/d)	7.00	14.0	21.0	27.0	45.0

4.2.2　池容的确定

UASB 的设计涉及多方面的因素，包括池容的确定和结构设计。

（1）废水水质　废水的成分对反应器内污泥的颗粒化有多方面的影响，并可以引起泡沫以及浮渣层的形成，处理高蛋白质和脂肪含量的废水时更易出现这些问题。在 UASB 设计时，废水当中颗粒物与溶解性 COD 含量的比值是需要重点考虑的因素，也是是否采用 UASB 工艺的决定性因素。

（2）反应器容积负荷　不同废水浓度、不溶性 COD 比率、出水 TSS 浓度条件下，UASB 容积负荷的确定可参考表 4-10 给出的推荐值。UASB 反应器在 30~35℃条件下处理多种废水，当容积负荷率在 12~20kg COD/（m³·d）之间时，COD去除率可达到 90%~95%，HRT 可降低到 4~8h。当要求 COD 去除率低于 90%，且出水高 TSS 含量可以接受时，可以采用更高的水力上升流速，以使反应器内形成密度更大的颗粒污泥，从而使反应器容积负荷进一步提高。

当废水中 COD 以可溶性 COD 为主时，采取不同发酵温度时反应器容积负荷的确定可参照表 4-11 给出的推荐值。

表 4-10　UASB 容积负荷推荐值[①]

废水 COD 含量/（mg/L）	不溶性 COD 比率	反应器容积负荷率/[kg COD/(m³·d)]		
		絮状污泥	颗粒污泥, 高 TSS 去除率	颗粒污泥, 低 TSS 去除率
1000~2000	0.10~0.30	2~4	2~4	8~12
	0.30~0.60	2~4	2~4	8~14
	0.60~1.00	不能采用	不能采用	不能采用
2000~6000	0.10~0.30	3~5	3~5	12~18
	0.30~0.60	4~8	2~6	12~24
	0.60~1.00	4~8	2~6	不能采用
6000~9000	0.10~0.30	4~6	4~6	15~20
	0.30~0.60	5~7	3~7	15~24
	0.60~1.00	6~8	3~8	不能采用
9000~18000	0.10~0.30	5~8	4~6	15~24
	0.30~0.60	不能采用	3~7	不能采用
	0.60~1.00	不能采用	3~7	不能采用

①COD 去除率 85%~95%，发酵温度 30℃。

表 4-11　UASB 容积负荷推荐值[①]

| 反应温度/℃ | 反应器容积负荷率/[kg COD/(m³·d)] | | | |
| | VFA 废水 | | 非 VFA 废水 | |
	范围	典型值	范围	典型值
15	2～4	3	2～3	2
20	4～6	5	2～4	3
25	6～12	6	4～8	4
30	10～18	12	8～12	10
35	15～24	18	12～18	14
40	20～32	25	15～24	18

①以可溶性 COD 为基质且其去除率 85%～95%，污泥浓度 25g/L。

（3）水力上升流速　水力上升流速作为 UASB 的一个重要设计参数，主要取决于反应器的进水流量和反应器的水平截面积。水力上升流速的设计推荐值见表 4-12。在处理 COD 完全可溶或部分可溶的废水时，表面水力流速可分别允许出现短时间 6m/h 和 2m/h 的高峰值。

水力上升流速通过式（4-3）计算确定。

$$v = \frac{Q}{A} \qquad (4\text{-}3)$$

式中　v——水力上升流速，m/h；

A——反应器横截面积，m²；

Q——进液流量，m³/h。

（4）反应器容积和其他尺寸　UASB 反应器一个重要的设计参数是容积负荷或水力停留时间。一般来说，废水浓度较低时，反应器容积的计算主要取决于水力停留时间，而在较高浓度下，反应器容积则主要取决于容积负荷的大小。而畜禽粪便废水是一种高浓度有机废水，所以其容积由容积负荷来决定，具体可通过式（4-4）确定。

$$V_{\mathrm{n}} = \frac{QS_0}{L_{\mathrm{org}}} \qquad (4\text{-}4)$$

式中　V_{n}——反应器液体部分有效容积，m³；

S_0——进水 COD 浓度，kg COD/m³；

Q——进液流量，m³/h；

L_{org}——反应器有机负荷率，kg COD/（m³·d）。

为了确定气体收集器以下反应器总的容积，常采用有效系数，该有效系数指的是污泥床部分与下部反应器的比率，该系数可在 0.8～0.9 之间选取，这样反应器总的液体部分容积可通过式（4-5）计算确定。

$$V_L = \frac{V_n}{E} \tag{4-5}$$

式中　V_L——反应器液体部分总容积，m^3；

　　　E——有效系数。

反应器液体部分总容积确定后，就可根据式（4-6）计算反应器液体部分的高度。

$$H_L = \frac{V_L}{A} \tag{4-6}$$

式中　H_L——反应器液体部分高度，m。

要确定反应器的总高度，还需考虑集气罩部分的高度，这部分的高度一般可在 2.5～3m 之间取值，这样，反应器的总高度就可根据式（4-7）确定。

$$H_T = H_L + H_G \tag{4-7}$$

式中　H_T——反应器总高度，m；

　　　H_G——反应器集气罩部分的高度，m。

在确定反应器高度过程中，还需考虑下列因素与反应器高度的关系。

① 高流速会增加污水系统扰动，因此会增加污泥与进水有机物之间的接触。

② 过高的流速会导致污泥流失，因此为滞留污泥，上升流速不能超过一定限值，从而反应器的高度也会受到限制。

③ 在采用传统 UASB 系统的情况下，上升流速的平均值一般不超过 0.5m/h。

④ 深度对于厌氧消化效率的影响与 CO_2 的溶解度有关，反应器越深，在废水中的溶解度就越高，因此，pH 值越低，如果低于最优值，就会影响反应器的消化效率。

⑤ 土方工程随池深增加而增加，但占地面积则相反，同时高程的选择应该使污水进水或出水的能量消耗尽可能低。

一般来说，最经济的反应器高度一般在 4～6m 之间，并且大多数情况下这也是系统最佳的运行范围。反应器高度的推荐值见表 4-12。

表 4-12　UASB 水力上升流速和反应器高度推荐值

废水类型	水力上升流速/（m/h）		反应器高度/m	
	范围	典型值	范围	典型值
COD 近似完全可溶	1.0～3.0	1.5	6～10	8
COD 部分可溶	1.0～1.25	1.0	3～7	6
生活污水	0.8～1.0	0.8	3～5	5

在确定了反应器的容积和高度之后，对矩形池还需确定反应器的长宽比。对于矩形和正方形池在同样的面积下正方形池的周长比矩形池要小，从而矩形池需要更多的建筑材料。矩形池长宽比在 4：1 以上费用增加十分显著。但是从布水均匀性考虑，矩形池长宽比较大比较合适。从布水均匀性和经济性两方面综合考虑，矩形池长宽比在 2：1 以下较为适宜。

4.2.3　结构设计

4.2.3.1　UASB 反应器结构设计

（1）布水器　布水器是 UASB 反应器很关键的部件，它对保证污水和污泥之间的充分接触，最大限度发挥反应器内厌氧污泥的作用是非常重要的。因此，一般采用多点进水方式，使进水较均匀地分布在污泥床断面上。所以布水点密度的大小对布水的均匀性无疑是非常重要的。表 4-13 是 Lettinga 等人给出的布水点数目的确定方式。

表 4-13　UASB 反应器布水点数量的计算依据

污泥类型	反应器容积负荷/[kg COD/(m³·d)]	每个布水点平均占有面积/m²
稠絮状污泥 （>40kg TSS/m³）	<1.0 1.0～2.0 >2.0	0.5～1 1～2 2～3
中等浓度絮状污泥 （20～40kg TSS/m³）	1.0～2.0 >3.0	1～2 2～5
颗粒污泥	<2.0 2.0～4.0 >4.0	0.5～1 0.5～2 >2

布水系统的进水方式大致可分为脉冲进水和连续进水两种方式。连续进水方式包括一管一孔配水方式、一管多孔配水方式和分支式配水方式。

一管一孔配水方式的特点是一根配水管只服务一个配水点，所以只要保证每根配水管流量相等，即可实现每个配水点的均匀配水。为了保证每一个配水点达到其应得的进水流量，配水箱（或配水渠）多置于反应器的顶部，这样布置有两方面的优点：一是当某一布水管或布水头出现堵塞的时候通过配水箱液面的升高可以观察得到；二是当堵塞不是很严重的情况下，随着配水箱液面的升高，布水管内的压力增大，从而可以自行消除堵塞。图 4-1（a）为采用这一布水方式的布水器的原理。

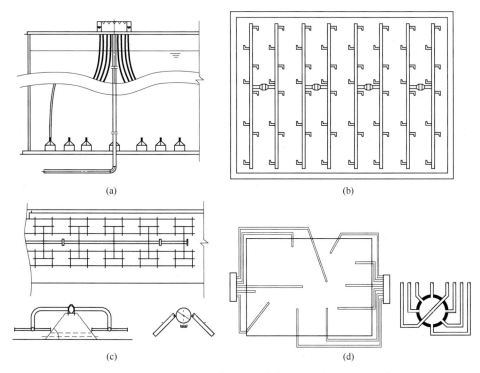

图 4-1　几种布水器结构原理示意

一管多孔配水方式是采用在反应器池底配水横管上开孔的方式布水，其中几个进水孔由一个进水管负担。为了均匀配水，要求出水流速不小于 2.0m/s，以便使出水孔阻力损失大于穿孔管的沿程阻力损失。配水管的直径最好不小于100mm，配水管中心距池底的距离一般为 20～25cm。在一根管上均匀布水虽然在理论上是可行的，但实际是很难实现的。因为这种系统随着使用时间的增加不可避免有些孔口会发生堵塞。而进水将从没有堵塞的其他孔口重新分配，从而导致在反应器池底的进水不均匀分布。考虑到这种现象，应该尽可能避免在一根管道上有过多开口。这种配水方式的原理参见图 4-1（b）。

分支式配水方式实际上是一种多级配水方式，其原理如图 4-1（c）所示。为了配水均匀，配水支管一般采用对称布置，各支管出水口位于所服务区域的中心，向下距池底约 20cm，管口对准池底所设的反射锥体，使射流向四周均匀散开。这种形式的配水系统需采用较长的配水支管以增加沿程阻力，以达到布水均匀的目的。

脉冲进水方式可以使底层污泥交替进行收缩和膨胀，有助于底层污泥的混合。一般来说，一定的布水强度能促进反应区污泥床底部颗粒污泥的混合，促进污染物与污泥的充分接触，强化反应速率，同时也有利于底层颗粒污泥上黏附的微小气泡脱离，防止其浮升于悬浮层，减少污泥的流失量。但是如果布水强度过大，会造成短路，从而使一部分进水短流穿过污泥层，直接进入悬浮层，使出水水质恶化。所以，布水强度的合理与否决定了这种布水方式效果的好与坏。图 4-1（d）是进水系统平面分布及配水设备示意。在反应器的底平面上均匀设置许多布水管（管口高度不同），从水泵来的水通过配水设备流进布水管，从管口流出。配水设备是由一根可旋转的配水管与配水槽构成，配水槽为一圆环形，配水槽内分隔为若干单元，每个与一同进反应器的布水管相连。从水泵来的水管与可旋转的配水管相连接。工作时配水管旋转，在一定时间间隔内，污水流进配水槽的一个单元，由此流进一根布水管进入反应器。这种布水对反应器来说是连续进水，而对每个布水点而言，则是间隙进水，布水管的瞬间流量与整个反应器流量相等。

（2）三相分离器　气、液、固三相分离器是 UASB 反应器的重要结构特征，它对污泥床的正常运行和获得良好的出水水质起十分重要的作用。它同时具有两个功能：其一是收集从分离器下的反应区产生的沼气；其二是使在分离器之上的悬浮物沉淀下来。UASB 的三相分离器的构造有多种型式，到目前为止，大型生产商所采用的三相分离器多为专利。图 4-2 是几种三相分离器示意，图 4-2 中（c）、（d）分别为德国专利结构，其特点是使混合上升和污泥回流严格开，有利于污泥絮凝沉淀和污泥回流。图 4-2 中（c）设有浮泥挡板，使浮渣不能进入沉淀区。图 4-2 中（e）为多层三相分离器，这种分离器可以进一步提高气液分离的效果。

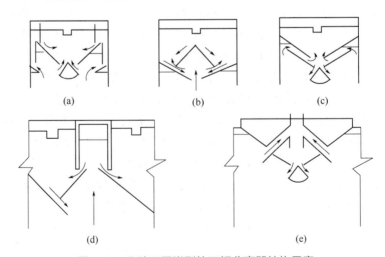

图 4-2　几种不同类型的三相分离器结构示意

一般来说，UASB 的三相分离器的设计应遵循下列原则。

① 沉淀区斜壁角度的设计应能使沉淀在斜壁上的污泥不积聚，顺利返回反应

区内，该倾角一般为 55°～60°。

② 沉淀区的表面负荷应在 0.7m³/（m²·h）以下，混合液进入沉淀区之前，通过入流孔道（缝隙）的流速不大于 2m/h。

③ 反射板与入流孔道（缝隙）之间的遮盖应该在 100～200mm，以防气泡进入沉淀区影响沉淀。

④ 应防止气室产生大量泡沫；并控制好气室的高度，防止浮渣堵塞出气管，保证气室出气管畅通无阻。为了做到这一点，主要应控制好分离器下气液界面的沼气释放速率，适当的气体释放速率是 1～3m³/（m²·h）（低浓度污水达不到这个速率）。从实践来看，气室水面上总是有一层浮渣，其厚度与水质有关。因此，在设计气室高度时，应考虑浮渣层的高度。此外还需考虑浮渣的排放。

⑤ 在集气室的上部应该设置消泡喷嘴，当处理污水产生严重泡沫问题时用以消泡。出气管的直径应该足够大以保证从集气室引出沼气，尤其是在产生泡沫的情况下。

⑥ 分离器相对于出水界面的位置决定了反应区和沉淀区的比例。在多数 UASB 反应器中沉淀区是总体积的 15%～25%；在反应器的高度为 5～7m 时集气室的高度应该在 1.5m 左右。

三相分离器的设计包括沉淀区设计、回流缝设计和气液分离设计。下面以图 4-3 为例说明设计计算方法。

沉淀区设计：三相分离器沉淀区的设计方法与普通二次沉淀池的设计相似，主要考虑两项因素，即沉淀面积和水深。沉淀区的面积根据废水量和沉淀区的表面负荷确定，由于在沉淀区内的厌氧污泥与水中残余的有机物尚能发生生化反应，有少量的沼气产生，对固液分离有一定的干扰。这种情况在处理高浓度有机废水时可能更为明显，所以建议表面负荷一般应＜1.0m³/（m²·h），三相分

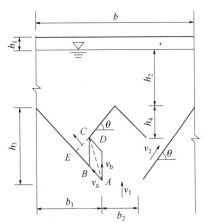

图 4-3　三相分离器几何尺寸关系

离器集气罩（气室）顶以上的覆盖水深 h_2 可采用 0.5～1.0m，集气罩斜面的坡度 θ 应采用 55°～60°，沉淀区斜面（或斗）的高度建议采用 0.5～1.0m。不论何种形式三相分离器，其沉淀区的总水深应不小于 1.5m，并保证在沉淀区的停留时间为 1.5～2.0h。

回流缝设计：由图 4-3 可知，三相分离器由上、下二组重叠的三角形集气罩所组成，根据几何关系可得式（4-8）和式（4-9）。

$$b_1 = \frac{h_3}{\tan\theta} \tag{4-8}$$

式中 b_1——下三角形集气罩底的 1/2 宽度，m；

θ——下三角形集气罩斜面的水平夹角，一般可采用 $55°\sim66°$；

h_3——下三角形集气罩的垂直高度，m。

$$b_2 = b - 2b_1 \tag{4-9}$$

式中 b_2——相邻两个下三角形集气罩之间的水平距离，m；

b——单元三相分离器的宽度，m。

下三角形集气罩之间的污泥回流缝中混合液上升流速（v_1）可用式（4-10）计算。

$$v_1 = \frac{Q}{S_1} \tag{4-10}$$

式中 v_1——回流缝中混合液上升流速，m/h；

Q——反应器设计废水流量，m^3/h；

S_1——下三角形集气罩回流缝的总面积，m^2。

S_1 可用式（4-11）表示。

$$S_1 = b_2 \times l \times n \tag{4-11}$$

式中 l——反应器的宽度，即三相分离器的长度，m；

n——反应器的三相分离器单元数。

为了使回流缝的水流稳定，污泥能顺利地回流，建议流速 $v_1 < 2m/h$。

上三角形集气罩与下三角形集气罩斜面之间回流缝的流速（v_2）可用式（4-12）计算。

$$v_2 = \frac{Q}{S_2} \tag{4-12}$$

式中 S_2——上三角形集气罩回流缝的总面积，m^2。

S_2 可用式（4-13）表示。

$$S_2 = c \times l \times 2n \tag{4-13}$$

式中 c——上三角形集气罩回流缝的宽度，m。

c 即为图 4-3 中的 C 点至 AB 斜面的垂直距离 CE，建议 $CE > 0.2m$。

为了使回流缝和沉淀区的水流稳定，确保良好的固液分离效果和污泥的顺利回流，要求满足条件：$v_2 < v_1 < 2.0m/h$。

气液分离设计：由图 4-3 可知，欲达到气液分离目的，上、下二组三角形集气罩的斜边必须重叠，重叠的水平距离（AB 的水平投影）越大，气体分离效果越好，去除气泡的直径越小，对沉淀区固液分离效果的影响越小。所以，重叠量的大小是决定气液分离效果好坏的关键。

由反应区上升的水流从下三角形集气罩回流缝过渡到上三角形集气罩回流缝再进入沉淀区，其水流状态比较复杂。当混合液上升到 A 点后将沿着 AB 方向斜面流动，并设流速为 v_a，同时假定 A 点的气泡以速度 v_b 垂直上升，所以气泡的运行轨迹将沿着 v_a 和 v_b 合成速度的方向运行，根据速度合成的平行四边形法则，则有：

$$\frac{v_b}{v_a} = \frac{\overline{AD}}{\overline{AB}} = \frac{\overline{BC}}{\overline{AB}}$$

要使气泡分离后进入沉淀区的必要条件是：

$$\frac{v_b}{v_a} > \frac{\overline{AD}}{\overline{AB}} = \frac{\overline{BC}}{\overline{AB}}$$

气泡上升速度（v_b）与其直径、水温、液体和气体的密度、废水的黏滞系数等因素有关。当气泡的直径很小（$d < 0.1mm$）时，在气泡周围的水流呈层流状态时，$R_e < 1$，这时气泡的上升速度可用斯托克斯（Stokes）公式计算，$v_a = v_b$。

4.2.3.2　厌氧塘的设计

（1）厌氧塘的设计规定　厌氧塘的设计一般应遵循以下规定。

① 厌氧塘前应设置格栅。格栅间隙不大于 20mm。厌氧塘前宜设置普通沉沙池。至少需设两格。处理高油脂含量废水时，厌氧塘前应设置除油设备。一般多采用重力分离法。

② 进水水质与传统二级处理的要求相同。有害物质容许浓度应符合《室外排水设计标准》（GB 50014—2021）的规定。进水硅酸盐的浓度不宜大于 500mg/L，进水 $BOD_5 : N : P = 100 : 2.5 : 1$。

③ 厌氧塘的构造及主要尺寸如下。厌氧塘一般为矩形，长宽比为（2～2.5）：1；深度由超高（h_1）、有效水深（h_2）、储泥深度（h_3）和塘面冰冻深度（h_4）4 部分组成。h_1 一般为 0.6～1.0m，塘越大，超高应相应增加。h_2 可采用 2.0～5.0m。h_3 的设计值≥0.5m。h_4 因绝大部分包含在 h_2 中，设计时可不单独计算。

④ 堤坝坡度按垂直：水平计，堤内坡度为（1.5：1）～（1：3）；堤外坡度为（1：2）～（1：4）。塘底采用平底。

⑤ 厌氧塘进口设在塘底部，高于塘底 0.6～1.0m。如进水含油脂较多，进水管直径≥300mm。厌氧塘出水管应位于水面下，淹没深度≥0.6m，应在浮渣层或冰冻层以下。

⑥ 厌氧塘至少应有两座，可采用并联，以便其中之一可临时停止运行。单塘面积不得大于 8000~40000m³。

（2）厌氧塘设计方法　厌氧塘的设计计算方法包括有机负荷法和完全混合数学模型法。有机负荷法是一种经验方法；采用完全混合数学模型的关键是如何获得合理的反应速率常数，若常数选择不当，则会导致计算结果偏离当地的时间情况。

厌氧塘的有机负荷法有 3 种，分别为 BOD 表面负荷、BOD 容积负荷和 VSS 容积负荷。对养殖废水来说，主要采用 VSS 容积负荷。对下列几种废水，建议 VSS 容积负荷为：家禽粪尿废水 0.063~0.16kg VSS/（m³·d）；奶牛粪尿废水 0.166~1.1kg VSS/（m³·d）；猪粪尿废水 0.064~0.32kg VSS/（m³·d）；挤奶间废水 0.197kg VSS/（m³·d）；屠宰废水 0.593kg VSS/（m³·d）。

当没有类似的废水处理数据可供利用时，可按全混合流态拟合厌氧塘，故有：

$$\frac{S_e}{S_0} = \frac{1}{1+k\theta} \qquad (4\text{-}14)$$

式中　S_e、S_0——厌氧塘进水、出水 BOD_5 浓度，mg/L；

　　　　θ——厌氧塘水力停留时间，d；

　　　　k——厌氧塘反应速率常数，d^{-1}。

式（4-14）中反应速率常数 k 与废水性质、BOD 负荷、水温、水力停留时间等多种因素有关。在进水 BOD_5 为 80~400mg/L，BOD 表面负荷为 300~2000kg BOD_5/（104cm²·d），水力停留时间 θ 为 1~6d 时，k 值与温度的关系曲线如图 4-4 所示。根据所得到的 k 值及设计要求，即可求算厌氧塘的容积以及表面积。

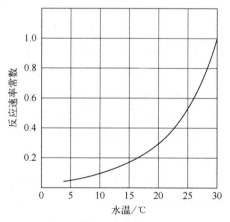

图 4-4　厌氧塘反应速率常数与水温的关系曲线

4.2.4　选址规划及施工准备

为了保证沼气工程质量，延长沼气池使用寿命和运用管理方便，合理地选择建池位置是一个非常重要的环节。一般来说，池址宜选择在土质坚实、地势高、地下水位低、背风向阳、出料方便和周围没有遮阳建筑物的地方。北纬 38°~40°地区坐北朝南；北纬 38°以南地区，方位角可以偏东南 5°~10°；北纬 40°以北地区，可偏西南 5°~10°。不要在低洼、不易排水的地方建池。建池池址要尽量避开竹林和树林，开挖池坑时，遇到竹根和树根要切断，在切口处涂上废柴油或石灰使其停止生长以致腐烂，以防树根、竹根侵入池体内破坏池体，引起漏水漏气。当池基靠近房屋时，应根据开挖深度采取相应保护和加固措施，防止损伤房屋地基，避免引起房屋倾斜和倒塌。池址应避开古墓、溶洞、滑坡、流砂地段，应远离铁路、公路。对于软弱地基，可考虑采取人工换土措施，尽量做到不占良田。总之，池址和池体的布局受多种条件和因素的影响，必须因地制宜、综合比较，才能合理确定。主观和盲目地选择，必将给施工和今后的正常使用带来不利影响。

中小型沼气工程的施工涉及多个领域，不仅包括建筑、结构、给水排水、采暖通风、电气照明等方面的施工技术，还包括设备安装及沼气的制取、净化、贮存、输配、利用等多个环节的施工技术。因此，沼气池施工建造前，做好施工准备，对沼气池的顺利修建有着重要的作用。沼气池施工前，需要做好以下几点。

（1）要对建池施工人员进行施工方法、操作要求、质量要求以及安全生产等各项工作交底，以便做到心中有数，各项施工前的准备工作要落实，必要时还要进行开工前的人员培训工作。

（2）施工前需要熟悉施工图纸，掌握各部位结构形式及尺寸，根据当地条件和技术力量进行施工组织安排，有序安排施工顺序。

（3）各种建池所需的建筑材料需根据具体条件选择，按施工顺序一次备齐或分期备料，并按分类和就近存放原则妥善保管。

（4）施工时间和进度，除应服从农事需要统一安排外，一般宜选择地下水位较低的冬、春季施工。对于严寒、冻层较深的地区，则应在冻前施工，以确保施工进度和施工质量。

（5）基坑开挖前，应先清理、平整施工现场，以便于准确地进行施工放线，同时做好排水措施，以免施工时地表水流入基坑，影响工程的质量。

（6）准备施工机具、制作专用工具和控制施工质量的检验设备。

4.2.5 土方及基础工程施工

4.2.5.1 地基的要求及处理

建造沼气池，选择地基很重要，这是关系到建池质量和池体寿命的问题，必须认真对待。由于沼气池是埋在地下的建筑物，因此与土质的好坏关系很大。土质不同，其密度不同，坚实度也不一样，容许的承载力就有差异，而且同一个地方土层也不尽相同。因此，池基应该选择在土质坚实、地下水位较低，土层底部没有地道、地窖、渗井、泉眼、虚土等隐患之处，而且池体与树木、竹林或池塘要有一定距离，以免树根、竹根扎入池内。

（1）土方开挖　土方开挖是施工的关键，主要应解决土壁稳定、施工排水、流砂防治等问题。

沼气池池坑开挖时，首先要按设计池身尺寸定位放线，放线尺寸为：池身外包尺寸＋2倍池身外填土厚度（或操作现场尺寸）＋2倍放坡尺寸。当放位灰线划定后，在线外四角离线约1m处钉4根定位木桩，作为沼气池施工时的控制桩。在对角木桩之间拉上连线，其交点作为沼气池的中心。沼气池尺寸以中线卦线为基准，施工时随时校验。

开挖土方时，土方的稳定性非常重要。土壁主要是由土体内摩擦力和黏结力来保持平衡的，一旦土体失去平衡，土壁就会塌方，这不仅会妨碍基坑的开挖或基础施工，同时还会造成人身伤亡事故，有时还会危及附近的建筑物。

土质均匀且地下水位低于沼气池基坑底面标高时，其土方开挖边坡可做成直立壁不加支撑，但不要超过表4-14的规定。土方开挖深度在5m以内不加支撑的边坡的最陡坡度应符合表4-15的规定。

表 4-14　直壁开挖的最大允许深度

项次	地基土类别和特点	最大允许深度/m
1	密实、中密的砂土和碎石类土（充填物为砂土）	1.00
2	硬塑、可塑的轻亚黏土及亚黏土	1.25
3	硬塑、可塑的黏土和碎石类土（充填物为黏性土）	1.50
4	坚硬的黏土	2.00

表 4-15　深度在 5m 内不加支撑的最陡坡度（高∶宽）

项次	地基土的类别	边坡坡度		
		坡顶无载荷	坡顶有静载荷	坡顶有动载荷
1	中密的砂土	1∶1.00	1∶1.25	1∶1.50
2	中密的碎石砂土（充填物为砂土）	1∶0.75	1∶1.00	1∶1.25
3	硬塑的轻亚黏土	1∶0.67	1∶0.75	1∶1.00
4	中密的碎石类土（填充物为黏性土）	1∶0.5	1∶0.67	1∶0.75
5	硬塑的亚黏土、黏土	1∶0.33	1∶0.50	1∶0.67
6	老黄土	1∶0.10	1∶0.25	1∶0.33
7	软土	1∶1.00	—	—

注：静载荷指堆土或材料等；动载荷指机械或汽车运输作业等。

基坑的直立壁和边坡在开挖过程和敞露期间，应防止塌方，必要时应加以保护。当所要求的坡度较大而又限于场地位置时，要注意土方的开挖对邻近房屋基础的影响，必要时应使用临时支撑。

在挖方边坡上侧堆土或材料，以及移动施工机械时，应与挖方边缘保持一定的距离，以保持边坡和直立壁的稳定。当土质良好时，堆土或材料距挖方边缘 0.8m 以外，高度不超过 1.5m。

（2）地基处理　根据基槽检验查明的局部异常地基，在探明原因和范围后，应通知设计单位来现场处理。具体处理方法可根据地基情况、工程性质和施工条件而有所不同，但应使建筑物的各部位沉降尽量趋于一致，以减少地基不均匀沉降。常见的地基处理方法如下。

① 虚土坑的处理　虚土坑主要是填土、墓穴、古井、淤泥等形成的土坑，当遇到上述情况时，可将坑中松软的虚土挖除，使坑底见到天然土为止，然后采用 1∶2 砂夹石分层回填夯实。回填时每层<30cm，并洒水夯实。

② 局部硬土的处理　当基槽下有较其他部分过于坚硬的土质或硬物时，例如，旧墙基、老灰土、化粪池、大树根、砖窑底、压实的路面等，应尽可能挖除，以防建筑物产生较大的不均匀沉降，造成上部建筑开裂，如挖不出，可在其上浇注一钢筋混凝土过梁。

③ 管道的处理　如在槽底以上或以下发现有上下水管道时，应采取防护措施，以免墙基沉陷，压坏水管。

④ "橡皮土"的处理　当地基为黏性土，且含水量很大，趋于饱和时，夯打后会使地基土变成踩上去有一种颤动感觉的"橡皮土"。在这种情况下，不要直接夯打，可采用晾槽或掺白灰粉的办法降低土的含水量，然后再根据具体情况选择施工方法及基础类型。如果地基上已发生颤动现象，应该采取措施，利用碎石或卵石将泥挤紧或将泥挖除，挖除部位应填 1∶2 砂夹石。

⑤ 石基和其他地下设施的处理　如在地基施工中遇有文物、古墓时，应及时与有关部门取得联系后再进行施工。如在地基内发现未经说明的电缆，切勿自行处理，应与主管部门共同商定施工方法。

4.2.5.2　钢筋混凝土基础施工要求和注意事项

（1）钢筋混凝土基础施工　钢筋混凝土基础施工前，应检查基底，清除杂物，弹出基础的轴线及边线，有垫层的要弹出垫层的边线。

施工时，先按垫层边线及要求厚度浇捣混凝土，用表面振动器进行振捣，要求垫层表面平整。待垫层干硬后，在垫层上弹出基础边线，在边线所划的范围内放上钢筋网，钢筋网要用水泥垫块垫起，垫起高度等于混凝土保护层的厚度，再组装模板，模板要浇水湿润。

钢筋网要求：①钢筋表面洁净，使用前必须除干净油渍、铁锈；②钢筋平直、无局部弯折，弯曲的钢筋要调直；③钢筋的末端应设弯钩，弯钩应使净空直径不小于钢筋直径 2.5 倍，并作 180°的圆弧弯曲；④加工受力钢筋长度的允许偏差是±10mm；⑤板内钢筋网的全部钢筋相交点，用铁丝扎结；⑥盖板中钢筋的混凝土保护层不小于 10mm。

混凝土应分层浇筑，用内部振动器或振动棒来振捣。对于阶梯形基础，每一阶梯高度内应整分浇捣层。对于锥体形基础，其斜面部分的模板要逐步地随浇捣随装，并须注意边角处混凝土密实。独立基础应连续浇捣完毕，不能分数次浇捣。

在基础上如有插筋，浇捣过程中要保持插筋位置固定，不使因浇捣而移位。浇捣完毕，水泥终凝后，混凝土外露部分要加以覆盖，浇水养护。养护终了后，拆除模板，进行回填土。

混凝土基础的施工方法与钢筋混凝土基础相似，不过少了放钢筋网这道工序。

（2）注意事项

① 人工配制混凝土时，要尽量多搅拌几次，使水泥、砂、石混合均匀。同时，要控制好混凝土配合比和水灰比，避免蜂窝、麻面出现，达到设计的强度。

② 钢筋表面要洁净，使用前必须清除干净油渍、铁锈。钢筋要平直，无局部弯折，弯曲的钢筋要调直。钢筋的末端应设弯钩。

③ 当利用基坑土壁作外膜时，浇筑池墙混凝土和振捣时一定要小心，不允许泥土掉在混凝土内。振捣混凝土时，每一部位都必须捣实，不得漏振。

④ 浇注混凝土时，要分层、均匀浇注，避免因集中浇注而出现的磨具偏移和池体混凝土薄厚不匀现象。

4.2.5.3 混凝土主体结构的施工及养护

（1）模板工程施工方法和技术要点　模板工程施工方法和技术要点主要体现在模板安装、水泥模板施工、模板拆除三方面。

① 模板安装

a. 竖向模板和支架的支承部分，当安装在基土上时，应加设垫板，且基土坚实并有排水措施。对湿陷性黄土，必须有防水措施；对冻胀性土，必须有防冻融措施。

b. 模板及其支架在安装过程中，必须设置防倾覆的临时固定措施，待其安装完毕且校正无误后才予固定。

c. 现浇钢筋混凝土梁、板，当跨度等于或大于 4m 时，模板应起拱；当设计无具体要求时，起拱高度根据情况宜为全跨长度的 1/1000～3/1000。起拱的目的是保证模板在施工中由于混凝土、钢筋质量作用下产生的挠度与起拱高度相抵消，而保持梁底标高不低于设计要求的标高。但是，模板因材质不同、支撑方法不同，起拱值应有所不同。如有的支柱较多，模板刚度较大，起拱值超过模板的挠度，以致拆模后在结构上形成残留起拱值，影响楼板的平整度等。起拱值由模板工程设计确定，起拱值过小造成梁底下垂是不允许的。

d. 采用分段分层支模时，如下层楼盖结构的混凝土尚未达到足够强度，则不宜拆除下层楼盖的模板。不得已时也可拆除，但应改变支撑方案，如采用悬吊式模板、桁架支撑等。此时，其支撑结构必须具有足够的承载力和刚度。

e. 模板安装应与钢筋绑扎、水电、暖通等工种密切配合，对预埋件及管线等应先在模板的相应部位做出标记，然后将它们固定在模板上。

f. 安装模板时，应考虑拆除方便，如能在不拆梁的底板和支撑的情况下，便于先拆除梁的侧模板和平板模板。

② 水泥模板施工

a. 池壁与顶板连续施工时，池壁内模立柱不得同时作为顶板模板立柱。顶板支架的斜杆或横向连杆不得与池壁模板的杆件相连接。

b. 池壁模板可先安装一侧，绑完钢筋后，分层安装另一侧模板，或采用一次安装到顶，但分层预留操作窗口的施工方法。

c. 在安装池壁最下一层模板时，应在适当的位置预留清除杂物用的窗口。在浇筑混凝土前，应将模板内部清扫干净，经检验合格后，再将窗口封闭。

d. 池壁整体式内模施工，当木模板为竖向木纹使用时，除应在浇筑前将模板充分湿润外，尚应在模板适当的位置设置八字缝板，拆模时，先拆内模。

e. 模板应平整，且拼缝严密不漏浆，固定模板的螺栓（或铁丝）不宜穿过水池混凝土结构，以避免沿穿孔缝隙渗水。

f. 当必须采用对拉螺栓固定模板时，应在螺栓上加焊止水环，止水环直径一般为8~10cm。螺栓拆卸后，混凝土壁面应留有4~5cm深的锥形槽。

g. 测量有斜壁或斜底的圆形水池半径时，宜在水池中心设立测量支架或中心轴。

h. 止水带安装应牢固，位置准确，与变形缝垂直；其中心线应与变形缝中心线对正，不得在止水带上穿孔或用铁钉固定就位。

i. 固定在模板上的预埋管、预埋件的安装必须牢固，位置准确。安装前应清除铁锈和油污，安装后应做标志。

③ 模板拆除

a. 现浇混凝土结构的模板及其支架拆除时，混凝土强度等级应符合设计要求。当设计无具体要求时，应符合下列规定。对于侧模，当混凝土强度能保证其表面及棱角不因拆模受损时，方可拆除；对于底模，当混凝土强度符合表4-16的要求后，方可拆除。

表 4-16　现浇结构拆模时所需混凝土强度

结构类型	结构跨度/m	按设计的混凝土强度等级的百分率计/%
板	≤2	50
	2,≤8	75
	>8	100
梁、拱、壳	≤8	75
	>8	100
悬臂构件	≤2	75
	>2	100

b．拆模一般顺序是：后支的先拆，先支的后拆，先拆非承重部分，后拆承重部分。重大复杂模板的拆除，事先应制定拆模方案。为了便于管理，利用前道工序为后道工序创造条件，一般谁安装谁拆除。

c．对于拱、薄壳、圆形屋顶和跨度大于 8m 的梁式结构，应采取适当方法使模板支架均匀放松，避免混凝土与模板脱开时对结构的任何部分产生有害的应力。拆除圆形水池、漏斗形筒仓的模板时，应先从结构中心处的支架开始，按同心层次的对称形式拆向结构的周边。在拆除带有拉杆的拱模板前，应先将拉杆接紧。

d．已拆除模板及其支架的结构，在混凝土强度符合设计要求的混凝土强度等级后，方可承受全部使用荷载；当施工荷载所产生的作用效应比使用荷载的作用效应更为不利时，必须经过核算，加设临时支撑。

模板工程施工过程中，需注意以下事项。

① 模板在安装过程中应多检查，注意垂直度、中心线、标高、预埋件及各部尺寸，确保结构构件各部形状尺寸和相互位置的正确，安装偏差应符合规范要求，具有足够的承载力、刚度和稳定性。同时，模板内不得有杂物，其接缝应不漏浆。

② 浇筑混凝土时，要注意观察模板受荷后的情况，如发现位移、鼓胀、下沉、漏浆、支撑松动、地基下沉等现象，应及时采取有效措施予以处理。

③ 冬季施工时，池壁模板应在混凝土表面温度与周围气温温差较小时拆除，温差不宜超过 15℃，拆模后必须立即覆盖保湿。

④ 拆除时不要用力过猛过急，拆下来的材料应整理好及时运走，做到工完地清。

⑤ 在拆除模板过程中，如发现混凝土有较大的空洞、夹层、裂缝等影响结构或构件安全的质量问题时，应暂停拆除，经与有关部门研究处理后，方可继续拆除。

（2）钢筋工程　钢筋工程施工包括调直、除锈、下料剪切、绑扎、弯曲等工序。

① 钢筋调直　钢筋调直可利用冷拉进行。若冷拉只是为了调直，而不是为了提高钢筋的强度，则Ⅰ级钢筋的冷拉率不宜大于 4%，Ⅱ、Ⅲ级钢筋的冷拉率不宜大于 1%，拉到钢筋表面的氧化铁皮开始剥落为止。除利用冷拉调直外，粗钢筋还可采用锤直和折直的方法，直径为 4～14mm 的钢筋可采用调直机进行调直。

② 钢筋除锈　经冷拉或机械调直的钢筋，一般不必要再除锈，但如保管不良，产生鳞片状锈蚀时，则应进行除锈。过去常使用钢丝刷、砂盘和酸洗除锈，由于费工费料，现大多采用电动除锈机除锈，也可采用喷砂除锈。

③ 下料剪切　钢筋下料时必须按下料长度进行剪切。钢筋剪切可采用钢筋剪切机或手动剪切器。钢筋剪切机有电动和液压两种，目前广泛采用电动的产品。

④ 弯曲　钢筋下料后，应按弯曲设备的特点及工地习惯进行画线，以便弯曲成所规定的（外包）尺寸。当遇弯曲形状比较复杂的钢筋时，可先放出实样，再进行弯曲。

⑤ 钢筋绑扎　钢筋弯曲加工后，钢筋的接长、钢筋骨架或钢筋网的成型应优先采用焊接，如因缺乏电焊机或焊接功率不够或骨架过重、过大不便于运输安装时，可采用绑扎方法。钢筋安装或现场绑扎应与模板安装配合。柱钢筋现场绑扎时，一般在模板安装前进行；柱钢筋采用预制时，可先安装钢筋骨架，然后安装柱模，或先安三面模板，待钢筋骨架安装后，再钉第四面模板。梁的钢筋一般在模板安装后，再安装或绑扎；当梁高度较大或跨度较大，可留一面侧模，待钢筋绑扎或安装完后再钉。楼板钢筋绑扎应在模板安装后进行，并应按设计，先画线，然后摆料、绑扎。

⑥ 钢筋安装　安装钢筋时钢筋位置的偏差不得大于《混凝土结构工程施工质量验收规范》（GB 50204—2015）的有关规定。安装钢筋网与钢筋骨架应根据结构配筋特点及起重运输能力来分段，一般钢筋网的分块面积为 6～20m^2，钢筋骨架分段长度为 6～12m，为防止钢筋与钢筋骨架在运输和安装过程中发生歪斜变形，应采取临时加固措施。钢筋安装完毕后应进行检查验收。

钢筋工程施工过程中，需注意以下事项。

① 注意钢筋表面的除锈。

② 钢筋接头要按规定打弯。

（3）混凝土工程

① 混凝土搅拌、运输和浇筑　普通混凝土的搅拌、运输和浇筑应严格遵照《混凝土结构工程施工质量验收规范》（GB 50204—2015）和《给水排水构筑物施工及验收规范》（GB 50141—2008）有关规定施工。

② 混凝土养护　对已浇筑完毕的混凝土，应加以覆盖和浇水，并应符合下列规定：a．应在浇筑完毕后的 12h 以内对混凝土加以覆盖和浇水。b．混凝土的浇水养护的时间。对采用硅酸盐水泥、普通硅酸盐水泥或矿渣硅酸盐水泥拌制的混凝土，不得小于 7 天，对掺用缓凝型外加剂或有抗渗性要求的混凝土，不得少于 14 天。对厌氧消化池混凝土养护不得少于 14 天，池外壁在回填土后，方可撤除养护。c．浇水次数应能保持混凝土处于湿润状态。d．混凝土的养护用水应与拌

制用水相同，当日平均气温低于5℃时，不得浇水。

采用塑料布覆盖养护的混凝土，其敞露的全部表面应用塑料布覆盖严密，并应保持塑料布内有凝结水。

当厌氧消化池采用池内加热养护时，池内温度不得低于5℃，且不宜高于15℃，并应洒水养护，保持湿润，池壁外侧应覆盖保温。

必须采用蒸汽养护时，宜用低压饱和蒸汽均匀加热，最高气温不宜大于30℃，升温速度每小时不宜大于10℃；降温速度每小时不宜大于5℃。

冬季施工时，应注意防止结冰，特别是预留孔洞处容易受冻部位应加强保温措施。

③ 混凝土质量检查　沼气工程的混凝土质量检查与评定应遵照《混凝土结构工程施工质量验收规范》（GB 50204—2015）和《给水排水构筑物施工及验收规范》（GB 50141—2008）的规定办理。

现浇钢筋混凝土水池的施工允许偏差应符合表4-17规定。

表4-17　施工允许偏差

项目		允许偏差/mm
轴线位置	底板	15
	池壁、柱、梁	8
高程	垫层、底板、池壁、柱、梁	±10
平面尺寸（底板和池体的长、宽或直径）	$L<20m$	±20
	$20m<L<50m$	±L/1000
	$50m<L<205m$	±50
截面尺寸	池壁、柱、梁、顶板	±10
	洞、槽、沟净空	±10
垂直度	$H<5m$	8
	$5m<H<20m$	1.5H/1000
表面平整度（用2m直尺检查）		10
中心位置	预埋件、预埋管	5
	预留洞	10

注：L为底板和池体的长、宽或直径；H为池壁、柱的高度。

沼气工程中的混凝土结构厌氧消化池施工完毕，混凝土达到设计规定的强度等级后应进行满水试验。其中厌氧消化池经满水试验合格后，还必须进行气密性试验。满水试验和气密性试验的要求和方法见《给水排水构筑物施工及验收规范》（GB 50141—2008）相关规定。

混凝土工程施工过程中，需注意以下事项。

① 面积较小且数量不多的蜂窝或露石的混凝土表面，可用（1∶2）～（1∶2.5）

的水泥砂浆抹平，在抹砂浆之前，必须用钢丝刷或加压水洗刷基层。

② 较大面积的蜂窝、露石和露筋应按其全部深度凿去薄弱的混凝土层和个别突出的骨料颗粒，然后用钢丝刷或加压水洗刷表面，再用比原混凝土强度等级提高一级的细骨料混凝土填塞，并仔细捣实。

③ 对影响混凝土结构性能的缺陷，必须会同设计等有关单位研究处理。

（4）预埋件工程　预埋件工程施工方法如下。

① 预埋件在施工时的位置应保持正确，其中心线位置允许偏差为 3mm。

② 预埋件锚板下的混凝土应注意振捣密实，对具有角钢锚筋的预埋尤应注意加强捣实。

③ 对处于混凝土浇灌面上的预埋件，当锚板平面尺寸较大时，可在板面中部适当位置开设直径不小于 30mm 的排气孔；当预埋件的锚板较长时，为便于混凝土浇捣密实，排气孔的间距宜采用 500～1000mm。

④ 预埋件锚筋应放在构件最外排主筋侧。

⑤ 对具有角钢锚筋的预埋件，宜先放入构件钢筋笼内就位，然后再绑扎预埋件附近的箍筋。对二面焊有锚板的预埋件，严禁将锚筋或角钢锚筋沿中段割断后插入钢筋笼内。

⑥ 预埋件在构件上的外露部分，应以红丹打底，外涂灰色油漆两度，但对要焊铁件处，则可暂时不涂油漆，留待外接铁件（如传力板、钢牛腿等），焊接后再涂油漆。

⑦ 在已埋入混凝土构件内的预埋件的锚板面上施焊时，应尽量采用细焊条、小电流、分层焊接，以免烧伤混凝土。

⑧ 厌氧消化池池壁上预埋件的锚筋或预埋螺栓，其埋入混凝土部分不得超过混凝土结构厚度的 3/4。预埋件上最好加焊止水钢板。

⑨ 预埋件的施工应遵照《混凝土结构工程施工质量验收规范》（GB 50204—2015）的要求。

（5）穿壁管道施工　主要包括防水套管施工、管道直埋施工和预留孔洞后装管施工三方面。

① 防水套管施工　预埋套管应加止水环，钢套管外的止水环应满焊严密。

池壁混凝土浇灌到距套管下面 20～30mm 时，将套管下混凝土捣实，振平。

对套管两侧呈三角形均匀、对称地浇灌混凝土时，振捣棒要倾斜，并辅以人工插捣，此处一定要捣密实。

将混凝土继续填平至套管上皮 30～50mm，不得在套管穿越池壁处停工或接头。

② 管道直埋施工　混凝土浇捣注意事项同①。

管道的位置、高程及管道的角度要相当精确，因为固埋后，没有活动的余地。

③ 预留孔洞后装管施工　施工时，在管道通过位置留出带有止水环的孔洞。

在孔洞里装管道的方法有两种：一是石棉水泥打口方法，像管道接口一样，首先用油麻缠绕在管道上，打入孔洞内，打实后用石棉水泥填塞，然后打口。注意孔洞不宜留得过大。二是将管道焊上止水环后，放入孔洞内，从两面浇筑混凝土，并捣实。

4.2.5.4　密封层的施工及要求

沼气发酵是厌氧发酵，发酵工艺要求沼气池必须严格密封，因此，密封层施工是一道重要工序。施工前在施工缝处可沿缝剔成八字形槽，刷洗干净后，用纯水泥浆打底，抹 1∶2.5 水泥砂浆找平压实。在管道周围墙面剔槽捻灰加固。在有拉模铅丝处，将铅丝剪断后用水泥砂浆捻实处理。基层清理后充分浇水湿润，接着开始做密封层。

密封层做法有多种，特别是近年来树脂类材料的应用效果更好。这里介绍一种四道做法供参考。

（1）在清理过的基层面刷纯水泥浆一层，厚度小于 1mm。

（2）抹 1∶2.5 水泥砂浆 10mm，在素灰层初凝前进行，使一部分沙浆压入素灰层。

（3）用抹灰铁板刮纯水泥浆一层，厚度小于 2mm。

（4）表面刷醋酯水泥膏涂料两遍。

涂刷密封涂料的间隔时间为 1～3h，涂刷时用力要轻，按顺序水平、垂直交替涂刷，不能乱刷，以免形成露刷。施工完毕应加强对密封层的浇水养护，保持正常湿润不小于两周。

4.3　辅热集箱式沼气工程技术

4.3.1　养殖场规模与沼气原料量的确定

（1）粪便排放量的确定　粪便排放量的确定采用付秀琴等根据日本、英国及我国上海等地资料总结出的规模化猪场粪尿排放量（表 4-18）和粪便干物质排放量（表 4-19）。表 4-18 中猪尿和粪便水分含量分别取 97.5% 和 81.5%，含水率按 81.5% 计，母猪、公猪的粪尿干物质（TS）平均排放量按生产母猪与后备母猪、种公猪与后备公猪之比 3∶1 加权计算；仔猪粪尿 TS 平均值直接取哺乳仔猪与断奶仔猪 TS 的平均；育肥猪 TS 平均值直接取 90 日龄与 180 日龄育肥猪 TS 的平均。

表 4-18　规模化猪场粪尿及其干物质排放量

项目		日龄/d	粪便排放量/（kg/头）	尿排放量/（kg/头）	粪尿排放总量/（kg/头）	TS 排放量/（kg/头）	TS 平均值/（kg/头）
母猪	生产母猪	365	5.0	5.5	10.5	1.06	0.919
	后备母猪	180	2.2	3.5	5.7	0.495	
公猪	种公猪	365	3.0	6.9	9.9	0.728	0.670
	后备公猪	180	2.2	3.5	5.7	0.495	
仔猪	哺乳仔猪	<35	0.5	0.8	1.3	0.113	0.166
	断奶仔猪	35～70	1.0	1.35	2.35	0.219	
育肥猪		90	1.3	2.0	3.3	0.291	0.390
		180	2.17	3.5	5.67	0.489	

表 4-19　年出栏 100～10000 头育肥猪猪场存栏及粪便干物质排放量

年出栏数	项目	母猪	公猪	仔猪	育肥猪	合计
100 头	存栏/头	7	0	20	30	57
	TS 排放量/（kg/d）	6.43	0	3.32	11.70	21.45
200 头	存栏/头	14	0	40	60	114
	TS 排放量/（kg/d）	12.87	0	6.64	23.4	42.91
300 头	存栏/头	21	1	61	91	174
	TS 排放量/（kg/d）	19.30	0.670	10.13	35.49	65.59
500 头	存栏/头	35	1	101	151	288
	TS 排放量/（kg/d）	32.17	0.670	16.77	58.89	108.5
1000 头	存栏/头	71	3	201	302	577
	TS 排放量/（kg/d）	65.25	2.01	33.37	117.78	218.41
2500 头	存栏/头	177	7	503	754	1441
	TS 排放量/（kg/d）	65.25	2.01	33.37	117.78	544.91
10000 头	存栏/头	709	27	2010	3015	5763
	TS 排放量/（kg/d）	651.57	18.09	333.66	1175.85	2179.17

对表 4-19 进行回归，得到规模化猪场存栏数与出栏数的关系，粪便干物质排放量与存栏数的关系，粪便干物质排放量与出栏数的关系分别可用式（4-15）、式（4-16）和式（4-17）表示。

$$h = 0.5763H - 0.03 \tag{4-15}$$

$$h = (W + 0.118)/0.378 \tag{4-16}$$

$$H = (W + 0.129)/0.218 \tag{4-17}$$

式中　h——规模化猪场存栏数，头；

　　　H——规模化猪场年出栏数，头；

　　　W——每天粪便干物质（TS）排放量，kg/d。

（2）发酵原料浓度的确定　沼气发酵细菌吸收养分、排泄废物和进行其他生命活动都需要适宜的水分。一般要求发酵原料的含水量应占质量的 90%左右。太稀或太浓对微生物生长繁殖均不利。这是因为，含水量过多，单位体积的原料产气量低，不能充分发挥沼气发酵装置有效容积的作用；含水量过低，会使发酵过程中有机酸大量积累，pH 降低，产气受到阻碍和抑制，同时还会造成液面结壳，气泡难以释放出来，影响产气以及装置的运行安全性。沼气发酵料液浓度的表示方法很多，例如总固体（TS）浓度、挥发性固体（VS）浓度、COD 浓度、BOD 浓度、悬浮固体浓度和挥发性悬浮固体浓度等，后两种表示法通常只在污水处理中应用。在沼气发酵中，只有挥发性固体才能转化为沼气。因此，用挥发性固体浓度来表示沼气发酵料液的浓度更为确切。但是在农村由于挥发性固体浓度的测定比较困难，在生产上不便应用，一般都采用总固体浓度来表示和计算发酵料液的浓度 [总固体浓度是指原料的总固体（或干物质）质量占发酵液总质量的百分比]。国内外研究资料表明，能够进行沼气发酵的料液浓度范围是很宽的，从 1%～30%，甚至更高的浓度都可以发酵产生沼气。在我国农村，根据原料的来源和数量，沼气发酵通常采用 4%～10%的发酵液浓度是较适宜的。在这个范围内，夏季由于气温高，原料分解快，发酵料液浓度可适当低一些，一般以 6%为好；冬季由于气温低，原料分解慢，应适当提高发酵料液浓度，通常以 10%为佳。同时，对于不同地区来讲，所采用的适宜料液浓度也有差异，一般来说，北方地区宜高些，南方地区可低些。也有文献指出，沼气发酵需要适宜的料液浓度，南方夏天以 6%，冬天以 8%～10%为宜；北方可取 10%左右。总之，一个地区适宜的发酵料液浓度，要在保证正常沼气发酵的前提下，根据当地的不同季节和气温，以原料的数量和种类来决定。从经济的观点分析，适宜的发酵料液浓度不但能获得较高的产气量，而且应有较好的原料转换利用率。

（3）水力滞留期的确定　水力滞留期以 HRT 表示，它表示原料在池内的平均滞留时间。滞留期是设计沼气池的重要参数。滞留期选择过小，原料不能充分分解利用，甚至使发酵不能正常进行。因此，某些条件确定之后，从发酵工艺角度考虑，要确定一个极限水力滞留期。滞留期选择过大，原料分解利用率固然高，但建池容积增大，池容产气率下降，沼气成本增大，投资回收期变长，也是不合算的。当采用恒温发酵工艺时，畜禽粪便中的固形物如果不分离，进料总固体浓度较高，这时中温发酵（30℃）的水力滞留期一般为 20 天左右，若采用变温发酵，水力滞留期一般为 40 天左右。最佳滞留期的选择要根据工程目标、料液情况、温度等具体条件确定。

（4）粪便原料用量的确定　每天加料体积可由式（4-18）确定。

$$V_t = V_0/\text{HRT} \tag{4-18}$$

式中　V_t——每天加料体积，m^3/d；

　　　V_0——沼气池有效容积，m^3；

　　HRT——水力滞留期，d。

每天加料所需粪尿干物质（TS）量可由式（4-19）确定。

$$W = V_0 rt/\text{HRT} \tag{4-19}$$

式中　W——每天加料所需粪尿干物质（TS）量，kg/d；

　　　r——发酵原料浓度，%；

　　　t——发酵料液密度，kg/m^3。

（5）猪场规模的确定　将 W 代入式（4-16）、式（4-17），再根据式（4-15）计算得到与工程相适应的规模化猪场存栏头数 h 和年出栏头数 H，如表 4-20 所示。与 $100m^3$ 集箱式沼气工程相对应的养猪场规模为：存栏数为 740 头，年出栏数为 1284 头；与 $300m^3$ 集箱式沼气工程相对应的养猪场规模为：存栏数为 2222 头，年出栏数为 3853 头。因为猪场的年出栏数是计划指标，实际生产中有较大变动，而存栏数是一个稳定的、实际的参数，所以，存栏数更具实际意义。粪便入池率 η 近似按 100%计算。

表 4-20　沼气池配套猪场的设计参数

V_0/m^3	$r/\%$	$W/$（kg/d）	$h/$头	$H/$头	$\eta/\%$
100	7	280	740	1284	100
300	7	840	2222	3853	100

4.3.2　辅热集箱式沼气工程的设计

辅热集箱式沼气工程主要包括辅热集箱式畜禽粪便沼气系统和生态型沼液（渣）加工利用工艺。

4.3.2.1　辅热集箱式畜禽粪便沼气系统的设计

辅热集箱式畜禽粪便沼气发酵系统的总体结构如图 4-5 所示，其主要由预加热发酵池、发酵间、太阳能温室、辅助加热设备、贮气罐等几部分组成。

（1）集箱式沼气发酵系统的设计　集箱式沼气发酵系统的结构如图 4-6 所示，其主要由进料口、出料口、供热管道、太阳能加热设备、辅助加热设备、钢质沼气发酵池上盖等几个部分组成。

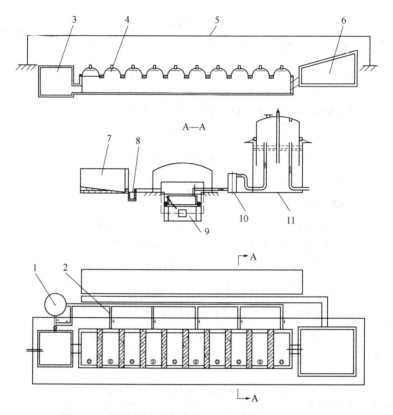

图 4-5　辅热集箱式畜禽粪便沼气发酵系统总体结构

1—加热炉；2—循环管道；3—出料间；4—发酵单元；5—太阳能温室；6—预加热发酵池；
7—猪栏；8—排粪槽；9—发酵间；10—阻火器；11—贮气罐

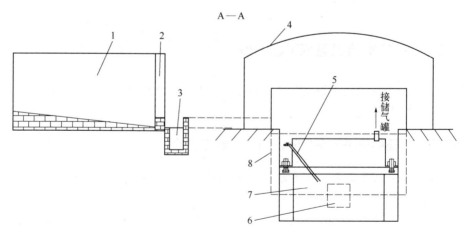

图 4-6　集箱式沼气发酵系统构成示意

1—猪栏；2—猪圈前门；3—排粪槽；4—太阳能温室；5—沼液加入搅拌管；
6—进料口；7—发酵间；8—预加热发酵池

（2）太阳能温室 太阳能温室是由钢材骨架、塑料薄膜等组成的太阳能加热系统。太阳能加热系统工作时，太阳短波能进入温室内，经地面辐射变为长波能而被塑料薄膜阻挡在大棚内，于是使温室大棚内的温度不断升高。涂有特制高吸收率黑色镀膜层的沼气池上盖吸收进入温室内的太阳能，而使发酵液温度增高，提高产气率。当环境温度过低时，太阳能辅助加热系统不能够满足沼气发酵所需要的温度时，需启动生物质辅助加热系统，以保证厌氧发酵正常进行。一般情况下，主要依靠太阳能加热系统调节厌氧发酵工艺所需的温度，实现厌氧发酵正常进行。

（3）辅助加热设备 辅助加热设备是指由供热管道、加热炉、烟囱等组成的生物质加热系统。生物质辅助加热系统主要由加热炉和供热循环管道 2 大部分组成，如图 4-7 所示，即分别由循环泵、加热炉、管道及阀门等组成，经联结后构成一个相对独立的沼液循环加热系统。生物质辅助加热系统的工作原理是依靠循环泵把新鲜沼液从出料间经过滤后吸入生物质（秸秆或木屑等）燃烧加热炉内的加热水套（水套定期清理），再利用循环管道把加热后的沼液从各个发酵单元的金属顶壳送入沼气发酵池内，形成了沼液辅助加热的内外循环系统，从而加热发酵液，提高发酵温度。同时，还起到了搅拌发酵料液的目的，保证了发酵工艺的高效运行。

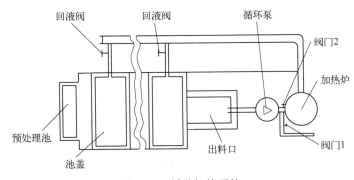

图 4-7 辅助加热系统

生物质辅助加热系统的运行工艺是在沼液出料口设抽液管道，安装在循环泵进口，再在循环泵出口管道上安装阀门 1 和阀门 2。打开阀门 1 关闭阀门 2，料液可直接排出出料口；关闭阀门 1 打开阀门 2，料液可经过加热炉加热水套，通过管道经过回液阀直接进入沼气池，同时也可以调节回液阀控制管道内各段流量，这样不断地连续循环加热沼液，均匀地搅拌沼液，提高沼气池内沼液温度。同时，通过沼液循环搅拌提高了发酵原料的产气率。沼液分流器主要作用是把池底的新进沼渣，用液流动力向沼气池中间推进，使发酵原料布局更加均匀。

① 集箱式沼气发酵系统所需辅助热量　冬季的发酵温度保持在 25℃ 左右，100m³ 规模时系统装料量为 100m³。本系统的最大供热量应考虑两个方面：一是每天把整个沼气池料液大约 100t 由初始温度（选 8℃）提高到发酵温度（选 25℃）所需的热量 Q_1；二是每天系统的散热需要补充的热量 Q_2（可按供热量的 10% 计算）。则集箱式沼气厌氧发酵系统每天的最大供热量为：

$$Q = Q_1 + Q_2 = cm\Delta t + 10\%Q \tag{4-20}$$

式中　c——料液的比热，$kJ/(kg \cdot ℃)$；

　　　m——料液的质量，kg；

　　　Δt——温差，℃。

可得 100m³ 和 300m³ 规模集箱式沼气发酵系统每天最大供热量分别为 7933MJ 和 23800MJ。

② 配套加热炉的设计　加热炉将整个沼气池大约 100t 料液（100m³ 规模时）由 8℃ 循环加热到 25℃，加热时间为 8h，并设定为每 1.5h 循环 1 遍。已知，发酵微生物的存活流速不能大于 0.5m/s，否则将影响到沼气池的产气率，选取加热炉循环管道时应考虑到这个因素，选取的加热炉循环管道的管径为 260mm。并根据计算数据及经验得出加热炉结构如图 4-8 所示。300m³ 规模时，需 3 个同样的加热炉。

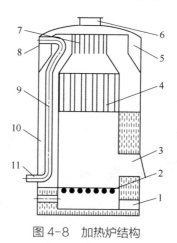

图 4-8　加热炉结构

1—出灰口；2—炉箅；3—炉门；4—过火孔；5—上炉壳；6—排烟囱；
7—吸热片；8—出料管；9—加热水套；10—加热管；11—进料

（4）预加热发酵池　100m³ 规模时预加热发酵池的体积大约为 4m×5m×1.5m（即 30m³），300m³ 规模时其体积大约为 6m×7m×2m（即 84m³），池壁厚度约为一砖墙的厚度，即 240mm。预加热发酵池的上部有一个 20° 的倾角，上面覆盖有塑料薄膜，可利用太阳能对料液进行加热，从而达到预加热发酵的目的。需要进料时，打开阀门料液即可流入沼气池，进完料后关闭阀门即可。

（5）进料口　进料管下口上沿位于沼气池池体的 1/3～1/2 处，一般与沼气池池墙的夹角为 30°左右。进料口口径定为 800mm×800mm（或直径为 800mm），这样的进料口 100m³ 规模 1 个、200m³ 规模 2 个、300m³ 规模有 3 个。

（6）出料间及水压间

① 出料间　出料间的大小设计为 2800mm×2800mm×2500mm，出料间内的地平面应低于出料口平面大约 200mm，以利于料液的排出。出料口的设计原则应该是可以比较简单方便地清理沼渣，可利用污泥泵直接从出料间底部抽出池底沼渣。出料口位于烟气室的下面（如图 4-9 所示），口径大小为 600mm×1000mm（100m³ 规模时），能够容一个人通过，以便于维修人员的出入。平时，小出料时也可利用手工方式直接从出料间出料。

② 水压间　水压间的容积以能容纳最高产气量时排出的水液为准，一般不小于主体容积的 10%，水压间上部设有溢流槽，在沼气池产气过多时自动排出高位口的沼液，达到限制最高压力的目的。水压间设在大棚的外面，上面盖有水泥预制盖以防人、畜不慎落入。

（7）发酵间

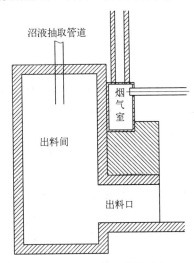

图 4-9　出料口位置示意

① 池体　集箱式发酵间由池体和上盖组成。100m³ 规模时，池体规格为 20000mm×2500mm×1800mm。沼气池的底部墙根沿纵深方向用半径 $r = 300mm$ 的圆弧过渡，这样可以避免形成死角，有利于沼液的排出。而且，沼气池底部地面设计成斜度为 1：50 的一个斜面，这样有利于底部沼渣从进料口向出料口移动，有利于沼渣的排出。

② 上盖　上盖形状和结构如图 4-10 所示。用 3mm 厚的碳素钢板制成，钢板传热效果好，减少了热胀冷缩对系统造成的破坏，克服了以往砖砌上盖沼气发酵池的一些弊端。为了增强沼气池上盖吸收太阳光的能力，在上盖外表面涂上一层阳光吸收率较高的特制黑搪瓷吸收涂层。材料应具有较高的抗压强度和抗弯能力，抗腐蚀性应较好，为了增强沼气池上盖的使用寿命，在上盖的内表面涂上一层特制的防腐涂层。安装导气管时应靠近沼气池内部一端，不能与拱顶面平齐，而应多出 10～20mm，这样可以减少水分带入输气管道。100m³ 规模时，发酵间设计为 10 个发酵单元，每个发酵单元体积为 10m³，共 100m³。300m³ 规模时，由 3 个 100m³ 规模的工程并联而成。

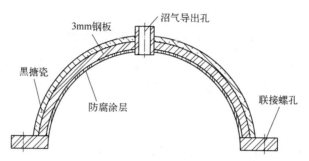

图 4-10　沼气池上盖示意

③ 发酵间压力　设计压力是在相应的设计温度下，用以确定壳壁厚度的压力，其值稍高于最大工作压力。最大工作压力是指装置顶部在工作过程中可能产生的最高表压力。一般取最大工作压力的 1.05～1.10 倍为设计压力。根据 GB/T 4750—2016～GB/T 4752—2016，设计压力一般不超过 7848Pa。因此，绝对压力 $p = 1.09173×10^5Pa$，最大压力 $p_{max} = 1.10p = 1.200903×10^5Pa$。

（8）浮罩变容湿式储气罐　钢制储气浮罩以导向轮沿纵向导轨在水泥池内的水中上下浮动，浮罩重量和配重提供一定的沼气出口压力，压力一般为 1.5～3.0kPa。当储气罐内沼气过量时，多余的沼气从自动排空管排出，其结构示意见图 4-11。

浮罩变容湿式储气罐的优点是沼气压力比较稳定，有利于燃烧器燃烧，可靠性好，容积可大可小；其主要缺点是占地面积大，投资费用高。运行试验结果表明储气罐容积以日供气量的 50%～60% 为宜。

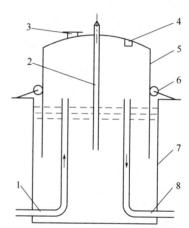

图 4-11　浮罩变容湿式储气罐示意
1—进气管；2—自动排空管；3—人孔；
4—安全阀；5—浮罩；6—导向轮；
7—水槽；8—出气管

4.3.2.2　生态型沼液（渣）加工利用工艺设计

（1）沼液加工利用工艺设计　生态型沼液产品的加工工艺流程及设备示意如图 4-12 和图 4-13 所示。沼液产品主要用于无公害蔬菜和水果的叶面喷洒，起到叶面肥效与杀灭幼虫和防止成虫对植物的侵害之功效，它的成分主要是净化过的增效原液与专用植物增效剂以及催化剂等，各成分混合在一起加工成产品制剂，用于温室大棚种菜和种植水果，它能为市场提供安全的绿色有机食品，部分替代化肥，没有农药残留，避免化肥和农药给人们身体带来的危害。

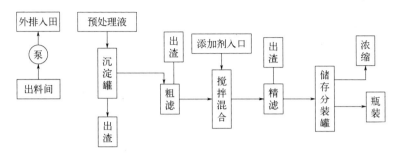

图 4-12　沼液产品加工工艺流程

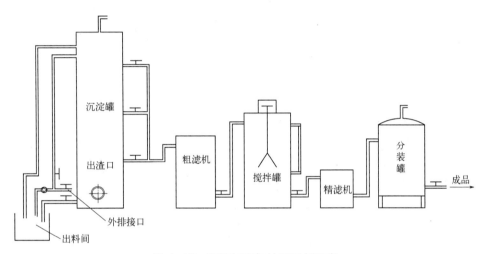

图 4-13　沼液加工与处理设备示意

由图 4-12 和图 4-13 可看出，沼液预处理加工时，工艺要求除用粪便沼液外，还要采用若干种农作物秸秆复配的预处理液加在一起构成抗病虫增效原液。农作物秸秆经过 50～60℃ 的水，经浸泡与发酵，过滤其液体直接进入竖立式自由沉淀罐与沼液混合反应形成增效原液，以提高抗病虫能力和营养效果。对增效原液进行粗过滤加工，主要采用瓶状过滤器，分两个工序进行：第一步工序用小石英砂；第二步工序用活性炭，对增效原液进行粗过滤，除去原液中的主要杂质（活性炭吸附除污功能强，会使沼液中的有效成分稍微减少）。粗过滤后的增效原液进入搅拌混合反应器，按不同用途的产品配方掺入适量的专用植物增效剂和催化剂，并调整增效原液的 pH 值等参数，搅拌、混合均匀后，即制成各种产品原液。对各种产品原液利用薄膜过滤器进行精滤后，可对各种产品制剂采用瓶装、手工装桶或浓缩等方法，加工成成品制剂，即制成生态型沼液产品。沼气池用不完的沼液可从出料间通过外排接口和外排管道泵入田地，用作底肥。从沉淀罐、粗滤机、精滤机出来的滤渣经消纳利用归入沼渣。

（2）沼渣制肥工艺流程设计　沼渣可制成有机复合肥，用于无公害农产品的生产。施用它可使土壤不板结，改变了全部施用化肥对土壤的影响，可提高农产品产量，同时改善和优化了所生产的农产品品质，尤其是蔬菜、水果等产品，使其味道变得更香甜可口，使产品能够进入国际贸易市场。

图4-14所示为沼渣制肥工艺流程，具体如下。

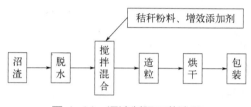

图4-14　沼渣制肥工艺流程

① 沼渣在沼气池内用泵抽出后，在沉淀罐内抽出上清液后，进行脱水加工。

② 经脱水加工后的沼渣，混合一定比例的生物质秸秆粉料和增效添加剂配成肥料。

③ 对配比的肥料进行造粒，采用机械造粒机进行制作。

④ 造粒后进行烘干，在烘干机内用60～100℃干空气进行加温和除湿。

⑤ 包装可用手工包装或用机械包装，即制成产品。

4.3.3　辅热集箱式沼气工程施工工艺

4.3.3.1　施工准备

（1）施工前，施工单位应充分调查现场情况，获取下列资料。

① 工程现场地形和现有构筑物资料；

② 工程地质、水文及气象资料；

③ 施工供水、供电及交通运输条件；

④ 建筑材料、施工机具的供应条件；

⑤ 土地使用证明；

⑥ 环境影响评价文件；

⑦ 结合工程特点和现场情况的其他资料。

（2）施工前，施工单位应编制施工组织计划。主要包括：工程概况、施工部署、施工方法、施工材料及主要机械设备的供应、质量保证、安全措施、工期、降低成本和提高效益的技术组织措施；施工计划、施工总平面图及保护周围环境的措施。

（3）施工选址应符合国家环境保护管理规定。

4.3.3.2　建筑材料

（1）沼气工程所使用的主要材料应符合国家规定的技术质量要求并附相应的鉴定文件或合格证书。

（2）砖石砌体所用材料应符合下列要求。

① 砖选择烧结砖，其外观应符合 GB/T 5101—2017 规定，强度等级选择在 MU10 以上。

② 石料应符合 JGJ/T 53—2011 规定，强度等级应高于 MU20。

③ 砖砌砂浆应采用水泥砂浆，其强度等级不应低于 M10。

（3）配制砼所用材料，应符合下列要求。

① 水泥优先选用硅酸盐水泥，强度不小于 325 号，性能指标必须符合 GB 175—2007 规定。

② 混凝土所用砂应符合 JGJ 52—2006 规定。

③ 粗骨料的最大颗粒粒径不得超过结构截面最小尺寸的 1/4，不得超过钢筋间距最小净距的 3/4，且不宜大于 40mm。

④ 拌制砼宜采用洁净水，其水质应符合 JGJ 63—2006 的规定。

⑤ 砼施工配合比，应满足结构设计所规定的强度、抗渗、抗冻等级及施工和易性的要求，技术要求应符合 JGJ 55—2011 的规定。

⑥ 砼的抗渗等级必须符合设计要求，且不应低于 P6。

4.3.3.3　土方工程

（1）池坑开挖放线

① 池坑放线时，先定好中心桩和标高基准桩，中心桩和标高基准桩应牢固不变位。

② 按照选定的辅热集箱式沼气池的几何尺寸，加上背夯回填土 15cm 宽度进行放线，土壤条件好时可以不留背夯回填土位置。

（2）池坑开挖

① 施工时一般采用放坡，当基础埋置较深、施工场地狭小、不能放坡时，必须加设支撑挡土板。

② 放坡深度在 5m 以内的基坑（槽），边坡的最大坡度应满足表 4-21 要求。

表 4-21　边坡的最大坡度

土质名称	人工挖土	机械在坑底挖土	机械在坑上挖土
砂土	1∶1	1∶0.75	1∶1
亚砂土	1∶0.67	1∶0.50	1∶0.75
亚黏土	1∶0.50	1∶0.33	1∶0.75
砾石、卵石土	1∶0.67	1∶0.50	1∶0.75
干黄土	1∶0.25	1∶0.10	1∶0.33

注：表中砂土不包括细砂和粉砂。

（3）特殊地基处理

① 淤泥地基　淤泥地基的处理符合下列要求。

a. 将坑中松软虚土挖除，使坑底见到天然土为止，然后用与坑底天然土压缩性相近的材料（三七灰土）回填，回填时应分层（不大于 20cm）洒水夯实。

b. 施工时如遇地下水位较高，或坑内积水无法夯实时，可用砂石或混凝土代替灰土回填。

c. 为防止地基不均匀下沉，在基础垫层上可打钢筋砖圈梁或钢筋混凝土圈梁。

② 流砂　流砂地基的处理应符合 GB/T 4752—2016 的相关规定。

③ 膨胀土或湿陷性黄土　膨胀土或湿陷性黄土的处理符合下列要求。

a. 先采用晾槽或掺白灰粉的方法降低土的含水量，然后再施工。

b. 地基已发生颤动现象的应用碎石或卵石将泥挤紧或将泥挖除，挖出部分应回填砂土或级配砂石。

（4）土石方施工安全措施

① 用挖土机施工时，在挖土机工作范围内，不允许进行其他工作。

② 施工所需材料堆放时应离坑沿 1m 以上。

③ 回填坑槽时，支撑的拆除应与坑槽的回填进度一致。

4.3.3.4　池体施工

（1）砖砌体施工要求

① 施工前应将砖浇水润湿。

② 砌筑时要做到横平竖直、灰浆饱满、内外搭接、上下错缝。

③ 在砌筑过程中应随时检查砖层水平缝的水平度和墙体的垂直度。

（2）钢筋混凝土施工要求

① 施工模板宜采用钢模，也可采用木模、砖模，但不允许用土模；安放模具时必须保证设计的几何尺寸，做到不漏浆、拆模方便。

② 模板的拆除。不承重的侧模，混凝土的强度必须达到设计的 50%方可拆模；

承重的模板，其强度必须达到 70%的设计强度方可拆模。

③ 混凝土的拌制。原材料的计量采用质量法，要配比合理，搅拌均匀。

④ 混凝土浇捣。混凝土的振捣，要求密实无蜂窝麻面。

⑤ 混凝土的养护符合以下内容。

a. 要求在平均气温高于 5℃的条件下进行自然养护，外露的现浇混凝土应用湿草帘或湿麻袋将其覆盖，并浇水养护，也可用塑料薄膜覆盖养护。

b. 塑性混凝土应在浇捣完毕后 12h 内进行覆盖并浇水；硬性混凝土在浇捣完毕后应立即覆盖并浇水。

c. 浇水养护日期。用普通水泥制作的混凝土不少于七昼夜，用矾土水泥制作的混凝土不少于三昼夜；用矿渣水泥、火山灰、水泥或在施工中掺用塑性外加剂以及有抗渗性要求的混凝土不少于十四昼夜。

d. 混凝土强度未达到 15MPa 的，不得踩踏或安装模板及支架。

（3）预埋件施工

① 预埋件安装位置精确，保持平整。

② 预埋件埋置深度应不超过混凝土截面的 3/4，四周用混凝土捣密实。

（4）池底施工　先将池基原状土夯实（特殊地基处理参照"4.3.3.3 特殊地基处理"），然后铺设卵石垫层，并浇灌 1∶5.5 的水泥砂浆，再浇筑池底混凝土。

（5）进料管施工　进料管下口上沿位于沼气池池体 1/3～1/2 处，与池墙夹角 30℃左右。其加工、安装应符合 GB 50235—2010 和 NY/T 1220.3—2019 的相关规定。

（6）辅热集箱施工

① 预埋槽钢安装要保证平直、居中，底部与混凝土圈梁上层钢筋焊接牢靠，混凝土浇筑振捣后要立即对槽钢进行拉线校正。

② 辅热集箱与预埋槽钢的连接方式可分为螺栓连接和焊接两种。采用螺栓连接时必须选用不锈钢螺栓、螺帽，与槽钢连接处加垫耐酸密封垫。采用焊接方式时集箱之间、集箱与槽钢之间必须满焊。

③ 采用螺栓连接时，在浇筑混凝土圈梁时，槽钢上沿要留 2～3cm 间隙用于拧紧螺栓的操作，待螺栓全部连接后其间隙用快干水泥封堵填实，并刷涂两遍聚氨酯防水层，宽度不小于 20cm，采用焊接时对焊缝打磨处理后，用样刷涂聚氨酯防水涂料两道进行密封。刷防水涂料时要保证基面洁净干燥。

④ 辅热集箱安装完毕后，要对施工过程中造成的碰撞损坏和防腐涂层脱落进行修正和补涂。每个集箱间输气管道的连接要加装活接头。每个集箱组合单元的末端要安装限压阀。

⑤ 沼气脱水、脱硫、阻火设备要安装在温室大棚或设备房内，进出沼气储气柜的输气管道要在最低点安装排气阀门，并定期排水。

⑥ 温室大棚内要预留通风排气孔或天窗，并安装气体浓度预警器，人员进入前要做好通风换气，以免窒息、中毒。

4.3.3.5　回填土

回填土应以好土为主，并注意对称均匀回填，分层夯实。

4.3.3.6　密封层施工

（1）基层处理

① 混凝土的基层处理。在模板拆除后，应立即用钢丝刷去掉毛刺。

② 当遇有混凝土基层表面凸凹不平、蜂窝孔洞等现象时，应根据不同的情况分别进行处理。

当凸凹不平处的深度大于 10mm 时，先用钻子剔成斜坡，并用钢丝刷刷后浇水清洗干净，抹素灰 2mm，再用砂浆找平，抹后将砂浆表面横向打成毛面。如深度较大，待砂浆凝固后再抹素灰 2mm，再用砂浆抹至与混凝土平面齐平为止。

当基层表面有蜂窝孔洞时，应先用钻子将松石除掉，将孔洞四周边沿剔成斜坡，用水洗后，再用素灰和水凝浆交替抹压。

③ 砖砌基层处理时需将表面残留的灰浆等污物清除干净，并浇水冲洗。

④ 基层处理完后应浇水充分浸润。

（2）密封层处理

① 沼气工程防渗层采用四层抹面法，施工要求符合 GB/T 4752—2016 相关规定。

② 密封层施工操作符合以下要求。

施工时务必做到分层交替抹压密实，使每层的大部分毛细孔道切断，致使残留的少量毛细孔无法形成连通的渗水孔网，保证防水层具有较高的抗渗防水性能。

施工时应注意灰层和砂浆层应在同一天完成。

素灰层要薄而均匀，不宜过厚，抹后不宜撒水泥粉，以免素灰层厚薄不均影响黏结。

水泥砂浆抹浆，用木抹子来回压实，使其渗入素灰层。此过程严禁加水。

水泥砂浆收压。在水泥砂浆初凝前，待收水 70%（手指按压有少许水润出而不易压成手印）时，可以进行收压工作。收压时需要掌握：砂浆不宜过湿；收压不能过早，但也不能迟于初凝；用铁板抹压而不能用边口刮压。收压一般作两道：第一道收压表面要粗毛；第二道收压表面要细毛，使砂浆密实。

（3）密封涂料的选择与施工

① 应选定达到工程要求、工艺要求的密封涂料，其性能要求定性指标如表 4-22，定量指标如表 4-23。

表 4-22 涂料性能定性指标

种类	外观	亲和性	贮存稳定性		耐热度	耐酸性	耐碱性
			0℃放置 24h	50℃放置 24h	60℃水浴放置 5h	pH 5，48h	饱和 NaOH，48h
水泥掺和型涂料	呈膏状或为透明液体，应无杂质，无硬块	与水泥无散状分离现象	呈膏状，无硬块	呈膏状，无硬块	表面应无鼓泡、流淌和滑动现象	表面光滑应无起泡、裂痕、剥落、粉化、溶出、软化等现象	表面光滑应无起泡、裂痕、剥落、粉化、溶出、软化等现象
直接使用的涂料	透明液体	直接涂刷	透明膏状体	透明膏状体	表面应无鼓泡、流淌和滑动现象	表面光滑应无起泡、裂痕、剥落、粉化、溶出、软化等现象	表面光滑应无起泡、裂痕、剥落、粉化、溶出、软化等现象

表 4-23 涂料性能定量指标

种类	固体含量/%	抗水渗性/%	空气渗透率/%	干燥时间	
				表干/h	实干/h
水泥掺和型涂料	≤16	≤2.4	≤30	≤4	≤40
直接使用的涂料	≤7.5	≤1.8	≤20	≤3	≤10

② 沼气池的粉刷要保证沼气池不渗水、不漏气。

③ 涂料密封层施工做法应符合 NY/T 1220.3—2019 相关规定。

4.3.4 辅热集箱式沼气工程技术特性及其应用

辅热集箱式沼气工程主要是依靠集箱及辅热等核心技术采用太阳能加热和外循环生物质辅助加热搅拌设备，解决传统型沼气池发酵温度低、产气率不高、发酵温度受环境影响较大、产气量小且不稳定等问题，并且要降低沼气工程的运行成本，提高沼气工程的使用寿命及经济效益，以便能够解决集约化养殖业的粪便污染问题和中小型粪便沼气生态工程技术的产业化问题。其主要特点为：

（1）每个发酵单元 $10m^3$，由 10 个发酵单元组装成 $100m^3$ 的标准厌氧发酵系统，根据养殖规模由标准厌氧发酵系统相并联集装成 $200m^3$、$300m^3$、$400m^3$、$500m^3$ 等不同规模的厌氧发酵系统，为安装与施工质量易于保证，运行管理规范，且工程投资明显低于传统的中型沼气工程。

（2）厌氧发酵装置的结构下部为钢筋混凝土水泥池，上部为拱形钢结构上盖，钢盖内表面采用防腐涂层，延长设备使用寿命，钢盖外表面涂有对太阳光有高吸收率的黑色镀膜，不仅增加了对太阳能的吸热量，提高了厌氧发酵温度，实现了对畜禽粪便厌氧发酵工艺要求的主要参数可控，保证了畜禽粪便厌氧发酵工艺的稳定性和沼液（渣）质量，同时大大提高了沼气产气率。

（3）厌氧发酵装置采用独特的太阳能辅助加热与发酵液外循环生物质辅助加热搅拌设备，解决了传统沼气池冬季发酵温度低、容积产气率低以及产业化问题，运行成本低，经济效益高，生态效益好，是实现畜禽粪便污水生态化和资源化处理的一条新途径。

（4）采用预加热发酵池技术，能够储存粪便并使其完成预加热发酵。

（5）系统的成套设备采用工厂化生产，安装方便，密封性好，便于维护及维修。

（6）辅热集箱式畜禽粪便沼气系统具有很好的财务盈利能力和较快的投资回收能力。

通过对生态型沼液（渣）加工利用设备与技术的研究，把厌氧发酵后产生的沼液、沼渣加工成生态农药和有机肥料，用于绿色无公害农产品的生产，实现畜禽粪便污水零排放和商业化运作。

辅热集箱式沼气工程主要技术经济指标为：池容产气率：达到 $0.8m^3/(m^3 \cdot d)$；沼气池容积：达到 $1000m^3$；沼气热值：$27.0MJ/m^3$；$100m^3$ 的沼气池初期投资费用 45 万元，工程寿命 18 年，年运行费用 11 万元，静态投资回收期 1.46 年。

已分别在南阳社旗县、林州杨水洼村、郑州丰乐农庄和惠济区薛岗村等地建成 $300m^3$ 的示范工程，在洛阳市生态乳业公司建成了 $1000m^3$ 沼气示范工程，另外在漯河、商丘等地都已有示范工程，新郑、周口已普遍推广使用。

4.4 温室隧道式沼气工程技术

4.4.1 设计要求及设计原则

（1）设计要求

① 水利条件好，有效容积高；

② 应最大限度地满足沼气微生物的生活条件，要求发酵装置内能保留大量的微生物；

③ 具有太阳能加热设备，有利于保温增温，使其热量损失量最小；

④ 易于破除浮渣，方便除去装置底部沉积污泥；

⑤ 投资和运行费用尽可能低；

⑥ 便于维护、管理；

⑦ 有利于运输。

（2）设计原则

① 沼气池宜建在地表以下；

② 坚持适用、卫生、表面布局合理、外型美观；

③ 强度安全系数 $K \geqslant 2.65$；

④ 正常使用寿命 20 年以上；

⑤ 结构合理，经济耐用，便于安装、操作、管理及维修；

⑥ 产气快，产气量大，产气持续时间长（冬季能够正常产气）。

（3）主要技术指标

① 发酵池有效容积：1000m³；

② 发酵温度：中温发酵（大于 25℃）；

③ 原料产气率：0.3m³/kg；

④ 设计供气户数：400 户；

⑤ 主发酵池个数：6 个；

⑥ 气密性：沼气发酵装置内气压为 7828Pa 时，24h 内漏汽损失小于 3%；

⑦ 单位有效容积产气率 $r_v = 0.6\text{m}^3/(\text{m}^3 \cdot \text{d})$；

⑧ 水力滞留期 HRT = 30d；

⑨ 输气管网主管道 3600m，分支管道 4800m，供气满足 400 户生活用气；

⑩ 强度安全系数 $K \geqslant 2.65$；

⑪ 正常使用寿命 $\geqslant 20$ 年。

（4）工艺流程　热能温室推流式沼气气肥联产工艺流程如图 4-15 所示，秸秆粪便经过预处理后，流入预加热发酵池。发酵原料在预加热发酵池里停留时吸收

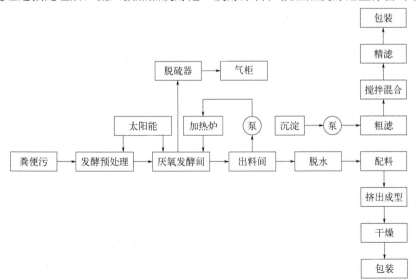

图 4-15　秸秆沼气集中供气及气肥联产工艺流程示意图

太阳辐射产生的热量，从而使料液温度升高，达到预加热的目的。秸秆粪便在发酵间内进行发酵，产生的沼气经过气水分离、脱硫等净化处理后进入储气罐，沼气可供居民生活或猪场生产使用。秸秆粪便发酵后产生的沼液，经沉淀、粗滤、增效掺混、精滤、灌装后，作为生态高效液肥替代农药和化肥使用。剩余物沼渣经脱水、配料、造粒、干燥、包装后，即可以作为有机肥料用于无公害农产品的生产等。

4.4.2 厌氧发酵系统的设计

4.4.2.1 沼气发酵的工艺流程

沼气发酵的工艺流程如图4-16所示。

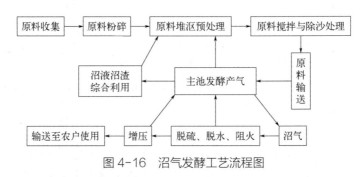

图4-16 沼气发酵工艺流程图

4.4.2.2 沼气发酵系统的结构设计

气肥联产沼气发酵系统主要由发酵池、进料口、出料口、沼液池、沼液暂存池、太阳能温室、搅拌池等几个部分组成（如图4-17所示）。

（1）进料口　进料管下口上沿位于沼气池池体的1/3～1/2处，与沼气池池墙的夹角为30°左右，进料口口径定为800mm×800mm。

（2）出料口及水压间　出料口管道开口于烟气室的下面，口径大小为600mm×1000mm，能够容一个人通过，这样便于维修人员的出入。出料间的大小设计为2800mm×2800mm×2500mm，出料间的地面平面应低于出料口平面大约200mm，这样有利于料液的排出。出料口的设计原则：清理沼渣简单方便，可利用污泥泵直接从出料间底部抽出池底沼渣。平时，小出料时也可利用手工方式直接从出料间出料。水压间：水压间的容积以能容纳最高产气量时排出的水液为准，一般不小于主体容积的10%，水压间上部设有溢流槽，在沼气池产气过多时自动排出高位口的沼液，达到限制最高压强的目的。

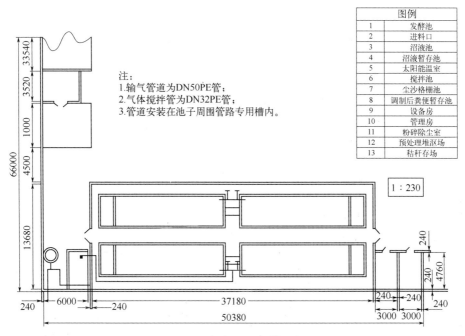

图 4-17　沼气气肥联产平面布置图

（3）温室发酵池　太阳能温室沼气发酵池结构如图 4-18 所示，秸秆池共 4 个，体积为 16m×3.2m×4m(204.8m³)，粪池共 2 个，其体积为 16m×3m×2m(96m³)。发酵池的上部有一个 20°的倾角，上面覆盖有塑料薄膜，可利用太阳能对料液进行加热，从而达到预加热的目的。需要进料时，打开阀门料液即可流入沼气池，进完料后关闭阀门即可。

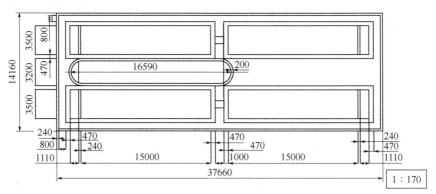

图 4-18　发酵池及太阳能温室平面图

1. 沼气池上口部位水封槽及内侧喷淋管放置平台未画出；2. 管网及底部回水槽未画出

（4）太阳能温室　加热设备由太阳能加热系统（包括钢材骨架、塑料薄膜等）组成，如图 4-19 所示。一般情况下，主要依靠太阳能保温加热系统调节厌氧发酵所需的温度，实现厌氧发酵正常进行。太阳短波进入塑料温室大棚内，经地面辐射变为长波而被塑料薄膜阻挡在大棚内，于是使温室大棚内的温度越来越高。温室内的热量经钢材料的沼气池上盖传给发酵液，从而加热发酵液，提高发酵温度，提高产气率。当自然温度很低，太阳能加热系统不能够满足沼气发酵所需要的温度时，需启动辅助加热系统，以保证厌氧发酵正常进行。

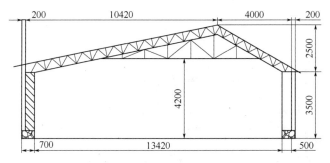

图 4-19　太阳能温室图

（5）发酵池池体　发酵池池体的规格为 15000mm×4000mm×3200mm。沼气池的底部墙根沿纵深方向用半径 $r = 300$mm 的圆弧过渡，有利于沼液的排出，如图 4-20 所示。沼气池底部地面设计成斜度为 1∶50 的一个斜面，这样有利于底部沼渣从进料口向出料口移动，有利于沼渣的排出。

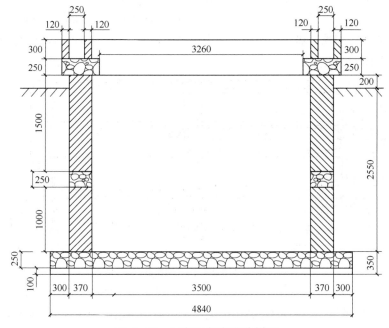

图 4-20　沼气厌氧发酵池剖面

4.4.2.3　热能温室秸秆沼气厌氧发酵系统的特点

（1）沼气发酵池上盖采用软体薄膜设计，传热快，保温效果好，减少了热胀冷缩对系统造成的破坏，克服了以往砖砌上盖沼气发酵池的一些弊端。

（2）采用沼液加热回流搅拌技术以及液面下敷设有辅助供热管道，能使沼液在寒冷的冬季也保持较高的温度，从而保证了沼气发酵池的产气量，克服了以往沼气发酵池系统不能全年使用的缺点，产气率高。

（3）采用太阳能温室加热技术，并采用自动控制通风采光的一体化器材，较好地解决了沼气发酵池的加热问题。

（4）系统的成套设备采用工厂化生产，安装方便，密封性好，便于维护及维修。

4.4.2.4　沼气发酵系统的设计计算

（1）沼气池容积产气率及产气量　沼气池容积产气率是一个很重要的参数。它因发酵工艺、温度以及沼气池类别［地上式（采用高效厌氧工艺大中型沼气池）或地下式（水压式沼气池）］不同而有很大差别。如表 4-24 和表 4-25 所示。

表 4-24　不同温度条件下不同沼气池的容积产气率

温度/℃	容积产气率 r_v/m³/(m³·d)	
	大中型沼气池	水压式沼气池
10~15	0.25	0.10
20~25	0.6	0.25

表 4-25　沼气池的各项设计参数

沼气池容积/m³	沼气产量/(m³/d)	容积产气率/[m³/(m³·d)]	原料产气率/(m³/kg TS)	粪便干物质/(kg TS/d)	粪便入池率/%
1000	600	0.6	0.33	270	100

由于该沼气发酵系统配有太阳能加热设备，故完全能够满足 20~25℃的产气温度。本沼气工程设计的沼气池容积为 1000m³。其容积产气率可以根据表 4-25 选定为 $r_v = 0.6$m³/(m³·d)。沼气产量可由式（4-21）计算得到，本沼气工程的沼气产量为 600m³/d。

$$Q = Vr_v \qquad (4\text{-}21)$$

式中　Q——沼气产量，m³/d；

V——沼气池容积，m^3；

r_v——容积产气率，$m^3/(m^3 \cdot d)$。

（2）粪便原料产气率及秸秆粪便排放量的确定　沼气产量与粪便干物质排放量的关系可用式（4-22）表示：

$$Q = W\eta r_m \tag{4-22}$$

所以

$$W = Q/(\eta r_m)$$

式中　Q——沼气产量，m^3/d；

r_m——原料产气率，$m^3/kg \, TS$；

η——粪便入池率，%；

W——粪便干物质（TS）排放量，$kg \, TS/d$。

粪便原料产气率受原料的质量和发酵条件的影响而有差异。在发酵温度 8～25℃，发酵周期 60d 的条件下，粪便原料的产气率在 0.224～0.480$m^3/kg \, TS$ 之间。因为本沼气系统有太阳能加热系统，可以保持 25℃的发酵温度，故可取粪便原料产气率为 $r_m = 0.33 m^3/kg \, TS$。本项目属沼液沼渣加工处理的产业化项目，为了保证沼液沼渣相关产品的产量，不能采用粪便固液分离技术，使粪便全部进入沼气池进行发酵处理，其粪便入池率近似按 100%计算即可。由式（4-22）计算出的粪便干物质排放量应为 1818.2kg TS/d。

（3）发酵间压力　见 4.3.2.1 相关内容。

4.4.3　温室隧道式沼气气肥联产成套设备

4.4.3.1　粪便进料系统

粪便进料系统包括调浆池、桨式搅拌机、补水龙头、排浆蝶阀、三级沉淀池、三级滤网、酸化池、渣浆泵、输料管、输料分配蝶阀、沼液回流泵（与喷淋系统共用）。

（1）调浆　调浆池一次最大调浆量为 3t。选择没有被农药、杀虫剂或重金属等污染的新鲜粪便，投入调浆池中。调浆时加清水或沼液的量要根据投入粪便原料的浓度确定，浓度大时加清水，浓度不大时加入沼液。

调浆方法：关闭排浆蝶阀，向调浆池中加入约总量一半的水或沼液，开动搅拌机，向池内加入粪便，搅拌均匀后，停止搅拌，调浆结束。

沼液加入方法：将四个秸秆池的喷淋开关关闭，打开调浆池处沼液回流开关，启动沼液回流泵，向调浆池注入沼液。

（2）沉沙过滤 调浆结束后，打开调浆蝶阀，让调好的粪浆流入沉淀池，进行沉沙过滤。此过程要通过控制蝶阀开启程度，调整粪浆在沉淀池内的流速，使沙子充分沉淀。及时清除格栅处的杂物，保证粪液流通。定期对沉沙池内的沉沙进行清理。

（3）进料 沉淀后的发酵原料由渣浆泵抽入东侧粪便发酵池，经初步发酵后进入西侧粪便发酵池进行二次发酵降解，最后产生的沼液经过滤后泵入四个秸秆池进行喷淋，为秸秆池增加氮素。粪便原料不充足或当秸秆池内原料产气率下降不能满足用气需要时，也可直接向西侧粪便池及秸秆池进料。当酸化贮存池内的料液达到设定位置时，可以开启送料泵进行送料。进料程序如下所述：

① 将东侧粪便发酵池的进料开关打开，同时关闭西侧粪便发酵池、四个秸秆发酵池的进料开关。如果要向其他池子进料，向哪个池子进料，就把相应池子进料开关打开，同时把其他五个池子进料开关关闭。

② 打开渣浆泵电源开关，进行送料。在输送过程中，要观察渣浆泵运转情况，防止堵塞。如果出现堵塞，开启渣浆泵反转开关半分钟后停止。在停止状态下，捞出泵周围的堵塞物，然后再开启进料开关进料。

③ 当池内料物抽取到下限时，关闭开关，停止进料。

④ 冬季进料时，应在渣浆泵周围设置加温装置，对料物加温后进料，进料温度应在 20℃ 以上。

⑤ 定期对池内沉淀物进行清理。

4.4.3.2 秸秆进料系统

秸秆进料处理系统流程如图 4-21 所示，包括秸秆粉碎、秸秆进料等过程。

（1）秸秆揉搓粉碎。按照揉搓粉碎机的操作规程，将秸秆粉碎成 20cm 以下碎段。

（2）在秸秆堆沤场地将粉碎后的秸秆堆成 20cm 厚的薄层。第一次装料的池子，采用 2kg 秸秆 1kg 粪便的比例，在秸秆层上均匀加入粪便，并加水至 85%含水量（用手使劲握料，从手指间能渗出水珠）；以后再装料时，可用粪便发酵池的沼液喷洒至含水 85%即可。如此层层加料加水至合适高度，用塑料薄膜盖好堆沤；冬季堆沤 15d 左右，夏季堆沤 7d 左右。堆沤标准是秸秆呈褐色。

（3）将堆沤好的料物从秸秆池池口堆入池内。分层堆入，分层踩实。

（4）当堆至池子上口圈梁下沿时，停止进料，用木杠卡在横梁下的台阶处，把料物压牢，有条件的可以在料物上用藤条结一个防止秸秆上浮的压网，用杠子压牢。

（5）加入 15℃ 以上水或沼液，加至圈梁下沿位置即可。

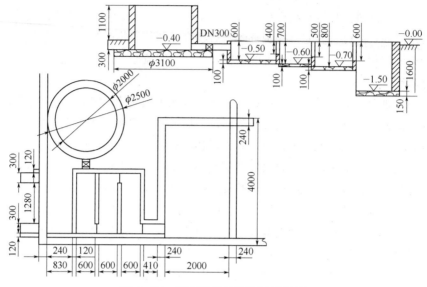

图 4-21　秸秆进料处理系统流程图

4.4.3.3　回流系统

回流系统由回流管和除渣池组成，如图 4-22 所示。该系统回流采用压差自动回流，不需要人工操作，但需要进行日常维护。

（1）对除渣池池体的维护。经常检查池体与沼气池主体结合部位是否漏水，如漏水，采用防漏材料修补。

（2）定期清理除渣池的渣子。

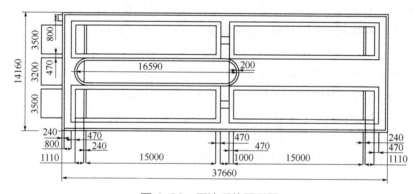

图 4-22　回流系统平面图

4.4.3.4　气体搅拌系统

气体搅拌系统由压力罐、输气管、开关和池底气体搅拌喷射管组成，作用是通过气体搅拌，打破粪便池内部原料的分层、结壳现象，提高产气效果。对于秸秆池，主要是通过气体的扰动，使附着在秸秆表面的气泡上升到气室，解除发酵气阻现象，加快产气速度。本工程设计气体搅拌压力在 40kPa 以上。

（1）调节压力罐压力，使压力达到 40kPa 以上。

（2）对于粪便发酵池，每天进行一次气体搅拌，每次 20min；对于秸秆发酵池，每两天进行一次搅拌，每次 30min。对粪便池进行气体搅拌时，两个池子的开关可以同时打开进行搅拌，也可以依次打开进行搅拌，对于秸秆池，只能一次搅拌一个池子，依次进行搅拌。

（3）搅拌时打开开关，同时进行计时，达到搅拌时间后，先关闭开关，再开启其他池子的搅拌开关。

注意搅拌结束后，所有搅拌开关应在关闭状态，否则会造成池子一直在搅拌状态，使压缩机频繁启动，浪费电。

4.4.3.5　供气系统

供气系统包括导气管道、单池输气开关、脱水器、脱硫器、管道过滤器、流量计、增压机、压力罐、阻火器输气管道、放水阀、减压阀、灶等，是一个比较复杂的系统。

（1）开启已正常产气的沼气池的单池输气开关，同时检查其他沼气池的单池输气开关，使它们全部处于关闭状态。

（2）检查从导气总管与脱水器入口到阻火器出口的输气总开关之间的所有设备，使所有输气管道开关处于开启状态（输气总开关关闭，如果使用 1 台增压机，另 1 台增压机两边的开关关闭）。

（3）调节压力罐上的触点表，使最高压力限制指针指向设定压力值：在只对粪便池进行气体搅拌的情况下设定值应小于 30kPa；设定值最大限额为 50kPa。

（4）开启增压机开关，使压力罐压力达到额定值。

如果是新装料覆膜的沼气池，应在达到压力后在放气阀上放气至所覆膜内气体全部抽完。在使用过程中如果有新装料的池子要投入使用，应在该池子产气至气膜全部鼓起的情况下，关闭其他所有池子的单池输气开关，只开启新池的单池输气开关，同时关闭向用户输气的总开关，打开站内的放气开关，开启增压机进行排气，排至气膜内气体全部排完为止。然后关闭排气开关，打开其他正常供气的沼气池单池输气开关，即可正常供气。

（5）初次供气或停气检修后再次供气时，要检查所有用户开关，使用户开关全部处于关闭状态。通知所有用户，约定供气时间，注意供气安全。

（6）按约定供气时间，打开供气总开关，向用户供气。

（7）供气过程中要有专人检查棚内各个产气池气膜供应情况，如果出现气体供应不足，应采取一天定时供应两吨或一吨的方法，定时供气。定时供气必须提前通知用户，同时加大进料量，提高产气率。如果出现气体用不完，应开辟用气渠道，减少进料量，使产用平衡。

（8）定期保养增压机：每三个月进行一次保养。

（9）定期清理管道过滤器中的渣子：每两个月清理一次。

（10）定期更换脱硫剂：每半年进行一次更换。第一次使用的脱硫剂更换后可以在阳光下暴晒三天以上进行再生，再生后的脱硫剂还可以再用三个月。

（11）定期检查调整阻火器液面和过压保护器液面。当阻火器中的液面与额定值偏差达到±30mm时，或过压保护器中液面与额定值偏差达到±5mm时，应该进行调整。

（12）定期排放脱水器、脱硫器、压力罐中的停水。脱水器每月排放一次，其他每半年排放一次。

4.5 罐池组合式沼气工程技术

4.5.1 罐池组合式气肥联产工艺

设计秸秆粪便沼气制肥联产工厂单生产周期30d，月生产能力为675t，由270个1500mm×2400mm的柱状罐体组成，其生产规模大小可根据快速发酵罐体的数量进行组装，方便易拆卸。发酵罐体单元自重约0.5t，装料后约3t，采用4t行车进行吊装。厂房顶部采用透光膜达到利用太阳能辅助发酵的目的。

采用秸秆粪便沼气制肥联产工艺的工厂其整体由秸秆预处理区、搅拌区、进料区、出料区、发酵区、补水池六大部分组成，整体布局见图4-23～图4-25。

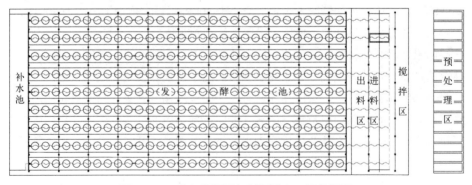

图4-23 秸秆粪便沼气制肥联产工厂俯视图

——行车架；———行车线；------旋转机架导轨线

发酵池整体由9个深2m的长方形水池组成，各个水池之间由1.5m宽的人行道隔开成独立单元。人行道的设计是为了便于设备的管理、检测和维护

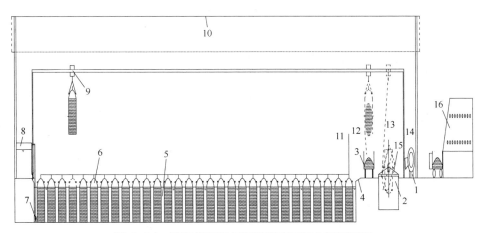

图 4-24　秸秆粪便沼气制肥联产工厂主视图剖面

1—搅拌机；2—旋转槽；3—运料车；4—回流斜坡；5—发酵池；6—发酵罐；7—循环水泵；
8—补水池；9—行车及行车架；10—太阳能覆膜温室；11—存储至气柜；12—出料区；
13—进料区；14—搅拌区；15—移动式旋转机架；16—秸秆预处理池

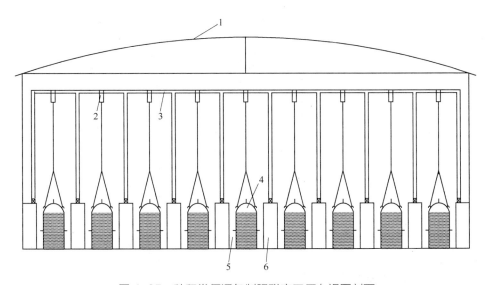

图 4-25　秸秆粪便沼气制肥联产工厂左视图剖面

1—太阳能覆膜温室；2—行车；3—行车架；4—发酵罐；5—发酵池；6—人行道
设计说明：为降低成本，行车架主体支撑柱采用钢筋混凝土结构。行车起吊重量为4t，支撑柱纵向按
每隔10m进行设置，横向按图示位置间隔3.5m进行设置

　　秸秆粪便沼气制肥联产工厂化工艺整体流程为：秸秆经大型粉碎机粉碎后加
入快速发酵菌剂和适量水，进入预处理池，好氧处理 15d。预处理后的原料由运
输车运至搅拌区，与适量畜禽粪便和沼渣经搅拌设备混匀，然后在进料区装入快

速发酵罐体，由吊装设备将罐体吊入发酵区指定位置。发酵区由若干个深为 2m 的长方形水池组成，罐体入发酵池后，池水在压力作用下通过底部罐盖缝隙压入发酵罐体，直至与物料面平齐，发酵池中水的多少可通过补水池和循环水泵实现。发酵池中的水有两方面作用：一浸润原料，保证发酵所需水分；二形成水膜，防止发酵产生的沼气通过底部罐盖缝隙逸出，发酵产生的沼气通过罐体顶部排气管收集利用。发酵完成后，吊装设备将罐体吊入出料区指定位置，由罐盖缝隙泄漏出来的水经斜坡回流至发酵池，打开罐盖，将快速发酵后的秸秆倾倒在运输车上，由其拉入制肥厂，进行后续处理。将倾倒后的罐体吊装至进料区，通过旋转机构使罐口朝上，进行下一轮进料。详见图 4-26。

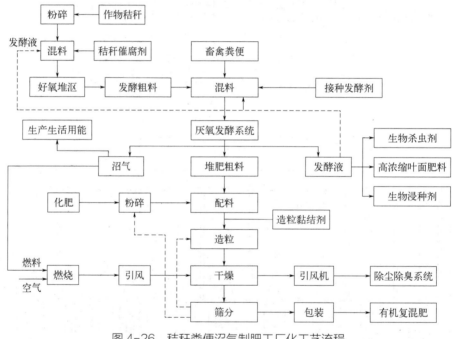

图 4-26　秸秆粪便沼气制肥工厂化工艺流程

4.5.1.1　工艺设计参数

（1）前处理　秸秆经自然晾晒后，去除杂物，使用大型粉碎机械，粉碎物粒径范围 30~60mm。该范围在堆肥处理适宜粒径范围 12~60mm 内，能够有效保证物料有一定的孔隙率，便于通风、调节供氧量。该范围同时兼顾经济问题，在适宜粒径范围内耗能最低。粉碎后的秸秆与"瑞莱特"微生物秸秆专用催腐剂，按使用方法混合。经搅拌机搅拌均匀后，通过传送装置运送至秸秆预处理池。

（2）主发酵　秸秆粪便沼气制肥联产工艺主发酵分预处理主发酵和厌氧主发

酵。预处理主发酵采用好氧一次发酵。本试验预处理为常温好氧预处理，采用"瑞莱特"微生物秸秆专用催腐剂，处理周期为 25 天。为缩短处理周期和提高秸秆中有机物的降解率，秸秆粪便沼气制肥好氧一次发酵采用沼气锅炉辅助蒸汽或喷淋热水加热，使其预处理温度保证在嗜热菌最适宜温度范围上限（55～60℃），其处理周期缩短为 15 天。好氧预处理其他条件为：初始含水率 50%～60%；pH 7.5～8.5；碳氮比 30∶1～35∶1。一次发酵完成后，不再进行二次好氧发酵，与畜禽粪便、适量水按照一定比例混合（秸秆、猪粪最佳比为 7∶3），由搅拌机搅拌均匀后，形成 TS 60%、含水率为 85% 左右的发酵原料。然后将调节好的发酵原料装入发酵罐，吊装至发酵区进行厌氧发酵产沼气。

厌氧主发酵采用太阳覆膜温室进行辅助加热，其温度可高出常规沼气发酵温度 10℃ 以上，夏季为中温发酵，冬季则为低温发酵。为弥补冬季发酵温度低的缺点，秸秆粪便沼气制肥厌氧主发酵工艺还可采取沼气锅炉热水循环辅助加热，从而使系统常年保持为中温发酵状态；厌氧主发酵其他工艺条件同常规沼气发酵。此外，一般厌氧发酵产沼气可持续 2～3 月，秸秆粪便沼气制肥联产在兼顾肥效的基础上，出于为缩短生产周期，增加生产能力角度考虑，选发酵周期为 15 天。

（3）后处理　发酵后的原料经沥水后含水率一般在 60%，不符合造粒水分要求（20%～40%），需进行干燥。干燥后形成含水率在 40% 以下的初始原料。干燥过程中产生的臭味通过树皮进行吸附脱臭。干燥后的原料经氮磷钾、有机质、有害金属等指标检测后，补充适量氮磷钾，按复合生物有机肥标准（NY/T 798—2015）进行造粒、包装、贮藏、销售。

（4）好氧预处理和厌氧发酵残液处理　好氧预处理和厌氧发酵结束后，会存在大量的残留液体。每生产 $1m^3$ 沼气可产出 250kg 左右的厌氧发酵液。这些残液中不仅存在大量的催腐微生物和产沼气微生物，而且含有多种微量元素、生物活性物质（如氨基酸）、多种植物生长激素（如 B 族维生素）、某些抗菌素（如赤霉素、吲哚乙酸）等，整体 COD 偏高。从环保角度来讲，这些残液不符合国家废水排放标准，不能直接排放。从资源利用角度来讲，由于营养物质丰富，这些残液是良好的二次接种物、液体肥料和生物杀虫剂，直接排放是对资源的浪费。

（5）堆肥臭气处理　秸秆粪便沼气制肥联产工艺臭气主要来自厌氧发酵区、预处理区、粪便存放区等。这些臭气其主要成分为 NH_3、H_2S 等，直接排放不仅会对大气环境造成二次污染，而且还会严重影响周围居民的生活质量，危害工作人员身心健康，因此必须除去。

目前工业常见的臭气处理技术有吸附法、化学法、水洗法、生物法等，其中以水洗法和吸附法应用范围最广。化学法和水洗法除臭，易造成二次水污染。生物法处理条件较为严格，微生物需要足够的溶解氧，而且不能处理较高温度的臭气（一般不能超过 50℃）。吸附法以活性炭处理效果最好，但成本依旧较高。为进一步降低除臭成本，借鉴德国 Gicon 公司的除臭技术，采用树皮作为吸附介质，关于其除臭效果该公司已经实际验证，可达到欧洲气体排放标准。

4.5.1.2　工艺设计特点

（1）秸秆粪便沼气制肥联产工艺遵循以人为本的原则，整体采用机械化操作，从开始预处理到最终制成生物有机肥原料，不需要任何重体力劳动。

（2）秸秆粪便沼气制肥联产工艺采用蒸汽辅助加热技术和太阳能薄膜辅助加热技术，大大缩短了堆肥周期，整个工艺周期约 30 天，远低于传统堆肥 60 天的生产周期。

（3）秸秆粪便沼气制肥联产工艺中发酵原料使用秸秆比例高达 70%～90%，能够实现秸秆大规模利用，提升秸秆市场价格。受经济利益驱动，农户将从秸秆资源无奈的焚烧者变为积极的收集者，从而从根本上杜绝秸秆资源的浪费和焚烧。

（4）秸秆粪便沼气制肥联产工艺将好氧堆沤和厌氧发酵有机结合，通过二次发酵，能够有效杀死秸秆中残存的病原菌和草籽，能够有效降低作物中病虫草害的发生率；通过二次发酵，秸秆肥料被分解得更彻底，可直接用于施肥被作物利用，杜绝了传统堆肥中秸秆腐熟不彻底、味臭的现象。

（5）秸秆粪便沼气制肥联产工艺采用新型节能技术，能耗低。预处理工艺使用发酵过程中产生的沼气，通过沼气锅炉产生蒸汽进行辅助加热，由于使用自身产生的沼气，不需额外增加能源开支，而且沼气属清洁能源，安全无污染。发酵工艺采用太阳能薄膜对光线的透射和反射作用，形成"温室效应"，以价格更低的方式提高了发酵温度。

（6）秸秆粪便沼气制肥联产工艺将秸秆沼气技术和制肥技术有机结合，能够同时生产生物有机复混肥原料和清洁能源沼气，提高了秸秆综合利用价值，有效解决了秸秆单一利用中成本过高的问题，降低了企业运行风险。

（7）采用水封设计，受温差影响小，能够保证发酵恒定快速进行。

（8）秸秆粪便沼气制肥联产工艺针对好氧预处理和厌氧发酵残液处理，采取将循环利用和生产高附加值产品相结合的策略。将预处理池和发酵池内废液引入沉淀池，废液沉淀后，上层清液通过引流来接种和补充预处理原料和厌氧发酵原料水分，下层浓液用来浓缩提纯，开发生产生物农药或动植物生长剂等高附加值产品，使整个工艺实现清洁无害化生产。

（9）采用更加廉价的树皮作为吸附材料，用来除去整个秸秆粪便沼气制肥联产工厂所产生臭气，避免臭气对大气环境造成二次污染，实现了清洁能源和绿色有机肥的无害化生产。

4.5.2　罐池组合式气肥联产设备

考虑到秸秆粪便沼气制肥联产工艺的技术特点、实际工程操作方便性和经济性，我们设计和匹配了一套秸秆粪便沼气制肥联产设备。设计设备主要包括秸秆预处理池、补水池、发酵池、太阳能覆膜温室、旋转架和旋转行道、发酵罐及行车架，匹配设备主要有行车、粉碎机、搅拌机、循环水泵、运输车等。

4.5.2.1　发酵罐设计

（1）发酵罐结构设计

① 发酵罐高及底面积的确定　为保证厌氧发酵堆体温度，对传统堆肥技术进行无数实践得出，堆料高度在 1～2m 范围内能够有效防止堆肥堆体温度散失，使堆肥反应向正方向持续进行。过高容易烧肥，不利于后期原料的进一步加工。此外堆料高度越高，单位生产周期内产生的有机肥初级原料越多，产生单位质量的有机肥初级原料的成本越低。故发酵罐装料高度设计采用最大值 2m。发酵罐底部直径参照运输车宽度取 1.5m，发酵罐装料容积为 $V_1 = \pi R^2 h = 3.53\text{m}^3$。

② 顶部气体预留空间结构、几何形状和容积的选择　针对厌氧干发酵的特点，并结合实际进出料操作和排气方便，我们从诸多结构中选择了两种结构，并对其进行了 100∶1 缩小模型模拟试验。在试验过程中，浮罩式结构虽然能够更快地补充发酵原料所需水分，但在实际操作中，当贮存气体较多时，浮罩所受压力增大，易导致浮罩上浮，从而存在气体泄漏的潜在可能。而且浮罩式发酵结构，装料卸料较为复杂，需二次吊装，而一体式发酵结构只需一次便可完成；此外浮罩式发酵结构机械加工难度较大，需将上浮罩和基础罐体分别加工组合，而一体式发酵结构只需通过卷板机一次成型，在减少加工工序的同时，避免了材料的浪费。浮罩式发酵结构若设计为上部进料方式，可不使用一体式发酵罐的机械开盖机构，能有效降低成本，但出料时较为困难，需增加人力成本。综上所述，模拟试验结果表明一体式发酵结构比浮罩式结构，在气体密封性、加工难度、降低人力成本等方面具有绝对优势，故发酵罐设计采用一体式结构。

工业生产中沼气发酵罐顶部常见形式有水平顶盖和弧形顶盖两种，并各有优点。水平顶盖制造容易，但受力不均匀，顶部承受压力较大，侧部承受压力小，如焊接不好，易在顶壁和侧壁焊缝处发生漏气。弧形顶盖虽然制造相对困难，但由于其各处受力均匀，分散了顶部承受的巨大压力，不易漏气；而且随着高度的增加，顶部形状呈缩小趋势，有利于沼气中附带的水蒸气的凝结，从而起到气液分离的作用。鉴于以上特点，发酵罐体顶部气体预留空间形式采用弧形顶盖设计。水平顶盖和弧形顶盖受力情况，见图 4-27 和图 4-28。

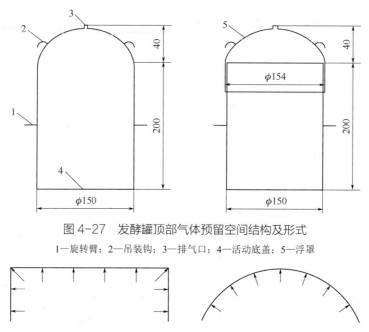

图4-27 发酵罐顶部气体预留空间结构及形式

1—旋转臂；2—吊装钩；3—排气口；4—活动底盖；5—浮罩

图4-28 不同顶部气体预留空间形式受力情况

为保证发酵罐产气需要，常预留一定的排气空间，该空间内气体形成的压力被称作顶空压力。顶空压力对微生物分解产气活动有较大影响，常采用充惰性气体如氮气、氩气等，进行排除，这在实验室阶段可以进行试研究，而在实际生产中，考虑到成本控制问题，往往不采用充惰性气体的方法，而是通过选择预留合适的压力空间来尽可能减少顶空压力对微生物发酵活动的影响。我们通过验证试验证明，预留1/12~1/10的压力空间能够较好维持微生物发酵活动所需顶空压力。

故发酵罐顶部预留空间体积 $V_2 = [V_1/(1-1/12)-V_1] \sim [V_1/(1-1/10)-V_1] = 0.32 \sim 0.39 \text{m}^3$，已知 $r = 0.75\text{m}$，取 $h = 0.4\text{m}$，联合球冠体积公式 $V = 1/6\pi h (3r^2+h^2)$ 可得 $V_2 = 0.38\text{m}^3$，在适宜范围内。发酵罐具体尺寸见图4-27。

③ 发酵罐进出料口、排气口的选择 秸秆粪便沼气制肥联产过程涉及制肥、产气和沼液，因此发酵罐内部厌氧发酵环境为固液气三相共存。在工业实际运行中，由于气体分子较固体和液体分子小，故易漏气，因此选择合适的进出料口和排气口对减少人工劳动量和保证厌氧发酵的持续进行具有重要意义。

常规设计，为考虑进出料方便，常把进出料口和排气口设置在顶部。然而顶部开口越多，密封就越困难，发生气体泄露的概率就越大，故不适合实际生产需要。针对秸秆粪便沼气制肥联产工艺的特点，为保证厌氧环境和防止产生的沼气泄露，本设计选择在发酵罐半球形顶部设置排气口，底部设置进出料口。底部为

防止气体泄露，根据"水下气上"的物理特性，采用水封，避免了复杂气体密封
组件的使用，有利于降低成本。

④ 发酵罐罐盖结构设计　由于选择底部设置进出料口，因此发酵罐在吊装过
程中，其全部物料重量将被罐盖所承受。巨大的载荷，将使罐盖在没有机械辅助
的情况下，仅靠人工很难被打开，从而给出料带来困难。为解决开盖难的问题，
根据防盗门锁的开锁原理，选择弹簧拉锁机构和偏心选装机构等组件进行机械化
开盖，其工作原理如图 4-29。

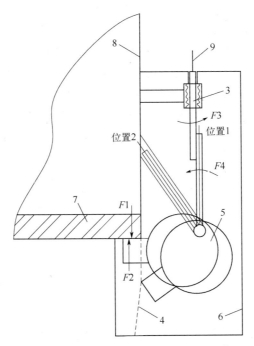

图 4-29　发酵罐盖机械开盖机构结构及工作原理

位置 1—闭合状态；位置 2—开盖状态；3—弹簧拉锁机构；4—罐盖开盖运行轨迹；5—偏心凸轮机构；
6—支撑箱体；7—罐盖；8—发酵罐体外壁；9—拉伸钢丝绳（由吊装设备提供机械动力）

⑤ 发酵罐重要参数确定　由前文可知，发酵罐装料容积 $V_1 = 3.53 \text{m}^3$，顶部预
留储气空间容积 $V_2 = 0.38 \text{m}^3$，故总容积为 $V_1 + V_2 = 3.53 + 0.38 = 3.91 \text{m}^3$；

进料原料密度取平均值 $\rho = 0.7 \times 10^3 \text{kg/m}^3$，则发酵罐全负荷原料载重为 $T_1 = 3.53 \text{m}^3 \times 0.7 \times 10^3 \text{kg/m}^3 = 2471 \text{kg}$；

钢板密度取 7.85t/m^3，厚度为 4mm；

发酵罐总表面积 $S = S_{圆柱} + S_{球冠}$，$S_{圆柱} = \pi D h = 9.42 \text{m}^2$，$S_{球冠} = 2\pi(r^2 + h^2)/2 = 2.26 \text{m}^2$，故 $S = 11.68 \text{m}^2$；

发酵罐自重 $T_2 = 11.68 \times 7.85 \times 4 \times 10^{-3} \approx 367 \text{kg}$；故发酵罐总重 $T = 2471 + 367 = 2838 \text{kg}$。

⑥ 发酵罐旋转臂位置及吊装形式的选择　结合工程力学中的载荷设计，在发酵罐整体重心处进行吊装，可保证吊装过程中做功最小，并使罐体具有最佳的稳定性，避免出现摇摆和旋转现象。当罐体经吊装卸料后至旋转装置处进行装料时，重心位置的选择，可使罐体在最小给力情况下力矩最大，从而实现旋转装料。

对于几何形状规则的组件，其重心一般在几何中心处，而对于几何形状不规则的组件，如其结构不太复杂，确定其重心位置通常用实验法如悬挂法、称重法等；若结构复杂，则可以通过建立三维模型来确定其重心位置。秸秆粪便沼气制肥联产专用发酵罐为规则圆柱体，故其重心在其几何中心处。为使发酵罐在装料过程中能够减少机械做功，旋转臂位置设计采用几何中心偏下位置即不考虑弧形罐顶所受重力，只根据圆柱体部分几何中心位置确定，这样增大了发酵罐翻转时所受动力力矩，从而达到减少辅助动力消耗的目的。为保证发酵罐体在吊装过程的纵向稳定性，吊装形式采用顶部吊装；横向稳定性保证则通过采取三点吊装方式实现，而非常规的两点吊装，即在弧形罐顶中部均匀设置 3 个吊装钩，示意图见图 4-30。

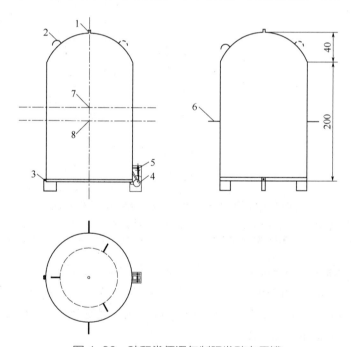

图 4-30　秸秆粪便沼气制肥发酵专用罐

1—排气管；2—吊装挂钩；3—旋转轴承；4—偏心旋转机构；5—弹簧拉锁机构；
6—旋转支撑构件；7—几何重心；8—设计重心

（2）发酵罐的特点及说明　根据秸秆粪便沼气制肥联产的实际生产特点，项目组设计出了秸秆粪便沼气制肥联产专用发酵罐。该发酵罐不同于其他形式发酵罐，它具有以下优点：

① 发酵罐体采用水封技术，既避免了沼气的泄露，又保证了秸秆发酵过程中所需要的水分，有效降低了传统单一制肥工艺过程中因秸秆氨化作用而造成的氮元素流失。

② 发酵罐盖采用偏心旋转机构和弹簧拉锁机构进行闭合和开启，通过垂直卸料和旋转装料，实现了秸秆肥气联产装料、出料的机械化操作，大大节省了人力，降低了运营成本，使大规模生产得到了保障。

③ 发酵罐体之间工作相互独立，方便易拆卸，生产规模大小可根据实际情况通过改变快速发酵罐体的数量实现。

4.5.2.2　二次厌氧发酵区设计

（1）二次厌氧发酵池结构设计　二次厌氧发酵池为钢筋混凝土水池，单池位于地下，深 2m，宽 2.5m，长度可随发酵罐数量的变化而变化。2m 的深度能够有效防止发酵罐气体从底部泄露，而且可以补充发酵罐内原料发酵所需水分，同时由于水的比热容较大，从一定程度上起到了维持发酵温度恒定的作用。2.5m 的宽度，能够满足发酵罐吊装需要。单池水平位置铺设预置水泥板，便于管理和维护人员进行相关操作。池内一端连接贮水池；一端在回流斜坡侧设置排污水渠和排污水泵，用于实现沼液再循环利用。

（2）其他辅助单元设计　贮水池长宽高，视发酵池补水容积而定，作用在于保持发酵池工作水位恒定。贮水池位于地平面上，通过排水口实现补水。

出料区为水泥地面，方便运输车运送沼肥。

在发酵池与出料区设置 2m 宽的回流斜坡，坡度 15°，便于发酵罐的沼液在吊装过程中渗透回流至发酵池。

4.5.2.3　一次好氧预处理池设计

（1）结构设计　为了便于运输和装卸，根据农用四轮运输车规格（总长≤6m，总宽≤2m，总高≤2.5m），设计秸秆预处理单池距地面高为 1.5m；为了便于人工堆放、码高及保温，设计单池长、宽、高依次为 6m、3m、3.5m。为了在短时间内获得较好的预处理效果，必须严格保证好氧堆肥预处理一年四季均处于较高温度。为此，在秸秆预处理单池正面和顶部，铺设太阳能薄膜板，夏季通过薄膜板吸收太阳光形成"温室效应"来辅助加热；在侧面底部和顶部分别预留蒸汽进、排气孔，冬季在太阳能薄膜板上覆盖保温毡，通过沼气锅炉产生蒸汽或喷淋热水进行加热。总体结构尺寸如图 4-31。

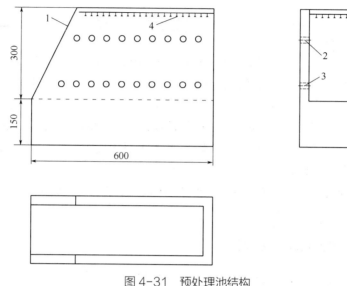

图 4-31　预处理池结构

1—太阳能覆膜；2—排气孔；3—进气孔；4—喷淋设备

（2）太阳能薄膜板铺设角度设计　由于正面为向阳面，是吸收太阳光的主要面。当阳光直射时，薄膜板能够最大程度吸收太阳热量，故正面采用 35°斜坡设计。顶部为次吸光面，同时要考虑防水需要，故采用 0°设计。正面斜坡角度可由式（4-23）进行计算。

$$H = 90° - |\alpha \pm \beta| \qquad (4\text{-}23)$$

式中，H 为太阳光线与地面的夹角；α 为当地地理纬度；β 为太阳直射点地理纬度；$\pm$ 为所求地理纬度与太阳直射是否在同一半球，如果在同一半球就是−，在南北两个半球就是+。

以郑州（113°42′E，34°44′N）为例，北回归线取 23°26′N，预处理池正面斜坡角度计算，如下所示。

夏季 $H = 90° - |34°44′-23°26′| = 78°42′$，故斜坡角度为 11°18′。

冬季 $H = 90° - |34°44′+23°26′| = 31°50′$，故斜坡角度为 58°10′。

考虑到春秋季采光差异和保证一次预处理原料容量需要，选取中间值 35°作为最佳斜坡铺设角度。

（3）通风量及进、排气孔设计　通风供氧是好氧堆肥化生产的基本条件之一。从微生物学角度来讲，要求至少 50%的氧渗入到堆肥各部分，才能满足微生物分解有机物的需要。在一定物料条件下，若通风量过大，易造成物料干化和堆体温度过低，影响有机物进一步分解，导致病原菌大量存活；若通风量过少，则不利于高温堆肥后期散热且会形成厌氧发酵。通风在发酵过程的不同阶段，其具体作用也不同，在初期起供氧作用，中期起供氧、散热冷却作用，后期主要是降低堆肥的含水率。通风量除受原料有机物含量影响外，还与挥发度、可降解系数等有关，可用式（4-24）推算出理论上需氧量，然后折算成理论空气量。

$$C_aH_bN_cO_d+0.5(nz+2s+r-d)O_2 \rightarrow nC_wH_xN_yO_z+sCO_2+rH_2O+(c-ny)NH_3 \quad （4-24）$$

式中，$r=0.5[b-nx-3(c-ny)]$；$s=a-nw$；n 为降解速率（摩尔转化率小于 1）。

为保证充分的好氧条件，实际堆肥生产中通风量往往为理论空气量的两倍以上，可用式（4-25）计算。静态堆肥通风量经验值一般为 $0.03\sim0.2 Nm^3/(min \cdot m^3)$，而动态堆肥则要靠实际生产试验来确定。

$$Q_f = R_{O_{2max}} abeV/(cd) \quad （4-25）$$

式中，Q_f 为供氧所通风量，m^3/min；$R_{O_{2max}}$ 为发酵物料的最大耗氧速率，mol $O_2/(cm^3$ 堆料 $\cdot h)$；a 为标准状况下 1mol 气体的体积，22.4L/mol；b 单位为 $10^{-3}m^3/L$；c 为标准状况下，空气之中氧的含量。

出于预处理后仍需二次厌氧处理和设备造价角度考虑，秸秆粪便沼气制肥工艺采用一次好氧静态堆肥预处理，通风量取经验值 $0.1 Nm^3/(min \cdot m^3)$。预处理单池所需通风量计算如下所示：

$$Q = Vq = 6×3×3.5×0.1 = 6.3[Nm^3/(min \cdot m^3)]$$

（4）行车选择及相关设计

① 行车型式及参数选择　在秸秆粪便沼气制肥联产工厂实际运行中，行车在装料和出料过程中主要起垂直起降和水平移动发酵罐的作用，故设计选择桥式起重机。由于单发酵罐总重载荷较小，同时为尽可能降低设备成本，故采用电动单梁悬挂起重机。该起重机桥架主梁是由工字钢或其他型钢和板钢组成的简单截面梁，小车一般在工字梁的下翼缘上运行，完全能够满足实际生产需要。起重重量选择 4t 行车，大于发酵罐满载负荷。由于行车线较长，采用多支点主梁结构型式。根据设备生产成本主要制约因素，跨度采用第一类最大值 10m。根据电动单梁悬挂起重机使用要求中所规定的最低起升高度、发酵罐高及厂房设计高度，起升高度采用适宜值 5m。

② 行车架设计及分布　常规行车架一般为钢结构。为降低设备使用成本，秸秆粪便沼气制肥联产工厂行车架设计采用"门"形钢筋混凝土结构。根据行车安全需要，每隔 10m 设置 1 座行车架。行车柱为 25cm×25cm 正方形结构。

（5）旋转座及行道设计

① 旋转座结构设计　由于发酵罐设计开口朝下，故发酵罐经卸料后需在装料区进行翻转装料。发酵罐罐体重约 400kg，人工翻转困难，故需设计辅助机械翻转装置。机械翻转装置采用钢结构，为框型三角支架结构型式，详见图 4-32。底

部采用滑轮并结合专用轨道，实现水平自由移动，从而解决了每道生产线需配备1个固定式旋转架的难题，减少了设备购置费用。在底部滑轮部位设计横向刹车固定装置，当发酵罐进行翻转时，可将其固定在发酵罐所需位置，避免翻转造成的晃动。

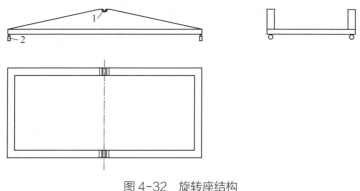

图 4-32　旋转座结构

1—滚动耐磨件；2—滑轮及附带刹车装置

②　旋转池设计　旋转池位于地平面下，为长方形砖混凝土结构，深 3m、宽 2m，长度依发酵池单元数而定。旋转池两侧铺设旋转座专用轨道。

（6）太阳能覆膜厂房设计　厂房整体采用钢结构设计，钢架结构制作、安装质量，由施工单位按照《钢结构工程施工质量验收标准》（GB 50205—2020）标准执行。厂房顶部采用透光设计，使用聚碳酸酯阳光板。该材料有"透明塑料之王"之称，具有良好的抗冲击、采光、隔热、隔音、防紫外线、阻燃等性能，能够满足秸秆粪便沼气制肥联产工厂的隔热、采光和防火要求。

4.6　多能互补式沼气工程技术

4.6.1　多能互补型生物质沼气发酵热能流动理论

在沼气发酵过程中，因为要保持发酵池温度一直要比地温高（30℃左右），本项目采用太阳能集热器进行加热来保持发酵池恒温，达到沼气工程的清洁利用。

对于沼气工程，由能量守恒定律可知，输出（损失）的能量和输入（获得）的能量应相等，才能保证整个系统的温度恒定。故通过对温室进行热平衡分析来动态地反映温室的能量流动状况保证输入与输出之间的能量相等具有十分重要的意义。

多能互补型沼气池主要采用太阳能加热和沼液加热回流搅拌技术以及液面下敷设沼气燃烧加热的辅助供热管道和生物质锅炉加热的辅助供热管道，其中沼气燃烧加热装置和生物质锅炉加热装置的运行根据天气变化进行，阴天或下雨天等没有太阳的天气以沼气燃烧加热和生物质锅炉加热为主要的增温途径，这样解决传统型沼气池发酵温度低、产气率不高、发酵温度受环境影响较大、产气量小且不稳定等问题，并且要降低沼气工程的运行成本，提高沼气工程的使用寿命及经济效益，以便能够解决集约化养殖业的粪便污染问题及中小型粪便沼气生态工程技术的产业化问题。

通过对整个系统能量流动过程进行模拟研究，从理论上确定该系统的能量流动的稳定性，动态地反映温室的能量流动状况。尽可能提高太阳能和那些辅助能量转化利用效率，以增加温室系统的产出。通过温室热平衡的分析和计算，可以发现系统结构是否合理和生产过程中的薄弱环节，从而提出改进措施。

4.6.1.1 多能互补型发酵温室的热平衡分析

（1）温室热交换的基本原理　多能互补型发酵温室是一个封闭的热力系统，它随时受到室内外诸多扰量的影响。其中，室外扰量有空气温度、湿度、太阳辐射强度、风速、风向等，室内扰量包括围护结构的散热、地面土壤的潮湿状况、缝隙漏风等。在这些干扰量作用下，温室内的空气始终保持着动态热平衡。

（2）温室系统及其子系统的能流图

① 温室中预加热发酵系统的能流图如图 4-33 所示。根据能量守恒定律，预加热发酵系统的热平衡方程式由式（4-26）给出：

$$Q_{m1} + Q_1 = Q_{m2} + Q_a \tag{4-26}$$

式中　Q_{m1} ——污水（15℃）的生物能，W；

Q_1 ——预加热发酵装置从温室吸收的热量，W；

Q_{m2} ——加热后污水（20℃）的生物能，W；

Q_a ——预加热发酵装置的散热量，W。

预加热发酵装置的散热量 Q_a 很小，一般忽略不计，故得式（4-27）

$$Q_1 = Q_{m2} - Q_{m1} \tag{4-27}$$

② 温室中反应器系统（发酵间）的能流图如图 4-34 所示。

根据能量守恒定律，反应器系统的热平衡方程式由式（4-28）给出：

$$Q_{m2} + Q_h = Q_b + Q_c + Q_{m3} + Q_g \tag{4-28}$$

式中　Q_{m2}——加热后污水（20℃）的生物能，J；

　　　Q_h——补充供热量（温室供热系统热负荷），kJ/d；

　　　Q_b——反应器装置的散热量，W；

　　　Q_c——发酵微生物呼吸释放的热量，W；

　　　Q_{m3}——降解后污水（30℃）的生物能，J；

　　　Q_g——沼气生物能，J。

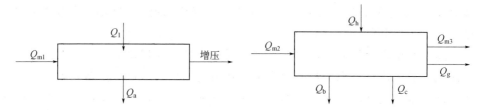

图4-33　预加热发酵系统的能流图　　　图4-34　反应器系统（发酵间）的能流图

③ 温室系统的能流图如图4-35所示。

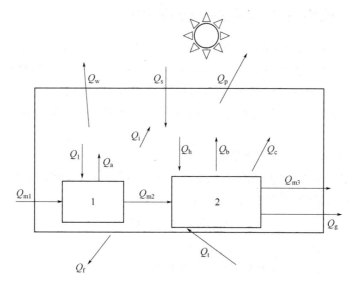

图4-35　温室系统的能流图

1—预加热发酵装置；2—反应器装置（即发酵间）

根据能量守恒定律，温室系统的热平衡方程式由式（4-29）给出：

$$Q_t + Q_s + Q_{m1} + Q_l + Q_a + Q_i + Q_h + Q_b + Q_c = Q_{m3} + Q_g + Q_p + Q_w + Q_f \quad (4\text{-}29)$$

式中　Q_s——温室内吸收的太阳辐射热量，W；

　　　Q_i——污水输送管道的散热量，W；

　　　Q_p——渗透热损失，W；

Q_w——围护结构传热量（导热、辐射、对流等），W；

Q_f——地面传热量，W；

Q_t——生物质锅炉供热量，W。

由式（4-26）、式（4-28）、式（4-29）得式（4-30）：

$$Q_t + Q_s + 2(Q_{m1} + Q_l + Q_h) + Q_i = 2(Q_{m3} + Q_g) + Q_p + Q_w + Q_f \quad （4-30）$$

在上述得失热量中，污水输送管道的散热量 Q_i 一般较小，可以忽略不计。生物质锅炉供热量 Q_t，主要在阴雨天气和夜晚进行提供，来保证发酵的有效运行，所提供的热量值为发酵补充供热量即 $Q_t = Q_h$，为了方便计算，能量流动过程按照有太阳光的天气状态下进行，即采暖系统的热负荷 Q_h 可简化用式（4-31）表示：

$$Q_h = \left[2(Q_{m3} + Q_g) + Q_p + Q_w + Q_f - (Q_s + 2Q_{m1} + 2Q_l) \right] / 3 \quad （4-31）$$

本文采用的沼气工程温室设计的基本参数如下：沼气工程 200m³；反应器容积 300m³；池容产气率 0.6m³/(m³·d)；气体储存形式：湿式气柜容积 200m³，每日进料量 31m³；大棚内温度 $t_2 = 20℃$；进料温度 $t_1 = 15℃$；反应器温度 $t_3 = 30℃$；大棚的覆盖材料：双层玻璃纤维板；大棚的尺寸：12000mm×30000mm×5000mm；设计用的气象资料：郑州（河南省），纬度 $L = 34°43'$。

4.6.1.2　污水进出温室时携带的生物能

污水进出温室时损失的生物能由式（4-32）给出：

$$Q_m = Q_{m3} - Q_{m1} = cm(t_3 - t_1) = c\rho v(t_3 - t_1) \quad （4-32）$$

式中　c——污水的比热容，4.2kJ/(kg·℃)；

ρ——污水的密度，$1.0×10^3$kg/m³；

v——污水每日的进料量，31m³/d；

t_1——15℃；

t_3——30℃。

经计算得 $Q_m \approx 1.953×10^6$kJ/d。

4.6.1.3　温室内吸收的太阳辐射热量

太阳能是植物生长所必需的，因此温室覆盖材料应有较高的太阳透射率，特别是在光照较弱的冬季。投射到温室覆盖材料表面的太阳辐射，部分被覆盖层反射，部分被吸收，大部分透射入温室内，透过覆盖层的太阳辐射能与总太阳辐射能之比称为覆盖材料对太阳辐射的透射率。而进入温室内的太阳辐射能又有少部分将被室内的地面、植物等反射出去，因此，在任何时期温室内吸收的太阳辐射热量 Q_s 由式（4-33）计算得出：

$$Q_s = tSA_s(1-\rho) \tag{4-33}$$

式中　S——室外水平面太阳辐射照度，W/m^2；

　　　A_s——温室地面面积，m^2；

　　　ρ——室内日照反射率，一般约为 0.1；

　　　τ——温室覆盖材料对太阳辐射的透过率，见表 4-26。

表 4-26　各种透光覆盖材料对太阳辐射的透过率

材料种类	单层	双层
聚乙烯塑料薄膜（厚 0.1mm）	0.89	0.79
玻璃纤维聚酯板（厚 0.64mm）	0.83	0.7
优质玻璃纤维聚酯板（厚 102mm）	0.73	0.5
聚酯板（厚 0.13mm）	0.87	0.78
波纹玻璃纤维板（厚 1.02mm）	0.79	0.62
玻璃（厚 3.18mm）	0.88	0.78
聚碳酸酯（厚 1.59mm）	0.84	0.73
聚氟乙烯（厚 0.08mm）	0.91	0.84

　　水平面上的太阳辐射照度 S 是随着时间和地点变化的。时间接近中午或是所在地点的纬度越低，太阳辐射照度越大，可按式（4-34）进行计算：

$$S = (C + \sin\alpha)A e^{-B/\sin\alpha} \tag{4-34}$$

式中　A，B，C——常数，见表 4-27；

　　　α——太阳高度角；

　　　S——太阳辐射照度，W/m^2。

　　太阳高度角 α 为太阳与观察地点连线与地平线之夹角，可按式（4-35）计算：

$$\sin\alpha = \cos L \times \cos\delta \times \cos H + \sin L \times \sin\delta \tag{4-35}$$

式中　L——所在地的北纬纬度，（°）；

　　　H——时间角，$H = 15(t-12)$（此角等于 15×时长，为偏离正午的时长，从中午 12 时到午夜为正，从午夜到中午 12 时为负），（°）；

　　　t——一天中的时间（0～24 时）；

　　　δ——太阳赤纬角，（°）。

　　δ 可按式（4-36）计算：

$$\delta = 23.45\cos(360 \times \frac{n-172}{365}) \tag{4-36}$$

式中　n——日期，从 1 月 1 日算起的天数。

　　表 4-27 为太阳辐射照度计算常数。

表 4-27　太阳辐射照度计算常数

日期	A/（W/m²）	B（无量纲量）	C（无量纲量）
1 月 21 日	1230	0.142	0.058
2 月 21 日	1214	0.144	0.06
3 月 21 日	1185	0.156	0.071
4 月 21 日	1135	0.18	0.097
5 月 21 日	1103	0.196	0.121
6 月 21 日	1088	0.205	0.134
7 月 21 日	1085	0.207	0.136
8 月 21 日	1107	0.201	0.122
9 月 21 日	1151	0.177	0.092
10 月 21 日	1192	0.16	0.073
11 月 21 日	1220	0.149	0.063
12 月 21 日	1233	0.142	0.057

经计算：$Q_s = \tau S A_s \left(1-\rho\right) \approx 5.061 \times 10^6 \text{kJ/d}$（按每天 8h 的辐射量算）。

其中 $\tau = 0.62$，$\rho = 0.1$，$n = 80$（设日期为 3 月 21 日），$A_s = 12 \times 30 = 360\text{m}^2$。

4.6.1.4　通过围护结构材料的传热量

温室的围护结构有的全部采用透明覆盖材料，有的采用部分透明覆盖材料和其他建筑材料汇合组成。温室透明覆盖材料的传热形式不仅有其内外表面与温室内外空气间的对流换热和覆盖材料内部的导热，还有温室内的地面、植物等以长波热辐射的形式，透过覆盖材料与大气进行换热。但在计算通过温室围护结构材料的传热量时，这部分热量和其他形式热量一并计算。因此，通过温室围护结构材料的传热量 Q_w 由式（4-37）给出：

$$Q_w = \sum_j K_j A_{gj} \left(t_i - t_o\right) \tag{4-37}$$

式中　t_i——室内温度，℃；

t_o——室外温度，℃；

A_{gj}——温室围护结构各部分面积，W/m²；

K_j——温室各部分维护结构的传热系数，W/（m²·℃）。

温室透明覆盖材料的总传热系数参见表 4-28。

表 4-28　温室透明覆盖材料的总传热系数

透明覆盖材料类型	K 值/[W/(m²·℃)]	透明覆盖材料类型	K 值/[W/(m²·℃)]
单层玻璃	6.3	双层玻璃	3
单层塑料薄膜	6.8	双层塑料薄膜	4
单层玻璃纤维板	6.8	双层玻璃纤维板	3

为了减少温室夜间的散热损失，一些温室在非采光面（如北墙等）采用非透明材料围护，或在原透明覆盖材料上夜间覆盖非透明的保温层，对于这样形成的非透明多层围护结构，其传热系数 K' $[(m^2 \cdot \text{℃})/W]$ 可按式（4-38）计算：

$$\frac{1}{K'} = \frac{1}{\alpha_i} + \sum_K \frac{\delta_K}{\lambda_K} + \frac{1}{\alpha_o} \tag{4-38}$$

式中 α_i、α_o ——温室覆盖层内表面及外表面换热系数，W/（$m^2 \cdot$ ℃）；

δ_K ——温室各层覆盖材料的厚度，m；

λ_K ——温室各层覆盖材料的导热系数，W/（$m^2 \cdot$ ℃）。

经计算：$Q_w = \sum_j K_j A_{gj}(t_i - t_o) = 7.812 \times 10^5 \text{kJ/d}$。

其中，$K_j = 3.0$W/（$m^2 \cdot$ ℃）；$t_i = 20$℃；$t_o = 15$℃；$A_{gj} = \pi \times 6 \times 5 + 16.952 \times 30 m^2$。

4.6.1.5　地面传热量

地面传热情况比较复杂，其传热量与地面的状况、土壤状况及其含水量等因素有关。按离外围护结构的远近对地面面积进行划分，不同的部分具有不同的传热系数 K 取值。温室内地面的传热系数随着离外墙的远近而有变化，但在离外墙 8m 以外的地面，传热就基本不见。基于上述情况，在工程上一般采用近似计算方法，把地面沿外墙平行的方向分成四个计算地带，第一地带靠近墙角的地面面积需要计算两次。

地面传热量 Q_f 由式（4-39）给出：

$$Q_f = \sum_i K_i A_i (t_i - t_o) \tag{4-39}$$

式中 K_i ——第 i 地带地面传热系数（见表4-29），W/（$m^2 \cdot$ K）；

A_i ——第 i 区面积，m^2。

表 4-29　非保温地面的热阻和传热系数

地面	热阻	传热系数	地面	热阻	传热系数
第一地面	2.15	0.47	第三地面	8.6	0.12
第二地面	4.3	0.23	第四地面	14.2	0.07

经计算：$Q_f = \sum_i K_i A_i (t_i - t_o) = 3.151 \times 10^4 \text{kJ/d}$。

其中，$K_1 = 0.47$，$A_1 = 84 m^2$；$K_2 = 0.23$，$A_2 = 64 m^2$；$K_3 = 0.12$，$A_3 = 72 m^2$；$K_4 = 0.07$，$A_4 = 144 m^2$。

4.6.1.6　渗透热损失

室内外空气进行热交换时，包含显热和潜热两部分，但在进行热负荷计算时基本在冬季凌晨，潜热部分所占比例很小，在工程上可忽略不计。因此渗透热损

失 Q_p 由式（4-40）给出：

$$Q_p = 0.5K_{风速}VN(t_i - t_o) \qquad (4\text{-}40)$$

式中　V——温室体积，m^3；

　　　N——每小时换气次数，h^{-1}（见表 4-30）；

　　$K_{风速}$——风力因子，（见表 4-31）。

　　注：渗透热损失随风速的增大而增大。

表 4-30　每小时换气次数 N 推荐值

覆盖方法	N
单层玻璃，缝隙不密封	1.25～1.5
单层玻璃，缝隙密封	1.1
双层玻璃	1.0
单层塑料薄膜	1.0～1.5
双层充气塑料薄膜	0.6～1.0
刚性板材	1.0

表 4-31　风力因子 $K_{风速}$

风速/（m/s）	风力等级	$K_{风速}$
≤6.71	4 级风以下	1.00
8.94	5 级风	1.04
11.18	6 级风–	1.08
13.41	6 级风+	1.12
15.65	7 级风	1.16

经计算：$Q_p = 0.5K_{风速}VN(t_i - t_o) = 3.174 \times 10^5 kJ/d$。

其中，$V = 1413 m^3$；$N = 1.0$；$K_{风速} = 1.04$。

4.6.1.7　沼气离开温室时携带的生物能

沼气离开温室时携带的生物能由式（4-41）给出

$$Q_g = 0.6v_g Q_{CH_4} + c_g m_g t_g = 0.6v_g Q_{CH_4} + c_g \rho_g v_g t_g \qquad (4\text{-}41)$$

其中沼气中含有 60%CH_4 和 40%CO_2，查资料得甲烷的热值 $Q_{CH_4} = 21524 kJ/m^3$。

$$c_g \rho_g v_g t_g = (0.6c_{g1}\rho_{g1} + 0.4c_{g2}\rho_{g2})v_g t_g \qquad (4\text{-}42)$$

式中　c_{g1}——甲烷离开反应器装置时的比热容，2230J/（kg·K）；

ρ_{g1} ——甲烷离开反应器装置时的密度（30℃），$0.72kg/m^3$；

c_{g2} ——二氧化碳离开反应器装置时的比热容，$1040J/（kg·K）$；

ρ_{g2} ——二氧化碳离开反应器装置时的密度（30℃），$1.98kg/m^3$；

v_g ——每日产生的沼气体积，$0.6×300m^3/d$；

t_g ——30℃。

经计算：$Q_g \approx 2.334×10^6kJ/d$。

4.6.1.8　太阳能集热器的采光面积

将以上结果代入式（4-31）得 $Q_h \approx 3.341×10^6kJ/d$。

郑州地区 3 月份平均太阳辐射照度 I 约为 $17.92MJ/（m^2·d）$。

$$Q_h = AI\eta_i\left(1-\eta_s\right) \tag{4-43}$$

得太阳能集热器的采光面积 $A \approx 451m^2$。

式中　I——集热面上日平均辐射强度，$MJ/(m^2·d)$；

η_i ——集热器全日集热效率，取 0.55；

η_s ——管路及储水箱热损失率，取 0.1。

4.6.1.9　生物质锅炉供热量

夜晚没有太阳的辐射热，阴雨天太阳辐射热低，所以为了保持发酵有效运行，采用生物质锅炉加热管道系统来保证发酵温度，从上述的能量分析可以得到 $Q_t = Q_h$。

$$Q_t = m\eta Q_{net,ar} \tag{4-44}$$

式中　m——燃料消耗量，kg；

$Q_{net,ar}$——生物质低位发热量，取 $14600kJ/kg$；

η——热效率，取 90%。

得出 $m = 304kg$。因燃烧时间为 24h，可计算出锅炉的燃耗量为 $12.67kJ/h$。

4.6.2　多能互补型生物质沼气发酵池设计

多能互补型生物质沼气发酵装置总体设计要求及设计原则：

（1）设计要求

① 多能互补型发酵反应装置的有效容积大；

② 应最大限度地满足沼气微生物的生活条件，要求发酵装置内能保留足量的微生物；

③ 具有太阳能加热设备或余热源，有利于保温增温，使其热量损失最小；

④ 易于破除浮渣，方便除去装置底部沉积污泥；

⑤ 投资和运行费用尽可能低；

⑥ 便于维护、管理；

⑦ 有利于运输。

（2）设计原则

① 沼气池宜建在地表以下；

② 坚持适用、卫生、表面布局合理，外型美观；

③ 强度安全系数 $K \geqslant 2.65$；

④ 正常使用寿命 20 年以上；

⑤ 结构合理，经济耐用，便于安装、操作、管理及维修；

⑥ 产气快，产气量大，产气持续时间长（冬季能够正常产气）。

（3）主要技术指标

① 发酵池有效容积 $1000m^3$；

② 发酵温度为中温发酵（大于 25℃）；

③ 原料产气率 $0.3m^3/kg$；

④ 全部供气时设计供气户数 400 户；

⑤ 主发酵池个数 6 个；

⑥ 气密性。沼气发酵装置内气压为 7828Pa 时，24h 内漏汽损失小于 3%；

⑦ 单位有效容积产气率 $r_v = 0.8m^3/(m^3 \cdot d)$；

⑧ 水力滞留期 HRT = 30d；

⑨ 输气管网主管道 3600m，分支管道 4800m，供气满足 400 户生活用气；

⑩ 强度安全系数 $K \geqslant 2.65$；

⑪ 正常使用寿命 $\geqslant 20$ 年。

4.7　大中型沼气工程的设计、施工及运行管理

4.7.1　大中型沼气工程的设计要点

4.7.1.1　大中型沼气工程的设计原则

合理有效的设计是沼气工程技术的必要前提，是确保修建实用大中型沼气工程成功的关键，应根据已批准的初步设计及有关技术标准进行设计，其主要设计原则如下文所述：

（1）总体规划，现实可行。沼气工程的设计应根据总体工程的规划年限、规模和目标，选择投资低、占地面积小、运行稳定、操作简便的工艺路线；以求达到技术先进、经济实用、结构合理、便于实现的目的。沼气工程工艺设计中的流程、建筑物、设备设施等应能最大限度地满足生产和使用需要，以保证沼气工程建设使用功能的实现。

（2）总结经验，吸陈纳新。工艺设计应在不断总结生产实践经验和吸收科研成果的基础上，积极采用实践可行的新技术、新设备、新工艺和新材料。

（3）降低成本，节约劳动力。在经济合理的原则下，对经常使用且性能要求较高的设备和监控系统，应尽可能采用自动化控制，以方便运行管理，降低劳动强度，节约经济成本。

（4）就地取材，因地制宜。工艺设计要充分考虑临近区域内的污泥处置及污水综合利用系统，充分利用附近的农田，同时要考虑临近区域的给水、排水和雨水排放系统，及供电、供气系统的使用情况。设计还要考虑某些突发事故而造成沼气工程停运时的应对措施。

4.7.1.2 大中型沼气工程的设计依据与标准

设计依据与标准：

（1）《大中型沼气工程技术规范》（GB/T 51063—2014）。

（2）《规模化畜禽养殖场沼气工程设计规范》（NY/T 1222—2006）。

（3）《室外排水设计标准》（GB 50014—2021）。

（4）《给排水设计手册》，中国建筑工业出版社。

（5）《环境工程设计手册》（水污染防治卷），湖南科学技术出版社。

（6）《建筑结构荷载规范》（GB 50009—2012）。

（7）《钢结构设计标准（附条文说明［另册]）》（GB 50017—2011）。

（8）《混凝土结构设计规范（2015 年版）》（GB 50010—2010）。

（9）《建筑抗震设计规范（附条文说明）》（GB 50011—2010）。

（10）《建筑地基基础设计规范》（GB 50007—2011）。

（11）《供配电系统设计规范》（GB 50052—2009）。

（12）《砌体结构设计规范》（GB 50003—2011）。

（13）《金属焊接结构湿式气柜施工及验收规范》（HG/T 20212—2017）。

（14）《城镇燃气输配工程施工及验收规范（附条文说明）》（CJJ 33—2005）。

4.7.1.3 大中型沼气工程设计的技术特点

（1）技术模式 气、肥、农联产，零排放的生态循环模式，如图 4-36 所示。

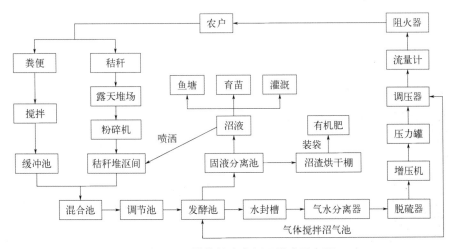

图 4-36 零排放的生态循环模式示意图

（2）发酵工艺

① 高浓度，全混合，中温发酵，有搅拌。

② TS 含量 8%～10%，节省投资，节约增温能源，降低运输成本，产气率高，池容产气率可达 $1～1.5m^3/(m^3 \cdot d)$。

③ 有搅拌装置，解决含固率高、物料不均、易结壳的问题。

（3）装置结构

① 大型沼气工程，宜采用分体式厌氧发酵罐和双膜干式贮气装置；

② 中型沼气工程，宜采用发酵、贮气一体化沼气装置。

（4）关键设备　大中型沼气工程设计中的关键设备如表 4-32 所示。

表 4-32　大中型沼气工程设计中的关键设备

预处理	厌氧发酵	净化贮存	沼气利用	沼肥利用
进料设备	高效厌氧装置	生物脱硫设备	沼气户用装置	固液分离设备
匀浆搅拌设备	厌氧搅拌设备	脱水过滤设备	沼气提纯设备	沼肥加工设备
杂物去除设备	保温换热设备	干式贮气设备	沼气压缩设备	农渔利用设备

4.7.2　大中型沼气工程主要设备及设计

4.7.2.1　大中型沼气工程的主要设备

（1）固液分离机　大中型沼气工程的固液分离设备常见的有水力筛和格栅机。水力筛和格栅机是用于过滤悬浮物、沉淀物等固态或胶体物质的一种小型的无动力分离设备。根据发酵物料的粒度分布状况，在粪水进入集粪池和水泵前要对其进行固液分离，最常用的物理方法之一是筛滤。

水力筛和格栅机主体为由楔形钢棒经精密制成的不锈钢弧形或平面过滤筛面，如图 4-37 所示。

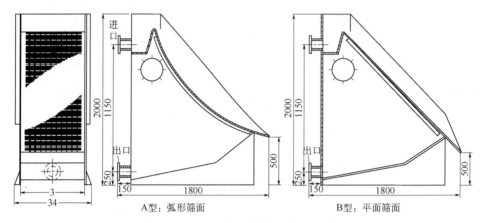

A型：弧形筛面   B型：平面筛面

图 4-37　水力筛和格栅机结构示意图

待处理废水通过溢流堰均匀分布到倾斜筛面上，由于筛网表面间隙小、平滑，背面间隙大，排水顺畅，不易阻塞；固态物质被截留，过滤后的水从筛板缝隙中流出，同时在水力作用下，固态物质被推到筛板下端排出，从而达到固液分离的目的。

水力筛能有效地降低水中悬浮物浓度，减轻后续工序的处理负荷。同时也用于工业生产中进行固液分离和回收有用物质，是一种优良的过滤或回收悬浮物、漂浮物、沉淀物等固态或胶体物质的无动力设备。

水力筛和格栅机是沼气工程中常用的固液分离设备，两者共同的不足是易堵塞，需定期清洗，以保证筛孔的通畅。以下三种情况会造成堵塞：

① 栓塞：塞物的形状、大小正好与筛网相同而引起的堵塞。

② 架塞：主要是由一些比筛网间隙小的颗粒或细的粒状物相互聚集，在筛网表面形成一层膜而引起的堵塞。

③ 内塞：虽然能通过筛网间隙，但因为不能顺利脱离而附着在筛网的反面而引起的堵塞。

造成堵塞的原因可能是单一的，也可能是多方面的，总的来说，筛网间隙越小就越容易形成堵塞。

在预处理时，牛和猪粪中的长草、鸡粪中的鸡毛都应去除，否则极易引起管道堵塞。上海星火农场采用搅龙除草机去除牛粪中的长草，可以收到较好的效果，再配用收割泵进一步切断残留的较长纤维和杂草可有效防止管道阻塞。鸡粪中含有较多贝壳粉和砂砾等，必须进行沉淀清除，否则会很快大量沉积于消化器底部，不仅难以排除，而且会影响沼气池容积。

目前采用的固液分离方式有格栅机、搅龙除草机、卧螺式离心机、水力筛、板柜压力机带式压滤机和螺旋挤压式固液分离机等。其中，螺旋挤压式固液分离机主要用于 SS 含量高且易分离的污水，如新鲜猪粪污水；卧螺式离心机用于酒精厂废醪效果较好；搅龙除草机主要用于纤维较长的废水预处理；板柜压力机和带式压滤机主要用于加凝絮剂后凝絮效果较好的废水，用于好氧污泥的处理效果极佳；水力筛一般均采用不锈钢制成，用于杂物较多、纤维长中等的污水，如猪粪污水、鸡粪污水等，且其分离效果好，安装方便，易于管理，在南方应用较为广泛。

（2）消化器 由于沼气发酵的原料不同，发酵处理的最终目标不同，工程设计采用的发酵工艺也有所不同。因此进行沼气工程设计时，必须要根据政府部门批准的计划任务书要求和所处理原料的特性进行，畜禽场的粪便原料特性如表 4-33 所示。

表 4-33　三种发酵原料的特性

种类	TS/%		产气潜力/(m³/kg TS)		物料特征
	一般水平	设计参数	一般水平	设计参数	
鲜牛粪	15～18	18	0.18～0.30	0.25	草多，沉淀物较少，浮渣多于沉渣
鲜猪粪	18～25	20	0.25～0.45	0.30	冬季沉淀物多，沉渣多于浮渣
鲜鸡粪	25～40	30	0.30～0.55	0.35	冬季有鸡毛贝壳沉淀，沉渣结实

按照沼气发酵工艺参数要求，选定工艺类型和运行温度（常温、中温或高温），最后确定消化器的总体容积和结构形式。

目前，应用较多的工艺类型及消化器的结构有：第一类为常规型消化器，如在农村大量使用的家用水压式沼气池和酒厂使用的隧道式沼气池。第二类为污泥滞留型消化器，使用较多的有用于处理可溶性废水的 UASB 及用于处理高悬浮固体的 USR，另外，内循环厌氧消化器（IC）是目前效率较高的工艺类型，主要用于处理中低浓度、SS 含量低、pH 偏中性的污水。第三类为附着膜型消化器，目前使用的主要是填料过滤器，用于可溶性有机废水处理，有启动快、运行容易的优点。

随着大中型沼气工程的建设发展，消化器不断更新。新型消化器最大的特点是在消化器内滞留了大量的厌氧活性污泥，这些活性污泥在运转过程中会逐步形成颗粒状，使其具有极好的沉降性能和较高的生物活性，大大提高了消化器的负荷和产气率。

① 升流式厌氧污泥床消化器（UASB）反应器　UASB 消化器能维持很高的生物量，一般污泥龄（微生物代谢更新间隔时间）在 30d 以上，所以该消化器处理废水的能力很高。中温发酵，进水容积 COD 负荷率可达 $10\sim15kg\,COD/(m^3\cdot d)$。

a. UASB 消化器运行特点。UASB 消化器是一个无填料的空心圆柱体，器底层形成的污泥床是消化器的反应区；上部设有气固液三相分离器。废水经布水器进入消化器底部，经污泥床中的沼气微生物分解消化后上升，经三相分离器后进入沉淀区。沼气入气室外排，固体污泥与气水分离后返回污泥床，经沉淀后的液体外排。UASB 消化器结构如图 4-38 所示。

b. UASB 消化器的三相分离器。三相分离器具有气液分离、固液分离和污泥回流 3 种功能。由气室、污泥回流缝和沉淀区组成。虽然构造较复杂，然而污泥回流通道和液流通道分开了，提高了固液气分离的效果。在固液气三相分离区，要求结构对称，以促使气流、液流、固流分布均匀，反应区内负荷均衡和液流稳定，不能产生短流现象。

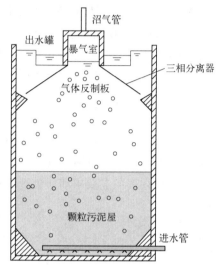

图 4-38　升流式厌氧污泥床消化器结构示意图

c. 污泥床的污泥要求颗粒化。UASB 消化器的污泥床内污泥应呈颗粒状，污泥颗粒化标志消化污泥性能成熟，使消化器能在高的 COD 容积负荷下运行，污泥的沉降性能好，消化器工作稳定；与此相反，消化器内的污泥以松散的絮状体存在时，往往容易出现污泥上浮流失，使消化器不能在较高的负荷下稳定运行。

② UBF 型消化器　UBF 型消化器是在 UASB基础上，在消化器内一定部位安装了有过滤器作用的填料，其目的是要最大限度地保留沼气微生物在消化器内的数量，使其充分发挥作用。当 UASB消化器内的污泥还未结成粒状污泥时，污泥容易流失，特别是起动时更是这样，需要经常回流污泥。为了尽量减少污泥流失，可利用厌氧过滤器中填料阻隔污泥的流失。填料可装在三相分离器的下面或上面。消化器底部为 UASB，消化器的结构示意如图 4-39 所示。

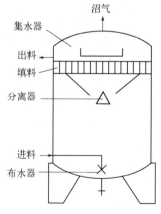

图 4-39　UBF 型消化器结构示意图

（3）搅拌机　在生物反应器中，生物化学反应是靠微生物的代谢过程进行的，这要求微生物不断接触新的养料。在分批发酵时，搅拌是使微生物与养料接触的有效方法；而在连续投料系统中，特别是对于高浓度且产气量大的原料，在运行过程中进料和产气时的气泡形成和上升所造成的搅拌，是养料与微生物接触的主要动力。

① 搅拌的作用：

a. 通过对消化池中污泥的充分搅拌，使生污泥与消化污泥充分接触，提高接种效果。

b. 调整污泥固体与水分的相互关系，使中间产物与代谢产物在消化池内均匀分布。

c. 搅拌时产生的振动能更有效地帮助气体分离，使气体溢出液面。

d. 消化菌对温度和 pH 值的变化非常敏感，通过搅拌使池内温度和 pH 值保持均衡。

e. 对池内污泥不断进行搅拌还可防止池内产生浮渣。

适当搅拌可促进反应，频繁搅拌则容易产生沉淀和料液分层等问题，反而对反应不利。另外，搅拌中还存在混合强度问题。缓慢和剧烈可以产生完全不同的效果，这是因为搅拌强度会改变微生物生长环境。一般认为产甲烷菌生长在相对宁静的环境中，这可能是由于在厌氧消化过程中产甲烷菌和产氢产乙酸菌以相互联合关系存在于有结构的污泥中，有利于菌种间氢转移，使沼气发酵的进行有较高的效率。当剧烈搅拌时，污泥结构被破坏，使互营菌分离，不利于中间转移，导致沼气发酵效率降低。

② 消化池搅拌的方式　大致可分为气体搅拌法、机械搅拌法、泵循环法、综合搅拌法四类。

目前，国内外常用的搅拌方法多为气体搅拌法和机械搅拌法。泵循环法因耗电量较大且搅拌效果不太好已不再使用。泵循环加水射器的综合搅拌法，虽搅拌效果尚可，但也因耗电量大而不再使用。

③ 几种常用搅拌器的性能比较　目前国内外主要采用的搅拌器形式有以下几种：

a. 螺旋桨机械搅拌器。螺旋桨式搅拌设备组成简单，操作容易，可以通过竖管向上或向下两个方向推动污泥，因此在固定污泥液面的前提下，能够有效地消除浮渣层。螺旋桨式搅拌器特别适用卵形或者带陡峭锥底的圆柱形消化池。运行简单，维修量少。但在池内的螺旋桨发生故障时，消化池需打开，消化系统要停止运行。螺旋桨式搅拌器的能力，一般情况下按照在一天内将消化池全池完全搅拌一次的次数和完成搅拌一次的时间来选择。

　　b. 悬挂喷嘴式沼气搅拌器。悬挂喷嘴式沼气搅拌器，主要由悬挂在池顶部的沼气输送竖管和喷嘴组成。搅拌器可以按需要在池内多点布置，并可分组运行。具有结构简单；设置和操作灵活；由于可分组搅拌，所需要的搅拌强度较小；对池的适应性强；不受液面控制等优点。此类型的搅拌器适用于上述的各种池形，用在平底或底部锥形较缓的消化池中更显示其优点。搅拌器的能力，一般情况下按照一天内将消化池全池完全搅拌一次的次数及搅拌系统的组数和完成搅拌一次的时间来选择。

　　c. 多根束管式沼气搅拌器。多根束管式沼气搅拌器主要由多根沼气输送管（束管）和沼气释放口组成。束管由消化池顶部的中间位置进入池中，延伸至池底部的释放口。此搅拌器的特点是构造简单、易操作，但容易堵塞，需在池顶各束管端头增设观察球及高压水冲洗装置。因沼气释放口的设置聚集在池底中部，适合于小直径且带陡峭锥底的池形。搅拌器的选型根据整池的容积选择。

　　d. 底部多根吹管式沼气搅拌器。底部多根吹管式沼气搅拌器主要由多根沼气输送管和沼气释放口组成。沼气输送管可从池顶部侧壁或池侧面进入，沿池底伸入到池中部与沼气释放口连接。与多根束管式沼气搅拌器类似，此方式搅拌器的特点是构造简单、易操作，但易堵塞。因沼气释放口的设置聚集在池底中部，适合小直径且带陡峭锥底的池形搅拌器。搅拌器的选型根据整池的容积选择。

　　上述常用的四种搅拌形式中，除螺旋桨机械搅拌器外，另外三种均利用消化池运行中产生的沼气。沼气搅拌法的优点是：沼气的气泡迅速上升造成的湍流可提高混合质量；污泥可以在内部循环；在污泥表面形成的湍流可防止浮渣形成；改善脱气效果；与消化池的形状和污泥的液位无关。但沼气搅拌系统的组成较复杂，一般由沼气压缩机、沼气喷射管及沼气循环管及附属的冷凝水排放、沼气过滤器等组成，其运行管理复杂。由于沼气具有易燃和易爆的特性，因此，沼气搅拌工艺对设备的安装、所使用管件的制造材料和安全措施有特殊的要求，对运行和操作要求严格。

　　（4）压力表　沼气压力表是观察沼气池内大概有多少沼气的指示仪表，目前，农户使用的压力表大部分是 U 型玻璃管式液位压力表，这种压力表结构简单、使用灵敏高、价格低廉，但玻璃管在运输中易破碎，使用一段时间后，由于温度的变化造成显示值不准，刻度模糊不易读数，在沼气池压力快速增高的情况下，U 型压力表的液体会被冲走，如果未及时处理，则易发生安全事故。目前已逐步使用的膜盒式压力表，由于体积小、外型美观、轻便、灵敏度高，迅速替代 U 型压力表，还有一种玻璃直管压力表，这种玻璃直管沼气压力表体积小、耐腐蚀、读数直观。

　　压力表的主要作用是检验沼气池和输气管道是否漏气，另一个作用是用气时可根据压力大小来调节流量，使灶具在最佳条件下工作，但检验沼气池是否漏气只能用 U 型压力表不能使用膜盒压力表。

沼气压力表正确的安装位置应为在输气管路上灶前开关与沼气灶之间。这样安装开关开大，压力上升，开关关小，压力下降，便于看表掌握灶具的工作情况。同时，在使用时，要尽可能地控制灶具的使用压力，使其在设计压力左右，特别不宜过度超压运行，以免压力太大，火跑出锅外，浪费沼气。

需要注意的是：沼气池内沼气多时，压力表指示达到表压极限值 10kPa，此时应尽快使用沼气，保护压力表和沼气池，避免发生表被憋坏或沼气池密封盖被冲开、胀坏池壁等事故。

（5）脱硫塔 沼气中硫化氢的浓度受发酵原料或发酵工艺的影响很大，原料不同沼气中的硫化氢含量变化也很大，一般在 $0.8 \sim 14.5 \mathrm{g/m^3}$ 之间。其中以糖蜜废水及城粪发酵后沼气中的硫化氢含量最高。硫化氢对管道、阀门、仪表等设备有腐蚀性，对人体也有一定的伤害，因此必须安装脱硫器。

根据脱硫原理：可将其分为干法脱硫和湿法脱硫。

① 干法脱硫 干法脱除沼气气体中硫化氢 H_2S 的设备基本原理是以 O_2 使 H_2S 氧化成硫或硫氧化物的一种方法，也可称为干式氧化法。干法脱硫装置结构如图 4-40 所示。

在一个容器内放入填料，填料层有活性炭、氧化铁等。气体以低流速从一端经过容器内填料层，硫化氢（H_2S）氧化成硫或硫氧化物后，余留在填料层中，净化后气体从容器另一端排出。使用该法脱硫，脱硫器中脱硫剂的成分主要是氧化铁。脱硫剂使用一段时间后会逐渐失效，表现为使用沼气时有臭味，故必须及时更换脱硫剂，方法是关闭沼气净化调控开关，打开沼气净化调控器

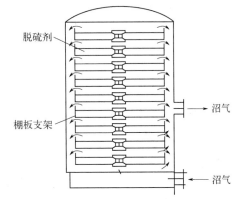

图 4-40 塔式干法脱硫装置示意图

外壳，将脱硫器取下来打开，将变色的脱硫剂倒出，换上新的脱硫剂。脱硫剂可再生，将失效的脱硫剂放在阴凉通风的地方晾晒 $2 \sim 4$ 天，待脱硫剂的颜色变成褐色，即可再用。

② 湿法脱硫 湿法脱硫可以分为物理吸收法、化学吸收法和氧化法三种。物理和化学方法存在硫化氢再处理问题。氧化法是以碱性溶液为吸收剂，并加入载氧体为催化剂，吸收 H_2S，将其氧化成单质硫；湿法氧化法是把脱硫剂溶解在水中，液体进入设备，与沼气混合，沼气中的硫化氢（H_2S）与液体产生氧化反应，

生成单质硫。吸收硫化氢的液体有氢氧化钠、氢氧化钙、碳酸钠、硫酸亚铁等。成熟的氧化脱硫法，脱硫效率可达 99.5%以上。

在大型沼气脱硫工程中，一般先用湿法进行粗脱硫，之后再通过干法进行精脱硫。脱硫塔安装方便，技术成熟，运行可靠性高；操作弹性大，对每种变化的适应性强；工艺吸收效果好，吸收剂利用率高；钠碱循环利用，损耗少，运行成本低；钠碱吸收剂反应活性高、吸收速度快，可采用低液气比，从而降低运行费用。

（6）阻火器　沼气阻火器是用在大型沼气工程上的一种阻火装置，主要是预防沼气回流，防止沼气池引爆；适用于安装在输送可燃性沼气气体的管道和储罐上，防止在非正常情况下火焰于管道中的逆向传播，以避免灾难性事故的发生。阻火盘采用不锈钢材料制造，耐腐蚀易清洗。壳体采用不锈钢、碳钢、铝合金及铸钢多种材料，可满足各种不同工艺管道的需要。生产的防爆波纹沼气管道阻火器，具有结构紧凑、可靠性高，阻火芯件防爆、防腐、阻火性能强、便于清洗等优点。

沼气阻火器是利用金属波纹盘之间狭缝间隙对管道中传播的亚声速或超声速火焰具有淬熄作用的原理设计制造的，产品的连接法兰按 HG/T 20592～20635—2009 凹凸面带颈对焊钢制管法兰设计制造。

沼气阻火器的主要参数为：

工作温度：≤400℃

工作压力：1.0～4.0MPa

壳体材质：碳钢、铝合金、不锈钢（SUS304、SUS304L、SUS316、SUS316L）。

防爆级别：BS5501（ⅡA、ⅡB、ⅡC）。

制造、检测标准：按 GB 5908—2005 标准执行；法兰标准：HG/T 20592～20635—2009。

（7）集水瓶　沼气中含有一定量的水蒸气，池温越高，水蒸气越多。这些水蒸气在输气管道中遇冷后凝聚成水，积聚在管道中，堵塞输气管道，使输气受阻。在寒冷地区，冬天积水结冰，沼气输送不畅，严重影响用气。集水瓶是用来清除输气管道内积水的装置，应安装在输气管道最低处。

沼气集水瓶至少每月要检查 1 次，检查时将瓶中积水倒出，冬季要勤查积水瓶，以保障管道畅通。

（8）储气柜　选用大储气柜还是小储气柜主要由沼气的利用方式决定。储存柜有高压、低压、湿式和干式等类型。根据储量不同，小的选用湿式和低压型，大的选用干式和高压型。

目前我国建造和使用低压湿式储气柜的技术是成熟的，虽然其金属耗量较大，造价较高，但运行可靠、管理方便，并具有输送沼气所需的压力，因此其在我国目前的大型沼气工程中应用广泛。

低压湿式贮气柜是可变容积的金属柜，它主要由水槽、钟罩、塔节以及升降导向装置所组成。当沼气输入气柜内贮存时，放在水槽内的钟罩和塔节依次（按直径由小到大）升高；当沼气从气柜内导出时，塔节和钟罩又依次（按直径由大到小）降落到水槽中。随着塔节升降，沼气的储存溶剂和压力是变化着的。

目前沼气的供应规模还不大，储气容量不够，当储气容量小于 3000m³ 时，一般可采用单节储气柜。

4.7.2.2　厌氧消化器的设计

（1）厌氧消化器的设计条件　消化器是大中型沼气工程的核心处理装置，由于发酵原料、处理目标的不同，工程设计的发酵工艺也有所差别。因此在对消化器的设计中应注意以下几个方面：

① 选择节能、高效、易操作、易维护的设备；

② 满足沼气微生物的生活环境，要求消化器内能保存大量微生物菌群；

③ 具有良好的破坏浮渣层和清除浮渣的措施；

④ 接触表面积最小，有利于保温，降低散热损失；

⑤ 能适应不同原料发酵，且停滞期短；

⑥ 具有可靠的安全防护措施；

⑦ 要实现标准化、系列化生产。

（2）厌氧消化器设计的主要参考内容　设计消化器要根据处理原料的特点，以创造适宜产甲烷菌活动的环境为目的。综合生物化学、传热学、流体力学和机械原理等相关内容进行考虑，按照相应规范进行设计。在诸多方面中，厌氧消化的方式、主要设计参数、消化器中污泥的混合搅拌方式对消化器的工程造价和使用效果影响很大，应谨慎选择。

消化器的结构是由所处理原料的水质条件和最终要达成的处理目标决定的，处理原料为各种有机废水，包括食品加工行业排放的废水及规模化养殖场排放的畜禽粪便污水和屠宰厂废水等。水质条件包括废水的 TS、SS、CODcr、BOD$_5$ 含量以及原料的温度和 pH 值大小等。

同时，在进行消化器设计的时候，要明确该工程是为了使废水达标排放的环保项目，还是注重对沼气、沼渣、沼液进行综合利用的生态工程项目。

（3）厌氧消化器的设计参数　厌氧消化器设计的关键参数主要有：水力滞留时间、有机负荷、容积负荷、污泥负荷、消化器容积等。

① 水力滞留时间（HRT）　水力滞留时间对于厌氧工艺的影响是通过流速来

表现的。一方面，高流速将增加系统内的扰动，从而增加了生物污泥与物料之间的接触，有利于提高消化器的降解率和产气率；另一方面，为了保持系统中有足够多的污泥，流速不能超过一定的限值。在传统的 UASB 系统中，上升流速的平均值一般不超过 0.25m/s，而且反应器的高度也受到限制。

② 有机负荷　有机负荷指每日投入消化器内的挥发性固体与消化器内已有挥发性固体的质量比，单位为 kg/（kg·d）。有机负荷反映了微生物之间的供需关系，是影响污泥增长、污泥活性和有机物降解的重要因素，提高有机负荷可加快污泥增长和有机物降解，也可使反应器的容积缩小。

③ 容积负荷　容积负荷指 1m³ 消化器容积每日投入的有机物（挥发性固体 VS）质量，单位为 kg/(m³·d)。

④ 污泥负荷　污泥负荷可由容积负荷和反应器污泥量来计算得到。采用污泥负荷比容积负荷更能从本质上反映微生物代谢同有机物的关系。特别是厌氧反应过程，由于存在甲烷化反应和酸化反应的平衡关系，采用适当的污泥负荷可以消除超负荷引起的酸化问题。

⑤ 消化器容积　容积负荷与有机负荷是消化器设计的主要参数。不同消化温度下单位消化器的有机负荷不同。表 4-34 列出了不同消化温度下单位容积消化器的有机负荷。

表 4-34　不同消化温度下单位容积消化器的有机负荷

消化温度/℃		8	10	15	20	27	30	33	37
有机负荷/[kg/(m³·d)]	最大	0.25	0.33	0.50	0.65	1.00	1.30	1.60	2.50
	最小	0.35	0.47	0.70	0.95	1.40	1.80	2.30	3.50

消化池容积（V）＝每日能够接受并将其降解到预定程度的有机污染物（BOD）/消化池容积负荷率（N_V）。

消化器容积可按消化器投配料来确定。先确定每日投入消化器的污水或污泥投配量，然后按式（4-45）计算消化器污泥的容积：

$$V = \frac{10 \times V_n}{p} \tag{4-45}$$

式中　V——消化器污泥容积，m³；

V_n——每日需处理的污泥或废液体积，m³/d；

p——设计投配率，%/d，通常采用 5%～12%/d。

（4）厌氧消化器设计时需注意的问题　在消化器的单体有效容积确定后，消化器在设计时需要注意的是：消化器的数目以不少于两座为好，以便检修时至少仍有一个消化器能工作。当设置两座消化器时，总有效容积应比计算值大 10%。

消化器内液面的高度应充分考虑以下几点：有效池容应足够大；表面积应尽量小；液面升高时物料不进入沼气管；用沼气循环搅拌使产生的飞沫不会进入沼气引出管。

厌氧消化器一般采用圆柱形结构，且必须配备各种工艺管道，包括进料管、循环管、排水管、排泥管、溢流管、输气管、取样管等，以确保消化器的正常运行。

（5）消化器的保温设计　采取中、高温运行的大中型沼气工程，消化器内料液的温度或是 35℃，或是 54℃。而消化器周围环境温度却随着四季更替或昼夜交换而变化，为确保消化器能在恒温条件下运行，必须以当地最寒冷时刻的气温条件，确定保温的厚度，对消化器进行保温设计。

按照传热学原理确定消化器保温厚度是个较为复杂的计算问题。如果忽略次要因素，只考虑消化器壁与周围环境的热传导一个因素，建立热量平衡式，即可把复杂的计算简单化。在一昼夜里，由进料供给消化器的热量等于这一天消化器通过外表散失给周围环境的热量，即：

$$Q = 24\lambda F \frac{T_2 - T_1}{\delta} \qquad (4\text{-}46)$$

$$Q = CG(T_3 - T_2) \qquad (4\text{-}47)$$

式中　Q——每天进料热量或是消化器散失的热量，kJ；

　　　C——料液比热容，kJ/(kg·℃)；

　　　G——日进料液量，kg；

　　　T_3——进料液温度，℃；

　　　T_2——消化液温度，℃；

　　　T_1——最低环境温度，℃；

　　　λ——保温残料的热导率，kJ/(m·h·℃)；

　　　F——消化器导热面积，m³；

　　　δ——保温层厚度，m。

把已知的参数代入式（4-46）和式（4-47）中，就可求出 δ 值，保温层外表要安装保护层，以防自然风化而破损。设计按规范进行，并要结合现实工程的经验。

4.7.2.3　净化系统的设计

沼气发酵时会有水分蒸发进入沼气，由于微生物对蛋白质的分解或硫酸盐的还原作用也会有一定量硫化氢（H_2S）气体生成并进入沼气。水的冷凝会造成管路堵塞，有时气体流量计中也充满了水。H₂S 是一种腐蚀性很强的气体，它可引起管道及仪表的快速腐蚀。H₂S 本身及燃烧时生成的 SO_2、H_2SO_3、H_2SO_4，对人都有毒害作用。大型沼气工程，特别是用来进行集中供气的工程在使用前必须经过净化，使沼气的质量达到标准要求。沼气的净化一般包括沼气的脱水、脱硫及脱二氧化碳。沼气净化工艺流程如图 4-41。

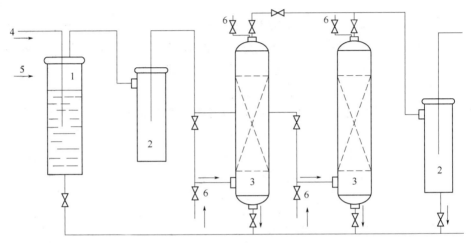

图 4-41　沼气净化工艺流程图

1—水封；2—气水分离器；3—脱硫塔；4—沼气入口；5—自来水入口；6—再生同期放散阀

（1）脱水工艺　从发酵装置出来的沼气含有饱和水蒸气，可用两种方法将沼气中的水分去除。

① 对高、中温厌氧反应生成的沼气应进行适当降温，通过重力法，即常用沼气气水分离器的方法，将沼气中的部分水蒸气脱除。

② 在输送沼气管路的最低点设置凝水器。脱水装置为了使沼气的气液两相达到工艺指标的分离要求，常在塔内安装水平及竖直滤网，当沼气以一定的压力从装置上部以切线方式进入后，沼气在离心力作用下进行旋转，然后依次经过水平滤网及竖直滤网，促使沼气中的水蒸气与沼气分离，水滴沿内壁向下流动，积存于装置底部并定期排除。这种凝水器分为人工手动和自动排水两种。

沼气中水分宜采用重力法脱硫，采用重力法时，沼气气水分离器空塔流速宜为 $0.21 \sim 0.23 m/s$。对日产量大于 $10000 m^3$ 的沼气工程，可采用冷冻分离法、固体吸附法、溶剂吸附法等脱水工艺处理。沼气气水分离器按以下原则设计：

　　a. 进入分离器的沼气量应按平均日产气量计算；

　　b. 分离器内的沼气供应压力应大于 2000Pa；

　　c. 分离器的压力损失应小于 100Pa；

d. 沼气气水分离器的入口管内流速宜为 15m/s，沼气出口管内流速宜为 10m/s；

e. 沼气进口管应设置在筒体的切线方向，沼气气水分离器下部应设有积液包和排污管；

f. 沼气气水分离器内宜装入填料，填料可选用不锈钢、紫铜丝网、聚乙烯丝网、聚四氟乙烯丝网或陶瓷拉西环等；

g. 沼气管道的最低点必须设置沼气凝水器，定期或自动排放管道中的冷凝水。沼气凝水器直径宜为进气管的 3.0~5.0 倍。

（2）脱硫工艺　从厌氧沼气池中出来的沼气经过初步脱水后，进入脱硫系统。硫化氢气体与脱硫剂接触，由于发生氧化还原反应而从沼气中脱除。脱硫系统能为脱硫反应提供最佳的温度、水汽含量，脱硫剂的装填工艺亦能为脱硫过程提供最佳的气流通道和气固反应的有效接触面积，可以极大地提高脱硫剂的利用效率以及沼气的净化程度。

① 设计条件

a. 设计应根据沼气源的特性及沼气使用的进气品质要求，达到安全、高效、稳定、经济合理的目的；

b. 脱硫净化系统对沼气进行脱水、脱硫、除尘净化、稳压处理以满足各种用途的用气需求；

c. 整套脱硫净化系统应将脱硫塔、沼气增压风机、缓冲罐等设备进行一体化的撬装式设计，预留有系统的进、出口，用户只需将气源出口、发电机组进口与系统连接好，就可投入使用，具有运输移动方便、安装简单、稳定性好、可操作性强、处理效果好等特点。

② 脱硫特点

a. 沼气中 H_2S 的浓度受发酵原料或发酵工艺的影响很大，原料不同则沼气中 H_2S 含量变化也很大，其中以蜜糖、酒精废水发酵后，沼气中的 H_2S 含量为最高；

b. 沼气中的 CO_2 含量一般在 35%~40%，CO_2 为酸性气体，它的存在对脱硫不利；

c. 一般沼气工程的规模较小，产气压力较低，因此在选择脱硫方法时，应尽量便于日常运行管理。所以现在有的大中型沼气工程中，多采用以氧化铁为脱硫剂的干法脱硫，很少采用湿法脱硫。但近几年某些工程也开始试用生物法脱硫。

③ 氧化铁法脱硫　干法脱硫中最为常见的方法为氧化铁法脱硫。它是在常温下沼气通过脱硫剂床层，沼气中的 H_2S 与活性氧化铁接触，生成硫化铁和硫化亚铁，然后含有硫化物的脱硫剂与空气中的氧接触，当有水存在时，铁的硫化物又转化为氧化铁和单体硫。这种脱硫再生过程可循环进行多次，直至氧化铁脱硫剂表面的大部分空隙被硫或其他杂质覆盖而失去活性为止。

大型沼气干法脱硫装置，应设置机械设备装卸脱硫剂。氧化铁脱硫剂的更换时间应根据脱硫剂的活性和装填量、沼气中 H_2S 含量和沼气处理量来确定。脱硫剂宜在空气中再生，再生温度宜控制在 70℃以下，利用碱液或氨水将 pH 调整至 8～9，氧化铁法脱硫剂的用量不应小于式（4-48）的计算值：

$$V = \frac{1673\sqrt{C_s}}{f\rho} \tag{4-48}$$

式中　V——每小时 1000m³ 沼气所需脱硫剂的容积，m³;

　　　C_s——气体中 H_2S 含量，%;

　　　f——脱硫剂中活性氧化铁含量，%;

　　　ρ——脱硫剂的密度，t/m³。

沼气通过粉状脱硫剂的线速度宜控制在 7～11mm/s；沼气通过颗粒状脱硫剂的线速度宜控制在 20～25mm/s。

氧化铁脱硫剂的装置高度按下列原则确定：

① 颗粒状脱硫剂装填高度以 1～1.4m 为宜，当脱硫装置层高度过高时，应采用分层装填，每层脱硫剂厚度以 1m 为宜；

② 粉状脱硫剂宜采用分层装填，每层脱硫剂高度以 300～500mm 为宜。

③ 湿法脱硫　所谓湿法烟气脱硫，特点是脱硫系统位于烟道的末端，除尘器之后，脱硫过程的反应温度低于露点，所以脱硫后的烟气需要再加热才能排出。由于是气液反应，其脱硫反应速度快、效率高、脱硫剂利用率高。

沼气湿法脱硫宜采用氧化再生法，并应采用硫容量大、副反应小、再生性能好、无毒和原料来源比较方便的脱硫液。但是，湿法烟气脱硫存在废水处理问题，除投资大外，运行费用也较高。

沼气脱硫方案设计应根据沼气中 H_2S 含量和要求去除的程度，做技术经济分析后确定。

（3）增压工艺　脱硫后的净化沼气进入沼气增压风机增压输送，一方面克服管道、设备、管件的阻力损失，另一方面使输送至发电机组前的沼气压力满足机组的进气压力要求。考虑到沼气是一种易燃易爆的危险气体，设计时选用的增压风机应进行特殊的内部处理，以满足防腐、防爆、防泄露的安全性要求，保证整个脱硫净化系统的安全。

（4）除杂、缓冲工艺　增压后的沼气进入缓冲罐，实现气液固的有效分离，同时进行气体稳压处理，以满足对发电机组的平稳供气，保证发电机组的安全、高效运行。分离出来的水和微粒通过重力的作用沉降到缓冲罐底部，同时部分溶解于水中的杂质气体等随水从缓冲罐底部排出。

4.7.2.4　储气柜的设计

（1）设计内容

① 储气柜容积的确定　可按发酵池总容积日产气量的 1/3～1/2 设计，气柜的出口压力可根据用气布点的多少和输送距离长短来确定，一般应控制在 2500～5000Pa 之间。

② 储气柜的布置　储气柜应布置在集中用气点附近，其优点是沼气从发酵池装置脱硫后，利用其自身压力送至气柜，不需消耗动力。且因输送途中无用户或用户很少，可采用较小管径，节约管道投资费用。由于贮气柜靠近用户，所以管线长度短，各用户灶前压力稳定，使灶具在良好状态下工作，具有较高热效率。

（2）储气柜的设计　沼气储气柜分为低压储气柜和高压储气柜。因为我国目前建造和使用低压储气柜的技术是成熟的，运行可靠，管理方便，并具有输送沼气所需的压力，而高压储气柜对材质、密封要求较高，成本较高，所以在现有工程中通常采用低压储气柜。

低压储气可采用湿式储气柜或干式储气柜储气。

低压湿式储气柜由水槽、储气钟罩、塔节以及升降导向装置组成，其储气钟罩可采用直立升降式或螺旋升降式。

① 低压湿式储气柜的设计

a. 低压湿式储气柜内部设有活塞的圆筒形或多边形立式气柜。活塞直径约等于外筒内径，其间隙靠稀油或干油气密填封，随贮气量增减，活塞上下移动；

b. 布置宜采用地上式，也可采用半地下式或地下式设计，其结构宜采用钢筋混凝土结构或钢结构，寒冷地区水封池也应有防冻措施；

c. 储气柜应设置沼气进气管、出气管、自动放空管、上水管、排水管及溢流管；当储气柜连接有沼气加压装置时，储气柜应设置低位限位报警和自动停止加压连锁装置；导轨、导轮应能保证储气柜钟罩平稳升降。

② 低压干式储气柜的设计

a. 通常采用传统的威金斯干式气柜，由气柜底板、立柱、侧壁板、柜顶架、活塞系统、密封装置、平衡装置等主要部分组成，另外设有供检验、操作用的走道平台、梯子及附属装置，如内部升降吊笼及救助装置、外部电梯、放散吹扫装置等。

b. 外形呈正多棱柱形。在筒体顶角处竖立大型工字钢，作为连接侧壁板的连接件及浮升大活塞用的升降轨道，筒体侧壁由冲压成型的壁板块砌叠焊接而成，柜顶架采用型钢钢桁架结构，柜顶板由钢板或由冲压成型的面板焊接而成，柜顶上设有通风换气装置。

c.内有与其外形相适应的正多边形活塞，在活塞上压有混凝土预制块以调节输出煤气压力。活塞四周设有柔性密封装置，密封装置按密封形式又有稀油密封和橡胶布密封之分。活塞因其密封形式的不同，其结构也不一样，稀油密封气柜的活塞其骨架为型钢钢桁架，骨架底部焊有钢板将其密闭。橡胶布帘密封气柜的活塞则由用钢板焊成的活塞板、混凝土托座、支架、活塞支柱等组成。

湿式储气柜钢量少，与干式气柜相比机械加工构件少，施工难度低。但由于存在水封装置，柜体易锈蚀，维护费较高。干式气柜借助内部大面积活塞升降来恒定及调节输出压力，安装精度及构件加工精度高，施工难度大，但占地面积小、贮存压力高、稳定性好、使用寿命长、节省钢材、环境污染少。大容量干式气柜在技术与经济两方面均优于湿式气柜。

4.7.2.5　输气系统的设计

（1）设计内容　设计沼气输气系统，首先要经过管网的水力计算设计。对输气系统的计算，通常叫水力计算。水力计算的目的有三方面：

① 根据已知输气系统要通过的沼气流量、输气管长和允许的压力降，确定输气管所需的管径；

② 根据已知输气管的管径、管长和要求通过的沼气流量，求压力降；

③ 根据已知的起始压力、管长和管径求可以通过的沼气流量。

其中，①可以用来计算新设的管径，②③可以用来核算已设的沼气管道的压力降和沼气通过的能力。根据上述计算方法和原则，可分别在不同的已知条件下，求得输气管管径、压力降以及允许通过的沼气流量。

以上是单管系统的计算，若系统是由两个或两个以上支管组成的，也可以使用同样方法分段进行计算。

通过正确计算输气系统的管径，在一定的压力降范围内，流量大的应比流量小的管径大些，总管要比分支管管径大些。

根据计算的结果，可绘制简单施工图。

（2）集中供气输配管网设计　沼气集中供气的输配管路系统，主要由中、低压沼气管网，沼气压送站，调压器量站，沼气分配控制室及储气室等组成。

① 集中供气方式

a.低压供气。低压供气系统由变容低压浮罩储气罐和低压供气站组成，目前我国已建成的集中供气站，多数是由控制室及储气室等组成。

低压供气管路系统比较简单，容易维护管理，不需要压送费用，供气可靠性比较大，但供气压力低。当供气量及供气区域大时，需要设大管径干管，不太经济，并难以保证压力稳定和供气均衡。此外，由于沼气在湿式储气罐内被水蒸气饱和，管道和流量计容易发生积水、锈蚀等故障，故只用于供应区域范围小的情况。

b. 中压供气。将消化器或者储气罐的沼气加压至几千毫米水柱送入中压管路，在用户处设置调节器，减压后供给炉具使用。中压供气使用于供气规模较大的沼气站，这种供气系统的优点是能节约输气管路费用；而缺点是要求用户用阀门控制流量调压，如用户调节不好，就会降低炉具的燃烧效率。

c. 中低压两级供气。这是综合了低压供气和中压供气的优点而设计的。中低压供气系统设置了调压站，能比较稳定地保持所需的供气压力。但这种系统由于设置了压送设备和调压器，维护管理较复杂，费用也较高，在供气时需要动力，当停电时则不能保证供气。

② 输气管及其供气　输送沼气的管道当前所用的管材有钢管、铸铁管、塑料管。对输气管总的要求是具有足够的机械强度，即优良的抗腐蚀性、抗震性和气密性。

a. 钢管。钢管具有较高的拉伸强度，易于焊接，气密性能得到保证，但易受腐蚀。

b. 铸铁管。铸铁管比钢管抗腐蚀性能强，使用寿命长，但不易焊接。由于材质较脆，不能承受较大的应力，在动载荷较大的地区不宜采用。

c. 塑料管。塑料管密度小，运输、加工和安装都很方便；化学稳定性高，耐腐蚀性能好；硬塑料管内壁光滑，摩擦阻力小，在相同的压力差情况下，比钢管的流量增加 40%。

d. 冷凝水排放装置。为排出沼气管道中的冷凝水，在敷设管道时应有不小于0.5%的坡度，以便在低处设排水器，将汇集的水排出。

③ 管道的布线及施工安装　管道系统的布线及施工安装应严格按施工图纸进行，工作时要遵守下列原则和注意事项。

a. 施工安装前，对所有管道及附件进行检验，并进行气密性试验。

b. 管线布置要求尽可能近、直，以减少压力损失。

c. 施工时，所有管道的接头要连接牢固和严密，防止松动和透气。

d. 输气管道架空时高度应在地面 4m 以上。

e. 敷设管道应有坡度，一般为 0.5%左右。

4.7.3　大中型沼气工程的施工与运行管理

大中型沼气工程的建设不是简单的建筑物的施工，它对生产设备有密封等要求，因此大中型沼气工程施工过程中需要有职业上岗证书的技术员来指导建设。同时，大中型沼气工程属于发酵工程、环境工程和新能源工程，其运行管理是一项复杂的科学技术工作。工作中既要严格按照操作规范进行操作，又要根据消化器运行的实际情况随时进行调控和处理各种可能出现的故障。

4.7.3.1　大中型沼气工程的施工

大中型沼气工程的施工单位应编制施工组织设计，主要内容包括：工程概况、施工部署、施工方法、施工材料、主要机械设备供应等技术组织措施；施工计划、施工总平面图及周围环境的保护措施等。

施工过程中要严格遵守操作规程，严防事故的发生。

（1）土方工程　沼气工程在场地平整及清理后，要根据总平面布置图上的设计要求进行定位与放线工作，同时进行高程测定，确定沼气池相关部位的标高。定位工作一般用经纬仪及钢尺进行。土方基槽开挖要用机械进行，做到快挖快建，以防雨水侵入，造成塌方，影响土壁稳定。

（2）基槽放线　基槽放线应根据基槽的设计尺寸和埋置深度、土的类别及密实度、地下水位高低、气候条件不同情况，确定是否需留工作面和放坡，从而定出挖土边线和进行放线工作，确保沼气池各部位几何尺寸的精确。

（3）基础施工　混凝土基础施工前，应检查基底，清除杂物，弹出基础的轴线及边线，有垫层的要弹出垫层的边线，如基础土质坚硬密度均匀，可直接在基础上，对淤泥土等土质，则可先用河卵石或大粒径碎石垫铺 20cm 厚，作为垫层，然后在其上浇筑 C20 混凝土 20cm 厚即可。也可先在基础上浇筑 C10 混凝土 10cm 厚作为垫层然后在其上放置钢筋网，浇筑 C20 混凝土 20cm 厚。混凝土要用平板振动器进行振捣。

（4）砖墙施工　为节约钢材投资，加快建池进度，本装置的预处理池、计量池、出料间、发酵池墙、隔墙、挡土墙等部位均可用 4 墙砖 M10 水泥砂浆砌筑。要求必须用 Mu10 以上的机制砖，砖在砌筑前要浇水湿润，保证外湿内干。砌筑时做到横平竖直，竖封错开，灰浆饱满，砖墙与土壁之间要用回填土分层夯实，每层厚度不大于 30～40cm，湿度在 30% 左右，即手捏成团、落地即散为宜。

（5）钢筋混凝土施工　本装置在沼气发酵池四周池墙、隔墙上端 1/5 处设计有 24cm×30cm 钢筋混凝土圈梁，沼气池贮气柜水封池底、池墙均要求浇筑钢筋混凝土，混凝土在施工前应先进行试配，并检测其强度指标，达到要求后方可使用，混凝土应分层进行浇捣，可用振捣棒进行振捣。每层铺设厚度不大于 30cm，要求连续操作，振捣密实，不留施工缝，每两层相隔时间夏季不超过 2h，冬季不超过 3h。

对钢筋的直径、分布、间距，应符合图纸设计要求，不得随意更改。对钢筋的绑扎、搭接长度、弯钩或弯折、混凝土保护厚度等均应按照《混凝土结构工程施工质量验收规范》（GB 50204—2015）的规定严格操作。

气柜水封池壁的混凝土中可兑一定比例的抗渗剂,冬季施工时要掺兑一定比例的抗冻剂,以保证水封池的抗渗性能。

(6)预埋件施工 预埋件应根据预埋件安装部位及材料列表进行预埋,以免发生遗漏。必须安装位置精确,保持平整。埋置深度应不超过混凝土截面的3/4,四周用混凝土填捣密实。

(7)沼气池的粉刷 沼气池的粉刷是保证沼气池不漏水、不漏气的关键,因此要认真做好。可采用四道粉刷法:①砖或混凝土基面清理干净,保持湿润,刷水泥净浆 1mm 厚。②1:2 水泥砂浆粉 1cm 厚,作为找平层。③1:1 水泥砂浆粉 0.5cm 厚作为面层。④刮抹纯水泥灰膏 0.2cm 厚,抹平收光不现沙粒,然后在其上刷水泥净浆或沼气密封胶浆 2~3 遍即可。

(8)钢质储气柜和钢质集气罩的焊制 应严格按照图纸设计的几何尺寸加工制作,钢板厚度要满足设定沼气压力的需求,焊缝进行内外满焊,气柜应按设计压力计算配重,并安置超限气压排气阀。运行过程中没有卡轨、脱轨现象。气柜、气罩内外均按要求进行防锈、防腐处理,做到漆膜均匀,不得有漏刷现象。

(9)沼气系统的调试及试压 沼气工程竣工后,应对沼气池的密性、抗渗性及沼气的输配系统,沼液综合利用设备进行检验、调试,经检验合格后方可投料运行,绝不允许未经检验不合格就投料,否则将给维修带来很大麻烦。

沼气发酵池、气柜蓄水池应进行注水试验,并记下水位标记,观察 48h,水位不下降,池壁、池底无渗漏为合格。气柜、集气钢罩经充气达 6000~10000Pa 压力,观察 24h,漏损率小于 3%为合格。输气管道用表压为 3000Pa 的空气检验,10min 内压力无下降。

4.7.3.2 大中型沼气工程的启动

以沼气发酵工艺和工程中厌氧消化器的基本知识为基础,掌握大中型沼气工程运行的基本技能。

(1)工程运行前的试压检验 沼气工程建成及输气、输液系统安装后,要参照国标 GB 4751—2016 中第 10.2 条规定进行打压验收。

第 10.2 为水试压法:向发酵罐(池)内注水至零压线位时停止加水,待池体湿透后标记水位线,观察 12 小时。当水位无明显变化时,表明发酵罐(池)及进料管系统不漏水,之后方可进行水压试验。试压时先安装好活动盖,并做好密封处理;接上沼气压力表后继续向池内加水,沼气压力表数值升至设计工作气压时停止加水,记录沼气压力表数值,稳压观察 24 小时。若沼气压力表下降数值小于设计工作气压的 3%时,可确认为该沼气池的抗渗性能符合要求。

沼气发酵罐（池）的气密性验收完成后，接着进行包括输配管路的全系统气密性和防渗漏验收，单体验收和分段验收合格后，进行全系统验收，确保全系统不渗水、不漏气后，再进行沼气工程的发酵启动运行工作。

与发酵罐（池）配套的所有管道、阀门均应根据其各自的运行压力，分别按照工业管路检验标准用清水进行承压检验。对于原料、水、蒸汽、沼气压力表、流量计、液位计、测温仪、pH 计等计量仪表及加热器、搅拌器、电机、水泵等设备，均应按各自的产品质量检验标准和设计要求，进行单机调试和联动试运行，以保证其安全、可靠、灵活和准确。

运行前的试压检验很重要，否则在投产运行后若再发现上述的先天性缺陷，补救维修工作将难以进行。

（2）厌氧消化器的启动运行　厌氧消化器的启动是指厌氧消化器从投入接种物和原料开始，经过驯化和培养，使消化器内的厌氧活性污泥的数量和活性逐步增加，直至消化器的运行能稳定达到设计要求的全过程。厌氧消化器的启动一般需要较长时间，若能取得大量活性污泥作为接种物，将会缩短启动所用时间。因此，在系统启动运行温度确定后，要进行接种物（即菌种）的选择。

① 选择接种物　用于厌氧消化器启动的厌氧活性污泥叫接种物。沼气发酵过程是多种类群微生物共同作用的结果，所以对接种物的要求一是要含有分解特定物质的微生物种群，这在利用难降解有机物为原料时尤其重要。例如，利用河底污泥作为接种物来处理含酚废水则启动慢，而利用含酚废水排水沟的污泥做接种物则启动快。二是要注意接种物的产甲烷活性，因为产酸菌繁殖快，而产甲烷菌繁殖很慢，如果接种物中产甲烷菌数量太少，常因在启动过程中酸化与甲烷化速度的过分不平衡而导致启动的失败。虽然我国已分离到几十种沼气发酵微生物，包括发酵性细菌、产氢产乙酸菌和产甲烷菌等，但利用纯培养的混合菌种作为接种物进行沼气发酵至今仅限于在试管内进行，在生产上普遍采用各种来源的活性污泥作为接种物。对接种物的要求有条件的地方，处理同类废水，应接种同类污泥，以保持沼气微生物生态环境的一致；当地不具备这样的条件，需要在驯化上下功夫，启动的时间要长些，速度会慢些。沼气发酵消化器排出的污泥和污水沟底正在发泡的活性污泥，都可作为选取接种物的对象。关于接种物的多少没有统一的规定，依接种物来源的难易及污泥产甲烷活性而定。

② 菌种的驯化富集　菌种的驯化富集可在新建成的消化器内进行，也可在其他的容器内进行。取来的活性污泥（菌种）越多越好，再加入适量的处理原料，数量为菌种量的 6%～10%。菌种和原料的混合液在装置内作好保温，再逐渐升温，如果是中温或高温运行，要逐渐升温到 35℃或 54℃，并调节 pH 在 6.8～7.2 范围。

每隔 7～8 天加入新料液一次，数量仍为装置内料液的 5%～10%，以此继续下去。驯化富集过程就是沼气微生物创造沼气发酵所必要的生活条件，首要条件是适宜的温度和 pH 值，每次加入新料液的多少也是由驯化富集起来的菌种 pH 值的高低所确定。

③ 原料预处理　原料的预处理就是提前让原料液化或者加快原料的液化过程，这个过程对春秋季节启动是非常必要的，一是可以增加原料的温度，加快原料的液化和酸化过程，促进沼气菌的繁殖和生长。二是可以培养大量的沼气菌种，少用或不用接种物。经过预处理的原料不结壳、不上漂，很容易溶于水，能在很短的时间内让沼气池达到正常的使用状态。

④ 沼气发酵的启动　无论是哪种类型的消化器，其启动方式大致可分为两种。一种是将接种物和首批料液投入消化器后，停止进料若干天，在料液处于静态下，使接种污泥暂时聚集和生长，或者附着于填料表面。直到部分原料被分解去除时，即产气高峰过后，料液的 pH 值在 7.0 以上，或所产气体中甲烷含量在 55% 以上或 COD 去除率达到 80% 左右时，再进行连续投料或半连续投料运行。另一种方式是试压检验后保留一定量清水于消化器内，即开始时进行半连续投料和连续投料运行。

把富集的菌种投入到消化器内，对于较小容积的消化器，菌种量约占总容积的 1/3；对于较大容积的消化器，富集的菌种可以适当小于容积的 1/3。然后按照正常运行状态封闭消化器，接通全系统，使富集的菌种逐步升温到系统的运行温度。中温运行的系统，升温到 35℃±1℃；高温运行的系统，升温到 54℃±1℃。

因为在大型沼气工程启动时，每天采用的接种量有限，将池水升温后即可将接种物与原料按比例投入沼气池。无论采用何种方式启动，都应注意酸化与甲烷化的平衡，防止发酵液的 pH 值降至 6.5 以下。必要时可加入一些石灰水，使发酵液的 pH 值保持在 6.8 以上。

每次进料要在预处理阶段升温到高出系统运行温度 3～5℃，并使新料液 pH 值控制在 6.5～7 范围内，每次进料量是发酵罐内料液量的 5%～10%。进料量的多少，由厌氧消化器内料液的高低来确定，每间隔 7～8 天进料一次，直至消化器内料液向外溢流，这为该系统启动的第一阶段。此后，逐渐缩短每次进料间隔，逐渐增加每次进料量，直至通过实践得出每天的最大进料量，并能满足消化器的正常运行，如果是达标排放的环保工程，还要满足 COD 去除率指标，同时也可以得出发酵罐的最大消化负荷，也就是每天每立方米消化容积消化多少千克 CODcr，其单位是 $kg/(m^3 \cdot d)$。至此启动运行阶段结束，此后为日常运行阶段。

在启动运行时，要做好监测工作，特别是对处理食品工业废水中要求达标排放的工程。简单的做法是控制好发酵料液的温度和 pH 值在最佳范围之内，还应该监测排出液的 COD 含量、去除率及消化器的消化负荷。启动运行阶段 COD 去除率要适当放宽，以满足最佳 pH 值的要求。

（3）启动障碍的排除　在启动过程中，最常见的障碍是负荷过高所引起的发酵液有机酸的上升、pH 值降低，这时常会引起污泥沉降性能变差而严重流失，排除障碍的方法，首先应停止进料，待 pH 恢复正常水平后，再以较低负荷开始进料。如果发现进 pH 值已降至 5.5 以下，预计单靠停止进料也难以奏效时，则应添加石灰水、碳酸钠或碳酸氢铵等碱性物质进行中和。同时也可排出部分发酵液，再加入一些接种物，以期起到稀释、补充缓冲性物质及活性污泥的作用。在以某些难降解有机物或缺乏营养的废水为原料时，在启动过程中常需加入生活污水或氮、磷等营养物质以促进微生物生长。

4.7.3.3　厌氧消化器的运行管理

沼气工程建成后，发酵启动和日常管理对产气率的高低有很大的影响，启动后厌氧消化系统管理的基本要求，在于通过控制各工艺条件，使消化器稳定运行。只有稳定运行的消化器才会有高的运行效果。不稳定情况的出现：常常由于操作人员在控制上的疏忽，如进料量过高或过少，温度骤然升高或下降等；或因控制条件以外的原因，如停电、停水、进水浓度大幅度波动，进水中混入强酸、强碱、农药、抗菌素等有毒物质。因此，除日常运行坚持正确控制各种运行条件外，还应随时关注消化器内酸化与甲烷化的平衡，及时发现问题并迅速予以纠正。

（1）运行过程中酸化与甲烷化的平衡　酸化与甲烷化的失调，主要因为酸化速度远远高于甲烷化速度。失调的具体表现是：①发酵液挥发浓度升高，pH 值下降；②沼气产量明显减少，沼气中 CO_2 含量升高，CH_4 含量下降；③出水 COD 浓度升高，悬浮固体沉降性能下降。上述 3 个方面如能经常进行检查，均可较早地发现不平衡现象。在一般情况下，有机酸是由 95%的乙酸和 5%的丙酸组成的，而丁酸和戊酸含量很少。如果丁酸、戊酸含量上升，就预示着设备超负荷。用检查丁酸含量的办法可以在 24h 之间预告可能发生的事故，这就给操作人员以足够的时间防止事故的发生。

根据观察测定，一发现不平衡现象，就应按以下步骤采取措施：

① 控制有机负荷。保持或调节发酵液的 pH 值在 6.8 以上。首先要减少进料量以至暂停进料控制有机负荷，这样有机酸会逐渐被分解，使 pH 值回升，如果 pH 已降到 6.5 以下，则沼气料量严重下降，停止进料后 pH 值仍不恢复，可加中和剂调整 pH 值至 6.8。这样可以避免不平衡状态的进一步发展，而且还可能使消化作用在短期内恢复平衡。

② 确定引起不平衡的原因。以便采取相应的措施。如果控制有机负荷后，短期内消化作用恢复正常，说明不平衡主要由超负荷所引起。如果控制负荷并调节 pH 值后，消化作用仍不正常，则应检查进料中是否含有毒性物质。

③ 排除进料或消化液中的有毒物质。可用稀释进料的方法降低有毒物质浓度，或添加某种物质使有毒物质中和或沉淀。

④ 如果 pH 值下降或有毒物质较复杂，短期内又难以排除，则应考虑重新启动。

（2）厌氧消化器内污泥持留量的调节　厌氧消化器内保持足够的污泥量，是保证消化器运行效果的基础，但经较长时间运行后，污泥持留量过度时，不仅无助于提高厌氧消化效率，相反会因污泥沉淀使有效容积缩小而降低效率，或者因易于堵塞而影响正常运行，或者因短路使污泥与原料混合情况变差，使出水中带有大量污泥。因此，当消化器运行至该时间阶段后就应适时、适理地排泥，使污泥沉降的上平面保持在溢流出水口下 0.5～0.1m 的位置，这样既可保证水力运行的畅通，又可使悬浮污泥有沉降的空间。

泥污多从底部排泥管排出，由于无活性的沉渣和少量泥沙沉淀于消化器底部，长期堆积占据消化器空间而无功效，应经常将其排出。一般每隔 3～5 天排放一次。每次排放量应视污泥在消化器内积累的高度而定。如果长期不排除沉淀污泥，会使排泥管堵塞，特别是在进行鸡粪沼气发酵时，由于原料内砂砾较多，从启动开始就应经常排泥，冲刷排泥管，保证管道畅通，一旦砂砾沉积，再想排泥十分困难。启动阶段，沼气池内污泥量不足时，排出的污泥经沉砂后可回流入沼气池内。

（3）搅拌的控制　搅拌主要是为了增加微生物与原料的接触，促进沼气细菌的新陈代谢，使其迅速生长繁殖，提高产气率。在厌氧消化器内，这种作用可通过进料的冲击及产气所形成的搅拌作用来实现。搅拌还可以打破上层结壳，使产沼气细菌的生活环境不断更新，有利于细菌获得新的养料。在厌氧消化过程中一般不需连续搅拌，根据不同的原料性质，一些沉降性能良好的原料，则不需要搅拌。一些易悬浮并生成结壳的原料则需每天定时搅拌几次以打破结壳，并使浮渣逐渐分解而沉降。

UASB 不需要搅拌，UASB 如无浮渣结壳现象也不需要搅拌，一些常规消化器一般不需要连续搅拌，特别是在出料时应尽量使发酵原料保持自然沉降状态，这样可以延长 SRT 和 MRT 因而获得较高的消化率。湖南汨罗市酒厂，在升流式消化器的半连续投料运行时，为了避免进料冲击及进料引起的气体释放而形成的较强搅拌作用，采用先出料后进料的办法，获得了较高的产气率。

（4）厌氧消化器的停运与再启动　因检修或因季节性生产等限制，厌氧消化器可能会有一段时间停运，这种停运对厌氧消化性能的保持并无多大影响。因在停运条件下，厌氧污泥的活性可以保持一年或更长的时间。

在停运期内，宜使消化器内发酵液的温度保持在 4～20℃。据观察，在此温度范围内保存的污泥，重新启动经 1～3 天就可以恢复到原有的性能；如果在 30℃以下，恢复的时间就会延长到 4～7 天。倘若在接近冰点的温度下保存污泥，则会使污泥活性受到影响，待消化器再启动时，就不能在短期内恢复原有的效能。

此外，在停运期间，还应设法使出料口及导气管等保持封闭，以维持消化器的厌氧状态。

停运后的厌氧消化器再启动时，一般只需恢复消化器的运行温度，并根据运行中状态逐步提高负荷，则在短时间内就能达到停运前的效能水平。

4.7.3.4 大中型沼气工程日常运行管理

日常的运行管理可分为运行、控制、化验和机修等几部分。不论是运行的操作者，还是化验员都必须熟悉工艺流程和设备的操作规程；按时巡视检查并准确填写运行记录。一旦在巡视检查中发现异常现象，要及时上报并做好维修处理。每班记录应包括当班进料量、进料温度、pH 值及每周一次的 CODcr 值、SS 值等；还应该包括各个采样点以及排水处的这些数据。通过这些数据的监测，控制污泥的回流量、进料量和进料温度等，把上述参数列成表格，或通过这些数据分析 pH 值和温度的变化趋势，指导系统安全运行。

大中型沼气工程的运行管理包括原料管理、工艺运行管理、设备管理、安全管理和人员培训等五个方面，共同为大中型沼气系统的稳定运行提供保障。

（1）原料管理　大中型沼气工程原料利用范围广泛，在工程投入运行之前，应对原料实行源头控制，基本要求是：要做好进料前的预处理工作，去除容易引起管路阻塞的草料、畜禽毛、玻璃瓶、塑料袋、金属、砂石等杂物，防止杂物对设备（如进料泵、搅拌机等）及管道构成威胁，严防溢料口堵塞，避免引起爆裂。

（2）工艺运行管理　大中型沼气工程运行过程中，工艺的控制对整个系统的调试及运行都有重要的作用，因此需要对其各工艺过程进行管理。

① 菌种富集　在工程建设期间，做好接种剂的驯化，进行厌氧菌种的培养和富集，以加快厌氧调试过程。

② 进料　在大中型沼气工程项目调试启动时期，要制定科学详尽的调试启动方案，在正常投产期要稳定进料负荷。

③ 厌氧工艺运行　厌氧工艺运行过程中，要严格记录原始数据，以原始数据为依据，加强厌氧工艺运行的科学管理使用，控制发酵条件，分析事故原因，找出对策和措施。大中型沼气工程必不可少的原始数据为：进料口浓度、发酵温度、TS 含量、碳氮配比、pH 值、每日进料量、品种、规格、日产气量、气体压力、COD 等，系统的最佳酸碱度范围为 pH = 6.8～7.5，在冬季进料负荷可以适当提高，

有利于冬季系统运行的热量平衡，进料过程中负荷变化不宜过快。

温度变化要控制在 2℃以内，并能有足够温度保证系统常年稳定运行，在北方寒冷地区，可以配置备用沼气锅炉，或利用太阳能进行加热。

在运行过程中关注挥发性脂肪酸（VFA）的变化，因为 VFA 更能够反映消化工艺。

工艺运行中，对于高氨氮物料，应该加强氨氮浓度的监测。

以原始数据为依据，加强厌氧工艺运行的科学管理使用。

④ 沼气净化　沼气的气体质量要满足用气单元（如沼气发电、沼气燃气、沼气锅炉）的要求。

⑤ 沼气利用　沼气利用要根据各地实际情况制定沼气生产及利用方案。

因为沼气中甲烷比空气轻，容易着火，与空气或氧气混合达到一定比例时，就成为一种易爆炸的混合气，遇到明火就会爆炸；空气中甲烷含量为 25%~30%时，还会对人畜产生一定的麻醉作用，因此要求储存和输送沼气的罐体和管道周围，有良好的通风措施，在沼气池和贮气柜周围 10m 内严禁烟火和堆放易燃易爆物品，备好消防设备，注意用气安全。

用于沼气发电要注意供气与用气单元的匹配，在发电机组检修时，应有燃烧器或锅炉等紧急用气单元，同时避免甲烷泄露；用于沼气集中供气系统需要根据用气时段和用气量做好贮气单元的设计，有爆炸危险的房间，门窗应向外开启，设计足够的泄漏系数，室内应设有可燃气体报警器，并与排风扇开关连通，气站内的电器设备，必须具有防爆设施或者使用防爆电器，沼气站内应安装避雷针，接地电阻≤10Ω。

在沼气利用过程中，一定要做好用户的安全用气教育。

⑥ 沼肥利用　沼肥的利用应该考虑不同作物对营养物（N、P、K）的需求量，不同畜禽粪便的沼液中的营养物含量以及周围的消纳土地面积。

（3）设备管理　发酵装置和贮气柜应设有安全阀和安全防护设备等，且在日常使用中要阅读使用说明书，熟悉各设备性能及使用方法，正确操作使用设备，建立设备维护登记卡，定期维护保养，发生故障时，安排专业维修人员，及时查找原因，进行设备维修，确保设备均能正常运行。要特别注意冬季凝水器、水封、管道和阀门等设备的保温，及时更换防冻液。

（4）安全生产管理　大中型沼气池建设产区一定要做好安全生产管理，为保证沼气生产的安全运转和稳定产气，必须严格控制工艺参数，履行岗位职责，遵守操作程序，执行安全规定和掌握事故预测和处理办法，且要有事故应急预案，以应对事故的发生。

（5）人员培训　大中型沼气工程的建设和运行管理是一项复杂的工作，它要求具有一定科学知识和技术水平的工作人员，因此需要对管理人员进行工艺技术培训、设备使用培训及安全生产教育，提高思想和技术水平，制定岗位责任和考核办法，明确报酬和奖惩制度。

4.7.4 大中型沼气工程的维护和故障处理

大中型沼气工程的附属机械设备、仪表电器，除日常保养外，都应按照规定进行周期性维修保养，以免突发机械故障，并对一些易发故障进行处理，同时还要十分注意检修人员安全。

4.7.4.1 制订设备维护保养计划

大中型沼气工程应制订设备的维护保养计划，建立日常保养、定期维护和大修三级维护保养制度。

（1）发酵罐宜 3～5 个月清理检修一次，发酵罐与贮气柜等主要构筑物每半年维护一次。

（2）各种管道及闸阀每年全面检修一次，每三年进行一次沼气工程的全面维修。

（3）搅拌系统应定期检查维护。

（4）应定期校正检修发酵罐的测温仪、pH 计等仪表。

（5）寒冷地区冬季应做好溢流管、保护装置的水封、设备和管道的保温、防冻，防止结冰。

（6）发酵罐停运期间，应保持池内温度在 4～20℃。

（7）发酵罐停运时间较长，应定期搅拌。

对锅炉、压力容器等设备的重点部件要请安全生产监督和劳动部门认可的维修单位按规定和要求进行检修。

厌氧发酵罐正常运行时的主要参数值范围为：

pH 值为 6.5～7.8；

挥发性酸（以乙酸计）小于 1000mg/L；

总碱度（以碳酸氢盐计）大于 2000mg/L；

沼气中 CH_4 的含量为 50%～80%。

4.7.4.2 安全保障

沼气工程运行期间以及员工维护和保养期间要严格遵守安全保障措施。

首先对员工进行系统的安全生产教育，在对厌氧发酵罐放空清理、维修和拆除时，必须严格按照沼气工程操作规程操作，沼气工程区要独立成院，非操作管理人员一般不得入内，沼气工程必须备有消防器材和保护性安全器具。

应定期检查沼气管路系统和设备是否漏气,如果发现漏气现象,应该立即停止产气进行检修。

厌氧发酵罐运行过程中,不得超过设计压力,严禁形成负压。

大中型沼气工程要制定火警、沼气泄漏、爆炸、自然灾害等意外事件的紧急处理预案,沼气工程区内严禁烟火,应在醒目位置设禁火标志。各岗位操作人员上岗时必须穿戴相应的劳保用品,坚持做到安全生产。

维修过程中,维修人员在进入沼气生产和贮存容器内进行维修时,应先将容器内沼气安全放空后,打开人孔和顶盖,向内强制通风 24h,采用活体小动物,如鸡等,进行有害气体检测,在确定安全后方可进入,容器外必须有人进行安全监护,以防意外事故发生,严禁单人下池操作。

维护保养搅拌设备、清捞杂物、浮渣及清扫堰口时,应有安全及监护措施。

场内的建筑物的避雷。防爆灯装置的维修应符合气象和消防部门的规定,并申报有关部门定期进行测试。维修人员应按照设备使用要求,定期进行检查和更换安全和消防等防护设备和设施。

4.7.4.3　大中型沼气工程的常见故障及处理方法

(1)沼气池管路故障处理

① 室内铜开关使用一段时间之后,由于长时间反复使用,容易发生漏气现象。

检查室内铜开关是否漏气的正确方法是:用小刷将肥皂水刷到铜开关上,有气泡的地方就是漏气的地方。严禁将铜开关浸泡在水中测试。如果密封油浸泡在水中,容易导致部分密封油漂浮在水面上,降低密封性能,出现漏气现象。

如果发现室内铜开关有漏气现象,则应把铜开关拆开将密封油均匀倒入里面空隙处,左右摆动几下使密封油均匀渗透,然后重新安装即可。

② 凝水器(三通)变径上的软管与水长时间接触之后会出现脱落的现象,针对该故障有以下两种解决方法:

在三通变径上安装软管时用锥形物扩大软管口径,合理使用 102 胶黏结方法进行黏结,将软管紧紧地安装到变径上,不要把涂胶接口泡在水中。

积水管中软管的长度应大于 90cm。

③ 塑料导管密封后往往会出现漏气现象。正确密封塑料导管的方法是塑料导管连接处抹胶后晾 3～5min,照此反复均匀抹胶 2～3 次,达到半黏不黏手的情况下安装即可。

(2)水泵故障的检测及处理方法

① 水泵是否正常工作的检查方式

a. 应注意观察各种仪表显示是否正常、稳定;

b. 检查水泵流量是否正常；

c. 检查水泵填料压板是否发热，滴水是否正常；

d. 注意轴承温升，不得超过环境温度 35℃，总和温度不得超过 75℃；

e. 水泵机组不得有异常的噪声或振动；

f. 检查取水井水位是否过低，进水口是否堵塞。

② 水泵运行中应立即停机的情况

a. 水泵发生断轴故障；

b. 突然发生异常声响；

c. 轴承温度过高；

d. 压力表、电流表的显示值过低或过高；

e. 管道、闸阀发生大量漏水；

f. 电机发生严重故障。

（3）贮气罐故障检测及处理方法

① 应定期检查沼气贮气罐、沼气管道及闸阀是否漏气，若漏气要进行修补；

② 沼气贮气罐外表的油漆或涂料应定期重新涂饰，涂饰成反射性色彩；

③ 沼气贮气罐的升降设施、进出气阀门应经常检查，添加润滑油或润滑脂；

④ 寒冷地区冬季前应检修沼气贮气罐水封的防冻设施；

⑤ 贮气罐水封池存水应定期更换，当 pH<6 时应及时换水；

⑥ 沼气贮气罐运行 3～5 年应彻底维修一次并重新涂饰钟罩防护油漆；

⑦ 应定期检查沼气计量柜的限位开关控制。

（4）燃烧器常见故障及处理方法　燃烧是否稳定是以燃烧过程中有无脱火、回火和光焰现象来衡量的。正常燃烧时，火孔的出流速度与燃烧速度相适应。这样，在火孔上便形成一个稳定的火焰。如果火孔的出流速度大于燃烧速度，火焰就会脱离火孔出口一定距离，并发生颤动，这种现象叫离焰。如果火孔的出流速度继续增大，火焰继续上浮，最后会熄灭，这种现象叫脱火。由于沼气的火焰传播速度比其他燃气小得多，若火孔的出流速度超过一定范围，或燃烧器设计加工不合理，则均易产生脱火。相反，当火孔的出流速度小于燃烧速度，火焰会缩入火孔内部，导致混合物在燃烧器内部进行燃烧，这种现象称为回火。

燃烧时空气供给不足（如关小风门），则不会产生回火，但此时在火焰表面将形成黄色边缘，这种现象称为光焰，说明它引起化学不完全燃烧。脱火、回火和光焰现象都是不理想的，因为他们都会引起沼气的不完全燃烧，产生 CO 等有毒气体，这些现象的产生与一次空气系数、火孔的出流速度、火孔直径以及制造燃烧器和火孔的材料等有关。

目前被广泛使用的沼气燃烧器大多属于大气式燃烧器，由于沼气的火焰传播速度最慢，因此容易产生离焰和脱火。

防止脱火的方法一般有：

① 采用少量较大火孔代替同面积的数量较多的小火孔；

② 利用稳焰器使局部气流产生旋转或降低沼气流速，以达到新的动力平衡；

③ 在主火焰根部加热，起连续点火的作用；

④ 利用密置火孔。

4.7.5　大中型沼气工程实例

沼气工程以农作物秸秆、垃圾、粪便为原料，既达到了废物利用的目的，同时还生产了清洁能源，并起到了改善农村环境的作用，因此是一种一举多得的生物质能利用技术。此外，沼气工程在城市污水处理、大型酿酒企业、淀粉生产企业应用，不仅可以降低这些企业污水处理费用，同时还可以生产沼气，是经济、社会效益都比较明显的生物质能利用技术。

我国的大中型沼气工程技术已日趋成熟，配套设备接近国际水平，已经设计、建造和运行了一批规模化大中型沼气工程，取得了较好的环境效益和一定的经济效益。

4.7.5.1　北京德青源健康养殖生态园 2MW 沼气发电工程

北京德青源健康养殖生态园沼气发电工程，是北京市延庆区建设的重点项目之一，也是北京市首个畜禽粪便类沼气多镇联供工程。

该工程是一种利用鸡粪和秸秆生产沼气，再到清洁能源（生物燃气和电能）的循环低碳生产模式，建立了全球领先的生态养殖、食品加工、清洁能源、有机肥料、订单农业、有机种植的循环经济模式。德青源利用高浓度沼气发酵技术和热电联供沼气发电机组，将其生态养殖基地每年产生的鸡粪变成了电能，并成功并入华北电网，实现了变废为宝。

其沼气工程工艺流程见图 4-42。

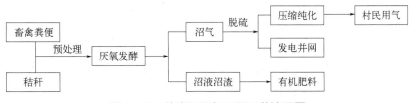

图 4-42　德青源沼气工程工艺流程图

鸡粪资源量：212t/d，TS 含量为 30%；

工程规模：3000m^3 厌氧发酵罐 4 座，5000m^3 二级发酵沼液储存罐 1 座，2150m^3

干式储气柜；

  设计沼气产量：日产沼气 20000m³；

  设计发电量：日发电 40000kW·h；

  沼肥 18 万 t/a，可供 4 万亩果园施肥；

  年减少温室气体排放量为 80000t CO_2 当量。

  该沼气发电工程的核心技术包括预处理系统、高浓度厌氧发酵技术、沼气脱硫技术，并实现了沼液沼渣的综合利用。

  （1）预处理系统 由于鸡自身消化生理因素的影响，粪便中经常含有一定量的砂砾，如蛋鸡鸡粪中砂含量为 8%，主要是饲料中添加的贝壳粉和砂砾，这些砂与消化液黏在一起，分离难度大。如果直接发酵，贝壳粉和砂在厌氧罐和管道内沉积、堵塞，会给后续工艺带来诸多不便。德青源利用自主研发的螺旋除砂装置及除砂工艺，水解池设集砂斗，斗内设刮砂机和螺旋除砂机，刮砂机将沉砂刮入螺旋除砂机中。螺旋除砂机每天定时将集砂斗中的砂砾提升排出。通过生物及物理方法，可去除 80%～90%的砂，保证后续工艺正常运行。

  （2）高浓度厌氧发酵技术 沼气发酵的实质是一系列微生物活动的过程。从厌氧反应器类型看，全混式厌氧反应器（CSTR）适用于畜禽粪污发酵工艺。欧洲沼气工程技术主要以高浓度有机废弃物联合消化工艺为主，绝大多数配备热电联产系统。CSTR 工艺是先对各类畜禽粪便及其他高产气量的有机废弃物进行预处理，调整进料 TS 浓度在 8%～13%范围内，进入带有机械搅拌的 CSTR 反应器，不同种类畜禽粪污 VS 产气率在 0.25～0.5Nm³/kg 之间。

  德青源沼气工程采用全混式厌氧反应器，在沼气发酵罐内采用搅拌和加温技术，这是沼气发酵工艺中的一项重要技术突破。

  每座厌氧罐设两台侧入式搅拌器，分别为水平搅拌器和导流筒搅拌器（如图 4-43），使罐内物料在水平和垂直方向充分混合。搅拌器和导流筒联合使用可使厌氧罐进料、浮渣回流至罐底，同罐内物料混合均匀，避免产生料液分布不均、死区大、易酸化、易结壳等现象。

  该工程搅拌器单机功率 22kW，变频控制，间歇运行，使搅拌耗能最小化。

  系统增温主要是通过对进料和厌氧罐增温实现。增温的热源来自沼气发电机组余热，发电机输出 90℃热水主要分两部分对系统增温。一部分通过换热器同集

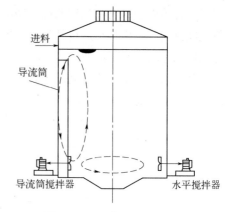

图 4-43 厌氧罐搅拌示意图

水池废水换热，升温后的集水池废水用于水解池调浆，提高水解池物料温度。一部分热水通过厌氧罐壁外设置的增温盘管对罐体进行增温。

搅拌装置使发酵原料和微生物完全混合，搅拌和加热使沼气发酵速率大大提高。固体浓度高可使畜禽粪便污水全部进行沼气发酵处理。此工艺处理量大，产沼气量多，便于管理，易启动，运行费用低。由于这种工艺适宜处理含悬浮物高的畜禽粪污染物和有机废弃物，具有其他高效沼气发酵工艺无可比拟的优点，现已经在欧洲等沼气工程发达地区广泛采用。

（3）沼气脱硫技术　由于厌氧发酵产生的沼气硫化氢含量大，未经处理的沼气不符合发动机气体品质的要求，沼气直接进入发动机会对后端的设备产生腐蚀作用；同时，其水分、含尘量、压力、温度等均不符合机组要求，会引起机组功率波动、机组敲缸、停机甚至爆炸。所以利用沼气前都必须对沼气进行必要的脱硫、脱水、除尘等处理。

德青源沼气工程采用生物脱硫工艺，在无色硫杆菌作用下，氧化态的含硫污染物先经生物还原作用生成硫化物或 H_2S，然后再经生物氧化过程生成单质硫，运用此工艺，沼气中的 H_2S 由 0.1%降至 0.1%以下。不需要催化剂和氧化剂（空气除外），不需要处理化学污泥，而且不产生二次污染。

该工程设计的主要特点有：

① 采用 TS 含量 10%的 CSTR 高浓度发酵工艺，38℃中温发酵。

② 采用热电肥联产工艺，沼气用于发电上网，选用 2 台 1064kW 颜巴赫（GE Jenbacher）发电机，发电机电效率 38%，热效率 42%，年供热 1547 万 kW·h，发电机电热总效率达 80%。发酵后的沼液用于周边 1 万亩苹果、葡萄园和 2 万亩饲料基地使用，实现养殖场废弃物的零排放。

③ 采用水解除砂工艺。根据蛋鸡鸡粪特点，粪中砂含量高，经预处理水解除砂后可去除 80%～90%的砂。避免砂沉积拥堵后续工艺设施。

④ 采用生物脱硫工艺。该工程采用沼气生物脱硫工艺，用蛋鸡鸡粪为原料发酵，沼气中 H_2S 含量高（0.3%～0.4%），采用两级生物脱硫工艺，可使沼气中的 H_2S 含量降至 0.02%以下，满足沼气发电机运行需要。生物脱硫具有脱硫效率高、脱硫成本低、无二次污染等优点。

⑤ 选用双膜干式贮气柜，配有 2t/h 沼气锅炉一台，在发电机检修期间，沼气用于锅炉燃烧，确保沼气（甲烷）的零逸散。项目启动时可用锅炉增温。

北京德青源沼气发电项目为养殖场普遍存在的粪尿处理问题找到了科学的解决办法，畜禽场周围的环境问题也因此得到很大程度改善，成为养殖场粪尿处理问题解决的典范，将原来的污染物变成有机肥料，变废为宝。沼液和沼渣能增加土壤有机质、碱解氮、速效磷及土壤酶活性，使作物病害减少，降低农药使用量

77.5%，提高农作物产量和品质，促进了有机种植业的发展，创造就业机会，促进农民增收。该粪污处理系统"粮—鸡—粪—气—电—肥—粮"的循环模式中有了动物、植物和微生物的参与，形成了一个小生态圈，生产、加工等过程产生的所有废弃物都得到了良好的循环利用，真正实现了整个生态园区鸡粪及污水的零排放。

德青源沼气发电工程不仅具有良好的社会效益及生态效益，而且创造了显著的经济效益，包括电力收入、清洁发展机制（CDM）收入、沼肥收入及供气收入等，沼气发电并入国家电网，不仅有基本电价收入而且还有国家发展和改革委员会的补贴，通过减排创造的 CDM 收入可观，沼液沼渣一部分直接或者加工后出售给农民，一部分用于发展有机种植园，提高蔬果的品质及产量，创造了良好的经济效益。

4.7.5.2　山东民和牧业 3MW 热电肥联产沼气工程

山东民和牧业 3MW 沼气发电项目是目前国内规模最大的畜禽养殖场沼气发电工程，同时还是国内第一个畜禽养殖场粪污处理大型沼气工程及资源化利用 CDM 项目。其利用所属 23 家养殖场的鸡粪和污水作为沼气发酵原料，投资建设大型畜禽养殖场集中式沼气发电工程。在规模化养殖场建设沼气池并利用沼气发电，不仅减少粪便对周边环境的污染、充分利用可再生能源和减少化石燃料的使用，还能减少温室气体的排放，获得额外的减排收益。原料经水解除砂工艺将鸡粪中的砂砾除去，保证发酵效率；采用中温（38℃）发酵工艺，日产沼气 30000m³；采用高效率低运行成本的生物脱硫工艺，将沼气中的 H_2S 含量降至 0.2mL/L 以下；经净化的沼气在双膜干式贮气柜中贮存，供给热电联产的发电机组使用，日发电量 60000kW·h，机组余热用于冬季发酵系统自身增温；发酵后的沼液用作周围葡萄、苹果及玉米地的有机肥料。项目实现了温室气体减排 84882t CO_2 当量。公司每年售电获利 767 万元，减排获益 593 万元。

该项目的主要建设内容包括：预处理工程、发酵系统、沼气净化贮存、发电增温系统等部分。

① 预处理工程集水池：6000m³；水解除砂池：2000m³2 座；

② 发酵系统厌氧发酵罐：3200m³8 座；后发酵罐：2000m³；

③ 沼气净化贮存生物脱硫塔 2 座；双膜干式贮气柜：2150m³；

④ 发电及增温系统沼气发电机组：1064kW，3 台；余热蒸汽锅炉：0.7t/h，3 台；热水罐：360m³。

该沼气发电工程的流程示意图如图 4-44 所示。

民和沼气发电项目由于沼气量过大，所以采用 8 个 3200m³ 储气罐来进行收集，并保持恒定的压力。该工程选用了国内最好的预处理设备对沼气进行了脱硫除湿、除杂、稳压、恒温等等一系列处理。除要求沼气处理系统满足机组的技术要求之外，还要考虑前端气体的收集情况。对发动机影响最大的就是气体的热值和压力波动，由于沼气属于易燃易爆的气体，安全应作为设计的第一原则，同时兼顾系统的可靠性、经济性。为了保证系统的长期、稳定运行，沼气处理系统需达到如下功能：

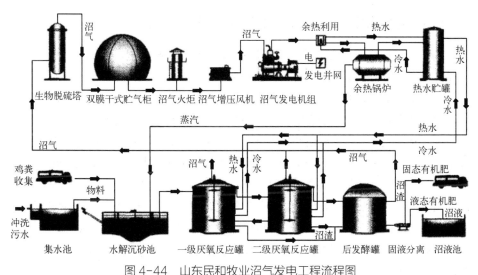

图 4-44　山东民和牧业沼气发电工程流程图

① 自动增压和超压保护功能，稳定系统气体的出口压力、温度和流量；

② 降低气体的露点温度，减少水蒸气含量；

③ 降低粉尘等固体杂质的含量；

④ 保持系统出口温度，符合后端发电机组要求；

⑤ 在线监测、报警功能，保证系统安全可靠地长期运行；

⑥ 全自动运行，具备自身数据采集、显示和远程通信的功能；

⑦ CDM 仪表。

经过前端的气体处理，该项目的发电机组效率为 40%，运行状态良好。产生的缸套水和高温烟气都进行了回收再利用，节省了能源和成本。

由于该项目为 CDM 项目。为了保障场区安全、减少碳减排、保护生态环境，项目采用了专业的封闭式火炬对多余的气体进行处理，在机组检修期间或者产气量过大时，多余的气体通过火炬进行燃烧，一是保障场区的安全，二是减少了对大气和周围环境的污染，三是获得了 CERs。封闭式火炬为内燃式不见明火装置，通过对烟气温度、甲烷、氧量、流量等数据的监控进行燃烧控制。虽然这种简单焚烧浪费了热能，但是因为甲烷的温室效应远高过二氧化碳的（21：1），所以，对于无法进行其他利用的气体进行焚烧处理也是一种有效降低排放的手段。

该项目已成功并网发电，是首家获得批准的温室气体减排碳交易成功项目，享受国家绿色电力电价补贴。工程采用热电肥联产工艺模式，在原料除砂、发酵工艺、搅拌技术、沼气脱硫和贮存等关键工艺要点上取得了突破，是目前国内畜禽场规模较大的沼气发电工程，其先进经验和技术值得借鉴和推广。

4.7.5.3　内蒙古蒙牛澳亚牧场 1MW 沼气发电工程

为了发展循环经济，满足国家的环境保护及再生能源政策要求，发展生态型奶牛养殖业，形成牧场种植、养殖良性循环的经济体系，达到污染治理、能源回收与资源再生利用的目的，实现牧场粪便污水的无公害、无污染、零排放的目标。蒙牛集团内蒙古蒙牛生物质能有限公司，为蒙牛澳亚示范牧场投资配套建设大型沼气发电综合利用工程。该工程由粪便处理沼气发生子系统、有机肥处理子系统、沼气发电子系统和污水处理子系统组成，该系统的技术是在大中型沼气工程基础上发展起来的多功能、多效益的综合工程技术，日处理万头奶牛产生的粪污，经厌氧发酵产生沼气，沼气电热联产，沼渣加工为有机肥，同时大量减少温室气体的排放。

该工程具有世界先进水平，关键技术及设备从德国等国引进，采用了德国沼气发酵计算机集中控制管理系统，实现了全自动运行。在我国大型畜禽养殖场尚属首次，全国第一。该工程建设采用 FIDIC 条件下的"设计、建设、试运行（EPC）/交钥匙总承包"方式，由蒙牛集团内蒙古蒙牛生物质能有限公司与德国 LIPP 公司合作，联合国内相关设计院所和公司总承包本工程的科研、设计和建设。其沼气工程工艺流程见图 4-45。

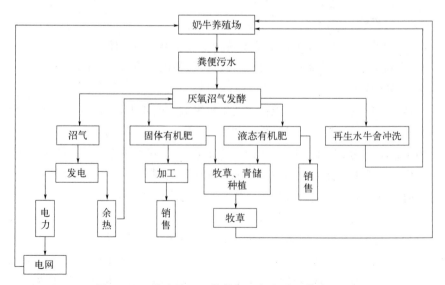

图 4-45　蒙牛澳亚示范牧场沼气工程工艺流程图

牛粪资源量：280t/d 牛粪；

工程规模：2500m³ 厌氧发酵罐 4 座；

设计沼气产量：日产沼气 10000m³；

设计发电量：日发电 20000kW·h；

年产有机肥：沼渣 8000t，沼液 180000t；

年减少温室气体排放量为 30000t CO_2 当量。

该项目已并网发电。

4.7.5.4　河南淇县永昌飞天万头种猪场沼气工程

沼气生态工程的建设对调整产业结构，优化投资环境，促进经济社会资源、环境保护和持续发展具有重要意义。根据河南淇县永昌飞天养猪场提供的数据，本工程的设计处理量为：1000m³/d 的猪粪尿及冲洗废水。工程工艺流程见图 4-46。

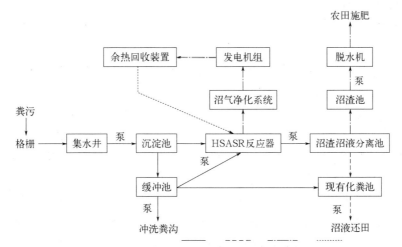

图 4-46　种猪场沼气工程流程图

根据猪粪的特点，考虑经济实用性，包括沼气发酵设施的占地面积、运行成本等，本着投资低、运行费用低、产气效率高的原则，确定采用以 HSASR 反应器为主的沼气生产工艺。

猪舍冲洗出的粪便废水经过格栅的拦截去除废水中大的悬浮物和漂浮物，进入沉淀池加以沉淀，上清液进入缓冲池，一部分用于回喷 HSASR 反应器，一部分用于养殖场内粪沟的冲洗，剩余部分直接排入现有化粪池内；沉淀后浓度较高部分的粪污进入 HSASR 反应器进行厌氧产沼，并将沼气储存于 HSASR 反应器内，从而节约地上构筑物和设备，节省占地面积。沼气经净化处理后，进入发电机组；

发电机产生的尾气利用余热回收装置将冷水转化为热水，并利用其对 HSASR 反应器内的发酵液进行加温，以保证 HSASR 反应器内良好的运行条件，提高反应速率，保证产气效率。发酵后的沼渣、沼液进入沼渣沼液分离池进行分离，沼液入原有化粪池用于农田灌溉，沼渣进入沼渣池后利用脱水机脱水后用于农田施肥。

HSASR 反应器是我公司开发的适用于土地紧张的大中小型养殖场的畜禽粪便产沼设施，反应器总容积为 $3300m^3$，该反应器为地下式或地埋式，其上可以覆土耕种和绿化，或者建设其他的建筑物，既节省占地面积，又具有很好的保温性能。其构造特点是反应器内设搅拌装置、加热装置、除渣装置、储气室等；储气室中的沼气经导管引出池外进入沼气净化装置，并利用发电机组进行发电。

养猪场厌氧沼气产量为 $2000m^3/d$，沼气中含 $60\%\sim70\%$ 甲烷，含热值约 $23000\sim27000kJ/m^3$。当利用沼气发电时，$1m^3$ 沼气可发电 1.5 度（1 度 = 1kW•h），每天的总发电量为 3000 度；每度电按 0.5 元，折合效益 1500 元/d，年收益 45 万元（以年生产 300 天计）。

沼气工程本身是一项重要的环境保护项目，但它作为一个工程，也有"三废"排放，虽数量较小，也应充分重视。为此，本工程设计中采用了以下措施：

（1）沼气工程生产站产生的沼渣沼液，经专门污水管收集，输送到污水处理系统中同原污水一起处理。

（2）设备的选择上，除注意高效节能外，还应充分注意降噪。引风机选用噪声低、振动小、动力效率高的三叶式罗茨鼓风机，进出口均安有消声器；在土建设计中采用吸音材料；在设备安装中均设置减振装置，在设备与管道连接处均采用柔性接头，最大限度地降低噪声。

利用沼气法处理畜禽养殖场的废弃物，具有消除粪臭、可杀灭病原微生物、不影响沼渣中含氮成分和提供能源等诸多优点，在大规模应用方面有许多成功的例子。沼气生态工程的建设对调整产业结构，优化投资环境，促进经济社会资源、环境保护和持续发展具有重要意义。

参考文献

[1] 林聪. 沼气技术理论与工程. 北京：化学工业出版社，2007.
[2] 中华人民共和国农业部发布. 中华人民共和国农业行业标准 NY/T 667—2022.
[3] 周孟津，张榕林，蔺金印. 沼气实用技术. 北京：化学工业出版社，2004.
[4] 农业部人事劳动司，农业职业技能培训教材编审委员会. 沼气生产工（上下册）. 北京：中国农业出版社，2004.
[5] 李海滨，袁振宏，马晓茜. 现代生物质能利用技术. 北京：化学工业出版社，2012.

[6] 袁振宏，吴创之，马隆龙. 生物质能利用原理与技术. 北京：化学工业出版社，2005.

[7] 李长生. 农家沼气实用技术. 北京：金盾出版社，2004.

[8] 王凯军等. UASB 工艺的理论与工程实践. 北京：中国环境科学出版社，2000.

[9] 卢永川. 沼气工程设计. 北京：农业出版社，1987.

[10] 肖波，周英彪，李建芬. 生物质能循环经济技术. 北京：化学工业出版社，2005.

[11] 姚向君，田宜水. 生物质能资源清洁转化利用技术. 北京：化学工业出版社，2004.

[12] 赵立欣，董保成，田宜水. 大中型沼气工程技术. 北京：化学工业出版社，2008.

[13] 徐翠珍. 大中型沼气工程的启动和日常管理. 江苏沼气，1991(2): 5.

[14] 田晓东，强健，陆军. 大中型沼气工程技术讲座（五）沼气的脱硫与工程运行管理. 可再生能源，2003(3): 58-60.

[15] 仓金夫. 大中型沼气工程的安全管理. 村镇建设，1995(6):15.

[16] 中国农业大学，上海农业广播学校，华南农业大学，等. 畜粪便学. 上海：上海交通大学出版社，1997.

[17] 赵恒斗. 规模化养猪的污水产生、治理与综合利用. 中国沼气，1996, 14(3): 30-32.

[18] 范振山，张彦，杨群发，等. 生态型沼液（渣）加工利用技术与设备研究. 中国沼气，2006(1): 24-26.

[19] 田晓东，强健，陆军. 大中型沼气工程技术讲座（一）厌氧发酵及工艺条件. 可再生能源，2002(5): 35-39.

[20] 付秀琴，陈子爱，邓良伟. 规模化猪场粪污处理沼气池容积确定. 中国沼气，2002, 20(2): 24-27.

[21] 兰州市生物和医药科技产业办公室. 几种常用的大中型沼气工程设计. 中国生物能源网，2008.

[22] 安徽省农村能源技术推广总站. 安徽省大型畜禽养殖场沼气工程建设与管理要点，2006.

[23] 尚志蒙牛现代牧场有限公司大中型能源环境工程可行性研究报告. 青岛天人环境工程有限公司，2006.

[24] 陈智远，蔡昌达. 大型沼气工程运行分析，可再生能源，2009, 27(26): 3.

[25] 邓良伟，陈子爱，龚建军. 中德沼气工程比较. 可再生能源，2008(1): 5.

[26] 潘文智. 大型养殖场沼气工程——以北京德青源沼气工程为例. 中国工程科学，2011,13(2):4.

[27] 蓝天，蔡磊，蔡昌达. 大型蛋鸡场 2MW 沼气发电工程. 中国沼气，2009, 27(3): 3.

[28] 李倩，蔡磊，蔡昌达. 3MW 集中式热电肥联产沼气工程设计与建设. 可再生能源，2009, 27(1): 4.

[29] 周强. 浅析大型养殖场沼气发电——以山东民和养殖场沼气发电工程为例. 中国沼气，2010, 28(1):34-36.

[30] 袁桂兰，邓昌武. 大中型沼气工程助推现代农业发展. 农业环境与发展，2007(3): 52-54.

[31] 蔡昌达，李倩. 大中型沼气工程建设及运行管理. 2009.

第 **5** 章

沼气利用技术

目前，无论发达国家还是发展中国家，都致力于可再生能源的研究，以应对传统能源带来的能源危机和环境恶化。传统的能源如煤、石油等属于不可再生资源，随着时间的推移，它们的使用会受到很大限制，并且会带来严重的环境污染，所以人们不得不寻找其他的代用燃料。在众多代用燃料中，沼气是一种良好的替代品。沼气属于地面生物质能源，无色、无臭、无味，完全燃烧时火焰呈浅蓝色，温度可达 1400～2000℃，并放出大量的热。燃烧后的产物是二氧化碳和水蒸气，不会产生严重污染环境的气体。$1m^3$ 沼气的热值约 18017～25140kJ，相当于 1kg 原煤或 0.74kg 标准煤的热量，是一种优质的气体燃料。沼气最早便是作为农村生活燃料使用的，并为人们广泛接受。随着能源危机的加剧及人们环境保护意识的增强，以沼气作为发动机燃料直接驱动加工作业机具和发电机以代替石油，在我国 20 世纪 70 年代开始受到国家的重视，成为一个重要的课题被提出来。到 80 年代中期我国已有上海内燃机研究所、广州能源所、四川省农机院、南充地区农机所、武进柴油机厂、泰安电机厂等十几家科研院所、厂家对此进行了研究和试验。在我国，沼气机、沼气发电机组已形成系列化产品。除此以外，一种清洁、高效、噪声低的发电装置——沼气燃料电池装置近年来在日本和欧美国家开始受到广泛重视，我国与日本也开始了在这一领域的合作研究。

5.1 沼气的成分和燃烧特性

5.1.1 沼气的成分和物理性质

5.1.1.1 沼气的成分

沼气是一种混合气体，其成分不仅取决于发酵原料的种类及相对含量，而且随发酵条件及发酵阶段的不同而变化。当前使用的沼气发酵原料有：农村养殖场废弃物、农业作物废弃物，以及糖厂和酒精厂等工业生产中的废弃物、垃圾等。不同的原料及发酵过程产生的沼气成分变化很大。但是，无论哪种方法产生的沼气，主要成分都是甲烷和二氧化碳，当沼气消化器处于正常稳定发酵阶段时，按容积比来计算：甲烷约占 50%～70%，二氧化碳约占 30%～40%，此外，还含有少量的一氧化碳、氢气、硫化氢、氧气和氮气等气体，见表 5-1。沼气是无色气体，略有气味是含少量硫化氢的缘故。

表 5-1　沼气成分测定

测定单位	沼气成分体积百分数/%							
	CH_4	CO_2	CO	H_2	N_2	C_mH_n	O_2	H_2S
鞍山市污水处理厂	58.2	31.4	1.6	6.5	0.7		1.6	
西安市污水厂	53.6	30.18	1.32	1.79	9.5	0.42	3.19	
四川省化学研究所	61.9	35.77			1.88	0.186	0.23	0.034
四川省德阳园艺场	59.28	38.14			2.12	0.039	0.40	0.021
农展馆警卫连	64.44	30.19			1.97		0.4	
沼气用具批发部	63.1	32.8	0.03		2.53	1.145	0.34	0.055
北京市通州区苏庄	57.2	35.8			3.5	1.626	1.8	0.074

作为混合气体，沼气的物理性质由组成沼气的单一气体的性质和相对含量来确定。沼气中各单一组分的物理特性如表 5-2 所示。

表 5-2　沼气中各单一组分的物理特性

项目	CH_4	H_2	O_2	N_2	H_2S	CO_2	空气	水蒸气	CO
分子量	16.04	2.016	32.0	28.0	34.076	44.0	29.0	18.0	28.0
容重/(kg/m³)	0.7174	0.0899	1.429	1.250	1.5363	1.9771	1.293	0.833	1.2506
相对密度（对空气的相对密度）	0.5448	0.0695	1.105	0.967	1.188	1.5289	1.000	0.644	0.9671
气体常数/[kJ/(kg·K)]	0.5285	4.1243	0.2590	0.2968	0.3490	0.1889	0.2871	0.4615	0.2968
绝热指数	1.309	1.407	1.401	1.404	1.32	1.304	1.4	1.335	1.403
热导率/[W/(m·K)]	0.0258	0.150	0.021	0.021	0.0132	0.0118	0.021	0.139	0.0194
临界温度/℃	−82.5	−240	−118	−147	100.4	31.1	−140	374	31.1
临界容重/(kg/m³)	162	31	430	311		468	310		301
临界压力/MPa	4.58	1.28	4.77	3.35	8.89	7.29	3.72	3.25	3.45
动力黏度/×10⁶(Pa·s)	10.5	8.6	19.6	16.98	11.9	14.0	17.5	9.22	16.8
定压比热容/[kJ/(kg·K)]	2.23	14.30	0.92	1.04	1.04	1.04	1.01	1.86	1.04
低热值/(MJ/m³)	33.95		0	0	23.04	0			11.96
高热值/(MJ/m³)	37.71		0	0	25.04	0			2.39
化学计量空燃比/(kg/kg)	17.68		0	0	4.01	0			2.71

5.1.1.2 沼气的物理性质

（1）沼气的密度、相对密度　沼气的密度是指单位容积沼气所具有的质量，单位为 kg/m^3。沼气的密度可以根据沼气的成分，利用沼气中各单一组分的密度来计算。ρ^0 记为沼气密度，ρ_i 为沼气中第 i 种组分的密度，χ_i 为该组分的容积含量（容积成分），则沼气的密度为：

$$\rho^0 = \sum \rho_i \chi_i \tag{5-1}$$

沼气的相对密度是指沼气的密度和空气的密度之比，以 γ 来表示：

$$\gamma = \rho^0/1.293 \tag{5-2}$$

沼气的相对密度随沼气中二氧化碳含量变化，当二氧化碳含量达到 50% 时，沼气的 γ 大于 1，此时的沼气比空气重，泄露后不易扩散；但是，正常稳定生产的沼气中二氧化碳含量一般小于 40%，沼气较易扩散。

（2）沼气的湿含量　沼气中一般都含有不同程度的水蒸气，尤其是高、中温发酵，水蒸气含量较多。沼气中实际水蒸气的含量可以用沼气的绝对湿度来表示。将沼气作为理想气体看待，设 ρ_v 为沼气的绝对湿度，V 为沼气的体积，m_v 为沼气中水蒸气的质量，p_v 为沼气中水蒸气的分压力，T 为沼气的温度。则：

$$\rho_v = m_v/V = p_v/R_g T \tag{5-3}$$

一定温度下，沼气的最大绝对湿度为：

$$\rho_{sv} = p_{sv}/R_g T \tag{5-4}$$

式中　p_{sv}——该温度下水蒸气的饱和蒸气压；

　　　R_g——水蒸气的气体常数。

为了反映沼气的潮湿程度，用相对湿度来描述沼气中水蒸气的含量，用 φ 来表示：

$$\varphi = p_v/p_{sv} \tag{5-5}$$

φ 值介于 0～1 之间，$\varphi = 1$ 时沼气中水蒸气含量达到最大，此时的沼气称为饱和湿沼气。φ 值越大，说明沼气越潮湿。

在工作计算中，可以用式（5-6）把某状态下的湿沼气体积换算成标准状态下干沼气的体积。

$$V_{do} = \frac{273}{273+t} \times \frac{B+p-p_v}{101325} V_w \tag{5-6}$$

式中　V_{do}——标准状态下干沼气体积，m^3；

　　　V_w——温度为 t℃，压力为 p 时湿沼气的体积，m^3；

　　　B——工作状态下大气压，Pa；

　　　p——沼气的表压力，Pa；

　　　p_v——沼气中水蒸气的分压力，Pa；

　　　t——沼气的温度，℃。

5.1.2 沼气的燃烧特性

沼气中主要成分甲烷的着火温度较高，这样沼气的着火温度相对更高。沼气中大量存在的二氧化碳对燃烧具有强烈的抑制作用，所以沼气的燃烧速度很慢。通过对甲烷-空气混合气的燃烧试验进行研究表明，甲烷-空气的混合气在发动机的燃烧中具有优异的排放性和抗爆性，在诸多代用燃料中，沼气备受青睐。

5.1.2.1 沼气的燃烧特点

由于沼气中有气体燃料 CH_4、惰性气体 CO_2，还含有 H_2S、H_2 和悬浮的颗粒状杂质，当沼气和空气按一定比例混合后，一遇明火马上燃烧，散发出光和热。沼气燃烧时的化学反应式如下：

$$CH_4 + 2O_2 \rightarrow CO_2 + 2H_2O + 35.91 \text{ MJ} \tag{5-7}$$

$$H_2 + 0.5O_2 \rightarrow H_2O + 10.8 \text{ MJ} \tag{5-8}$$

$$H_2S + 1.5O_2 \rightarrow SO_2 + H_2O + 23.38 \text{ MJ} \tag{5-9}$$

$$CO + 0.5O_2 \rightarrow CO_2 \tag{5-10}$$

沼气中的主要成分 CH_4 易燃、易爆，空气中 CH_4 的最低、最高爆炸极限为空气体积的 $2.5\% \sim 15.4\%$（在 20℃时，含量为 $16.7 \sim 102.6 \text{g/m}^3$）；而 CO_2 的存在，又使沼气的燃烧速度降低，使燃烧平稳。沼气的燃烧速度很低，其最大燃烧速度为 0.2m/s，不足液化石油燃烧速度的 1/4，仅为炼焦气燃速的 1/8。因为燃烧速度低，当从火孔出来的未燃气流速度大于燃烧速度时，容易将没来得及燃烧的沼气吹走，从而形成脱火。因此，沼气燃烧的稳定性差。当沼气完全燃烧时，火焰呈蓝白色，火苗短而急，稳定有力，同时伴有微弱的咝咝声，燃烧温度较高。沼气与其他燃料特性的比较见表 5-3。

表 5-3 沼气与其他燃料特性的比较

特性	沼气				其他燃料			
	主要成分			沼气混合物	汽油	柴油	天然气	氢气
	CH_4	CO_2	H_2S					
体积分数/%	55～57	24～44	0.2～0.6	100	100	100	100	100
净热值/(MJ/m³)	10	—	6.3	6.5	8.9	10	10.4	2.9
总热值/(MJ/m³)	11.1	—	—	7.2	9.5	10.7	11.5	3.6
空气需要量/(m³/m³)	9.52	—	2.38	6.2				2.38
火焰速度/(cm/s)	43	—	—	36～38	80			
点火爆炸极限/%	5～15	—	4～45	6～12	0.6～8	0.6～6.5	43	100～280
点火温度/℃	700	—	270	650～750	250	210	4～16	4～75

续表

特性	沼气				其他燃料			
	主要成分			沼气混合物	汽油	柴油	天然气	氢气
	CH$_4$	CO$_2$	H$_2$S					
临界压力/bar[①]	47	75	90	75～89	2	—	640	560
临界温度/℃	−82.5	31	100	−82.5	260	—		
正常密度/(kg/m^3)	0.72	1.98	1.54	1.2	0.7～0.76	0.82～0.84	—	
甲烷值	100	73	—	135			0.79	
辛烷值(RON)	105			>120	91～93			

注：1bar = 10^{5}Pa。

5.1.2.2 沼气的着火及空气需要量

（1）沼气的着火及其理论空气需要量　任何可燃混合物都必须经过着火阶段才能燃烧。着火阶段是燃烧阶段的准备过程，是由温度的不断升高而引起的。燃气中可燃气体由于温度急剧升高，由稳定的氧化反应转变为不稳定的氧化反应而引起燃烧的一瞬间，称为着火。甲烷的着火温度大致为632.3℃，而沼气中由于含有二氧化碳，其着火温度高于甲烷的着火温度，约为650～750℃。

燃料在燃烧时，如果燃料中所含有的碳、氢、硫都分别与氧化合生成二氧化碳、水蒸气、二氧化硫，这种燃烧就称为完全燃烧。燃料燃烧时所需的氧气都是从空气中取得的，使1kg（或1m^3）燃料完全燃烧时供给的最少空气量称为"理论空气需要量"。沼气燃烧时的理论空气需要量可由式（5-11）来确定。

$$V^0 = \frac{1}{21}\left(\sum \chi_i V^0_i - \chi_o\right) \qquad (5\text{-}11)$$

式中　V^0——沼气的理论空气需要量，m^3/m^3；

χ_i——沼气第i种可燃组分的体积成分，%；

V^0_i——沼气中第i种可燃组分的理论氧气需要量，由各可燃组分的完全燃烧化学反应式确定，参见表5-4，m^3/m^3；

χ_o——沼气中氧气的容积成分，%。

表5-4　沼气中各单一可燃气体的燃烧性能参数

		CH$_4$	H$_2$	CO	H$_2$S
理论氧气需要量/(m^3/m^3)		2	0.5	0.5	1.5
热值/(kJ/m^3)	高热值	39808	12742	12638	25341
	低热值	38873	10783	12638	23362
着火温度/℃		680～750	530～590	630～650	300～400

续表

		CH$_4$	H$_2$	CO	H$_2$S
理论烟气量/(m^3/m^3)	二氧化碳	0.998		0.995	1.006
	水蒸气	1.924	0.964		0.975
	氮气	7.554	1.883	1.885	5.712
	总计	10.476	2.847	2.880	7.693
以空气助燃的理论燃烧温度/℃		2013	2210	2370	1900
空气助燃下最大法向火焰的传播速度/(m/s)		0.38	2.80	0.56	
常压及 273K 条件下爆炸极限（体积分数）/%	下限	5	4.0	12.5	4.3
	上限	15	75.9	74.2	45.5

（2）沼气的实际空气需要量及其过量空气系数　在实际燃烧装置中，为了使燃料充分完全燃烧，所供应的空气量往往较理论空气量多，此时供应的空气量称为实际空气需要量，用 V 来表示。实际空气需要量与理论空气需要量之比称为过量空气系数，用 α 表示，即：

$$\alpha = \frac{V}{V_0} \tag{5-12}$$

从理论上说，$\alpha = 1$ 时，燃料就够完全燃烧，燃料中的可燃物质可充分地氧化，在这种情况下的可燃混合气中燃料与空气的比例最恰当，此时的可燃混合气称为"化学计算恰当"的混合气（或简称化学当量混合气）。但是在实际燃烧时，由于燃料和空气混合情况不可能完全达到理想状况，为了保证沼气的完全燃烧，α 值大于 1。实际运行时，α 的大小取决于沼气的燃烧产物和燃烧设备的运行情况。对于民用及公用燃烧设备一般为 $\alpha = 1.3 \sim 1.8$，对于工业燃烧设备一般应控制在 $\alpha = 1.05 \sim 1.2$。在保证燃烧完全的情况下，尽量使 α 趋近于 1。如果 α 过大，会降低燃烧温度增加排烟热损失，从而使热效率降低。由于燃烧所需的空气量和由此产生的烟气是设计和改造各种燃烧装置所必需的基本数据，同时也是设计空气供给装置、烟囱、烟道等设备和计算烟气温度（或炉温）、炉子热效率和热平衡的基本数据，因此合理选择和计算 α 值显得尤为重要。

（3）沼气的着火浓度极限　当可燃气与空气混合时，只有当可燃气的含量在一定的界限内时，该混合气体方可燃烧，则称可燃气体的该界限为着火浓度极限，分为上限和下限。沼气与助燃气体混合，形成可燃混合气，其中，沼气过多或过少均达不到着火条件。如可燃混合气中沼气过多，则氧气成分就少，只能使一部分沼气起氧化反应，因而生成的热量就少，这少量的生成热不能使混合气达到着火温度，因此就不能燃烧；反之，如在混合气中可燃气的量过少，燃烧生成的热量也少，同样不可能使可燃气达到着火温度，因此，也不能燃烧。达到着火温度时，混合气中可燃气所占的最大体积分数称为着火浓度上限；所占的最小体积分数称为着火浓度下限。可见，沼气的着火浓度极限极大地影响着沼气的燃烧特性。而影响沼气着火浓度极限的因素有以下几个：混合气体的温度，当提高混合气体的初始温度时，对大多数烃类燃料-空气混合气来说，可使着火浓度极限范围变宽，试验表明，温度对着火浓度极限的影响主要反映在上限，而对下限则没有什么影响；混合气的压力，当混合气的压力较高时，压力对着火浓度极限几乎没有影响，当混合气的压力逐渐下降时，压力对着火浓度极限的影响才显示出来，但对于不同的气体，压力的影响作用亦不相同；混合气中惰性气体的含量，一般说来，混合气中惰性气体含量增加时，其着火浓度上限和下限均会提高。根据试验资料，当甲烷在沼气中的浓度不同时，沼气的燃烧极限会有所变化，如表 5-5 所示。

表 5-5　沼气的燃烧浓度极限（体积分数）

项目	$CH_4(50\%)$ $CO_2(50\%)$	$CH_4(60\%)$ $CO_2(40\%)$	$CH_4(70\%)$ $CO_2(30\%)$
上限	26.1%	24.44%	20.13%
下限	9.52%	8.3%	7.0%

从表 5-5 中可以看出，当沼气中甲烷成分增加时，燃烧范围减小，上限、下限均相应降低；当甲烷浓度降低时，其燃烧范围增大，上限、下限也相应提高。由于在着火浓度极限内的燃气-空气混合气，在一定的条件下，例如在密闭的空间里，会瞬间完成着火燃烧而形成爆炸，因此着火浓度极限又称为爆炸极限。了解着火浓度极限对安全使用沼气是非常重要的，而着火浓度极限一般由试验测定。

5.1.2.3　沼气的燃烧产物及其热值

燃气经燃烧后所生成的烟气统称为燃烧产物。由于烟气中携带的灰粒和未燃尽的固体颗粒所占比例极小，因此，一般不考虑烟气中的固体成分。燃气的燃烧产物与燃烧的完全程度有很大关系，即与空气的供给量密切相关，所以进行燃烧产物分析时，必须考虑 α 值。下面讨论一下沼气在理论空气需要量及实际空气供给量情况下产生的相应烟气成分及烟气量。

（1）沼气的理论烟气量及实际烟气量　沼气在 $\alpha \geq 1$ 的情况下燃烧时，燃烧产物由以下成分组成：①沼气中可燃成分的完全燃烧产物，如 CO_2、H_2O、SO_2；②燃料和空气中所含有的氮；③过剩空气中未被利用的 O_2，这一项只有空气过量时存在；④水蒸气。

当 $\alpha = 1$ 时，此时产生的烟气量称为理论烟气量，用 V_y^0 表示，即：

$$V_y^0 = V_{CO_2} + V_{SO_2} + V_{N_2} + V_{H_2O} \tag{5-13}$$

式中 V_{CO_2} ——每千克沼气完全燃烧产生的 CO_2 及沼气本身携带的 CO_2 体积，m^3/kg；

V_{SO_2} ——每千克沼气完全燃烧产生的 SO_2 及沼气本身携带的 SO_2 体积，m^3/kg；

V_{N_2} ——每千克沼气完全燃烧后所得烟气中的理论氮气体积及沼气本身携带的氮气体积，m^3/kg；

V_{H_2O} ——每千克沼气完全燃烧后所得烟气中的理论水蒸气体积及沼气本身携带的水蒸气体积，m^3/kg。

式（5-13）中的每一项体积均可由沼气的组成和燃烧化学方程式求出。包含水汽在内的烟气称为"湿烟气"。如把水汽从湿烟气中除去，则得到不含水汽的"干烟气"。

当实际供气量大于理论供气量，即 $\alpha>1$ 时，沼气可以完全燃烧，但此时的烟气量，除了上述理论烟气量外，还需考虑过剩空气量以及由过剩空气带入的水汽量，此时的烟气量称为"实际烟气量"，记为 V_y。

$$V_y = V_y^0 + (\alpha-1)V^0 + 0.00161d(\alpha-1)V^0 \qquad (5\text{-}14)$$

式中 d ——空气的湿含量；

V^0 ——沼气的理论空气需要量，m^3/kg；

α ——沼气燃烧时实际的过量空气系数。

当实际供气量小于理论供气量时，会造成沼气燃烧不完全，此时烟气成分与完全燃烧时的烟气成分大不相同，可能会出现诸如 CO、H_2S、CH_4 等可燃气体组分。

（2）沼气的热值 燃料的热值是燃料的一个重要特性，它取决于燃料中可燃组分的多少，是指单位质量或单位体积的燃料完全燃烧时所能释放出的最大热量，是衡量作为能源的燃料的一个重要指标。燃料的热值分为高热值和低热值。高热值是燃料的实际最大可能发热量，其中包含燃料中元素氢燃烧后形成的水及燃料中本身含有的水分的汽化潜热。由于实际燃烧过程中，燃料燃烧后产生的水分以水蒸气的形式随烟气一起排放掉了，因此这部分热量无法使用，燃料的实际发热量其实是低热值，即从高热值扣除了这部分汽化潜热后所净得的发热量。

沼气燃烧时具有实际意义的同样是低热值，它的低热值可由沼气中各单一可燃气体的低热值计算得到，具体为：

$$Q_{net,d} = \sum \chi_i Q_{net,di} \qquad (5\text{-}15)$$

式中 $Q_{net,d}$ ——沼气的低热值，大致为 22154～24244kJ/m^3；

$Q_{net,di}$ ——沼气中第 i 种可燃组分的低热值，参见表 5-4，kJ/m^3；

χ_i ——沼气中第 i 种可燃组分的体积成分。

5.1.2.4　沼气的燃烧温度及燃烧火焰传播速度

燃料的燃烧温度是指燃料燃烧时所放出的热量传给气态的燃烧产物而产生的温度。理论燃烧温度是指在绝热的条件下燃烧，考虑到高温时燃烧产物的离解吸热影响所求得的燃烧温度。在 $\alpha = 1$ 的完全燃烧情况下，燃烧温度最高；$\alpha \neq 1$ 时的燃烧温度要降低，而且，随 α 偏离 1 的程度越大，燃气的燃烧温度下降越多。沼气的理论燃烧温度在 1807.2～1943.5℃之间，实际燃烧温度低于理论燃烧温度，由实际空气过剩系数、空气中氧气含量、燃烧热量损失及燃料与空气的预热情况决定。α 接近 1，空气中氧含量高，热损失小，燃烧前对空气及燃料预热得好，均会使沼气的燃烧温度升高。

在工程实际中，一般用点火的方法使燃气-空气的混合气着火，着火处形成一层极薄的燃烧层，这层高温燃烧焰面不断加热相邻的可燃混合气，当相邻混合气达到着火温度时，就开始形成新的焰面，这样，焰面就不断向未燃气体方向推移，从而使每层气体都相继经历加热、着火和燃烧过程，这个现象称为火焰的传播。未燃气体与燃烧产物的分界面称为焰面，焰面向前传播的速度称为火焰传播速度，用 u 来表示，单位为 m/s。

沼气的火焰传播速度很小，这是由沼气的组成决定的。沼气中大量存在的甲烷的火焰传播速度在诸多的单一可燃气体中是最低的，而二氧化碳的存在又进一步限制了沼气燃烧时火焰的传播速度，其最大传播速度只能达到 0.2m/s，仅为炼焦气的 1/4，液化石油气的 1/2。

5.1.2.5　沼气中各单一可燃气体的燃烧性能参数及沼气的主要特性参数

表 5-4 给出了沼气中各可燃组分的燃烧性能参数，沼气的主要性能参数则可以根据相应的公式精确计算出来。表 5-6 给出了沼气的主要性能参数，是在甲烷含量分别 50%、60%、70%，二氧化碳的相应含量分别为 50%、40%、30%时，对沼气性能参数的一种简化计算。

表 5-6　沼气的主要性能参数

特性参数		CH_4 50% CO_2 50%	CH_4 60% CO_2 40%	CH_4 70% CO_2 30%
低热值/(kJ/m³)		17937	21524	25111
理论空气需要量/(m³/m³)		4.76	5.71	6.67
理论烟气量/(m³/m³)		6.763	7.914	9.067
理论燃烧温度/℃		1807.2～1943.5		
爆炸极限（体积分数）/%	下限	9.52	8.8	7.0
	上限	26.1	24.44	20.13
火焰传播速度/(m/s)		0.152	0.198	0.243

5.2　沼气的能源化利用途径

5.2.1　沼气的燃烧理论

沼气燃烧方法分为：扩散式燃烧、大气式燃烧和无焰式燃烧。

（1）扩散式燃烧　沼气与空气不预先混合的燃烧称为扩散式燃烧，其一次空气系数为 0。扩散式燃烧所需的氧气将依靠扩散作用从周围大气中获得，燃烧过程处于扩散区内。燃烧速度和燃烧完全程度主要取决于燃气和空气混合的完全程度，而燃气与空气的混合是靠燃气与空气之间的扩散作用来实现的。因此，扩散燃烧的速度主要取决于扩散速度。扩散有两种形式：在层流状态下，燃气分子与空气分子之间的扩散叫层流扩散；在湍流状态下，燃气分子团与空气分子团之间的扩散叫湍流扩散。在沼气的扩散燃烧法中，除采用特殊的稳焰装置外，一般都是层流扩散燃烧，很难达到湍流扩散燃烧。扩散燃烧由于没有预先混入空气，故不会发生回火现象，它只能产生脱火，这是扩散燃烧的最大优点。湍流扩散燃烧目前是工业上应用较为广泛的燃烧方法之一，但需采用人工稳焰方法使扩散火焰稳定。

实验资料表明，可燃气体中氢和一氧化碳分子的热稳定性较好，在 2500～3000℃的高温下也能保持稳定。而各种碳氢化合物的热稳定性较差，它们的分解温度较低，如甲烷为 683℃，乙烷为 485℃，丙烷为 400℃，丁烷为 435℃。一般来说，碳氢化合物的分子量越大，稳定性越差，而且温度越高，分解反应越强烈，如甲烷在 950℃时只分解 26%，但在 1150℃时将分解 90%。碳氢化合物分解后将产生游离的炭黑，如果炭黑来不及燃烧就会被烟气带走，引起不完全燃烧损失，同时也对大气造成污染。这是在一般民用炊事用具中不宜采用扩散式燃烧的原因之一。

（2）大气式燃烧　燃气中预混部分空气而进行的燃烧称为大气式燃烧，其一次空气系数 $0<\alpha<1$。空气混入的方式可以为机械鼓风，也可以利用燃气本身的压力带入，一般民用炊事燃烧器的热负荷较小，故均是依靠燃气本身压力带入的。大气式燃烧在工农业生产和人民生活中得到了广泛的应用，尤其是民用炊事燃烧器，绝大多数采用的都是大气式燃烧方法。

（3）无焰式燃烧　随着燃气在工农业上的广泛应用，对燃气的燃烧提出了较高的要求。首先，要求燃烧的热强度高；其次，要在损失最小的情况下，将燃气的化学能转化为热能，并获得较高的燃烧温度。这就要求燃烧过程的化学未完全燃烧及过剩空气量均应最小。这些要求是扩散式燃烧和大气式燃烧所无法满足的，因此，在大气式燃烧的基础上出现了无焰式燃烧，它是在燃烧前燃气与所需的空气全部混合的燃烧。进行无焰燃烧的条件如下。

① 燃气和空气在着火前按化学计量比混合均匀。

② 设置专门的火道（或网格等），使燃烧区内保持稳定的高温。

因此，无焰式燃烧的热强度高，每立方米燃烧室容积每小时可达到 100～1000MJ，相当于扩散燃烧的 100～1000 倍。无焰式燃烧的燃烧温度和完全燃烧程度均很高，且燃烧过程的过剩空气量少，一般 $\alpha = 1.05～1.10$，因此，热效率非常高。但是，无焰式燃烧的稳定性差，容易产生回火现象，在燃烧器中为防止回火，头部结构就必须设计得复杂而笨重。所以，这种无焰式燃烧器主要应用于工农业生产的加热装置中，且因其燃烧时不产生火焰，故也宜用于民用炊事的热、煮、炒等灶具。

5.2.2　沼气燃烧器

按沼气燃烧方式的不同，沼气燃烧器分为扩散式燃烧器、大气式燃烧器和无焰式燃烧器，在实际应用中后两种燃烧器使用较多。

（1）扩散式燃烧器　最简单的扩散式燃烧器是在一根管子上钻上一排火孔，沼气在压力下进入管道并从火孔中逸出，这时，沼气没有和空气预先混合。在燃烧室内（或无燃烧室）沼气依靠扩散作用和空气混合并逐渐燃烧。图 5-1 为几种扩散式沼气燃烧器的结构形式。

① 扩散式燃烧器的使用范围。扩散式燃烧器中沼气燃烧稳定，这种燃烧器结构简单，使用便利，可用低压沼气（30～40mm 水柱甚至更低）。但该燃烧器中火焰太长，需要很大的燃烧容积和高的过剩空气系数，燃烧温度较低。因此，扩散式燃烧器适用于对燃烧温度要求不高，但要求燃烧均匀的地方，例如纺织工业、食品工业、小型铸铁加热炉、热水器等。

② 扩散式燃烧器的设计要点。燃烧器的火孔直径在 0.5～5mm 之间，如果孔径小，则容易堵塞。燃烧器火孔间的最大距离，应能保证点火时能传火；最小距离不应使相近火孔的火焰合并，造成燃烧恶化。

每一燃烧器的管上不宜有两排以上的火孔，否则将恶化空气和沼气的混合。

为了保证燃烧的稳定，火孔燃烧面积应为沼气管总断面的 70%～80%。燃烧器的形式应能使空气自由通向每一火孔，因此，最好采用栅栏形式。过剩空气系数取为 1.2～1.6。

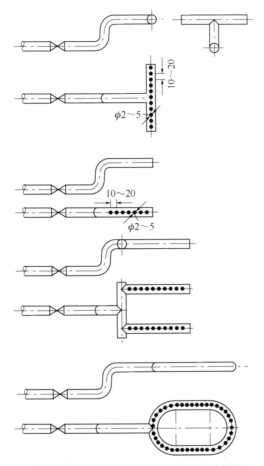

图 5-1　几种扩散式沼气燃烧器的结构形式（单位：mm）

（2）大气式燃烧器

① 大气式燃烧器的构造及工作原理　图 5-2 为大气式燃烧器的结构简图。大气式燃烧器是根据大气式燃烧方法设计的，由头部及引射器两部分组成，其工作原理如下：燃气在一定压力下，以一定流速从喷嘴流出，进入吸气收缩管，燃气靠本身的能量吸入一次空气，在引射器内燃气与一次空气混合，然后，经头部火孔流出，进行燃烧，形成大气燃烧火焰。

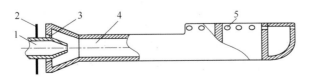

图 5-2　大气式燃烧器的结构简图

1—喷嘴；2—调风板；3——次空气口；4—混合管；5—火孔

大气式燃烧器的一次空气系数通常为 0.45～0.75。根据燃烧室工作状况的不同，过剩空气系数通常在 1.3～1.8 范围内变化。

大气式燃烧器通常利用沼气引射一次空气，根据沼气压力的不同，分为低压引射与高（中）压引射两种，前者多用于民用燃具，后者多用于工业装置。当沼气压力不足时，可利用加压空气来引射沼气。

大气式燃烧器由引射器和燃烧器头部两部分组成，比扩散式燃烧器燃烧时火焰短、燃烧热强度大、燃烧温度高、燃烧效率较高、燃烧较完全、不需送风设备，因此，适用于家庭及公用事业中的燃气用具如家用炉、热水器、沸水器及食堂灶，在小型锅炉及工业炉上也有应用，其中单火孔大气式燃烧器在中小型锅炉及某些工业炉上广泛应用。

② 大气式燃烧器的设计要点　为了保证最前及最后的火孔具有相同的焰高，燃烧器头部的截面积比火孔总面积应大 1.7～2.5 倍。火孔深度最好取直径的 2～3 倍，以保证速度场的均匀分布和提高沼气燃烧的稳定性。设计大气式燃烧器时，应特别注意二次空气的供给，常采用以下措施。

a. 将二排火孔叉开排列；

b. 火孔作成凸出的形状；

c. 火孔的最小间距不能使火焰合并。

为了防止火焰的产生，一次空气系数不应小于 0.3。

（3）无焰式燃烧器　无焰式燃烧器中沼气和燃烧所需的全部空气预先混合，并且能在很小的过剩空气系数下（$\alpha = 1.05\sim1.10$）达到完全燃烧，燃烧过程中火焰很短，火焰外锥几乎完全消失甚至看不见，这种燃烧器一般采用引射器吸入空气，经混合后在高温网格或小孔式火道中完成燃烧，因此具有无焰的特性。

无焰式燃烧器种类很多，在沼气燃烧设备中使用较多的是多孔板式无焰燃烧器、多孔陶瓷板式红外线无焰燃烧器、金属网红外线无焰燃烧器、组合式沼气红外线燃烧器等。

多孔板式燃烧器也称表面式燃烧器，这种燃烧器的燃烧在炙热的耐火板表面进行，很快达到高温，经 1～2min 能达到 900℃，接近于完全燃烧产物离开表面时的烟气温度。这种燃烧器燃烧孔道的尺寸小，使沼气-空气在多孔板极薄的表面层内达到着火温度。燃烧器开始工作时，沼气和空气混合气体在多孔材料的外部加热，之后，由于表面温度升高，沼气的加热与燃烧略进入表面层内。当这种燃烧器的热负荷一定时，多孔板厚度方向温度的分布是均匀的，沼气的燃烧过程在离板表面相同距离的各点进行完毕，多孔板的厚度不大于 50～60mm。这种燃烧器不适用于热负荷很大的工业炉或锅炉，应用范围很小，只有在为了获得辐射热时才采用。

多孔陶瓷板红外线无焰燃烧器，该燃烧器的头部壳体上安装若干块多孔陶瓷板，陶瓷板由高岭土（54%）、海城滑石（25%）、高温耐酸硼质玻璃（14%）、工业氧化铝（2%）、煤粉或焦粉（5%）等粉料压制成型，焙烧而成。要求该燃烧器能耐高温、耐急热。当冷水滴到灼热的板面上时，不应产生裂纹。该燃烧器多采用孔径一般为 1.2～1.5mm 的多孔陶瓷板。

金属网红外线无焰燃烧器是 20 世纪 60 年代才发展起来的，头部是由两层耐高温的金属网和一层普通金属托网组成，托网上面是一层耐高温的细网，称为内网，最上一层是耐高温的粗网，称为外网，内网与外网之间间隔 8～10mm。托网的作用是托住内网防止下沉，内网是燃烧网，沼气在其表面燃烧产生 800～1000℃的高温，外网的作用是促进稳定燃烧，增强辐射能力并保护内网。为防止使用中内网热变形，一般在组装前对内网进行退火、压制伸缩圈、扎丝和热整形等处理。组装时各层网与壳体间要用螺栓、垫片和压条紧固密封，以防渗漏。

组合式沼气红外线燃烧器是由多孔陶瓷板和金属网红外线燃烧器组合而成。这种燃烧器的头部是在多孔陶瓷板的外表面 10～12mm 处加一层耐高温的金属网，可采用 8～10 目/in（1in = 2.54cm）铁铬铝网，这种组合结构能使沼气在陶瓷板与金属网之间燃烧，金属网可防止脱水，陶瓷板可防止回火，因而具有较好的稳定性。而辐射器辐射面的温度比陶瓷板红外线辐射器提高约 100～130℃，辐射效率提高 10%左右。

5.2.3　常用沼气燃烧装置的种类与使用

（1）沼气灶

① 沼气灶的种类及结构　家用沼气炉灶的种类虽然繁多，其结构也因用途不同而有所差别，但它们都有一定的共性，即它们基本上由燃烧器、供气系统、阀体、点火装置和其他部件 5 大部分组成。其中燃烧器是燃气炉灶的主要部件，可分为大气式燃烧器和无焰式燃烧器（红外线辐射器）两种。良好的无焰式燃烧器的热效率高于大气式燃烧器，是因无焰式燃烧器的外壳可保持燃气空气混合，气体在进入辐射器头部之前具有一定的静压，并将燃气混合气均匀地分配。分配板安装于引射器出口端的外壳内侧上，能均匀分配燃气与空气混合气体，对提高无焰式燃烧器的热效率非常有益。而大气式燃烧器就没有分配板，因此要想提高大气式燃烧器的热效率就必须从分配板上入手，特别是沼气炉具，原因是沼气的热值低，要保证沼气炉灶具有一定热负荷，必须增加它的流通截面积，随之加大了偏流现象，所以更需要在沼气炉具上加装分配板。分配板由喷嘴、调风板、引射器、燃烧器头、火盖（又叫菊花头）等组成，火盖就是组成

内圈火孔和外圈头孔的压盖。引射器由短管、收缩管、喉管、扩散管等组成。燃烧器头其水平方向为圆环形通道，此通道的截面为矩形。引射器在燃烧器头的左下方其走向为前后走向，引射器与燃烧器头之间有一过渡段的空腔体，空腔体与燃烧器头交接，其交接面积大约只占燃烧器头通道面积的1/4。当沼气从喷嘴以一定的速度喷出时，引射器内沼气气流的压力低于外界压力，外界空气就自动进入引射器，沼气和空气自动混合，混合气体从引射管通过交接面孔到燃烧器头，然后分为前后两股沿圆环通道流动至整周，再通过火盖的孔冒出来，被火花点燃后与空气进行第二次混合燃烧。由于任何物质运动都具有惯性，同时气体在流动的过程中存在摩擦阻力，因此当沼气与空气混合气体从引射器管通过交接面孔到燃烧器头时保持了惯性，其次在流动过程中受到流动阻力的作用，有绝大部分的沼气与空气的混合气是直接通过此孔再通过火盖的火孔冒出参与燃烧，因此只有少许的混合气体会分成前后二股沿圆环形通道流动而且越来越少。此情况也能通过燃烧的火焰形状看出，即靠近引射器混合气管一侧的火焰长，而背离的那一侧火焰短。

② 沼气灶的安装、使用注意事项　要安全、高效地使用沼气，使沼气充分燃烧，获得较高的燃烧效率，必须掌握沼气灶具的使用、调节技术和维护管理知识。

要正确安装压力表，沼气灶前压力的大小直接影响燃烧效果。一般说来，灶前压力高于额定压力时，其流速及流量过大，会使热效率降低。当灶前压力低于额定压力时，其热负荷随之降低，这时虽然灶具的热效率有所提高，但是，延长了炊事时间或者不能满足炊事要求。农村户用沼气池的压力在一昼夜间变化较大，早晨池内压力高，晚上压力低。为了保证灶前压力稳定，在灶前输气管上装一阀门，在阀门与灶具间装一"U"形压力计，以控制灶前压力为额定压力。为了稳定气压可以适当增大水压间，当沼气池内压力不足时，可向池内加水添料，压缩池内沼气，增强输送沼气的压力和速度。

正常工作时，调风板（一次空气）要开足。除脱火、回火或个别情况需要暂时关小一下调风板外，其他时间均应开足风门，否则会形成扩散燃烧。当燃烧不正常，产生虚焰时，可稍微转动喷嘴，使其前进或后退，调到产生短而有力的蓝色火焰为止。特别是新购置的灶具，必须先清除内部黏着的砂粒、铁屑。

使用沼气灶时，吊火高度应适当。沼气燃烧火焰分为内锥和外锥，火焰内锥与外锥之间的温度最高，一般可达1200℃以上，因此，应注意灶面与锅底的距离，使锅底处于内外锥之间，充分利用火焰高温，提高燃烧效率。吊火高度由锅架来实现。锅架高度是指支架顶部与火孔的距离，它根据灶具的类型不同，通过实验来确定，如北京Ⅳ型沼气灶，当锅支架高度为16mm时，测得热效率为61%；锅支架高度为24mm时，热效率为56.9%。

③ 沼气灶的设计

a. 沼气灶流量的计算 沼气灶工作状态流量，是指灶具在工作温度和压力状态下，单位时间内通过灶具的沼气体积，通常以小时计。该流量需要通过流量计实际测到，一般测量时以 3min 为一基准，则工作状态下流量的计算式为：

$$V_0 = \frac{V_t}{t} \times 60 \times f_1 \qquad (5\text{-}16)$$

式中 V_0——灶具的流量，m^3/h；

　　　V_t——在时间 t 内通过的气体体积；m^3；

　　　t——允许气体通过的时间，min；

　　　f_1——流量计的校正系数，$f_1 = \dfrac{\text{标准瓶容积}}{\text{流量计上的流量}}$。

b. 沼气灶热负荷的计算 沼气灶的热负荷是指单位时间内灶具所输出的热量，一般以单位小时计，单位为 MJ/h。沼气灶的热负荷由灶具在额定压力下需要完成的加热工艺要求来确定，即沼气灶应能满足爆炒、蒸煮的要求，沼气取暖或烘干炉应能满足取暖房间和烘干产品的加热要求，沼气热水器应能满足加热水量及加热时间的要求。

确定沼气灶热负荷的方法（国标 GB 3606—2001《家用沼气灶》）如下。

按家庭人口、生活水平来确定，在家用沼气灶具技术标准中规定，沼气灶的热负荷分别为 2000kcal/h、2400kcal/h 及 2800kcal/h 3 种，即 2.3kW、2.8kW、3.3kW 3 种。

按被加热对象所需的热量和灶具的热效率、升温时间来确定热负荷。

$$I = \frac{KCG(T_2 - T_1)}{\eta t} \qquad (5\text{-}17)$$

式中 I——灶具的热负荷，kcal/h；

　　　K——安全系数，取 $K = 1.28 \sim 1.4$；

　　　C——被加热物质的比热，kcal/（kg·℃）；

　T_1，T_2——被加热物质的初温和终温，℃；

　　　η——灶具的热效率，%；

　　　G——被加热物质的质量，kg；

　　　t——被加热物质升温所需要的时间，h。

若已经知道灶具的流量及沼气的热值，则灶具的热负荷可由式（5-18）计算得出。

$$I = V_0 Q_H \qquad (5\text{-}18)$$

式中 I ——沼气灶的热负荷，MJ/h；

V_0 ——沼气灶的流量，m^3/h；

Q_H ——沼气的热值，MJ/m^3。

c. 沼气灶的热效率 沼气灶的热效率是指被灶具加热的物质吸收的热量与灶具所放出的热量比，即有效利用的热量占沼气放出热量的百分比，用 η 来表示热效率。

即：

$$\eta = \frac{\text{被加热物质吸收的热量（kJ）}}{\text{灶具释放的热量（kJ）}}$$（5-19）

热效率的高低与沼气的燃烧过程和传热过程等因素有关，是多因素影响的综合性参数。家用沼气灶的热效率，采用加热水的方法来进行测定，经测定的数据按式（5-20）进行计算。

$$\eta = \frac{CG(T_2 - T_1)}{V_0 Q_H}$$（5-20）

式中 η ——灶具的热效率，%；

C ——水的比热，4.186kcal/(kg·℃)；

G ——被加热物质的质量，kg；

T_1，T_2 ——被加热水的初温和终温，℃；

V_0 ——沼气消耗量，m^3；

Q_H ——沼气的热值，kJ/m^3。

（2）沼气灯

① 沼气灯的结构 沼气灯是把沼气的化学能转变为光能的一种小型的红外线辐射器，它由喷嘴、引射器、泥头、纱罩、反光罩和玻璃灯罩等部分组成。灯的头部由多孔陶瓷燃烧头及纱罩组成一个混合式辐射器。沼气通过输气管，经喷嘴进入气体混合室，与一次空气（从气孔进入）混合，然后从泥头喷火孔喷出燃烧，在燃烧过程中得到二次空气补充。燃烧在多孔陶瓷泥头和纱罩之间进行，由于燃烧温度较高，纱罩上的硝酸钍在高温下氧化为氧化钍。而氧化钍是一种白色的结晶体，它在高温下能激发出可见光来，因此当辐射器点燃后，可以放出强烈的可见光，这种发光原理与汽灯的原理是相似的。一盏沼气灯的照明度相当于60～100W 白炽电灯，其耗气量只相当于灶具的 1/6～1/5。

沼气红外线辐射器的引射性能直接影响辐射器的正常燃烧和稳定性。在条件允许的前提下，应尽可能使用较高的气源压力，这对保证引射器吸入所需的空气量并使沼气和空气充分均匀混合，以及使其有足够的头部静压，并保持辐射器稳定燃烧都有好处。

② 沼气灯安装及使用注意事项

a. 新灯使用前，应不安纱罩进行试烧，如火苗呈浅蓝色，短而有力，均匀地从泥头孔中喷出，呼呼发响，火焰又不离开泥头燃烧，无脱火、回火等现象，表明灯的性能好，即可关闭沼气阀门，待泥头冷却后安上纱罩。

b. 新纱罩初次点燃时，要求有较高的沼气压力，以便有足够的气量将纱罩烧成球形。对已燃烧、放好的纱罩，在点灯时，启动压力应徐徐上升，以免冲破纱罩。

c. 点灯时，应先点火后开气，待压力升至一定高度、燃烧稳定、亮度正常后，为节约沼气，可调旋开关稍降压力，但亮度仍可不变。

③ 沼气灯故障的排除

a. 纱罩外层出现蓝色飘火，经久不消失，是因为带进的空气不足，应将灯盘按顺时针方向旋转，逐渐加大空气进气量，调至不见明火，发出白光，亮度最佳为止。调节后，如仍出现飘火，这时喷嘴孔径过大，应更换孔径小的喷嘴。

b. 纱罩不发白光而呈红色时，是因为沼气太少或空气太多，应将灯盘按逆时针方向旋转，逐渐减少空气进气量，调节后如仍出现红火，应更换大孔径的喷嘴。

c. 沼气在纱罩外燃烧，灯光发红，调节无效，是由沼气灯结构不合理导致，例如，引射器太短、喷嘴孔过大或不同心、烟气排除不良、泥头破损或纱罩未扎牢，应更换所需的零部件或另选结构合理的沼气灯。有时燃烧处于良好状态，而灯不发白光，这是纱罩质量不佳或存放时间过长受潮的缘故，应马上更换纱罩。

d. 沼气灯不发火，是喷嘴堵塞，应取下喷嘴，用缝衣针扎通；沼气灯光不稳，则说明输气管中积水较多或管道不畅通，可打开排冷凝水的阀门排出管道内的冷凝水或疏通管道。

（3）沼气热水器

① 沼气热水器的结构　沼气热水器与其他燃气热水器的结构基本相同，只是沼气热水器中的燃烧器适用于沼气。热水器一般由水供应系统、燃气供应系统、热交换系统、烟气排除系统和安全控制系统 5 个部分组成。当前多采用后制式热水器，其运行可以用装在冷水进口处的冷水阀，也可以用装在热水出口处的热水阀进行控制。

② 沼气热水器安装及使用注意事项

a. 热水器严禁安装在浴室里，可以安装在通风良好的厨房或单独的房间内。

b. 安装热水器的房间高度应大于 2.5m。房间必须有进气孔、排气孔，其有效面积不应小于 $0.03m^2$，最好有排风扇。房间的门应与卧室和有人活动的门厅、会客厅隔开，朝室外的门窗应向外开。

（4）沼气饭煲　沼气饭煲是最近十几年兴起的沼气用具，类似于电饭煲，主要由感温器、燃烧炉头、杠杆、触点开关、自动电磁阀电子自动点火针、自动敏感探针、全自动电子控制器、磁钢限温器、通气铝管、主燃开关和保温开关、煲体、风罩等部件组成。沼气饭煲以沼气作为燃料，可以实现自动开气、自动点火、自动保温，以及自动关气、熄火，而且，在燃烧过程中出现意外熄火时能够自动关气。实际上，除了能源形式不同，沼气饭煲使用起来与电饭煲基本相同。目前，我国有多个关于沼气饭煲的专利技术，并有生产厂家从事沼气饭煲的研制、生产和销售。如专利号为95222962.5的专利为一电子全自动燃气饭煲，能够自动开气点火、煮饭，自动关气、熄火。专利号为200320117739.8的专利公开了一种点火方便、燃烧效果好、点火气路不易堵塞的简单使用的沼气饭锅。该饭锅主要由燃烧器、点火支架、脉冲器点火针、气阀和底座总成支架等构成，由于点火支架为敞开式，克服了点火气路容易堵塞的毛病，点火方便，着火率较高。河南省桑达公司生产的自动沼气饭煲，具有自动保温、自动开关等功能，各项技术指标达到或超过国家家用燃气灶具和家用沼气灶标准，外观大方，使用简便。

通常，沼气饭煲在使用时，首先将主燃保温开关提到上端，然后按下开关，火点燃后开始加热煲内食物。沼气饭煲在开启时，要轻缓地压下主燃保温开关，脉冲点火的饭煲会发出5s左右的连续打火声，火即点燃；电子打火的会在2s内将火点燃。待米饭煮熟后，饭煲自动关气、灭火，并进行保温。

沼气饭煲在长期使用过程中，可能会出现如打不着火、焦饭或生饭等问题，这可能是由以下因素引起的：

① 打不着火，可能电池没电，换电池后，饭煲点火依然不良，可能打火针的位置需要重调，为了能打着火，应尽量拉开打火针和电极的距离，最好使打火针的角度比电极高出4mm左右。如果在保温过程中，出现熄火现象，可能是打火喷嘴堵塞，这时可以利用细钢丝通喷嘴；也可能是打火支架与喷嘴密封不好，应将打火支架与喷嘴调整间隙或调节保温支架的通道。

② 出现焦饭或生饭，可能是由于定温胆表面或煲内胆表面间有杂质，可以用柔软棉布或幼细砂纸将杂质擦拭干净；也可能是使用时间长，内胆变形引起，可以通过外力将内胆底部压平，以保证内胆与定温胆接触良好；还可能是饭煲按钮和使用部件产生锈蚀引起，这时可以清洗转动部件，然后利用少量润滑油进行润滑。

③ 脉冲点火变慢或火花变小，可能是电池电压不够，可以更换新电池再试，如果还没有解决问题，则可能是脉冲点火器损坏。

④ 煮食物时饭已煮焦但火未能熄灭，可能是由于感应器失灵，可以及时更换感应器；如果开关总成的连接杆被卡住，也会出现此类故障，此时应该寻找卡点排除故障；如果饭煲内食物容量太少、饭锅未摆放平整、锅底变形、沼气开关总成内柱塞密封圈老化或损坏、柱塞周边或密封圈被异物堵塞，均可造成这类现象，应寻找原因，排除故障。

沼气饭煲在使用时应注意保持清洁、干燥，电池使用一段时间，出现点火过弱时需及时更换电池，注意沼气压力在 5kPa 以上时，需将总开关适度调小。感温部件需保持干净、清洁，点火喷嘴在使用 1～2 个月后要及时用细铜丝通一下。总之，沼气饭煲在使用过程中要注意保持煲体和电池盒的干燥和清洁，注意更换电池，出现问题及时分析、处理，那么它使用起来与电饭煲一样方便、干净、快捷。

5.2.4　沼气发电技术

沼气发电始于 20 世纪 70 年代初期。当时，国外为了合理、高效地利用在治理有机废弃污染物中产生的沼气，普遍使用往复式沼气发电机组进行沼气发电。使用的沼气发电机大都属于火花点火式气体燃料发动机，并对发动机产生的排气余热和冷却水余热加以充分利用，可使发电工程的综合热效率高达 80% 以上。通常每 100 万吨的家庭或工业废物就足以产生充足的甲烷作为燃料供一台 1MW 的发电机运转 10～40 年。在我国，沼气机、沼气发电机组已形成系列化产品。目前国内从 8kW 到 5000kW 各级容量的沼气发电机组均已先后鉴定和投产，主要产品有全部使用沼气的单燃料发动机及部分使用沼气的双燃料沼气-柴油发动机。

构成沼气发电系统的主要设备有沼气发动机、发电机和热回收装置。沼气经脱硫器由贮气罐供给燃气发动机，从而驱动与沼气内燃机相连接的发电机产生电力。沼气发动机排出的冷却水和废气中的热量通过热回收装置进行回收后，作为沼气发生器的加温热源。图 5-3 以污泥消化器产生的沼气发电系统来说明沼气发电过程。从废水处理厂出来的污泥进入一次消化槽和二次消化槽，在消化槽中产生的沼气首先经脱硫器进入球形储气罐，然后由此输送入沼气发电装置中。作为发动机燃料的沼气中甲烷的含量必须高于 50%，不必进行二氧化碳的脱除，因为少量二氧化碳对发动机有利，使其工作平稳，降低废气中有毒物的含量。从发电装置出来的废沼气进入热交换器中，将热量释放出来，用来加热进行厌氧发酵的污泥，从而提高沼气的发生率。

5.2.4.1　沼气发动机

沼气是一种具有较高热值的可燃气体，由于含大量的甲烷，其抗爆性很好，因此可作为内燃机的燃料。用内燃机燃烧沼气具有热效率高、对大气污染少和节约化石液体燃料等优点，很适合在有沼气资源的地区推广使用。以前我国的沼气发动机一般由煤气机、汽油机、柴油机改制而成，现在我国开始有科研和生产单位专门从事沼气发动机的研制和开发。沼气发动机要求沼气在进气前必须进行脱水、脱硫、脱二氧化碳及卤化物，否则会对发动机造成腐蚀。在我国，目前有全部使用沼气的单燃料沼气发动机及部分使用沼气的双燃料沼气-柴油发动机，表 5-7 为两种发动机的性能比较。

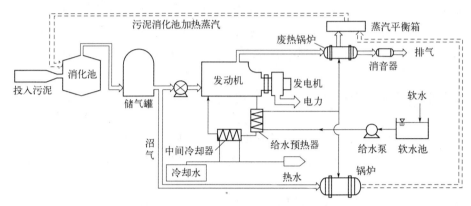

图 5-3　日本某污水处理厂沼气发电装置流程

表 5-7　两种沼气发动机的性能比较

项目	单燃料式发动机	双燃料式发动机
点火方式	电点火方式	压缩点火方式
原理	将"空气沼气"的混合物在气缸内压缩，用火花塞使其燃烧，通过火花塞的往复运动得到动力	将"空气燃料气体"的混合物在气缸内压缩，用点火燃料使其燃烧，通过火花塞的往复运动得到动力，是复合燃料发动机
优点	① 不需要辅助燃料油及其供给设备 ② 燃料为一个系统，在控制方面比可烧两种燃料的发动机简单 ③ 维修较可烧两种燃料的发动机简单 ④ 发动机价格较低	① 用液体燃料或气体燃料都可工作 ② 对沼气的产量和甲烷浓度的变化能够适应 ③ 如用气体燃料转为用柴油燃料，再停止工作，发动机内不残留未燃烧的气体，因而耐腐蚀性好
缺点	工作受到供给沼气的数量和质量的影响	① 用气体燃料工作时也需要液体辅助燃料 ② 需要液体燃料供给设备 ③ 控制机构稍复杂 ④ 价格较单燃料式发动机稍高

近年来由于农村家庭责任制，大中型的工厂化畜牧场的建立及环境保护等原因，我国的沼气发动机、沼气发电机组已向两极方向发展。农村主要向 3～10kW 沼气发动机和沼气发电机组方向发展，而酒厂、糖厂、畜牧场、污水处理厂的大中型环保能源工程，主要向单机容量为 50～200kW 的沼气发电机组方向发展。国外，绝大多数小型沼气发电机均由原汽油机改装而成，其功率大都下降，一般下降 15%～20%，而柴油机改装成小功率的沼气机很少，原因在于其控制系统均采用电子调速系统来控制混合器，增加了成本。在国内，大多数小功率沼气机的改装都以柴油机为主，功率相对下降 10%～15%，主要原因为沼气中含甲烷量少，

发动机工作容积不变，不能增加混合气热值，热效率在 33%～36%之间。

我国目前从事沼气发动机研制和生产的单位众多，其中胜利油田胜利动力机械有限公司、潍柴动力股份有限公司和济南柴油机股份有限公司是国内从事沼气发动机研制、生产最早的公司，也是国内目前生产规模最大、产品系列最全的三家单位，它们生产单、双燃料的沼气发动机，功率范围为 4～2000kW。这些沼气发动机以内燃气体发动机为母体，在燃烧组织的优化设计与过程控制方面考虑了沼气的燃烧特性，安装了自动控制的安全防范和预警系统。这些发动机的大部分关键部件（如燃气控制系统、点火系统、数据检测系统和火花塞等）均采用进口产品，而机体和零（部）件则由国内知名专业制造商供应，其机组的组装也是在专业生产线上完成的。出厂的每一台机组都经过严格的性能检验。

（1）单燃料发动机　单燃料发动机又称为全烧式发动机，在沼气产量大的场合可连续稳定地运行，适合在大、中型沼气工程中使用，可以使用天然气发动机，亦可由柴油机改装而成。由于气体燃料的组分、热值、物理性能、着火温度、爆炸极限、燃烧特性存在很大差异，当利用天然气发动机燃烧沼气时，需对发动机的相关部件进行必要的调整或改装，例如发动机的空气-燃气混合器，在改装时，空气阀的通径基本不变，燃气阀的通径须扩大 1.4 倍左右；此外，还应根据发动机对空燃比和调节特性的要求，确定燃气阀芯的型号，设计若干组阀座与阀芯的配合方案，以备筛选。

即使是同一种气体燃料，其燃烧特性同样会因产地、原料、成分的不同而不同。所以气体燃料的发动机必须根据实际的燃气特性进行现场调试，以达到预期的技术技能和经济指标。沼气发电机组调试的目的是根据现场实际的燃料特性，将空燃比和点火提前角调整到最佳范围，使发动机达到设计的性能指标。空燃比的调整是关键，在调试过程中应对沼气燃料的成分和空燃比进行随机监控，以便随时调整调试的方向。

国内也有将四冲程的液体燃料发动机改装成为气体燃料发动机的，这种改装比改装为双燃料发动机复杂，因为液体燃料发动机本身缺少点火装置。若将柴油机改烧沼气，需做如下几项工作：①确定降低压缩比及燃烧室形状所必需的机器改装；②设计沼气的进气系统和沼气-空气混合器结构；③设计气体调节系统及其与调速器的联动机构；④设计点火系统。若是由汽油机改烧沼气则不需要再做①、③、④项工作。

图 5-4 是单燃料沼气发动机，在原 6160 柴油机的基础上改装而成，其基本工作原理为：沼气与空气在混合器内形成可燃混合气，被吸入气缸后，当活塞压缩接近上止点时，由火花塞点燃进行燃烧做功。单燃料沼气发动机一般存在燃烧速度慢、后燃严重、排气温度高与热负荷大等问题，为了加快混合气的燃烧速率，可以提高压缩比，加强混合气的气流扰动，提高点火能量等。考虑到沼气与柴油

不同的物理化学特性，针对沼气燃烧速度慢的特点，可以采用能改善其燃烧性能的快速燃烧方法，具体为：①采用紊流型燃烧室（如图 5-5），使得燃烧室内产生强度很大的紊流和尺度很小的微涡团，提高沼气-空气混合气的燃烧速度，缩短快速燃烧期；②沼气的主要成分是甲烷，抗爆性能很好，可以选择高压缩比；③为了防止排气管"放炮"，采用的气阀重叠角比原柴油发动机减少 60°曲轴转角。

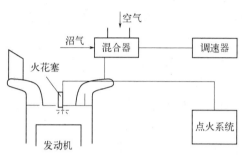

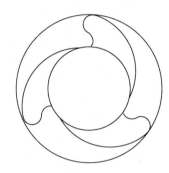

图 5-4　火花塞点火式单燃料发动机示意　　　图 5-5　紊流型燃烧室示意

（2）沼气-柴油双燃料发动机及装置　沼气-柴油双燃料发动机是对柴油机的进气混合系统和双燃料调节系统进行改装得到的。其工作原理是：沼气与空气在混合器中形成可燃混合气，被吸入气缸后，当活塞压缩接近上止点时，向燃烧室内喷入少量引燃柴油，柴油燃烧后点燃缸内混合气进行燃烧做功。双燃料发动机在正常运行情况下，其引燃柴油量在 8%～20%（单位时间内引燃油耗量与改装前该发动机在额定工况下柴油耗量的比值）之间。双燃料发动机的特点是在燃气不足甚至没有的情况下可增加进行燃烧的柴油量，甚至完全烧柴油，以保证发动机运行正常，因此，使用起来比较灵活，适用于产气量较少的场合（如农村地区的小沼气工程中）。这种方案的最大优点就是可以利用少量的引燃柴油压燃后点燃沼气。因为哪怕只有 5%左右的柴油，其着火能量也会大大高于火花点火的能量，就有可能使沼气的着火滞后期乃至整个燃烧期缩短，从而解决沼气机的严重后燃、高排温与热负荷大等问题。任何一台四冲程柴油机都不必更换主要零件，就可以改装成为柴油-沼气机。我国采用的双燃料沼气发动机，没改变原柴油机结构，可保证在运行状态时转换为全烧柴油工作。保留了原燃油系统，在保证喷油嘴零件有足够的冷却强度情况下确定的节油指标能达到国际公认的最佳范围。国外柴油机改为柴油-沼气双燃料发动机若供油系统不变，其节油率为 70%～85%，但其热量利用低于原柴油机。我国的双燃料发动机，从 1974 年先后有四川省农机院、上海内燃机研究所、中国科学院广州能源所等十几个科研单位从事这方面的研究试验工作，并取得很好的成绩。改装后的机组，操作极其简单方便，其节油率在 75%

以上，发电机组的主要性能指标达到所规定的指标范围。目前国内较多使用双燃料发动机（单燃料发电机组多为石油部门采用），但是大中型双燃料发动机采用手动调节，工作可靠性差，操作困难，而且操作人员不能离开机组，工作强度大。双燃料发动机的结构示意如图 5-6。

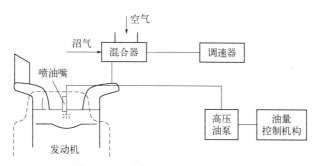

图 5-6　沼气-柴油双燃料发动机的示意

（3）沼气发动机的输出功率　沼气发动机的性能除了结构设计因素外，它在某种程度上取决于沼气的特征。发动机的输出功率对于自然吸气式沼气发动机来说，与所燃用的沼气空气混合气的低热值有关。目前大部分沼气发动机都是用柴油发动机改制的，在发动机的各项性能指标不变的前提下，通过式（5-21）可确定改装后的沼气发动机的输出功率。

$$P_1 = P\frac{H_{ZKL}}{1 + H_{TKL}} \tag{5-21}$$

式中　P_1——改装后沼气发动机的功率，kW；

　　　P——原柴油发动机的功率，kW；

　　H_{ZKL}——沼气-空气混合气的低热值，MJ/m^3；

　　H_{TKL}——天然气-空气混合气的低热值，MJ/m^3。

有资料显示，发动机其他参数不变，虽然沼气的低热值比天然气要低得多，但是如果两者混合气的低热值相差不大，则改装后的沼气发动机的输出功率与原柴油发动机相比，相差不大。沼气消耗率因惰性气体不参加燃烧反应而且要吸收一部分热量作为废气排出而增大，现在国内外普遍认为柴油发动机改装沼气发动机，其热效率下降约 15%，燃气消耗率比较高。

（4）沼气发动机排放物　沼气发动机排放的有害物主要为 CO、NO_x、碳氢化合物（HC）以及少量的 SO_x 和颗粒排放物。根据高温 NO_x 的反应机理，产生 NO_x 的要素是温度、氧浓度和反应时间，在足够的氧浓度下，温度越高，反应时间越长，生成的 NO_x 就越多。由于沼气发动机的燃烧速度慢，燃烧温度较低，NO_x 比柴油发动机低得多；沼气中含有大量的 CO_2（20%～50%），且本身含有一定量的 CO，燃烧时氧气浓度相对柴油机低，因而 CO 和碳氢化合物（HC）的排放量相对高；沼气是一种生物类气体燃料，颗粒物显然比柴油机排放少；至于 SO_x，排放量虽然很少，但是排入大气中，会形成酸雨，危害极大。因此，为减少沼气发动机有害排放物生成，必须对沼气进行净化处理，尤其是脱硫处理；还可适当提高压缩以减少有害物质的排放。实际压缩比与发动机配气相位、速度和负荷大小有关，因而是个变量，提高实际压缩比，提高终了压缩温度和压力，有利于提高混合气的燃烧效率，缩短燃烧时间，降低沼气消耗率，使混合气充分快速燃烧，减少有害排放物的生成。且沼气中甲烷含量高，具有很好的抗爆性能，所以压缩比可大幅度提高；采用高能点火系统可有效增加火焰传播速度，缩短滞燃期，避免后燃严重、排温增高的恶果，使污染降低；为了减少污染，还可对气体排放物进行后处理。

（5）沼气发电余热回收方法　为了提高沼气发电系统对沼气的利用率，应对沼气发电过程中废气和发动机冷却系统中产生的余热加以充分利用，具体利用方法可用图 5-7 简单说明。

图 5-7　沼气发电系统余热利用方法

沼气发电系统能积极、有效地利用沼气，可以将沼气中约 30%的能量变为电力，40%的能量变为热能。沼气发动机在完全满足人们对环保严格要求的同时，利用四冲程、高压点火、涡轮增压、中冷器、稀释燃烧等技术，通过沼气在气缸内燃烧做功，将沼气的化学能转换成机械能。与此同时，利用余热回收技术可将沼气内燃机中润滑油、中冷器、缸套水和尾气排放中的热量充分回收利用而组成热动机组。一般从发动机热回收系统中吸收的热量以 90℃的热水形式供给热交换中心使用。热交换中心可以将回收的余热输送到沼气发酵消化池或其他需要利用低温热能的地方，从而可以提高整个热力系统的效率，达到节能减排的要求。沼气发动机机械效率通常达 40%，热效率可达 50%，总效率高达 90%。通常在 O_2 为 5%的情况下燃烧后排放的 $NO_x \leqslant 500mg/m^3$，完全满足环保的要求。因此，通过沼气发动机利用沼气是一种非常理想的途径。

5.2.4.2　沼气热发电技术

沼气燃烧发电是随着沼气综合利用的不断发展而出现的一项沼气利用技术，

它将沼气用于发动机上，并装有综合发电装置，以产生电能和热能，是一种有效利用沼气的重要方式。同时，根据联合国开发署国际公认的 CDM 计算公式，用沼气每发 1 度电，相当于在空气中减少排入 4.5～5kg 的 CO_2。因此，沼气发电不仅可以提供能源，同时可以解决生态环境问题。我国沼气产业近十几年来发展较快，已建成 26715 个大中型沼气工程，其中包括处理畜禽粪便及各种生产生活污水、垃圾填埋等方法产生的沼气。沼气发电在我国具有巨大的市场潜力。

沼气发电在发达国家已受到广泛重视和积极推广，如美国的能源农场、德国的可再生能源促进法的颁布、日本的阳光工程、荷兰的绿色能源等。目前，美国在沼气发电领域有许多成熟的技术和工程，处于世界领先水平，装机总容量已达 340MW。纽约的斯塔藤垃圾处理站投资 2 千万美元，采用湿法处理垃圾，回收沼气，用于发电，同时生产肥料。欧洲用于沼气发电的内燃机，较大的单机容量在 0.4～2MW。欧洲大部分的国家对沼气发电有政策上的鼓励机制，并将沼气发电并上国家电网，余热基本上都回收利用。德国是发展中小型农场沼气工程的代表，2004 年德国国会对《可再生能源法》进行了修订，使小型农场沼气发电上网更具吸引力。除上网电价优惠，德国政府还对装机容量低于 70kW 的沼气工程给予 15000 欧元的补助金及低息贷款。因此，受政策驱动和经济利益的影响，德国沼气基本上都用于发电。根据德国沼气协会的计算，以德国目前的技术水准，每年可使用沼气发电 60 亿 kW，占全部用电量的 11%；英国主要利用污泥消化沼气工程生产的沼气进行发电，发电余热用于污水处理厂，发出的电并入国家电网；法国的沼气发电则主要用于沼气工程内部耗电，余热也只是用于内部供热；丹麦和奥地利的沼气发电都主要是并入国家电网，余热用于沼气工程自身，表 5-8 是欧洲主要国家沼气发电量及热能产量，图 5-8 为德国一家小型农场的沼气发电系统。

表 5-8　欧洲主要国家沼气发电量及热能产量

国家	发电量/万度电			热能产量/千度电		
	发电厂	热电联产厂	合计	热厂	热电联产厂	合计
德国	—	73380	73380	1000.18	2000.36	3000.54
英国	45891	4079	49970	753.62	—	753.62
意大利	9961	2378	12339	441.94	—	441.94
西班牙	5906	844	6750	170.96	—	170.96
希腊	5786	—	5786	124.44	—	124.44
丹麦	20	2826	2846	40.70	291.9	332.6
法国	5010	—	5010	626.86	12.79	639.65
奥地利	3726	372	4098	—	48.85	48.85
荷兰	—	2860	2860	233.76	—	233.76

图 5-8　德国一小型农场沼气发电机组

（1）垃圾填埋沼气发电系统　垃圾填埋沼气发电系统包含沼气收集系统、沼气处理系统和沼气发电系统。

常用的垃圾填埋沼气发电收集系统有 2 种：一种是竖井系统，另一种是横井系统。竖井主要应用在已封场的垃圾填埋场，当该场的填埋作业完毕后，可以集中打井收集。竖直沼气收集井一般离防渗层最少 4m 以上，沼气收集经过低压运转可以保持 40%的收集率；横井系统采用水平集气系统，主要用于新建的和正在运行中的垃圾填埋场，其特点是填埋垃圾的同时收集沼气。水平沼气收集管由高密度的聚乙烯有孔管和软管连接构成，为防止垃圾掉入造成有孔管堵塞，垂直沼气收集井与水平沼气收集管周围填入碎石。井口装置通过沼气收集支管和支管排水装置、垂直沼气收集管和水平沼气收集管相连，收集到的沼气通过母管经沼气输送管网送到沼气处理系统。

沼气处理系统包含对沼气的脱水、脱硫和脱二氧化碳过程，即为沼气的净化过程。

沼气发电系统，经净化处理后的沼气输入沼气发电机组进行发电，对沼气发电机的控制参数进行调整，包括温度、压力、CH_4 浓度、O_2 浓度等，在发电燃烧过程中为了抑制硝酸等有害物质的生成，可以注入过量的空气量，使沼气充分燃烧，产生的电通过升压、上网进行外供。图 5-9 是典型的垃圾填埋场沼气发电工艺流程。

沈一青对武夷山市生活垃圾处理工程的能值指标进行计算后发现，在垃圾处理中采用垃圾沼气发电比纯粹的能源发电节约了大量的不可再生资源，为系统带来了经济效益，可以获得 20%以上的收益。城市垃圾填埋沼气发电将具有巨大的应用前景。

（2）禽畜粪便沼气发电系统　随着我国禽畜养殖业的飞速发展，实现了大型、规模化饲养，同时向市场提供了充足的副食产品，提高了人民的生活水平。以现阶段中国规模化养殖场对环境污染管理状况和正常水冲粪的流失率计算，一个万头猪场每年将有 40.7t COD 和 30.3t BOD 流失到水体中，相当于一个较大规模的工业企业的污染物排放量。这些粪便含有丰富的氮、钾、磷等物质，可以进行综合利用，从而改变生态环境。利用禽畜养殖场污水、粪便产沼气一方面可以使污水中的不溶有机物变为溶解性有机物，实现无害化生产，从而达到净化环境的目的；另一方面畜禽粪便进入沼气池，经过较长时间的密闭发酵，可直接杀死病菌和寄生虫，减少生物污泥量。而生产出的沼气可以用来发电、供热，沼渣可以作为肥料使用，沼液可以作为杀虫剂，从而实现对养殖场废弃物资源综合利用的目的，同时美化了环境。因此，利用养殖场禽畜粪便产沼气进行发电是目前国内外对养殖场废弃物实现资源综合化利用，改善生活环境的一项非常有利的措施。

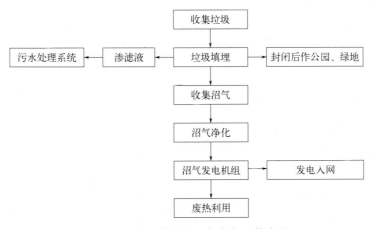

图 5-9　垃圾填埋场沼气发电工艺流程

禽畜粪便沼气发电系统，首先要对禽畜粪便进行厌氧发酵以产沼气，目前德国主要采用湿式发酵技术，采用大型立式发酵罐；我国主要采用厌氧发酵贮气一体化，内部安装两套自动搅拌装置，不用动力，不需维修，气容比最高可达 4∶1，发酵贮气罐最大可制作到 10000m³。禽畜粪便经过沉沙去杂过滤装置去掉沙石、杂草、动物体毛后进入酸化池，初步发酵后进入大型发酵罐中进行沼气发酵。发酵产生的沼气经过净化处理后进入沼气发电系统。对于小型禽畜养殖场，其沼气产量较低，使用的沼气发电系统功率较小，可以采用国产沼气发电机组进行发电；但对于大型沼气工程，需要大于 500kW 的沼气发电机组时则需采用国外进口设备进行生产。从发电机组产生的电可以并网输送到用电单位，也可以用于养殖场自身使用。禽畜养殖场沼气发电工艺流程见图 5-10。

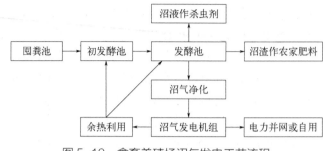

图 5-10　禽畜养殖场沼气发电工艺流程

利用养殖场粪便、污水进行沼气发电，不仅可以实现资源综合利用，改善环境状况，同时具有较好的经济效益。于海滨对山东东营开元畜牧养殖场（养殖规模 2000 头牛）和高唐金达养殖场（养殖规模 10000 头猪）污水处理工程沼气发电系统进行了效益计算，这两个养殖场均采用胜利动力机械集团生产的 40kW 沼气发电机组，运行情况良好。按每立方米沼气发电 1.8kW·h 进行计算，发现如果每天全负荷运转则发电量为 960kW·h/d，每度电价按 0.55 元计算，则折合效益 528 元/d，全年按 300 天计算，则总效益为 158400 元。

5.2.4.3　小型户用沼气发电机组

沼气作为清洁的可再生能源，既能为广大的农村用户提供炊事和生活照明用能，又能改善农村生态环境，因此，沼气技术在中国农村得到了大力推广。中国农村的沼气技术已相当成熟，普及率较高，但是，农村沼气除用于炊事、生活照明和农业生产外，其他方面的用途很少。实际上，农村生产的沼气可以利用小型户用沼气发电机组进行发电，从而将沼气的化学能转换成电能，扩大沼气的使用范围和使用效果。

我国已进行了多年的小型户用沼气发电机组的研究。广州市机电工业研究所沼气发电机组研制组在 1979 年研制成功微型沼气发电机组——S195 沼气发动机组，该机组经过在郊区明星生产队实际运行试验 50h 后，于 1979 年 7 月移交东莞大队，至 1980 年 1 月实际运行 450h，累计运行 500h，运行过程中性能良好。1983年 12 月重庆市科委组织鉴定认可了由重庆电机厂、重庆柴油机厂、井研卫东机械厂联合研制成功的 DZF-1.2KW 和 DZF-4KW 的小型单相同步沼气发电机组。该发电机组结构紧凑、操作维修方便、体积小、重量轻、便于移动、成本低、耗资少，在常压下能发电且可以自动调速、调压，适合于无电网供电和电力缺乏的农村地区。2006 年李民等对市售柴油机改造成沼气-柴油双燃料发电机组，并将其应用到养殖企业，获得了成功。该发电机组功率较大，适宜于农村万头以下的小型养殖户使用，该发电装置的样机如图 5-11 所示。

2007 年授权的实用新型专利 200520032575.8 公开了一种利用电启动的微型户用沼气发电机组，包括供气装置、发电装置、沼气稳压装置（沼气调节机构和沼气混合机构）。在发电机组中，沼气调节机构包括贮气箱和调气阀，贮气箱内由隔板分为上、下两个腔室，在与贮气箱壁接触的隔板上开有与调气阀适配的调气孔，在贮气箱下腔开有与供气装置连通的进气口。沼气混合机构包括混合器和压力自

图 5-11　沼气-柴油双燃料发电机组

控阀，在混合器顶部装有空气滤清器，压力自控阀将贮气箱上腔与混合器连接起来，混合器底部通过管道与发动机的燃烧室连通。该实用新型专利可以充分利用农村小型沼气池多余的可燃气，解决无电区的用电问题和有电区的节电问题。刘振波等根据农村户用沼气池（即水压式沼气池）的实际情况，设计了 0.7kW、1.8kW、3.8kW、4.8kW 等系列户用沼气发电装置，利用自行设计的沼气发动机实现了农村户用沼气发电。该发电装置的发电机根据具体情况，选用了与沼气发动机配套的外接励磁电源配套的感应发电机和自身作为励磁电源的同步发电机，发电工作过程为：从户用沼气池产生的沼气经过脱硫器进入气体流量计，然后通过稳压防爆

装置，再进入到沼气发动机中，经过发电机的作用，把沼气燃烧产生的化学能转化成电能输送出去。该沼气发电装置的样机见图 5-12。他们对 1.8kW 的农村户用沼气发电装置进行了性能测试。测得该发电装置在常温下使用的燃气——沼气的主要气体组分的体积分别为 CH_4 67%、CO_2 31.5%、H_2S 0.1%、H_2 1.4%，计算得到沼气的热值为 25.40kJ/m^3。对该发电装置连续启动 3 次，每次间隔时间为 2min，发现发电装置在 3 次启动过程中均能顺利启

图 5-12　农村户用沼气发电机组

动。当环境温度降低为-5～5℃之间时，发电装置的启动时间为 5min。对发电装

置的性能指标按行业标准 JB/T 9583.1—1999《气体燃料发电机组　通用技术条件》的测试方法进行了测试和分析，得到了较为满意的试验结果，该发电机组的启动气压为 2～12kPa，正常工作气压为 0.5～10kPa，尾气温度≤600℃。经计算得到该发电装置沼气的消耗率为 0.50m³/(kW·h)，输出电压为 220V。该系列沼气发电装置启动性能良好，整个运行区域内性能稳定，工作状况良好，未出现外混式沼气机所经常发生的"回火放炮"现象，该发电装置投资少、收益快，比较适合农村户用沼气工程发电项目，可以在农村缺电地区或无电地区推广使用。

　　目前，国外对户用沼气发电和小型发电机组研究也较为深入，比较突出的是微型燃气轮机沼气发电机组。微型燃气轮机具有体积小、重量轻、可靠近用户安装等优点，能够满足农户、小型养殖场、游泳池、宾馆等小沼气池发电的要求。如美国 Capstone 公司生产的微型燃气轮机发电机组，就具有效率高、环保、维护少、系统配置灵活、安全可靠等优点，在世界范围内得到了广泛的使用。该微型燃气轮机发电机组主要包括发电机、离心式压缩机、透平、回热器、燃烧室、空气轴承、数字式电能控制器（将高频电能转换为并联电网频率 50Hz 或 60Hz，提供控制、保护和通信作用），完全不需要齿轮箱、油泵、散热器和其他附属设备。Capstone 公司生产的微型燃气轮机发电机组已在全球销售了 3000 台，累计运行超过 3×10^6h。图 5-13 所示为 Capstone 公司微型燃气轮机沼气发电机组工作原理。

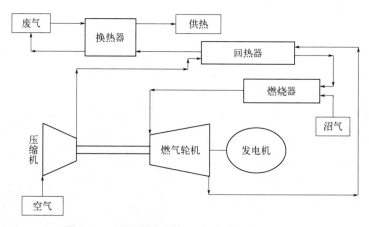

图 5-13　微型燃气轮机沼气发电机组工作原理

　　微型燃气轮机沼气发电机组在欧美、日本等发达地区已受到了广泛重视和积极推广，并积累了丰富的应用经验。如美国加州洛佩兹垃圾填埋场使用了 50 台 30kW 微型燃气轮机发电机组；日本三洋化工采用了 30 台微型燃气轮机发电机组进行工业发电；中国台湾地区也在台北的垃圾填埋场使用了微型燃气轮机沼气发电机组进行垃圾填埋沼气发电。

5.2.4.4　沼气燃料电池

利用燃料电池发电，是国际上能源研究的一个热点。由于燃料电池的能量利用率高，对环境基本上不造成污染，目前国际上对燃料电池的研究投入了大量的人力、物力。

（1）燃料电池技术及产品　燃料电池是近年来技术发展进步最快的产业之一，它是把燃料中的化学能直接转化为电能的能量转化装置，如质子交换膜燃料电池（PEMFC），其工作原理是：氢气被送到负极，经过催化剂作用，氢原子中两个电子被分离出来，这两个电子在正极的吸引下，经外部电路产生电流，失去电子的氢离子（质子）可穿过质子交换膜，在正极与氧原子和电子重新结合为水。由于氧可以从空气中获得，只要不断给负极供应氢，并及时把水（蒸汽）带走，燃料电池就可以不断地提供电能。

燃料电池具有下列优点：①能量转化效率高，燃料电池的能量转换效率理论上可达 100%，实际效率已可高达 60%~80%，为内燃机的 2~3 倍；②不污染环境，燃料电池的燃料是氢和氧，生成物是清洁的水；③寿命长，燃料电池本身工作没有噪声，没有运动件，没有振动。所以燃料电池是一种近乎零排放的动力源，它不经历热机卡诺循环过程而直接把燃料的化学能转变成电能，故燃料电池应用技术被美国《时代》周刊列为 21 世纪十大高新科技之首。燃料电池的高效率、无污染、建设周期短、易维护以及低成本的潜能将引发 21 世纪新能源与环保的绿色革命。如今，在北美、日本和欧洲，燃料电池发电正以奋起直追的势头快步进入工业化规模应用的阶段，将成为 21 世纪继火电、水电、核电后的第四代发电方式。

由于具有燃料利用效率可达 80%、不排放有害气体、容量可根据需要而定等优点，所以燃料电池受到了各方面的极大关注。各国政府都在这方面增加研发资金，推动其商业化的进程。在国外容量为 3kW、5kW、7kW 等热电联用的燃料电池正在源源不断地进入家庭，数百千瓦的燃料电池正在源源不断地进入旅馆、饭店、商厦等场所。为了获得氢燃料，目前在非纯氢燃料电池前均加了燃料改质器（也称重整器），如日本大阪燃气与三洋电机两公司开发出以天然气为燃料的家用千瓦级固体高分子燃料电池，以天然气为燃料的 24h 不间断型家用燃料电池。随着燃料电池商业化的发展，终将实现家庭发电将像用煤气灶与煤气罐配合使用一样方便，打开气阀就可以发电和供热水。

燃料电池的工作原理和普通电池一样，是将物质的化学键能直接转化为电能的一种装置。在普通的电池中，用来提供化学键能的物质在使用一定时期以后，要么需要进行充电才能继续使用，要么则完全换新的。但是，燃料电池是只要向燃料电池的电极供给"燃料"和氧化剂，则其就可以连续地进行由化学键能向电能的直接转化。由燃料电池的工作原理（图 5-14）可见，燃料电池由阳极和阴极组成，在阳极和阴极之间为导离子的电解质，根据电解质的不同而有不同类型的燃料电池。阳极和阴极都是由多孔的材料制成，以便燃料和氧化剂进行良好的接触。在阳极上，燃料气体被氢氧化物、氧化物和来自电解质的碳酸盐离子所氧化而生成 H_2O、CO，并产生电子。如果在阳极和阴极间用导线连接，则电子就会从阳极流向阴极。在阴极上氧化剂被来自阳极的电子离子化，而生成氢氧化物、氧化物或碳酸盐离子，这些离子通过电解质由阴极流向阳极，从而形成了整个电流回路。

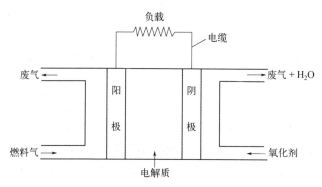

图 5-14　燃料电池的结构和工作原理

由于燃料电池中电解质和反应化学物质之间需要有很大的接触空间，因而每个燃料电池元件的尺寸和功率受限制，一般为几十瓦一个电池元件，然后将多个燃料电池元件组装成较大的组件。一个功率为 100kW 的组件占地面积约 $0.2m^2$。对于不同的燃料电池，由于所采用的电解质不同，因而其运行温度、电效率以及废气的排气温度均不相同。能够在较高温度下运行的燃料电池，其废气的排气温度也较高，因而可以通过余热利用来提高整个系统的效率。表 5-9 为几种基本的燃料电池的性能比较。

表 5-9　几种基本燃料电池的性能比较

燃料电池类型	电解质	燃料	运行温度/℃	电效率/%	排气温度/℃
碱性燃料电池（AFC）	KOH（氢氧化钾）	H_2	100	40	70
固体聚合物燃料电池（SPFC）	聚合物	H_2	100	40	70
磷酸燃料电池（PAFC）	H_3PO_4（磷酸）	H_2	200	40	100
熔融磷酸盐燃料电池（MCFC）	Li/K_2CO_3	H_2,CO,HC	650	50	400
固体氧化物燃料电池（SOFC）	ZrO_2（氧化锆）	H_2,CO,HC	1000	55	1000

表 5-9 所列的 5 种基本燃料电池可分为两大类：头三种 AFC、SPFC 和 PAFC 采用氢气作燃料，运行温度较低，属于第一代燃料电池；后两种 MCFC 和 SOFC 可用

氢气、一氧化碳和碳氢化合物作燃料，可在较高的温度下运行，是第二代燃料电池。

固体氧化物燃料电池采用固体氧化物作为电解质，除了高效、环境友好的特点外，它无材料腐蚀和电解液腐蚀等问题；在高的工作温度下电池排出的高质量余热可以充分利用，使其综合效率由 50% 提高到 70% 以上；它的燃料适用范围广，不仅能用 H_2，还可直接用 CO、天然气（甲烷）、煤气化气、碳氢化合物等作燃料，这类电池最适合于分散和集中发电。

目前世界上已安装使用的燃料电池约 300 套，多数采用天然气为原料，其中安装在美国某公司的 1 号机和安装在日本大阪煤气公司的 2 号机，累计运行时间相继突破了 4 万小时。

（2）沼气燃料电池及发电装置　沼气燃料电池作为一种直接将化学能转化成电能的系统工程，实际能源利用总效率可达 81%（发电效率 40%、热效率 41%）。沼气燃料电池是将经严格净化后的沼气，在一定条件下进行烃裂解反应，产出以氢气为主的混合气体（氢气含量达 77%），然后将此混合气体以电化学方式进行能量转换，实现沼气发电。德国科隆市 RODENKIRCHEN 污水处理厂使用的发电机组即为一例。据介绍，该机组由 5 部分组成，分别为沼气净化装置、加热裂解（反应）室、转化器、磷酸电化学电池装置和逆变器，其中后 4 部分为一体，总尺寸为 5m×2.5m×3m。国内有广州市番禺水门种猪场建设的和日本政府合作的 200kW 的沼气燃料电池装置。该沼气燃料电池由 3 个单元组成：燃料处理单元、发电单元和电流转换单元。

① 燃料处理单元。该单元主要部件是沼气裂解转化器（改质器），它以镍为催化剂，将甲烷转化为氢气。

② 发电单元。把沼气燃料中的化学能直接转化为电能。

③ 电流转换单元。主要任务是把直流电转换为交流电。

燃料电池产生的水蒸气和热量可供消化池加热或采暖用，排出废气的热量也可用于加热消化池。

日本一座日处理污水 20 万 m^3 的处理厂，所用的沼气燃料电池与传统沼气发电的经济比较见表 5-10。

表 5-10　沼气燃料电池发电与传统沼气发电的经济效益比较

项目	发电方式	
	燃料电池(200kW×4)	沼气发电(600kW)
沼气用量/(m³/d)	6804	6804
年发电量/(kW·h)	56.1×10⁵	44.2×10⁵
发电设备耗电量/(kW·h/a)	−3.3×10⁵	−3.6×10⁵
年供电量/(kW·h)	52.8×10⁵	40.6×10⁵

续表

项目	发电方式	
	燃料电池(200kW×4)	沼气发电(600kW)
年节省电费/万日元	7392	5684
年建设费/万日元	72000	71000
年运行费/万日元	6248	5056
年盈利/万日元	1144	628

由表 5-10 可见，沼气燃料电池基建投资和运行费比沼气发动机发电高，但发电量大，沼气燃料电池的发电量为 $28kW/m^3$，传统的沼气发电为 $21kW/m^3$，沼气燃料电池的年盈利自然高。

（3）沼气燃料电池的发电原理　沼气燃料电池是将沼气化学能转换为电能的一种装置，它所用的"燃料"并不燃烧，而是直接产生电能。它的发电过程由 3 个单元完成。

① 燃料处理单元。该单元主要部件是改质器，它以镍为催化剂，将甲烷转化为氢气，反应如式（5-22）（参与反应的水蒸气来自发电单元）。

$$2CH_4+3H_2O（汽）\xrightarrow{Ni} 7H_2+CO+CO_2 \qquad （5-22）$$

为了降低 CO 的浓度，在铜和锌的催化作用下，混合气体在改质器后的变成器中得到进一步的改良，反应如式（5-23）。

$$7H_2+CO+CO_2+H_2O（汽）\xrightarrow{Cu,Zn} 8H_2+2CO_2 \qquad （5-23）$$

② 发电单元。发电单元基本部件由两个电极和电解质组成，氢气和氧化剂（O_2）在两个电极上进行电化学反应，电解质则构成电池的内回路，其工作原理如图 5-15 所示。

含氢气的混合气体从阳极进入电解质电化学电池组。在电池组中有一特制的膜将其阴阳两极分开，而此膜对离子具有选择性。氢气在电池组的阳极被分解为电子和氢离子，由于电子不能通过膜且在电极的作用下，经逆变器从阳极流向阴极，

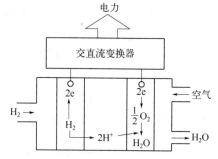

图 5-15　磷酸型沼气燃料电池工作原理

电子的定向流动形成直流电流，进而在逆变器的作用下转化成交流电输出；同时氢离子从膜扩散到阴极，与从阴极进入电池组的空气中的氧气以及外围电路中的电子反应，形成水（若在阳极中输入的是纯的氢气，则产生的废气仅是水蒸气而已）。氢氧结合产生的热能由换热器输出成为可利用的有效热。

电解质可采用磷酸，其发电效率虽较低，但温度低（约 200℃）。在磷酸电解质中，电池反应如式（5-24）。

$$阳极：H_2（g）\rightarrow 2H^+ + 2e$$

$$阴极：\frac{1}{2}O_2（g）+ 2H^+ + 2e \rightarrow 2H_2O \qquad （5-24）$$

电子通过导线时，形成直流电。燃料电池由数百对这样的原电池组成。

③ 电流转换单元。主要任务是把直流电转换为交流电。燃料电池产生的水蒸气、热量可供消化池加热或采暖用。排出废气的热量也可用于加热消化池。

（4）作为燃料电池原料的沼气的预处理　为了满足燃料电池对燃料的要求，必须首先对沼气进行预处理。沼气中的有用成分是甲烷，燃料电池要求甲烷的浓度在 90%以上，其他成分如 CO_2、H_2S 等对燃料电池有不利影响。表 5-11 是沼气用作燃料电池时各种气体含量的最高限值及超过此限值时对燃料电池的影响。

表 5-11　燃料电池对气体的限制值

有害物质	限制值	对燃料电池的影响
H_2S	$7.12mg/m^3$ 以下	缩短内部催化剂的寿命
HCl	1.0%以下	使内部催化剂能力低下
SO_x	0.5%以下	
NO_x	1.0%以下	
F 化合物	1.0%以下	
O_2	1.0%以下	对脱硫催化剂有不利影响
粉尘	$0.003g/m^3$ 以下	使催化剂压力损失增大
CO_2	10%以下	减少电池发出的电力
CH_4	90%以上	减少电池发出的电力

从表 5-11 可以发现，用作燃料电池原料的沼气，其净化过程非常关键。除了对沼气进行脱硫处理外，还必须对沼气中的氮化物、二氧化碳、粉尘进行清除，以使燃料电池正常、高效地运行。

5.2.4.5　沼气发电在国内的应用状况及前景

沼气作为农村生活燃料已为人们所接受，沼气作为发动机燃料，直接驱动加工作业机具和发电机以代替石油，沼气发电在我国 20 世纪 70 年代就开始受到国家的重视，国内对此进行了长足的研究。目前国内已建成了好几座大型沼气发电工程，例如，浙江省最大的酒精生产厂——长征化工厂，建成了设计容量为 1000kW 的沼气发电站，发动机由天然气发动机改装而成，单机最大功率达 450kW，既解决了酒精糟液的处理问题，又生产了高质量的能源；江苏泗洪酒厂距洪泽湖 15 千米，邻淮海水系，该厂引进澳大利亚的废水处理技术，建成了 1500kW 的沼气发电及热利用系统，使环境保护与节能相结合；安徽亳州市酒精厂系古井贡酒厂配套企业，现年产食用酒精 1.5 万吨，成为亳州市骨干企业，为改善淮河水系水质污染现状，1992 年，安徽省计委批准本企业污水治理工程及沼气发电工程立项。该项目总投资 300 万元，其中沼气发酵工程投资 200 万元，沼气发电工程 100 万元。沼气工程现日处理酒精糟液 400m³，已于 1994 年 9 月投入运行。该厂沼气发电项目，每年可创效益 114.8 万元，其中直接经济效益 94.8 万元，三年半就可回收全部投资；国内许多大城市，如南京市、杭州市、深圳市都已建成垃圾处理厂沼气发电工程，这些工程的建立将大大改善城市居住环境，减轻城市污染，由废弃物产生的电能又缓解了城市的电力紧张问题。

沼气发电装置比其他热动力设备或发电装置的热效率都高。国外最先进的沼气发动机组加上余热利用以后的综合热效率最高可达 88%，再加上沼气燃料电池的研制和应用，沼气高效、无污染的发电利用方式必将在国内、国际得到广泛利用。因此，沼气发电不仅对于大型酒精厂、垃圾填埋场、大型牲畜养殖场意义重大，在解决废物处理问题、美化环境的同时能产生高质量的能源，创造出巨大的经济效益和社会效益；而且对我国农村地区来说同样具有巨大的现实意义。农村地区，沼气原料充足，如果利用农业生产废弃物、牲畜粪便来发酵产沼气，则沼气发电产生的电可以通过电缆输送到每家每户，提前实现全部家用设备电气化，既方便又干净，用不完的电还可以并入大电网中，这是最科学、合理、高效应用沼气能源的途径。由此可见，沼气发电对于缓解我国农村电力紧张状况同样具有重要的作用。

5.3 沼气综合利用技术

沼气的开发与利用，在发展新能源建设中占据很重要的地位。沼气利用已由过去单纯用作炊事燃料和照明的生活领域向生产领域发展。沼气系统本身的功能也日益拓展，它已成为一个具有能源、生态、环保和其他社会效益的多功能综合系统，其经济效益日益提高。

沼气利用范围涉及种植业、养殖业、加工业、服务业、仓储业等诸多方面，如表 5-12 所示。沼气综合利用把沼气与农业生产活动直接联系起来，成为发展庭院经济、生态农业，增加农户收入的重要手段，也开拓了沼气应用的新领域。它对促进农业产业结构调整，改善生态环境，提高农产品的产量和质量，增加农民收入，实现可持续发展，具有重要意义。通过沼气综合利用，可促进农村产业结构调整，改善生态环境，提高农产品的产品质量，增加农民收入，实现可持续发展。

表 5-12　沼气综合利用范围

沼肥	种植业	养殖业	其他行业
沼气	塑料大棚增温	孵化禽蛋，幼禽增温，点灯诱蛾，养鸡、养鸭、养鱼，蚕房增温	储粮，果实保鲜，火补轮胎，沼气冰箱，发电，金属焊接、切割，医药化工原料，烤烟，烘干

5.3.1　沼气应用于蔬菜大棚

沼气中含有大量的甲烷和二氧化碳，甲烷燃烧时又可以产生大量的二氧化碳，同时释放出大量的热能。一般燃烧 $1m^3$ 沼气可产生 $0.975m^3$ 二氧化碳，释放大约 23kJ 的热量。沼气在塑料大棚中有两个作用：一是利用沼气燃烧的热量，提高棚内温度或增加光照。二是利用沼气燃烧后产出的二氧化碳，为蔬菜生长提供"气肥"，促进光合作用，提高作物产量。实验表明，沼气温室可使黄瓜增产 50%、番茄增产 20%、辣椒增产 30%。

沼气燃烧时所产生的热量可用来对塑料大棚保温。以长 20m、宽 7m、平均高 1.5m、容积为 $210m^3$ 的塑料大棚为例，在不考虑散热的前提下，每立方米的室温升高 1℃大约需要 1kJ 的热量。因此，$1m^3$ 沼气可以使 $210m^3$ 的空间升高约 10℃ 的温度。

但现实中塑料大棚具有不同程度的散热，要使大棚的温度恒定在一个温度范围内，根据生产经验，大棚内每 $100m^3$ 设置一个沼气灶或者每 $50m^3$ 设一个沼气灯一直燃烧着，可使棚内的 CO_2 浓度提高到 1600mg/kg 左右，而农作物需要大气中的 CO_2 底限是 300mg/kg，大多数蔬菜的光合作用强度在 9～10 点。因此，燃烧沼气的时间宜在上午 8 点以前。沼气灯用来增温保温，效果较好；沼气灯多用于保温，沼气灶升温较快，多用来快速提温。燃烧时间安排在 5～8 点。由于增加棚内的 CO_2 浓度措施需要与足够的水肥条件相配合。因此，要注意塑料棚内的通风换气。

5.3.2　沼气储粮

沼气储粮的特点是成本低，操作方便，使用性广，无污染，缺氧环境能杀灭病虫害，防治效果好。沼气储粮方法一般如下：一般按照 $1m^3$ 粮堆用 $1.5m^3$ 沼气。在小型农户可每 15 天通一次沼气，每次沼气通入量为储粮容器容积的 1.5 倍，这种储粮方式可串联多个储粮容器，小型农户储粮装置示意图见图 5-16。

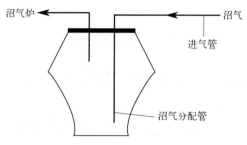

图 5-16　小型农户储粮装置示意图

　　大型粮库在系统设有二氧化碳和氧气测定仪的情况下，可用排出气体中二氧化碳和氧气浓度来控制沼气通入量。当排出气体中的二氧化碳浓度达到 20%以上，氧气浓度降到 5%以下时，停止充气并封闭整个系统，以后每隔 15 天左右输入沼气，输入量仍按照上述气体浓度控制。在无气体成分测定仪的情况下，可在开始阶段连续 4 天输入沼气，每次输入量为粮堆体积的 1.5 倍，之后每隔 15 天输入沼气，输入量仍为粮堆体积的 1.5 倍。不管大型还是小型用户输入沼气时都必须打开排气管。粮库沼气储粮装置示意图如图 5-17。

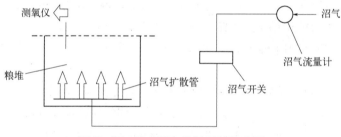

图 5-17　粮库沼气储粮系统示意图

　　用塑料薄膜袋或者其他不漏气的容器装粮食，袋子或容器上下各装一条塑料管，下面管子用作沼气的输入管，上面的管子用作排气管，输入沼气后，在排气管上试火，可以点燃时说明空气基本上排出了，即可密封进、出管口。

5.3.3　沼气保鲜贮藏

　　在粮食、水果存放的环境中，采取措施，用沼气取代空气，在缺少氧气、高浓度二氧化碳的环境里，降低粮食、水果（用于蔬菜、种子也是如此）的呼吸强度，使其新陈代谢也随之减弱，储藏过程中的基质消耗大大降低。在这种环境中，抑制储藏物乙烯的生成，阻碍了某些真菌的生长，能显著减轻果品的腐烂。与此同时，也抑制了害虫、病菌的生长，从而达到延长粮食、水果保存期和提高完好率的目的。

沼气保鲜应注意以下事项：

（1）选择适宜的贮藏场所。适合贮藏果品的场所应是避风、清洁、温度比较稳定、昼夜温差变化不大的地方。

（2）因地制宜，确定贮藏形式。适合利用沼气进行气调贮藏的果品贮藏形式，通常有 4 种：容器式和薄膜罩式具有投资少，设备简单，操作方便，简便易行等优点，但贮藏过程中，环境条件变化较大，且贮藏量小，适合家庭和短期贮藏；土窑式和贮藏室式虽然修建投资大，密封技术要求高，但贮藏容量大，使用周期长，环境条件受外界干扰小，适合集体、专业户和长期贮藏使用。

（3）按贮藏技术条件精心管理。将挑选好的果品装入塑料筐、纸箱或聚乙烯袋中，入室贮藏，在观察窗处设置水银温度计和相对湿度计，以便随时检查室内温、湿度变化情况。贮果堆好后封门，并用胶带或者其他密封材料封闭门窗。

（4）充入一定沼气。通过气体流量计，向贮藏室内充入沼气，充气量由每天每立方米贮藏室容积 $0.06m^3$，经过十天左右，逐渐加大到 $0.14m^3$，使贮藏室内环境气体含氧量或含二氧化碳量达到或者接近标准数值（见表 5-13）。

表 5-13　不同品种贮藏室内环境条件

品种	温度/℃	湿度/%	气体组成/%		贮藏期	
			CO_2	O_2	气调贮藏	普通贮藏
苹果	0～5	90～95	3	3	6～8 月	4 月
梨	0～5	85～95	0～7	4～5	6～7 月	5 月
柑橘	10～13	90～95	2～7	10	5～6 月	1 月
番茄	10～12	90～95	2～5	2～5	5～6 月	3～4 周
马铃薯	3	85～90	3～5	3～5	7～8 月	4～5 月

（5）合适的温、湿度控制。保持适宜的温、湿度，除可减少贮藏果实水分损失和基质消耗外，还能保持贮藏果实的鲜度和品质。一般根据不同品种，贮藏温度应保持在 3～10℃，相对湿度应稳定在 94%左右，温、湿度值应达到或者接近表 5-13 中所对应的数值，每天的温度变化应小于 1℃，否则，因温、湿度流动过大，会使环境中的水分在果品表面结膜，增加腐果率，不利于保鲜和贮藏。

（6）日常管理。贮藏果实 2 个月内，每隔十天将贮藏果实翻动一次，顺便进行换气。翻动时，及时检查贮藏状态，以便采取相应措施，同时挑出烂果和有伤的果实，以后每隔半月翻动一次，每次翻果，可顺便换气半天，低温季节宜选气温较高的中午换气，高温季节宜在夜间换气。同时，注意定期用 2%的石灰水对贮藏室的地面、墙面和果箱进行消毒，保持环境卫生。当气温低于 0℃时，要采取保温措施，防止冻伤水果。

5.3.4 沼气烘干粮食

我国广大农村主要靠日晒使粮食和农副产品干燥，收获时如果遇到连阴雨天气，往往造成霉烂。利用沼气烘干粮食和农副产品，设备简单，操作方便，成本低，工效高，可以有效地减少阴雨天造成的霉变损失，适合一家一户使用。

（1）烘干方法　用竹子编织一个凹形烘笼，再根据烘笼的大小用5~6层砖块垒一个圆形灶台作为烘笼的座台。把沼气炉具放在灶台正中，用一个耐高温的铁皮盒倒扣在炉具上，铁皮盒距炉具火焰2~3cm。然后把烘笼放在灶台上，将湿的粮食倒进烘笼内，点燃沼气炉，利用铁盒的热辐射烘烤笼内的粮食。烘1h后，把粮食倒出摊晾，以加快水蒸气散发。摊晾第1笼粮食时烘笼可烘烤第2笼粮食；摊晾第2笼粮食时，又回过来烘第1笼粮食。每笼粮食反复烘2次，就能基本烘干，贮存时不会发芽、霉烂。烘3~4次，其干燥度可以达到碾米、磨面及贮存的要求。

（2）烘干粮食注意事项

① 编织烘笼时，其底部的突出部分不能太矮。太矮了，烘笼上部粮食堆放太厚，不易烘干。

② 编织的烘笼宜采用半干的竹子，不宜用刚砍下的湿竹子。因为湿篾条编织的烘笼，烘干后缝隙会过大。

③ 准备留作种用的粮食不能采用这种强制快速烘干方法。

④ 在烘干过程中要根据粮食的烘干程度及时调节火候，并不停地翻动，以利于水蒸气的散发，从而达到快速烘干的目的。

5.3.5 沼气灯育雏

由于沼气灯不受停电的影响，亮度适宜，升温效果好，调节简单，成本低廉，能使雏鸡生长良好，体质增强，成活率提高。所以，利用沼气灯给雏鸡升温比一般用电灯效果好。选择一些旧纸箱、木箱、竹筐作育雏箱。将点燃的沼气灯置育雏箱上方0.65cm左右为宜。饲养过程中，要严格控制温度和光照，为雏鸡生长发育提供一个适宜的环境。要经常检查箱温，1周龄小鸡的适宜温度是30~32℃，2周龄时温度降到27~30℃，3周龄及以后控制在27℃。要调节光照时间，1~2日龄每天用沼气灯连续照24h，3~4日龄每天照22h，4~7日龄每天照20h，随着小鸡日龄的增加，在保持湿度的前提下，光照时间逐步减少。到20日龄时，减少到9h。20日龄之后，光照时间在原来的基础上逐渐增加，每天光照时间在14h以上。一个月以后，雏鸡就可以在室外活动了。这种育雏鸡方法简单、投资小、效果好。

沼气灯育雏注意事项：

（1）及时调节温度 沼气灯照明升温育雏的技术关键，是及时按要求调节温度。温度对雏鸡生长是否适宜，还可根据雏鸡的行动和神态来判断。如果雏鸡分散均匀，不聚集一堆，吃食活泼，表明温度适宜；若雏鸡密集成堆，吱吱乱叫，表明温度过低；若雏鸡张口喘气，连续喝水，表明温度过高。一般调节温度应注意掌握以下原则：初期高一些，后期低一些；夜间高一些，白天低一些；体质弱的高一些，体质强的低一些。

（2）通风换气 沼气灯长时间燃烧，会产生一定量的废气，一般可在中午温度高时进行通风、换气，并视雏鸡情况，让其在阳光下活动，呼吸新鲜空气，以增强雏鸡体质。

（3）精心喂养 出壳 24 小时的雏鸡，可开始喂一些容易消化的饲料。将饲料先弄碎，然后拌湿再喂，并让雏鸡尽快自由采食。3 天以后，每天喂食 5～6 次，以后喂食次数逐步减少，并可配合喂一些 1%浓度的食盐水。

（4）防疫防病 及时接种鸡瘟疫苗，不喂发霉变质的饲料，育雏箱和鸡舍要保持清洁卫生。

参考文献

[1] 张百良. 农村能源工程学. 北京：中国农业出版社，1999.

[2] 张全国，刘圣勇，孙世峰，等. 燃烧理论及其应用. 郑州：河南科学技术出版社，1993.

[3] 万仁新. 生物质能工程. 北京：中国农业出版社，1995.

[4] 周孟津. 沼气生产利用技术. 北京：中国农业大学出版社，1999.

[5] 马力. 沼气技术推广对农户沼气利用行为及炊事能源消费的影响. 南京：南京农业大学，2016.

[6] 李猷嘉. 煤气燃烧器. 北京：中国工业出版社，1966.

[7] 陈瑶. 生猪集约化养殖的废弃物处理方式选择与控制策略研究. 成都：四川大学出版社，2017.

[8] 涂晋林，吴志泉. 化学工业中的吸收操作——气体吸收工艺与工程. 上海：华东理工大学出版社，1994.

[9] 简弃非. 沼气燃料电池及其在我国的应用前景. 中国沼气，2003, 21(3): 32-34.

[10] 林荣忱，周伟丽，林文波，等. 城市污水处理厂沼气发电的两种方式. 城市环境与城市生态，1999, 12(3): 57-59.

[11] 王世遽. 沼气发电在国内的发展. 中国沼气，1997, 15(4): 40-42.

[12] 熊树生，楚书华，杨振中. 活塞式内燃机燃用沼气的研究. 太阳能学报，2003, 24(5): 688-692.

[13] 夏来庆，陈泽智，陈勇，等. 火花点火式沼气发动机高效燃烧的研究. 浙江大学学报(自然科学版)，1997, 31(3): 18-24.

[14] 刘朗. 安徽省亳州市酒精厂沼气发电工程简介. 中国沼气，1997, 15(2): 36-37.

[15] 陈泽智，陈红岩，陈勇，等. 改善火花点火式沼气发动机性能的原理与实现方法. 农业机械学报，1998, 29(1): 15-18.

[16] 陈泽智. 生物质沼气发电技术. 环境保护，2000, 10: 41-42.

[17] 夏来庆，陈泽智，郑彪. 谈沼气发电技术及其应用. 农村电气化，1996, 8: 20-21.

[18] 朱玲玲，陈秀莲，林庆明. 完善家用沼气炉具使用性能与提高热效率. 中国沼气，2003, 21(4): 39-40.

[19] 王和雄，孙传志. 一种新型独特的沼气发电机. 给水排水，1999, 25(9): 64.

[20] 陈勇，郑彪，陈泽智，等. 沼气-柴油双燃料发动机发电机组防飞车装置的研制. 柴油机，1998, 3: 15-18.

[21] 刘乔明，汤东，窄长学，等. 沼气发动机概述. 江苏大学学报(自然科学版)，2003, 24(4): 37-40.

[22] 邱凌. 沼气灶具的最佳使用效果研究. 中国沼气，1995, 13(2): 20-21+32.

[23] 梅翔，王嘉立. 沼气燃烧工艺系统的设计. 中国沼气，1995, 13(2): 27-29.

[24] 岳登贵，刘惠萍，樊心晨. PM成型脱硫剂在沼气中的应用试验. 中国沼气，1997, 15(4): 34-36.

[25] 任爱玲，郭斌，杨景亮，等. SW型脱硫剂脱除沼气中 H_2S 的研究. 河北化工，1994(03): 59-62+17.

[26] 田晓东，强健，陆军. 大中型沼气工程技术讲座（五）沼气的脱硫与工程运行管理. 可再生能源，2003, 3: 58-60.

[27] 何群彪，戈成. 污泥厌氧消化中的沼气脱硫技术研究. 上海环境科学，1995, 14(7): 18-19.

[28] 石磊，赵由才，唐圣钧. 垃圾填埋沼气的收集、净化与利用综述. 中国沼气，2004, 22(1): 14-17.

[29] 逢辰生. 美国高热值填埋沼气的加工处理. 北京节能，1997, 1: 34-36.

[30] 曾友为. 农村沼气脱硫剂使用中的热现象分析. 中国沼气，2002, 20(4): 41-43.

[31] 彭爱华，汪建华. 脱硫器在户用沼气中的应用. 农村能源，1998, 5: 22.

[32] 方士，陈国喜，吴玉祥，等. 生物塔外曝气法去除沼气中 H_2S 的研究. 浙江大学学报（农业与生命科学版），2000, 26(1): 46-50.

[33] 牛克胜，孙严声. 沼气干法脱硫连续再生工艺综述. 中国沼气，2003, 21(1): 26-27.

[34] 田晓东，强健，陆军. 大中型沼气工程技术讲座（二）工艺流程设计. 可再生能源，2002, 6: 45-48.

[35] 陈勇，夏来庆，陈泽智. 沼气燃料热化学分析及沼气发动机性能评价. 中国沼气，1998, 16(2): 8-10.

[36] 田晓东，强健，陆军. 大中型沼气工程技术讲座（四）沼气工程的前处理与输配系统. 可再生能源，2002, 3: 53-56.

[37] 田晓东，强健，陆军. 大中型沼气工程技术讲座（六）吉林省大中型沼气工程实例. 可再生能源，2003, 4: 57-60.

[38] 广州市机电工业研究所沼气发电机组研制组. S195型沼气发电机组试验报告. 广州机电，1980, 1: 4-9.

[39] 张万俊，田崇忠，李沼洲，等. 微型沼气发电机：CN89109738. 4, 1989-12-28.

[40] 张全国，徐广印，杨群发，等. 电启动微型户用沼气发电装置：CN200520032575. 8, 2015-11-09.

[41] 方祖华，周华，徐宏兵，等. 小型沼气发动机性能试验. 上海师范大学学报（自然科学版），2006, 35(6): 53-57.

[42] 李民, 章雪强, 王邓钢. 小型沼气-柴油双燃料发电技术探讨. 可再生能源, 2006, 4: 84-86.

[43] 周大汉, 高顶云. 微型燃气轮机沼气发电应用技术探讨. 上海煤气, 2007, 5: 19-21.

[44] 刘振波, 徐广印, 杨群发, 等. 户用沼气发电装置的设计与研究. 河南农业大学学报, 2007, 41(3): 333-337.

[45] 刘振波. 户用沼气内燃机及其发电装置试验研究. 郑州: 河南农业大学, 2007.

[46] 马欢, 谢建. 燃料电池及其应用前景. 可再生能源, 2004, 3: 67-69.

[47] 曾国揆, 谢建, 尹芳. 沼气发电技术及沼气燃料电池在我国的应用状况与前景. 可再生能源, 2005, 1: 37-40.

[48] 李丽丹, 钟甦. 利用垃圾填埋沼气发电走垃圾资源化道路. 江苏环境科技, 2006, 19(S2): 136-137.

[49] 沈一青. 武夷山市生活垃圾处理能值分析. 环境科学与管理, 2007, 32(3): 37-42.

[50] 朱锡宝, 吴修荣, 姚爱莉, 等. 成都凤凰山畜牧园艺场中温发酵沼气工程. 中国沼气, 1987, 5(3): 27-30.

[51] 罗福强, 窄长学. 气体-柴油双燃料发动机动力性分析. 江苏大学学报（自然科学版）, 2007, 28(2): 108-111.

[52] 孔庆阳. 沼气发电机组的开发利用. 山东内燃机, 2006, 2: 28-31.

[53] 冉国伟, 张汝坤, 冯爱国. 沼气发电技术现状分析及发展方向的探讨. 农机化研究, 2006, 3: 189-191.

[54] 高春梅. 沼气发电与余热利用. 城市管理与科技, 2005, 7(5): 217-219.

[55] 李景明, 颜丽. 关于沼气发电设备生产行业发展情况的调研报告. 可再生能源, 2006, 3: 1-5.

[56] 杨世关, 张百良. 德国沼气工程技术考察及思考. 农业工程技术（新能源产业）, 2007, 1: 57-62.

[57] 董玉平, 王理鹏, 邓波, 等. 国内外生物质能源开发利用技术. 山东大学学报（工学版）, 2007, 37(3): 64-70.

[58] 邓良伟, 陈子爱. 欧洲沼气工程发展现状. 中国沼气, 2007, 25(5): 23-32.

[59] 颜丽. 沼气发电产业化可行性分析. 太阳能, 2004, 5: 12-16.

[60] 于海滨. 禽畜养殖业沼气发电前景广阔. 农业工程学报, 2006, 22(S): 58-60.

[61] 邓胜琳. 市政污水处理中的沼气发电技术. 中国给水排水, 2006, 22(10): 40-42.

[62] 袁书钦, 周建方. 农村沼气实用技术. 郑州: 河南科学技术出版社, 2005.

[63] 宋洪川. 农村沼气实用技术. 北京: 化学工业出版社, 2010.

[64] 北京土木建筑学会. 新农村建设生物质能利用. 北京: 中国电力出版社, 2008.

[65] 张无敌, 尹芳, 李建昌. 农村沼气综合利用. 北京: 化学工业出版社, 2009.

[66] 郑时选, 颜丽. 农村沼气生产与利用 120 问. 北京: 中国农业科学技术出版社, 2006.

[67] 冯求国. 沼气控温养蛇效益高. 中国沼气, 2002(04): 44-45.

[68] 冯世南, 彭玉荣. 沼气生态农业实用技术. 贵阳: 贵州科技出版社, 2007.

第 6 章
沼液加工利用技术

6.1　沼液的主要组成和特性

　　沼液是人、畜粪便及农作物秸秆等各种有机物经厌氧发酵后的残余物，是一种优质的有机物。各种有机物在密闭的沼气池内，经过多种微生物分泌的酶的作用而产生沼气的过程叫"厌氧发酵"。厌氧发酵过程实际上就是一个十分复杂的微生物的生物化学过程。厌氧发酵可分为 3 个阶段：①液化阶段，由不产甲烷微生物分泌的胞外酶对有机物进行体外分解，把固体有机物转化成可溶于水的物质；②产酸阶段，即上述有机物转化为可溶于水的物质后进入微生物细胞，在胞内酶的作用下，将液化产物变成小分子化合物，如低级脂肪酸、醇、酮、醛等，实际上前两个阶段是连续的，统称不产甲烷阶段；③产甲烷阶段，即在产氨细菌大量活动下，氨态氮浓度增高，氧化还原势降低，产甲烷菌大量繁殖，其分泌的酶将上述阶段分解出来的有机物转化成甲烷和二氧化碳等物质。整个厌氧发酵过程中碳水化合物（纤维素、半纤维素、淀粉、多糖等）降解，木质素也降解成腐殖质，蛋白质水解成多肽和氨基酸，并继续分解硫醇、胺、苯酚、硫化氢及氨。

　　厌氧微生物生物降解比好氧微生物生物降解产生的污泥量少，不用补充氧，无需消耗电能，并且能够产生沼气这种清洁能源，厌氧发酵在国际上越来越受到人们的重视。目前厌氧发酵技术在废水以及固体废弃物的生物处理方面已有很多应用，并已开发出各类相应的性能优良的发酵工艺和设备。国外已经设计出高效厌氧发酵装置，例如 UASB、ASBR 等可以用来处理猪场废水。但是厌氧生物降解没有好氧生物降解彻底，畜禽粪便经过厌氧发酵以后，所得废液和废渣的营养物质的含量较高。在厌氧发酵环境下，除最终产出甲烷、二氧化碳等气体和微生物自身吸收的一部分蛋白质外，大部分物质留在发酵残留物中而且还产生许多衍生物。厌氧发酵过程中的多菌群共生作用使得厌氧发酵液成分复杂，含有多种生物活性物质，而且营养丰富。其发酵代谢产物可分为两大类：第一类是沼气，它产生后自动与料液分离，并从料液中逸出进入沼气箱；第二类是保存在料液中的物质（厌氧发酵液）。这些物质可分为 3 种：第一种物质是营养物，由发酵原料中作物难以吸收的大分子物质被微生物分解而形成。由于其结构简单，可被作物直接吸收，向作物提供氮、磷、钾等主要营养元素。第二种物质也是原本存在于料液中的，只是通过发酵变成离子形式罢了。它们的浓度不高，在农家肥的厌氧发酵液中含量最高的是钙（0.02%），其次是磷（0.01%），还有钾、铁、铜、锌、锰、钼等元素，它们可以渗进种子细胞内，能够刺激发芽和生长，也是牲畜所必需的。第三种物质相当复杂，目前还没有完全弄清楚。已经测出的这类物质有氨基酸、生长素、赤霉素、纤维素酶、单糖、腐植酸、不饱和脂肪酸、纤维素及某些抗菌素类物质，可以把这些东西称为"生物活性物质"，它们对作物生长发育具有重要调控作用，参与了从种子萌发、植株长大、开花结果的整个过程。如赤霉素可以刺激种子提早发芽，提高发芽率，促进作物茎、叶快速生长；干旱时，某些核酸可增强作物抗旱能力；低温时，游离氨基酸、不饱和脂肪酸可使作物免受冻害；某些维生素可增强抗病能力，在作物生殖期，这些物质可诱发作物开花，防止落花、落果，提高坐果率等。其中主要的农化性质物质、氨基酸及矿物质含量分别如表 6-1～表 6-3 所示。

表 6-1 厌氧发酵液的主要农化性质物质

水分/%	全氮/%	全磷/%	全钾/%	pH	碱解氮/$\times10^{-6}$	速效氮/$\times10^{-6}$	有效钾/$\times10^{-6}$	有效锌/$\times10^{-6}$
95.500	0.042	0.027	0.115	7.600	335.60	98200	895.70	0.400

表 6-2 厌氧发酵液的氨基酸含量 单位：mg/L

天冬氨酸	苏氨酸	谷氨酸	甘氨酸	丙氨酸	半胱氨酸	缬氨酸
12.30	5.42	14.01	8.07	6.56	26.79	12.70
异亮氨酸	亮氨酸	苯丙氨酸	赖氨酸	天冬酰胺＋谷氨酰胺		色氨酸
7.16	1.24	12.03	7.65	356.03		7.10

表 6-3 厌氧发酵液矿物质含量 单位：mg/L

磷	镁	硫	硅	钾	钠	铁	锰	锌	氟	碘	硒
43.00	97.00	14.30	317.40	30.90	26.20	1.41	1.07	28.30	0.16	0.15	0.50
铜	铬	钡	锶	钼	钴	镍	钒	汞	铅	砷	镉
36.80	14.10	50.20	107.00	4.20	2.80	8.50	2.80	0.03	2.83	3.06	8.90

　　对厌氧发酵液离心后，用液相色谱/质谱联用仪测定，结合化学分析，对数据进行分子量分析得到表 6-4 的结果。根据表 6-4 可知，在厌氧发酵液中可能存在下列有机成分：L(+)-抗坏血酸、吲哚乙酸、天冬氨酸、1-氯辛烷、苏氨酸、N,N-二甲基氰胺、钴氨酸、4-溴丁腈、甘氨酸、异亮氨酸、丙氨酸、半胱氨酸、缬氨酸、二氢香素、1,2,3,4-四氢萘酚、乙酸、丙酸、丁酸、亮氨酸、苯丙氨酸、赖氨酸、天冬酰胺、2-乙酰苯丙呋喃、谷氨酰胺、色氨酸、苯甲醛、乙炔二羧酸、核糖醇、1-乙酰-1-环己烯、1,2-苯基二甲醇、4′-氯苯丙酮、2-氨基-5-溴苯甲酸、亚氨基二乙酸、3-溴-4,6-二硝基氟苯、8-苯氨基-1-苯磺酸铵盐、4-苯甲酰吡啶、苊、2-氨基-4-氯苯甲腈、2-溴-4-硝基丙烷、对二氯苄胺、1-苯基庚烷、2-噻吩乙酰氯、2-乙酰苯丙呋喃、2-（氯甲基）丙基二氯硅烷、4-氯-2-甲硫基嘧啶等近百种。

表 6-4　液相色谱/质谱联用仪测定厌氧发酵液的组成成分

分子量	成分/分子式	分子量	成分/分子式
106	苯甲醛	184	2-氨基-4-氯苯甲腈
124	1-乙酰-1-环己烯	202	$NCCH_2CH_2CH_2SiCH_3$
152	核糖醇	104	C_6H_4N
94	C_7H_{10}	132	$[C_6H_5CH=CH-CO]_2O$
160	2-乙酰苯丙呋喃	364	B_2 核黄酸
119	苏氨酸	246	$C_8H_9O_8$
132	$C_6H_5CH=CH-CHO$	75	甘氨酸
190	亚氨基二乙酸	89	丙氨酸
105	丝氨酸	340	$C_6H_5CHBrCHBrC_6H_5$
128	$NCCH_2CH_2NHCH_2COOH$	318	$(C_6H_5CH_2O)_2C_6H_3CHO$
133	天冬氨酸	406	$C_{22}H_{26}ON_5$
144	NCC_6H_4NCO	384	$C_{27}H_{41}O$
85	$H_2NNHCH_2CH_2CN$	131	亮氨酸
160	$C_4H_7COC_6H_5$	84	$NCCH_2CONH_2$
56	C_4H_8	146	赖氨酸
232	双（苯基硫）甲烷	96	C_7H_4
149	甲硫氨酸	142	$C_8H_{16}N_2$
120	C_7H_8N	165	苯丙氨酸
104	$C_6H_4N_2$	174	吲哚乙酸，精氨酸
155	组氨酸	186	$C_9H_{14}O_4$
148	$C_6H_5CH=CH-COOH$	240	胱氨酸
112	$C_5H_4O_3$	316	8-苯氨基-1-苯磺酸铵盐
336	$Br_2C_{14}H_8$	250	$Br_2C_6H_3NH_2$
264	3-溴-4,6-二硝基氟苯	158	$CH_3(CH_2)_9OH$

分子量	成分/分子式	分子量	成分/分子式
148	1-烯丙基-4-甲氧基苯	110	$C_7H_{10}O$
200	1-氨基-5-溴苯甲酸	176	$C_6H_4O_2$
202	$NCCH_2CH_2CH_2SiCH_3$	234	$[C_6H_5CH=CH]_2C=O$
218	$C_4H_{10}O_4$	238	$CH_3(C_6H_5)Si(OCOCH_3)_2$
224	$C_{16}H_{16}O$	242	$C_6H_5CO\text{-}OO\text{-}COC_6H_5$
274	（二氯碘）苯	244	$CH_3(CH_2)_9SO_3Na$
299	Br_2C_6OClN	284	$CH_2(CO_2CH_2C_6H_5)_2$
92	C_7H_8	256	$C_{10}H_4O_2SN_2$
117	缬氨酸	240	胱氨酸
121	半胱氨酸	490	$C_{20}H_{10}O_5$
114	乙炔二羧酸	262	$C_7H_7OC_{14}N$
138	1, 2-苯基二甲醇	268	$C_{12}H_9O_2N_2SNa$
168	4′-氯苯丙酮	115	脯氨酸

从厌氧发酵液的成分可以看出厌氧发酵液不仅含有氮、磷、钾 3 种基本营养元素，动植物所需氨基酸和微量元素，大量腐植酸和维生素，还含有数十种防治作物病虫害的活性物质、植物生长激素、抗菌素等，在工农业生产和生活中得到了很大程度的应用。

由于厌氧发酵的原料不同，其氨基酸等物质种类和数量也有很大差别。山东医学院的孟庆国等在 1996 年采用 GC-9A 气相色谱仪对 3 种不同原料鸡粪、猪粪及猪皮汤的厌氧发酵残留液中游离氨基酸进行测定。实验结果表明，鸡粪厌氧发酵残留液中游离氨基酸种类最多，且含量较其他两种残留液高，鸡粪残留液更适于作为饲料添加剂。1998 年他利用电感耦合等离子体发射光谱法又对北京郊区 15 个沼气池的厌氧发酵残留物中的微量元素进行了测定。ICP-AES 测试结果表明：厌氧发酵残留物中含有铁、铜、锰、锌、镍、铬、硒和钙等元素，这些元素是人体和动物都必需的，用厌氧发酵残留物作饲料添加剂，可以通过食物链良性循环。

很早以前人们就知道应用厌氧发酵后的残余物作为有机肥料肥田，把农业废弃物经过微生物的处理返回到农田中，符合生态规律。在大力发展生态农业的今天，厌氧发酵技术又重新得到关注。近年来随着厌氧发酵综合利用技术的提倡，发现厌氧发酵液不仅仅可以作为有机肥料，还具有抗病杀虫、防冻抗冻、作为饲料添加剂等多重功效。厌氧发酵液运用到农业生产，其意义要远远大于一般的有机肥料。总的来说厌氧发酵液是一种具有多种功能的宝贵资源。

6.2 沼液肥效及其增效技术

6.2.1 沼液肥效

近年来，厌氧发酵液的综合功能不断被揭示和证明。厌氧发酵液的养分含量随投料的种类、比例和加水量不同而有很大的差异。一般以人、畜粪便为原料进行厌氧发酵，发酵后残余物无任何毒副作用。从厌氧发酵液的组成中可知它含有丰富的氮磷钾基本营养元素，而且都是以速效养分的形式存在，因此，其速效营养能力很强，养分可利用率高，是一种多元的速效复合肥，厌氧发酵液根外施肥或叶面喷施其营养可迅速被果树和作物茎叶吸收，参与光合作用，从而增加产量，提高品质，同时增强抗病和防冻能力。

长期使用厌氧发酵液能促进土壤团粒结构的形成，增强土壤保水保肥能力，改善土壤理化特性，提高土温和土壤中有机质、全氮、全磷及有效磷等养分，同时减少污染，降低用肥成本。

用厌氧发酵液作基肥浇灌果树，结果大，色鲜，味道鲜美，甜味好。用其作肥施入稻田，作物生长强壮，挺拔翠绿，分蘖多，苗高且根系粗壮发达，白根多，有效穗、穗粒数、结实率都有所提高，据四川农业科学院在水稻、玉米、棉花等作物上的试验表明：亩施厌氧发酵液 1500～2500kg，可增产 9.0%～26.4%，每 100kg 厌氧发酵液使水稻增产 1.38kg，玉米增产 2.0kg，棉花增产 0.65kg。

用厌氧发酵液作追肥，效果也很明显，追施厌氧发酵液的小麦亩增产 20kg，用厌氧发酵液泼浇的大白菜，较对照提前 5～7 天包心，增产 30%。厌氧发酵液兑 1.5 倍的清水对红富士苹果进行喷施取得较好的效果，坐果率平均提高 14.4%，单果重平均增加 58%；总产量提高 14%；果实可溶性固性物含量提高 2.8%，果形端正，果实香甜。另外，厌氧发酵液与化肥配合施用，效果会更好。据山东省试验，厌氧发酵液与氮、磷化肥配施，小麦生长旺，分蘖多，植株高，生育期的干物质也多，比对照增产 20.5%，比与氮肥配施的增产 14.5%，比与磷肥配施的增产 5.6%。厌氧发酵液采用浸种、喷施等施肥方法可达到明显的增产效果，尤其对块茎、块根增幅可达 20%～40%。

厌氧发酵液作为一种优良的有机肥料可以完全代替化学肥料，关于厌氧发酵液肥效性质的研究是比较丰富的，大量试验说明厌氧发酵液是一种优质、全效的有机肥料。

但有研究认为厌氧发酵液与化肥合理配比，效果更好。李轶等研究了厌氧发酵液与化肥配比、施肥量、叶面喷施厌氧发酵液浓度的不同组合对蔬菜产量性状指标、品质指标及植株生理活性指标的影响，结果表明，施用厌氧发酵液可以有效地促进 3 项指标的提高，但是各项指标要求的施肥组合都不相同，因此在确定施肥条件的时候，既要考虑产量，又要兼顾品质及植株生理活性。他在试验中把番茄产量性状指标加 70%权重，品质指标加 20%权重，植株生理活性指标加 10%权重，优选出的施肥条件为施用化肥-厌氧发酵液混合肥料，施用量为 3 水平[N = 8.388g/(m² ·次)、P = 7.368g/(m² ·次)、K = 16.368g/(m² ·次)]，叶面喷施厌氧发酵液的浓度为 50%。因此，厌氧发酵液作为一种优良的有机肥料完全可以代替化学肥料，但他同时认为厌氧发酵液与化肥在合理配比条件下混合使用的效果更好。

　　湖北省农业科学院土壤肥料研究所对数百个沼气池的厌氧发酵液和沼渣样品进行统计分析，结果显示，不同样品中氮、磷、钾的含量差别较大，平均含量分别为 0.39%、0.37%和 2.06%。这与一般无土厩肥相似，但厌氧发酵液中的速效养分高于厩肥液或厩肥。比较厌氧发酵与堆沤两种方式对肥料质量的影响，发现厌氧发酵每消耗 1kg 干物质，就可比堆沤发酵多产 386.1～495.6L 沼气外，碳素的损失也比堆沤减少 8.3%～22.8%，氮素损失减少 8.4%～16.1%，厌氧发酵液中速效氮含量增加 1～3 倍，说明厌氧发酵方式保肥效果比较好。不同原料发酵的养分变化是不同的，猪、牛粪的氮磷钾的损失量最小，肥料的质量也较好，是厌氧发酵的理想原料。无论哪种原料经厌氧发酵以后，3 大营养元素有 90%以上仍保留在厌氧发酵残留物中，而且有很大一部分已转化为速效态，是一种优质速效的有机肥料。

　　上海农科院土肥所对比厌氧发酵和堆沤腐熟两种方法处理有机原料，结果得出：经过 3 个月处理以后，好氧分解的氮的损耗可达 50%左右，而厌氧发酵的回收率可高达 95%以上，厌氧发酵液中总氮量一般可占沼肥总氮量的 20%，其中速效含量高。经过厌氧发酵后，速效磷是全磷的 10%～20%，有机磷与无机磷的比值要比堆沤法高 1～3 倍，厌氧发酵液中磷含量为总全磷量的 10%左右。从残渣残液的测定中发现，钾在固相和液相数据之间的分配几乎对等。沼肥中钾的回收率可达 90%以上。

　　有人对厌氧发酵液有着极高的赞誉，称其为一种"广谱性的兼具生物肥料和生物农药特性的厌氧微生物加工剂"，采用厌氧发酵时，不仅内含养分损失少而且还会转变成许多衍生物，例如核酸、激素、维生素等。因此，它的营养内涵已远远超过一般肥料概念中的氮、磷、钾等大量营养元素和硼、锰、铜、锌、钼等微量营养而达到较高增产的目的，厌氧发酵液对多种作物都有激发增产作用和不同的增产效果，对块根、块茎类增产最显著，增幅可达 20%～40%；对旱作物的肥效大于水稻，增幅达 15%～25%不等。

6.2.2　厌氧发酵液的增效技术

厌氧发酵后的固形物生产高效肥料已经成功，已经在上海和深圳的两个沼气工程中开发出了产品并进入市场，取得了很好的经济和社会环境效益。以厌氧发酵液为基质制造叶面喷施肥是有市场潜力的，目前已经研制出了"洞庭丰""绿霸"两种产品。"绿霸"是用发酵成熟的沼液经过筛、过沙层、过纤维层，去除颗粒较大的杂质，澄清后与相应的无机成分进行络合、混合、浓缩、净化成集作物生长发育所需各种营养物于一体的有机络合营养液。它能快速供给多种营养，绿色植物喷施"绿霸"生长发育健壮，增产 11.88%～30.73%。氨基酸通过叶片上的气孔、外质连丝和质膜，快速参与蛋白质合成。B 族维生素、赤霉素类物质通过叶片进入体内，能促进氨基酸、嘧啶、嘌呤物质合成，加速植物生长。农作物喷施"绿霸"营养液，可增加产品蛋白质含量及其他光合作用产物，并减少常规使用量，降低农产品有害物质残留物。可以说"绿霸"是充分利用农村废弃物，提高资源利用效率，改善生态环境，促进物质良性循环的一种生态技术产品。另一些产品目前正在试验中。

河南农业大学农业部可再生能源重点实验室在 2003 年进行了以畜禽粪便为原料生产优质厌氧发酵液的生产工艺研究。试验发现厌氧发酵液中的营养成分和抗病虫害成分含量不同程度地受到发酵条件温度、原料浓度、接种量、搅拌速度和酸碱度的影响。原料浓度是影响厌氧发酵液中氨态氮含量最显著的因素，当发酵时间为 5 天、温度为 30℃、原料浓度为 3.7%时，厌氧发酵液氨态氮含量最大；发酵时间是影响厌氧发酵液中水溶磷含量的最重要的控制参数，其次为温度，当发酵时间为 4 天、温度为 55℃、原料浓度为 1.85%时，发酵产出的厌氧发酵液中的水溶磷含量最高；如果综合考虑氨态氮和水溶磷含量，若两成分的权重分别定为65%和35%，则在发酵时间 4 天、温度 55℃和原料浓度 3.7%的发酵工艺条件下，生产出氨态氮和水溶磷含量相宜的优质厌氧发酵液，是一种发展前景很好的生态复合肥。

因此商品化生产厌氧发酵液可以完全或部分替代化肥和农药，为厌氧发酵技术带来经济效益，解决现代化农业生产的污染问题，符合生态农业可持续发展的要求，这也是发展生态农业的一个新思路。

6.3　沼液抗病虫作用及其应用技术

6.3.1　沼液的抗病虫作用分析

人们对厌氧发酵液的抗病防虫作用很早就有认识，并在农业生产中大量应用，使得人们认识了厌氧发酵液在环保以及社会效益等方面为人们带来的益处。因此，国内外科研工作者对厌氧发酵液的抗病防虫作用机理开展了一些研究工作。但由于厌氧发酵液具有发酵原料多样化、发酵过程多变性的特点，多种菌类的联合作用，使得厌氧发酵过程极其复杂，人们很难通过分离纯菌种的办法去研究厌氧发酵的机理，阻碍了其应用技术的进一步研究，使得国内外对厌氧发酵液的研究多停留在肥效和抗病防虫的水平上，对抗病防虫机理的研究较少。

1988 年辽宁大学生物系的莫韵玑研究了厌氧发酵液对植物病菌的抑菌作用。他采用 11 种常见植物病菌，用实验室杯碟法进行抑菌试验。发现不管正在产气或已停止产气的厌氧发酵液对大部分植物病菌都有抑制作用，但其抑菌效果有差异，对小麦根腐病菌、水稻纹枯病菌抑菌效果较明显，稀释成 10%浓度的厌氧发酵液也有明显的抑菌圈；对玉米大斑病菌、玉米小斑病菌、水稻小球菌核病菌、棉花炭疽病菌等效果差些；对蚕豆枯萎病菌、棉花枯萎病菌等更差些，浓度在 50%以上才看到有抑菌现象；而厌氧发酵液对苹果褐腐病菌、镰刀菌不但没有抑菌作用，而且有刺激生长现象。实验结果还证明，正在产气和停止产气的厌氧发酵液对抑菌作用无明显差异；pH 值低的、发酵不正常的厌氧发酵液抑菌作用降低；光照和除菌作用对厌氧发酵液的抑菌效果都无影响，从而证明了厌氧发酵液的抑菌物不是菌体，而是菌体分泌在溶液中的可溶性物质，从不怕光照说明这种抑制物质不是多烯类，另外从层析显影分析来看，他初步认为抑菌物质是有极性的碱性水溶性物质。因为气相色谱测定证明 pH 值为 7.2 的厌氧发酵液中乙酸、丙酸、丁酸含量均比 pH 值为 6.4 的厌氧发酵液低。因此证明厌氧发酵液中的抑菌物不属于脂肪酸。

1991 年南京农业大学的李顺鹏等对莫韵玑的推测作了进一步的研究。他发现厌氧发酵液对甘薯软腐病有明显防治作用。用厌氧发酵液对根霉做抑菌圈试验，其平均抑菌圈直径为 2.0cm。经过一系列实验表明，厌氧发酵液中抑制根霉的主要因子是铵离子（NH_4^+）而不是多烯类抗菌素和 pH 值的影响等。同时，因厌氧发酵代谢产物复杂，他推测可能还存在一些其他因素。

1992 年上海市农科院土肥所的沈瑞芝等在对厌氧残留物（包括厌氧发酵液和沼渣）减轻和防御大麦黄花叶病的研究中，更进一步对厌氧残留物防治病虫害的机理作了推测。她在对厌氧发酵液的激素进行分离和测定中发现其中含有吲哚乙酸、赤霉素类、B 族维生素等物质，认为这些物质与抑制病虫害有关系。另外，她在研究中还发现用厌氧发酵物处理的作物种子生长时释放甲烷、乙烯等物质，使种子产生抗逆性，与抑病有关。

河南农业大学农业部可再生能源重点实验室在 2002 年对畜禽粪便厌氧发酵

液的抗病虫害作用与机理进行了系统的实验研究,他们检测出厌氧发酵液中有120多种成分, 其中多数成分为营养成分, 近20种成分对作物病虫有直接杀灭作用,认为厌氧发酵残留物既可防治作物病虫害, 而且还起到较好的肥效作用, 是发展绿色农业、避免农药污染的理想方法。云南师范大学张无敌等还提出厌氧发酵残留物至少对近 30 种病害具有防治作用, 对 20 多种病害的防治效果达到或超过现行使用的农药效果, 对 19 种虫害取得明显的防治效果, 对 17 种农作物病原菌有不同程度的抑制作用, 且长期使用不会给环境带来污染, 也不会产生病虫害抗性等问题。

总体看来, 对厌氧发酵液防治病虫害机理的研究结果大致可分为以下 3 个方面：①厌氧发酵液中 NH_4^+、赤霉素、吲哚乙酸、B 族维生素等物质的抑制作用；②厌氧发酵液对作物抗逆性的激发作用；③厌氧发酵液对作物的营养作用, 使作物的抵抗能力增强。

厌氧发酵液的抗病防虫的功效已经被大量的实践所证明。厌氧发酵液通过直接喷施作物的茎、干、叶, 起到防治病虫害的作用；还可以作为浸种液,达到防治病虫害的目的。现已证实厌氧发酵液对各种农作物如粮食、经济等作物种类中的病害具有良好的防治效果（表 6-5）, 并能防治 18 种作物的虫害（表 6-6）。

表 6-5　厌氧发酵液防治的病害种类

农作物	病害
水稻	穗颈瘟、纹拓病、白叶枯病、叶斑病、小球菌核病
小麦	赤霉病、全蚀病、根腐病
大麦	叶锈病、黄花叶病
玉米	大斑病、小斑病
蚕豆	枯萎病
花生	病株
棉花	枯萎病、炭疽病
甘薯	软腐病、黑斑病
烟草	花叶病、黑胫病、赤星病、炭疽病、气候斑点病
黄瓜	白粉病、霜霉病、灰霉病
辣椒	白粉病、霜霉病、灰霉病
茄子	白粉病、霜霉病、灰霉病
甜瓜	白粉病、霜霉病、灰霉病
草莓	白粉病、霜霉病、灰霉病
西瓜	枯萎病
葡萄	病株

表 6-6　厌氧发酵液防治的害虫种类

农作物	害虫
水稻	稻纵卷叶螟、灰飞虱、白背飞虱、螟虫、稻蓟马、稻叶蝉、褐色短翅飞虱、褐色长翅飞虱、稻螟虫、褐飞虱
小麦	蚜虫
玉米	螟幼虫
黄豆	蚜虫
棉花	棉铃虫
柑橘	红蜘蛛、黄蜘蛛、矢尖蚧、蚜虫、青虫
白菜	蚜虫、菜青虫
莲花	白蚜虫、菜青虫
大芹	菜蚜虫
莴笋	蚜虫
厚皮菜	蚜虫
黄瓜	蚜虫、红蜘蛛、白粉虱
番茄	蚜虫、红蜘蛛、白粉虱
茄子	蚜虫、红蜘蛛、白粉虱
甜瓜	蚜虫、红蜘蛛、白粉虱
辣椒	蚜虫、红蜘蛛、白粉虱
草莓	蚜虫、红蜘蛛、白粉虱
菊花	蚜虫

厌氧发酵液对某些病虫害的防治效果与现行使用的农药功效相似，甚至更好。厌氧发酵液可以通过浸种防治土传病，在稻田基肥中实施可使白叶枯病的病情指数降低 11.86%～25.49%，防效可达 43.42%～48.32%；可使纹枯病的病情指数降低 44.994%～66.52%；防效优于敌枯双，与井冈霉素农药效果接近，喷施小麦防治小麦赤霉病防效与多菌灵相当，发病率比对照下降 20.71%，相对防治效果可提高 44.88%，还防小麦全蚀病、根腐病菌，白穗率仅为 6%，而对照则高达 40%。应用厌氧发酵液及其制剂浸秋播大麦种，抑制大麦黄花叶病效率高达 90%。厌氧发酵液浸种、包粒，作基肥使用，可明显抑制棉花枯萎病、黄萎病。厌氧发酵液浸种马铃薯种块可大大减少青枯病，喷施番茄、青椒、花椰菜可控制晚疫病和花叶病。玉米喷施厌氧发酵液，对大斑病和小斑病有良好的抑制作用，喷施之后病害不会再发展。

厌氧发酵液用作稻田基肥，叶蝉在早稻和晚稻的田间密度分别比对照下降 66%和 54%；稻飞虱密度比对照分别下降 59%和 69%。稻苗施沼液后害虫数为 0.1 头/百丛，而施化肥后害虫数为 90 头/百丛，即化肥发生虫害的概率是厌氧发酵液的 900 倍。白背飞虱、灰飞虱则从 112 头/百丛减少到 21 头/百丛。早稻稻叶蝉的发生率下降了 66%，晚稻下降 54%。蓟马发生率也很低。对于菜青虫的杀灭率一次防治率在 70%左右，二次防治率可达 95%。厌氧发酵液浸泡棉花种子，可大大减轻棉铃虫危害。

单用厌氧发酵液来防治玉米螟幼虫效果虽不及农药，但与对照相比30株中减少为害株2～3株，并且沼液浸种后的玉米叶色稍深，显得健壮。沼液与敌敌畏混合浇玉米心叶，收到了治虫、施肥双重功效。

平均气温26.1℃下将厌氧发酵液均匀喷施柑橘叶面，观察52h结果，将沼液均匀喷施在柑橘叶面后，红、黄蜘蛛3～4h开始失去活动能力，5～6h后死亡，杀死率为93.25%，矢尖蚧在3～8h后开始变黑翅壳，死亡脱落，杀死率为91.55%；蚜虫28h活动减弱，40～50h逐渐死亡并脱落，杀死率90.35%。喷施后观察5天，无其他症状发生。

6.3.2 沼液抗病虫技术的应用

也有不少对厌氧发酵液与农药合施的研究。比如，厌氧发酵液与氧乐果相混合喷施麦地，平均杀虫率达99.25%，比单用氧乐果等农药防治的杀虫率提高5%。与乐果相混合喷施麦地平均杀虫率达98.3%，可提高杀虫率15%。应用厌氧发酵液防治蚜虫，可减少农药用量60%以上。江苏沭阳县研究人员将沼液与敌杀死乳油配成混合剂，使用时将喷雾器喷头朝下，6天、11天后检查30株发现玉米叶有成排小孔和部分仅剩下一次表皮的为螟虫危害，发现1株。

河南农业大学农业部可再生能源重点开发实验室2004年对以厌氧发酵液为基质，添加各种生化剂络合成不同混合剂作了大量试验，研究发现厌氧发酵液与某些生化剂配成的混合剂的杀虫率相较于厌氧发酵液原液杀虫率有很大的提高，有些情况下蚜虫、菜青虫校正死亡率为100%，而此浓度下的生化剂用量仅为常规用量的5%～10%，而且连续喷施既对作物无药害反应，又对害虫天敌无毒杀作用，蔬菜测定无任何对人、畜有毒害的残留，大田试验一次喷施药效比标准药剂的药效好5%～10%，目前已经研制出4种新型"生物药肥"进行大田推广试验。大田试验药效很好，结果见表6-7。

表6-7 大田一次喷施混合剂药效对比　　　　　　　　　　　单位：%

项目	第一天	第三天	第五天	第七天
百混合剂26000倍液	96.15	95.43	95	93.65
吡混合剂22000倍液	96.01	95.7	94.32	93.2
溴混合剂11667倍液	92	91.08	89.5	89.5
阿混合剂9500倍液	94.77	93	92.59	92
标准药剂	91.23	90.9	90.1	89.4
清水对照（虫情指数）	46.15	55.38	63.1	75.38

注：百混合液以印楝素、鱼藤酮为主；吡混合剂以草木灰滤液、蓖麻叶浸出液为主；溴混合剂以烟碱、苦参碱为主；阿混合剂以木醋液、杀虫抗生素等多种物质为主。

从表6-7中得出百、吡、阿混合剂这3种配方的药效都比标准药剂好，平均比标准药剂的药效高 5%，溴混合剂的药效与标准药剂药效相当。所以大田试验结果表明以厌氧发酵液为基质的新型配方，完全可以推广。

杀灭小麦蚜虫用本试验的新配方亩施 50kg，喷洒在叶面、茎部。杀灭蔬菜蚜虫亩施 30～40kg，杀灭桃树蚜虫、石榴树蚜虫应根据树冠大小决定喷施量；连续施药两次效果达 100%。杀灭菜青虫，连续施药两次，药效达 95% 以上，应用本品还能达到增产、提高果品质量的效果。

叶面喷施棉花，主要在花龄期进行，亩施 50kg，第一次喷施后隔一周再喷施一次，防治率达 95% 以上。喷施西瓜要根据不同的生长期进行，第一次将沼液稀释 50 倍，在西瓜伸蔓阶段进行，第二次在花期和初果期进行，使用本试验新配方不但对西瓜上的青虫、棉铃虫杀死率达 95% 以上，而且西瓜蔓长势健壮浓绿。第三次果实膨大期喷施稀释 10 倍的沼液，喷施后几天内，果实迅速膨大。

防治柑橘虫害，一般情况下喷施一次药剂，红蜘蛛、黄蜘蛛在施药后 3～4h 后失去活力，5～6h 死亡 98%，蚜虫 30h 后停止活动，48～56h 死亡 90%，其他青虫药后 24h 失去活力，死亡率 87%。新配方兼肥、药于一体，在柑橘生长过程中可多次喷施，第一次在有明显的绿色花蕾时进行，第二次在谢花后进行，第三次在生理落果基本停止时进行（谢花后 20 天左右），第四次在果实膨大期进行，第五次于采果后进行。目的在于增强果树生理性状。在应用沼液的过程中，需注意以下事项。

（1）沼液的要求。正常运转使用两个月以上，并且正在产气（以能点亮沼气灯为准）的沼气池出料间内的腐熟沼液；出料间中倒进了生人粪尿、牲畜粪便及其他废弃物的沼液，起白色膜状的沼液不能用。发酵充分的沼液为无恶臭气味、深褐色明亮的液体，pH 为 7.5～8.0。根据不同目的采用纯沼液、稀释沼液进行喷施。

（2）喷施量。喷施量应根据作物品种、生长阶段、环境等不同因素决定，具体喷施程度：湿而不滴。亩用量约 50～75kg。

（3）喷施时间。喷施时间在晴天早上 8:00～10:00 进行。不能在中午高温时进行，以防灼烧叶片；雨前不能喷施，雨水冲走不起作用。尽可能喷洒在叶片背面，有利于作物快速吸收。

（4）沼液的处理及喷施的时机。喷施用的沼液首先要用细纱过滤，除去固形物，避免堵塞喷雾器。喷洒工具是手动或自动均可。

6.4　沼液植物培养技术

沼液的组分非常丰富，富含有机物质和作物生长所需的营养物质，如氨基酸、钾盐、铵盐等，不仅能提供作物生长所需养分，还可以改善作物品质，提高产量，促进作物高产稳产，降低生产成本。充分合理利用沼液能够增加作物产量、改善作物品质、提高养分的有效利用。因此，在我国加大沼液在植物培养方面的发展力度，符合"加快建设资源节约型、环境友好型社会"的要求，对促进农业与资源、能源与环境以及人与自然和谐友好发展，从源头上促进农产品安全、清洁生产，保护生态环境都有重要意义。

马艳等的研究表明，沼液对病菌的菌丝生长有抑制作用，不同贮液阶段的沼液对其抑菌效果影响显著。沼液及其无菌滤液对病菌分生孢子的萌发均有不同程度的抑制作用。沼液对生产上常见的 5 种植物病原真菌的抑制效果有显著差别。沼液中的拮抗微生物是沼液抑菌防病的主要因子。

6.4.1　沼液浸种和催芽技术

研究发现厌氧发酵液不但没有病菌、虫卵，并且还可以杀死种子表面的病菌、虫卵，含有的吲哚乙酸、大量腐植酸、生长素、赤霉素等物质，在浸种过程中，种子吸收了沼液中的各种营养物质和微生物分泌的多种活性物质，这些物质能够激活种子胚乳中酶的活动，促进胚细胞分裂，刺激生长发育。沼液浸种就是利用沼液中所含"生理活性物质"营养组分对种子进行播种前处理，不但对种子根腐病菌、纹枯病菌、小球菌核病菌、棉花炭疽病菌、甘薯黑斑病菌、玉米大小斑病菌具有较强的抑制作用，还可提高种子的发芽率，促进种子生理代谢和植物根系的发育。有助于作物后期生长代谢，从而提高植物素质，增强植物抵御干旱等自然灾害的能力。沼液浸种方法简单，不需额外投资，因此得到广泛应用并取得了较大的经济效益。试验材料表明，用沼液给水稻、小麦、番茄、海椒等作物浸种可使种子萌发快、发芽率高、芽齐苗壮、根系发达及抗逆性强。可使水稻增产 5%～10%、玉米增产 5%～10%、小麦增产 5%～7%、棉花增产 9%～20%。研究分析沼液浸种水田作物与旱田作物，发现沼液宜施于旱田。

早稻一次浸泡 24h，再浸清水 24h，对一些抗寒性较强的品种，浸种时间适当延长，可用沼液浸 36h 或 48h，清水浸 24h。早稻杂交品种，由于其呼吸强度较大，因此宜采用间歇法浸种，即浸 6h 后提起用清水洗净沥干（不滴水为止），然后再浸，连续这样做，直到浸够要求时间为止。中稻 15h，晚稻常规品种浸沼液 24h，用间歇法。杂交品种浸沼液 12h，浸清水 12h，用间歇法可明显提高成秧率及秧苗素质，种子吸收了大量营养物质为秧苗早发高产打下基础。发芽率比清水浸种高 5%～10%，成苗率提高 20%，秧苗白根多、粗壮、叶色深绿、移栽后返青快，生长速度较快，分蘖早、多，有效穗、成穗率、株高、空壳数、瘪粒数、空秕率、实粒数及千粒重等性状方面都比未用厌氧发酵液处理过的高。早稻比清水浸种提高产量 6%，中稻提高 7%左右，晚稻产量提高 9.8%。同时经厌氧发酵液浸种的水稻秧抗冻能力增强，减少冷冻害。总之，沼液浸种对水稻生产具有增产作用，但因不同发酵原料沼液的营养含量不同，其增产幅度也不一样：人粪及猪粪作发酵原料的沼液浸种，比单纯猪粪为原料的沼液浸种，增产效果更为显著。

小麦沼液浸种在播种前一天，浸种 12h 后沥干种子，用清水洗净晾干即可播种，发芽率比清水浸种高 25%，且早 3 天出芽。同等条件下，苗齐而壮，单株叶面积增大，长势好，根系发达有助于植株吸收更多矿物质，为以后各器官的发育奠定了基础。最后产量比清水浸种高 7%，比药剂（多菌灵）拌种高 10%。小麦沼液浸种 14h 并正常管理，每公顷增产 519.75kg，浸种 6h，在年初气温差过大的情况下仍比清水浸种增产 225kg/hm²。

红薯沼液浸种 2h 后捞出清水洗净，晾干上苗床。结果发芽率高，比常规提高 30%左右；发病率明显下降，黑斑病几乎没有发生；壮苗率为 90%以上。山芋浸种将选好的山芋种子分层放进干净的容器中，然后倒入沼液，沼液应没过上层种子 6~8cm，浸泡 2~3h 后，捞出山芋种子，沥干表面水分后，即可按常规方法进行育苗。

烤烟浸种。将烤烟种子装进透水性较好的白布袋中，每袋装 300~500g，然后扎紧袋口，放入装有沼液的容器内浸泡 30h，然后取出用清水反复轻搓，直至水清为止，12h 后播种（春烟须催芽后播种）。

棉花翻晒 1~2 天后，装入袋中，浸泡 24~48h，沥干并用草木灰拌和成黄豆粒状及时播种。沼液浸种对棉籽的发芽率有 7.2%~10.3%的提高，发芽势可提高 20.7%~30.1%，明显提高棉籽总体活力指数。但有资料表明沼液浸种棉籽不能减少病苗出现，因此棉籽不宜用沼液浸种，不过沼液对促进棉花后期生长，防病抗虫方面仍有很大作用。

将晒过的玉米种装入塑料编织袋（只装半袋）内，并拽一下袋子的底部，使种子均匀松散于袋内，用绳子吊入出料间料液中部，浸泡 24h 后取出，用清水洗净，沥干水分，即可播种。玉米沼液浸种发芽率可达 95%，并促进玉米前期生长，使苗壮叶绿，抗病能力增强，玉米生长期病株减少 4%。浸种处理的玉米穗平均增长 1.8cm，穗中间平均增加 0.8cm，每行平均增加 3.9 粒，穗头秃顶长度平均减少 1.9cm，千粒重增加 10.1g。试验区比对照区平均增产 9.35%。在相同栽培条件下，沼液浸种和施用能明显改善玉米的各项经济性状，提高玉米产量 10.3%。

沼液浸种需注意以下事项。

（1）沼液的要求。正常运转使用两个月以上，并且正在产气（以能点亮沼气灯为准）的沼气池出料间内的沼液；停止产气，废弃不用的沼气池的沼液不能用来浸种。出料间中流进了生水、有毒污水（如农药等），或倒进了生人粪尿、牲畜粪便及其他废弃物的沼液不能用。出料间表面起白色膜状的沼液不宜于浸种。发酵充分的沼液为无恶臭气味、深褐色明亮的液体，pH 为 7.2～7.6，相对密度为1.0044～1.0077。

（2）浸种前准备工作。第一要晒种，晒种能增强种子皮的透性和增进酶的活性，提高种子的发芽率和存活能力，播种后可提早出苗，还可提高种子的吸水能力，并杀灭部分病菌，保证种子质量。时间一般 1～2 天，每天约晒 6h，选择晴天的中午前后几个小时的阳光。为使种子接受阳光均匀，应将种子在晒席上薄薄摊开，每日翻动 3～4 次。第二要清理浮渣，将沼气池出料间内的浮渣和杂物清理干净。第三要揭开沼气池出料间盖板透气。有盖板的出料间应在清渣前 1～2 天揭开透气，并搅动料液几次，让硫化氢气体逸散，以便于浸种。

（3）装袋。用透水性较好、结实的塑料编织袋或白布袋，将种子装入袋内，装种要根据袋子大小而定，一般每袋 15～20kg，并要留出一定空间（因种子吸水后会膨胀）。空间大小视种子的种类而定，有壳种子留 1/3 空间，无壳种子应留 1/2或 2/3 空间，然后扎紧袋口。

（4）浸种位置。将装有种子的袋子用绳子吊入正常产气的沼气池出料间中部的沼液当中，并在出料口上横放一根竹棒，将绳子另一端绑在竹棒中部，使袋子悬吊达到固定浸种位置的目的。

（5）浸种时间。视种子种类和出料间沼液温度的不同而不同。有壳种子一般浸种 24～72h，无壳种子一般浸种 12～24h。沼液温度低时，浸种时间稍长；反之，则时间相应缩短。农村户用沼气池普遍是常温发酵，在环境气温变化不大时，池内料液温度较为恒定。春末夏初，沼气池出料间内沼液温度为15℃左右时，浸种时间可稍长；夏末秋初，出料间内沼液温度为 18℃左右时，浸种时间可适当缩短。一般以种子吸饱水为度，最低吸水量以 23%为宜。但是作物性状、沼液的浓度有差异，应根据不同情况决定浸种时间长短。

（6）种子浸泡后，一定要沥干，再用清水洗净，晾干种子表面水分，才可催芽或播种，否则很可能会导致颗粒无收。同时浸种时间不能超过规定时间，如果时间过长，会使种子水解过度，影响发芽率。

6.4.2　沼液无土栽培技术

水培用的沼液要从出料间取出后放置 3 天以上，释放掉还原态物质后再用，由于在有氧条件下沼液的成分变化很大，根据目前国内水培蔬菜所用的营养元素配方以及沼液营养物质含量，要将沼液 pH 值调整到 5.5～6.0（采用 98%磷酸缓冲液调节）。然后再利用其作为培养液，种植番茄、黄瓜、西葫芦等蔬菜，其效果很好。

无土栽培首要的是基质的配制。配制基质：1/3 炉渣（直径 0.1～0.5cm），1/3 锯末，1/3 沼渣。未经水洗的炉渣 pH 值较高，影响作物生长，所以炉渣在使用前要经过水洗。锯末不应太细，小于 30mm 的锯末所占比例不应超过 10%，并且要堆沤 90 天以上方可使用。利用常规无土栽培滴灌系统，将沼液过滤后输入灌溉系统，对蔬菜施肥。

6.5　沼液动物养殖技术

对厌氧发酵液按浓度 10%测定，发现其含蛋白质 6.2%，还含有多种常量物质，游离氨基酸，维生素；大微量元素磷、钙、钾、铜、铁、锌、镁等和活力较强的纤维素酶、蛋白酶，而且均是可溶性营养物质，易于消化吸收，能够满足牲畜的生长需要，所以厌氧发酵液是一种理想的饲料资源。

6.5.1　沼液养猪

沼液作猪饲料添加剂在饲料营养水平较低的情况下有显著作用，饲喂生长育肥猪（从断乳后至育肥结束）能提高饲料利用率，缩短饲养周期，降低生产成本和料肉比，提高瘦肉率，还使喂沼液的猪食欲好，爱睡，皮肤红润，长膘快，健壮少病，有的猪还能排出蛔虫。沼液添加浓度以 1%～1.5%为宜。全生育期净增重率提高 16.7%。用消化能为 12.12MJ/kg、粗蛋白为 10%、粗纤维为 5%的主要用玉米和糠麸组成的饲料喂养二月龄断奶仔猪，在饲料中添加 1.5 倍的厌氧发酵液喂养 5 个月长到出栏，平均日增重 437g，平均多增重 116g；饲料转化率提高 17%，大约每增重 1kg 可节省 1kg 饲料。在粗放饲养条件下用厌氧发酵液作饲料添加剂，猪日增重提高 26%，采食量增加 14%，育肥期约缩短 20%。1997 年山西省农业科学院用沼液和饲料 1∶1 养猪，降低成本 3.77%，1995 年全国 94 万头猪用沼液作添加剂，节约饲料 6.3 万吨。

（1）沼液要求

① 新池启动和大换料后，发酵时间不到 3 个月的沼液不能喂猪。因发酵时间太短，沼液浓度过大，pH 值不稳定，料液中有部分病原微生物。因此，这类沼液不宜喂猪。

② 沼液浓度过大，干物质超过 1.5%以上不宜喂猪，但可采取用水稀释的方法调整浓度，使稀释液度降至 1.5%以下，再继续发酵 15 天以上，即可喂猪。

③ 沼气池出料间有死鼠、死猪等动物及农药时，这种带有病毒的沼液不宜喂猪。沼气池出料间流入大量雨水时，也不宜喂猪。

④ 沼气池出料间应加盖，沼气池周围要经常清扫干净，不能堆放脏物。沼气池和出料间表面周围砌筑好排水沟，防止污水流入出料间而造成沼液污染。

（2）饲喂技术

① 猪喂养沼液时间。要选择健康无病的猪，并要防疫、驱虫，健胃后方可饲喂沼液。喂养时间一般从断奶仔猪到出栏成猪均可。每天分早、中、晚 3 次。夏天用的沼液在喂前 2h 取出，冬季在喂前 3h 取出，以利于沼液中残留的氮气挥发。待静置沉淀后，取上面的清液直接喂或与饲料混合喂。

② 饲喂沼液数量。喂量根据猪的生长发育、体重及猪的消化情况确定。20kg 重以下的猪不能饲喂；20～30kg 重的猪日喂量为 4～5kg；40～60kg 重的猪日喂量为 5～6kg；60～90kg 重的猪日喂量为 6～7kg。如果吃不完，可留在槽（池）中让猪待一会儿再吃。但下顿吃时，应换成新的沼液，不能将上顿余下的留着下顿饲喂。值得注意的是沼液只是添加剂，不能代替基础日粮。

③ 注意观察。在用沼液喂猪过程中特别是第一次开始取用沼液喂猪时，要注意观察猪的活动、采食、排便等情况，发现异常现象立即停喂沼液，马上检查原因，待查明原因后，再决定是否继续使用该沼液喂猪。继续喂猪时，添加量不能超过 0.1kg。

6.5.2 沼液用于其他养殖

沼液喂鸡。用沼液或与清水混合供蛋鸡、肉鸡饮用和食用，可提高产蛋率，且增重快。小鸡长到体重 0.3kg 以上可开始拌沼液饲喂。一般饲料均可拌用。沼液要求拌匀，用量以拌至不干不湿为宜。取沼液之前必须用木棒搅几下，再从池中取沼液。正常发酵产气并已使用 3 个月以上的沼气池，均可取液。但不能从病态池取液饲用。

另外沼液养牛蛙蝌蚪能明显提高蝌蚪成活率，而且群体生长速度迅速加快，生长期缩短，病害明显降低。沼液还能养黄鳝、蚯蚓等。

沼液施于鱼塘，不仅可以改善养鱼池的条件，促使塘内浮游生物的繁殖比常规多 37.48%，光合作用加强，产氧量增加约 46.86%，减少鱼饵消耗，同时减少由于施新鲜粪便带来的寄生虫及病菌，有效地控制烂鳃、赤皮、肠炎、白头白咀病等鱼病发生，避免翻塘。鱼苗成活率可提高 10%～20%。成鲜鱼产量增产 19%～

38%，而且改善鱼的品质，增加了鲜味。200g 以下的鱼不宜饲喂沼液，饲料拌沼液喂鱼的效果也很好。对于每亩 2～2.5m 深、亩产 500kg 鲜鱼的鱼池，每周可施用正常发酵的含固体浓度 1%的沼液 750kg 左右。施用时，要根据季节、气候的变化灵活掌握，主要看水色透明度，如大于 30cm 时就施用，低于 20cm 时就不施用。施用沼液应选择在晴天的上午进行。

蛋白饲料是直接影响畜牧业发展和菜篮子工程的重要因素，沼液培养菌、藻类提供生物蛋白是目前解决蛋白饲料问题的有效途径。沼液能为藻类提供所需的碳、氮、磷及二价态铁等营养元素，所含氨基酸、脂肪酸是光合菌的氮源和碳源。非常适于小球藻、螺旋藻、光合细菌、食用菌乃至水蚤等生物。研究证明用沼液饲养钝顶螺旋藻，藻类生成量（干重）可达 7～8g/d，养裸腹水藻等一些植物性浮游生物，每周可获水蚤（湿量）2.5～5g/L。这些生物蛋白质含量很高，接近优质鱼粉的水平。沼液培养物经絮状沉淀，离心处理后可作饲料喂鸡、猪、牛、羊，效果相当理想。

6.6 生态型沼液产品加工工艺

目前沼液产品加工还不多见，主要是农民自己利用厌氧发酵液进行直接浇灌，或过滤后进行叶面喷施。但总体来说可以分为以下两个方面。

（1）用作液肥的加工工艺如图 6-1 所示。

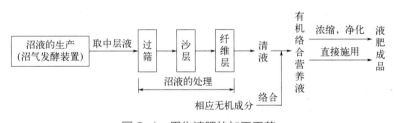

图 6-1 用作液肥的加工工艺

（2）用作杀虫剂的加工工艺如图 6-2 所示。

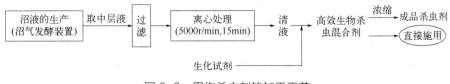

图 6-2 用作杀虫剂的加工工艺

参考文献

[1] Peter W. Anaerobic waste digestion in Germany-Status and recent developments. Biodegradation, 2000, 11(6): 415-421.

[2] Krylova N I. The influence of ammonium and methods for removal during the anaerobic treatment of poultry manure. Journal of Chemical Technology and Biotechnology, 1997, 70(1): 99-105 .

[3] Eismann F. Effect of free phosphine on anaerobic digestion.Water Research, 1997, 31(11): 2771-2774.

[4] 沈瑞芝. 一种广谱的生物肥料和生物农药——厌氧消化液与植物抗逆性. 上海农业学报，1997, 13(2): 89-96.

[5] 卞有生. 生态农业中废弃物的处理与再生利用. 北京：化学工业出版社，2000.

[6] 苑瑞华. 沼气生态农业技术. 北京：中国农业出版社，2001.

[7] 李轶. 北方农村能源生态模式中利用沼液为肥料对番茄产量、品质及其植株生理活笥指标影响的研究. 沈阳：沈阳农业大学，2000.

[8] 孟庆国，张铁垣. 厌氧消化残留液中游离氨基酸含量的测定. 氨基酸和生物资源，1996, 18(3): 34-36.

[9] 孟庆国，周静茹. 厌氧消化残留物再利用及其中微量元素的测定. 农业环境保护，1998, 17(2): 81-83.

[10] 张晓辉. 沼肥在防治农作物病虫害方面的应用. 农村能源，1994, 6: 23-24.

[11] 李顺鹏，樊庆笙，朱家全. 厌氧发酵液防治水稻白叶枯病和纹枯病的研究. 中国沼气，1993, 8: 11-15.

[12] 李顺鹏，沈标，顾向阳，等. 沼气发酵液防治甘薯软腐病的效果. 中国沼气，1992, 11: 18-21.

[13] 张明生. 应用正交优化法进行花生沼液浸种试验研究. 中国沼气，1995, 13(4): 45-46.

[14] 全国农业技术推广服务中心. 中国有机肥料资源. 北京：中国农业出版社，1999.

[15] 全国农业技术推广服务中心. 中国有机肥料养分志. 北京：中国农业出版社，1999.

[16] 刘晓永. 中国农业生产中的养分平衡与需求研究. 北京：中国农业科学院，2018.

[17] 贺瑞征. 沼气肥的性质及施用效果. 湖北农业科学，1983(08): 11-15.

[18] 沈瑞芝，朱惠芬，程平宏，等. 沼肥的养分性质、特点及质量的影响因子. 中国沼气，1984(01): 16-19.

[19] 熊承永. 我国沼气近期科研情况和发展趋势. 中国沼气，1998, 16(4): 45-48.

[20] 王熙醇. 河北省霸州市利用沼液研制成功"绿霸植物有机络合营养液". 农村能源，1994, 3: 17-18.

[21] 王继军，黄士忠. 沼液对农药的增效作用. 农业环境保护，1998, 17(4): 190-191.

[22] 郑苗苗，孟令波. 应用微生物学. 重庆：重庆大学出版社，2021.

[23] 莫韵玑. 沼气发酵液对植物病菌抑菌作用的研究. 中国沼气，1998, 6(2): 6-10.

[24] 李顺鹏，沈标，樊庆笙. 沼气发酵液对甘薯软腐病病原菌的抑菌机制研究. 中国沼气，1991(03): 6-9.

[25] 沈瑞芝，朱慧芳，孙自锦，等. 应用厌氧残留物减轻和防御大麦黄花叶病的研究. 中国沼气，1992, 10(2): 5-8.

[26] 沈瑞芝. 厌氧消化液与植物抗逆性. 第四届美洲华人生物技术学术讨论会集（新加坡），1992.

[27] 李正华. 厌氧发酵液的抗病防虫机理及其应用技术研究. 郑州：河南农业大学，2002.

[28] 王学涛. 新型高效户用沼气发酵装置试验研究. 郑州：河南农业大学，2002.

[29] 姚燕. 利用畜禽粪便为原料生产优质厌氧发酵液工艺条件的研究. 郑州：河南农业大学，2003.

[30] 李改莲. 畜禽粪便厌氧发酵液产品的开发及其防虫特性试验研究. 郑州：河南农业大学，2004.

[31] 范振山. 辅热集箱式沼气工程化技术研究. 郑州：河南农业大学，2006.

[32] 杨世关. 内循环（IC）厌氧反应器实验研究. 郑州：河南农业大学，2002.

[33] 张杰. IC 反应器处理猪粪废水条件下厌氧污泥颗粒化研究. 郑州：河南农业大学，2004.

[34] 金家志，绍风君. 沼液在农业上的综合利用. 资源节约和综合利用，1991，2: 36-38.

[35] 王宁堂. 沼液浸种的技术要点及注意事项. 河北农业科技，2002，6: 8.

[36] 宋洪川，张无敌，韦小岿，等. 蔬菜种子在沼液中发芽的研究. 云南师范大学学报，2002，3: 19-23.

[37] 王跃贵. 水稻、玉米应用沼液的效应效果. 耕作与栽培，2001，2: 49-50.

[38] 韩天喜. 早、中稻沼液浸种试验. 中国沼气，1995，5: 33-34.

[39] 周孟津. 沼气生产利用技术. 北京：中国农业大学出版社，1999.

[40] 袁发林，刘家林. 沼肥水稻旱床育秧及生产试验. 中国沼气，2000，18(1): 35-36.

[41] 吴尚作. 沼液浸种增产技术的研究推广. 中国沼气，1997，15(1): 35-37.

[42] 杨闯. 沼液浸种和叶面喷施对陆地棉生长和产量的影响. 新疆：新疆农业大学，2008.

[43] 袁炳富，汪立龙，洪长才. 沼液浸种增产的原因及浸种方法. 农村能源，1999，1: 20-21.

[44] 邱凌，杨保平，张正茂，等. 沼液浸种对旱地小麦苗期发育的影响. 中国沼气，1999，17(1): 42-44.

[45] 邹辉. 农作物沼液浸种. 农村实用工程技术，2001，10: 17.

[46] 胡丽华. 棉花施用沼气肥的效果与技术. 江西棉花，1997，6: 14-17.

[47] 胡方才，沈继华，张一锦. 沼液对玉米防虫及增产效果试验. 中国沼气，1993，2: 42-44.

[48] 刘富春，朱飞，王安洪. 沼液浸种和施用对玉米产量影响初探. 耕作与栽培，2003，2: 44-45.

[49] 熊心金. 应用沼气厌氧发酵技术提高菜篮子工程的综合经济效益. 中国沼气，1990，8(3): 35-36.

[50] 吴凡. 沼液喂猪效益高. 现代农业，2001，6: 22.

[51] 张岳. 沼气及其发酵物在生态农业中的综合利用. 农业环境保护，1998，17(2): 47-48.

[52] 吴巨昌. 沼液的饲用药用价值. 科学养鱼，1995，3: 12-15.

[53] 丰斌. 大力推广沼气是发展生态农业的有效途径. 中国沼气，2002，20(2): 49-50.

[54] 郭继业. 沼液浸种的操作技术. 农民科技培训，2003，3: 10.

[55] 张全国，范振山，杨群发，等. 发酵工艺参数对沼液中氨态氮含量的影响. 中国科学学报，2005，2(4): 31-36.

[56] 张全国，杨群发，李随亮，等. 猪粪沼液中氨态氮含量的影响因素实验研究. 农业工程学报，2005，21(6): 114-117.

[57] 孔德杰. 沼肥不同施用方法对小麦光合特性及产量的影响. 陕西：西北农林科技大学，2008.

[58] 孙蓓蓓，刘研萍，张继方. 不同种类沼液浸种对生菜种子萌发的影响. 种子，2021，40(04): 43-50.

[59] 张全国，李鹏鹏，倪慎军，等. 沼液复合型杀虫剂研究. 农业工程学报，2006，22(6): 157-160.

[60] 张全国，范振山，杨群发，等. 可控集箱式沼气系统研究. 中国沼气，2005，23(5): 196-200.

[61] 张全国，李鹏鹏，杨群发，等. 复合添加剂对杀灭蚜虫效果的影响研究. 中国沼气，2005，23(4): 5-9.

[62] 杨群发，范振山，徐广印，等．集箱式沼气工程的设计及试验研究．河南农业大学学报，2006, 40(3): 315-319.

[63] 范振山，张彦，杨群发，等．生态型沼液（渣）加工利用技术与设备研究．中国沼气，2006, 24(1): 24-26.

[64] 张全国，刘振波，李改莲，等．沼液复合型杀虫剂的田间应用试验研究．安全与环境学报，2007, 7(2): 18-20.

[65] 张全国，杨茹，李改莲，等．沼液复合型杀虫剂的药效研究．安徽农业科学，2007, 35(1): 136-137.

[66] 刘银洲，王发富．利用沼液给果树治虫和根外施肥试验．中国沼气，1991, 9(1): 38-39.

[67] 张无敌，刘士清，赖建华，等．厌氧消化残留物在防治农作物病虫害中的作用．中国沼气，1996, 1: 6-9.

[68] 郜春花，刘继青，关超，等．浅谈沼气综合利用与生态农业．中国沼气，1997, 15(1): 38-40.

[69] 朱斌成，巍向文，方仁声，等．沼液浸种对增强水稻秧苗抗冷害机理的研究．中国沼气，1997, 15(1): 17-20.

[70] 马艳，李海，常志州，等．沼液对植物病害的防治效果及机理研究 I：对植物病原真菌的抑制效果及抑菌机理初探．农业环境科学学报，2011, 02: 366-374.

第**7**章
沼渣综合利用技术

7.1 沼渣的定义与基本特性

7.1.1 沼渣的定义

厌氧发酵是发酵微生物在厌氧环境下将有机质原料进行分解的复杂生化过程。在厌氧发酵过程中，发酵原料中大多数有机物质被分解成蛋白质、氨基酸等多种水溶性物质形成厌氧发酵液（沼液），同时释放出二氧化碳、甲烷、氢气、硫化氢等气体，而原料中不能被微生物分解或分解不完全的物质与随同发酵原料进入反应器的尘土及其他杂质由于重力作用而沉积在反应器底部形成流态物质，这些流态物质干燥去除水分后就形成了沼渣。农村户用沼气池的出渣物是沼渣和沼液的混合物，因其固态物质含量较多也被笼统地称为沼渣。本书所指沼渣是指反应器出渣物经自然风干或脱水风干后的固态物质。

7.1.2 沼渣的基本特性

厌氧发酵过程中，微生物将发酵原料分解为多种蛋白质、氨基酸及维生素、生长素、糖类等物质，这些物质以单体或多体形式游离于发酵液和吸附在固态物质上。当将反应器底部流态物质进行干燥脱水时除部分易挥发性物质如吲哚乙酸挥发掉外，其他物质仍保留在沼渣中，同时发酵过程中形成的微生物菌团及未完全分解的纤维素、半纤维素、木质素等物质继续保留在沼渣中，因此沼渣基本上保持了厌氧发酵产物中除气体外的所有成分，同时由于微生物菌团和未完全分解原料的加入，使沼渣具有其独有的特性，既可以作为肥料使用又可用作某些特种养殖的饲料。

7.2 沼渣的肥料作用与技术应用

7.2.1 沼渣肥料的基本特性

（1）营养成分的多样性及均衡性 沼渣是有机物质经厌氧发酵后的产物，其在物质组成上与投入原料有较大的差别，正常发酵形成的沼渣中有机质含量达到40%以上，腐植酸含量达到 20%左右。同时由于人畜粪便中含有尿素、尿酸、维生素、生长素等物质，这些物质在发酵过程中除一部分分解转化为多种氨基酸物质外，其还能形成和保留类似维生素、生长素等物质。另外发酵原料的氮、磷、钾元素在发酵过程中损失较小，施用后其养分具有逐步稳定释放的特性。沼渣与堆肥对氮素保留情况对比见表 7-1。

表 7-1 沼渣与堆肥对氮素保留情况对比

处理		发酵前			发酵后			
		全氮		有效氮	全氮		有效氮	
		%	g/瓶	g/瓶	g/瓶	损失/%	g/瓶	损失或增加/%
猪粪：麦秆（4：1）	沼肥	1.41	17.5	3.3	15.76	10	8.35	154
	堆肥				12.47	28.7	1.46	−55
猪粪：牛粪：人粪（1：1：1）	沼肥	1.88	22.78	3.36	22.5	1.23	12.1	260
	堆肥				19.04	16.4	0.96	−71
猪粪：牛粪：人粪（3：1：1）	沼肥	2.86	36.90	6.47	35.90	2.71	7.15	105
	堆肥				32.03	1.32	1.56	−76

（2）增强土壤保水（墒）保肥能力和提高营养元素释放的持久性 沼渣肥料中含有的腐殖质疏松多孔又是亲水胶体，能吸持大量水分，故能大大提高土壤的保水能力。同时因腐殖质带有正负两种电荷，故可吸附阴、阳离子，又因其所带电性以负电荷为主，所以它具有较强的吸附阳离子的能力，其中作为养分原料的K^+、NH_4^+、Ca^{2+}、Mg^{2+}等阳离子一旦被吸附后，就可以避免随水流失，而且能随时被根系附近的其他阳离子交换出来供作物吸收，仍不失其有效性。

（3）肥料的环保性 沼渣肥料与其他肥料最明显的区别就在于它所具有的环保性能。尿素、碳铵等化学肥料在大量施用的过程中往往会带入大量的氮素，这些氮素主要以硝态氮的形式存在，长期使用会改变土壤性状，降低肥力，造成土壤板结，作物对化肥的依赖性增强；同时在施用期间短时间内大量释放过多氮、磷元素造成地下水或地表水的富营养化，危害正常的生态环境。

（4）提高土壤有机质含量 沼渣中含有多种有机物质和微生物菌团，这些物质在施用后对土壤的理化特性具有明显的改善作用，尤其对于盐碱地的改良效果更明显。

表 7-2　腐植酸对土壤的改良作用

胡敏酸浓度处理/%	用量（按土壤重）/%	大于 2mm 的粒级			0.5～2mm 粒级		
		团粒质量/g	水稳性团粒质量/g	水稳性团粒/%	团粒质量/g	水稳性团粒质量/g	水稳性团粒/%
对照	—	3.6	2.67	75.9	19	14.1	74.6
0.25%	0.34	10.30	9.18	88.4	38.5	31.8	83.1
0.1%	0.005	6	5.33	90.5	35.1	32.23	91.6
0.05%	0.001	5.5	4.9	92	31.19	31.19	95.2

胡敏酸是腐植酸中的重要组成物。从表 7-2 可以看出在浓度为 0.1%～0.05%，施用量维持土壤质量的十万分之五至十万分之一的情况下，土壤团粒总数可增加 1.5～3 倍，其中水稳性团粒增加了 115%～124%。

（5）沼渣对盐碱化土壤有较好的改良作用　沼渣中富含胡敏酸和富里酸等酸类物质，施肥时消除了引起土壤碱化的主要盐分物质碳酸钠，降低土壤碱度，同时多种有机物质的施加，提高了土壤交换容量，增加土壤孔隙度，促进土壤胶体形成。中国科学院土壤研究所对沼渣改善碱土化学性质的研究表明，施用沼渣连续两年可使碱性土壤 pH 值和碱化度降低 1～2 个单位。连续两年施用沼渣之后土壤有机质及氮素含量的变化情况见表 7-3。

表 7-3　连续两年施用沼渣之后土壤有机质及氮素含量的变化情况

处理	有机质/%			氮素/%		
	试验前	试验后	增加	试验前	试验后	增加
对照	1.59	1.69	0.10	0.086	0.088	0.002
沼渣 1000kg/亩	1.61	1.92	0.31	0.084	0.092	0.008
沼渣 3000kg/亩	1.57	2.06	0.47	0.076	0.113	0.037
沼渣 6000kg/亩	1.91	2.43	0.43	0.092	0.123	0.031
硫铵 78.3kg/亩	1.99	1.83	−0.16	0.096	0.095	−0.001

注：1 亩 = 666.7m²。

另外腐殖质是一种含有多酸性功能团的弱酸，其盐类具有两性胶体的作用，因此具有很强的缓冲酸碱变化的能力。当连续施用沼渣肥料时，可增强土壤缓冲酸碱变化的能力。

（6）促进作物的生理活性，提高粮食产量　沼渣中的腐植酸在一定浓度下可促进植物的生理活性。

① 腐植酸盐的稀溶液能改变植物体内糖类代谢，促进还原糖的积累，提高细胞渗透压，从而增强了作物的抗旱能力。

② 增强过氧化氢酶的活性，加速种子发芽和养分吸收，从而提高生长速度。

③ 加强作物的呼吸作用，增加细胞膜的透性，从而提高其对养分的吸收能力，并加速细胞分裂，增强根系的发育。

（7）减少农药和重金属的污染　沼渣中的腐殖质有助于消除土壤中的农药残留和重金属污染以及酸性介质中铝、铁、锰的毒性。同时腐植酸还能与某些金属离子络合，由于络合物的水溶性而使有毒的金属离子有可能随水排出土体，减少对作物的危害和对土壤的污染。

7.2.2　农村沼肥应用技术

现在农村户用沼气池多以畜禽粪便作为发酵原料，而农村的大量作物秸秆很少得到利用。在华中地区如果将秸秆直接还田，在好天气下一般 4 个月木质素仅分解 25%～45%左右，其矿质化、腐殖化周期较长，同时还需要配施速效氮肥来调节土壤的 C/N，以避免出现微生物与作物争氮的矛盾。同时秸秆直接还田时部分带有病虫害的秸秆还可能造成病虫害的蔓延。如果先将秸秆进行堆沤处理，既可以杀死病虫害又可以提供优质有机肥料。利用沼渣进行秸秆堆肥处理是利用沼渣中残存的发酵微生物对秸秆进行降解，同时提供必要的氮源以平衡 C/N，分解逐步释放出的水溶性氮、磷、钾被沼渣基质吸收，减少养料损失。沼渣堆肥方法如下。

（1）将秸秆作物粉碎至 5～10cm 左右的小段，与沼渣按 1∶1 比例混合备用。

（2）选择地势高且平坦向阳地作为堆肥地，起堆时先用沼渣铺成 20cm 厚的底层，上面铺设混合均匀的堆肥料，每铺 30cm 厚时用沼液喷洒至下部微有液体渗出为好。

（3）肥堆高度、宽度一般为 1.5m、1m 左右，顶部凹陷，铺料完成后顶部和四周表面用稀泥抹光，表面抹泥厚度约为 1.5cm。

（4）堆肥完成后，在肥堆周围沿底部挖深 5cm、宽 10cm 左右的环沟以防水分外流。

（5）堆肥时间视当地气温条件确定，以堆肥秸秆变为褐色且基本腐烂为准，一般春秋季需要 20 天左右。

由于沼渣中含有厌氧发酵过程中各种微生物，在空气环境中厌氧细菌处于休眠状态，当堆肥密封后部分好氧细菌消耗了有限空间中的氧气而构成了简单的厌氧环境，由此大量引进的厌氧微生物可以将秸秆纤维素、木质素降解成作物可以吸收的小分子物质。沼渣堆肥较传统堆肥腐熟速度快、秸秆降解率高，可以加快作物秸秆还田速度。

沼渣堆肥后的腐熟肥料可以直接作为基肥使用也可用作种肥和追肥，作追肥使用时应适当提前追施以利于发挥肥效。

7.2.3　工业沼肥生产技术

农村户用沼气副产物沼渣、沼液综合利用可有效改善农村生态环境，促进农村地区经济发展。但对于一些大型养殖场、食品厂、味精厂、酒精厂的沼气发酵副产物来说由于数量太大无法像农户那样分散处理，因此需要采取必要的工业化措施处理，工业沼肥既可以为农业生产提供必要的有机肥料，又能改善企业生产环境，增加收入，提高企业效益。沼肥生产工艺流程见图 7-1。

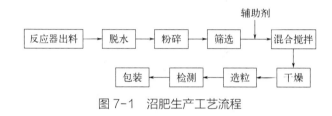

图 7-1　沼肥生产工艺流程

工业沼肥产品生产的关键问题就是固液分离过程（脱水）时营养物质的流失和辅助剂配合添加等，同时其产品规模直接受反应器处理能力的限制，原料来源在一定程度上限制了商品化的进程。

7.3　沼渣的饲料作用与技术应用

7.3.1　沼渣饲料的技术分析

沼渣含有发酵所产生的多种蛋白质和氨基酸，这些物质可以作为某些特殊养殖业的饲料来源，同时沼渣中所含有的有机质成分被水体中浮游生物所利用，使其得到快速生长繁殖从而增加了养殖对象的食物来源。经处理后的沼渣可以用作淡水养殖和腐食动物的营养饵料。沼渣作为饲料使用时只是部分替代饲料其并不能提供完全的营养来源。

沼渣作为替代饲料用于水生动物养殖的方法目前还存在一定的争议，主要是沼渣在给鱼类提供饲料的同时也造成了水体的富营养化，使水体的透明度和浊度恶化，造成局部水域的人为污染。

（1）富含多种动物生长所需要的多种蛋白质和氨基酸　在厌氧发酵过程中，富含蛋白质的有机物被微生物水解成蛋氨酸、赖氨酸、苏氨酸、亮氨酸、天冬氨酸、丝氨酸等多种氨基酸，其中像蛋氨酸、赖氨酸、亮氨酸等是动物生长所必需的氨基酸，这些氨基酸在动物体内不能合成，只能从食物中摄取。研究表明沼渣、沼液中动物所必需的氨基酸含量往往超过发酵前的水平。

（2）提供动物生长所需要的多种矿物质来源　铁、锌、锰等矿物质元素是动物健康生长不可缺少的微量元素。有机质厌氧发酵过程中随着物质的消耗使总基质量变小从而使矿物质得到一定程度富集，提高了其活性从而易被动物吸收利用。

（3）富含有益于动物生长的多种激素和维生素　国内外的研究表明厌氧发酵过程可明显增加发酵液中的 B 族维生素含量，其中维生素 B_{12} 可增加 6～10 倍，烟酸（维生素 B_1）增加 2 倍左右，核黄素（维生素 B_2）提高 1 倍。这些物质可以刺激动物生长发育，提高动物的免疫力。

7.3.2　沼渣饲料技术应用

沼渣是一种优质的饲料添加剂，可替代全价饲料中的相关添加剂成分，大大降低饲养成本。

（1）沼渣饲料的饲喂方式

① 喂猪　沼渣蛋白含量高，重金属含量低，生产的猪肉重金属残留符合安全猪肉的标准，可以用作饲料在日粮中添加。

体重 20 公斤的猪，每次喂 0.3 公斤；体重 21～30 公斤的猪，每次喂 0.4 公斤；体重 31～50 公斤的猪，每次喂 0.6 公斤；体重 50 公斤以上的猪，每次喂 1 公斤，拌料饲喂。仔猪因肠胃不适应不要喂。种公猪和空怀母猪不宜喂沼渣，否则增膘过快，会影响发情率和受胎率。在母猪发情期前喂，可促进发情；产后多喂可促进产乳并可提高乳的质量。

② 喂鱼　用沼肥（含有沼渣、沼液）养鱼，是将沼肥施入鱼塘，为水中的浮游动植物提供营养，增加鱼塘中浮游动植物产量，丰富滤食性鱼类饵料的一种饲料转化技术。沼肥养鱼有利于改善鱼塘生态环境，增产幅度可达 12%，提高优质鱼比例。沼肥施入鱼塘，不再发酵，降低了泛塘死鱼的可能性，同时能减轻猫头鲻、中华鳋、赤皮病、烂鳃、肠炎等常见病虫的危害。

技术要点（以池塘养鱼为例）：

a. 投入鱼苗种类及数量。宜放养滤食性鱼类和杂食性鱼类，一般滤食性鱼类比例不低于 70%，杂食性鱼类为 20%～30%。

b. 沼肥提取。沼气池正常发酵状态下，8～10m^3 容积的用户沼气池 5～7 天可提取 600～800kg。

c．成鱼养殖。

（a）环境条件：水深 1.5～2.5m，面积 1～10 亩，池底平坦，淤泥厚度低于 20cm。

（b）鱼种放养：选择晴天进行，同时根据当地的养殖习惯和池塘水源、水质情况，确定主养品种，实行多品种、多规格混养，做到合理密养。

（c）施肥投饲：在冬季池塘排水清塘以后，每亩施 800～2000kg 沼渣作基肥，放养鱼种后，3～10 月每隔 5 天每亩施沼肥 200kg，菜籽饼按鱼体重量的 3%～6% 投饲，比常规少投 40%精饲料。

（d）巡塘：随时捞除污物、残饲、杂草，防止泛塘及疾病。

（e）沼肥适度投量的掌握：主要应掌握水色的透明度，一般其透明度不低于 20cm。

（f）发现鱼病及时防治：一旦发现鱼病，要正确诊断并及时用药，选择合适的药物和用足药量。

③ 喂鸡、鸭、鹅　许翔等的研究表明，沼渣中粗蛋白含量丰富且其他各常规养分除纤维素外也均高于豆粕中的含量。能量代谢率为 43.88%，粗蛋白表观代谢率为 42.77%，蛋白质中各氨基酸含量均衡且均高于鸡的饲养相关标准中各必需氨基酸需要量。由此可见沼气后沼渣对蛋鸡而言有很好的营养价值，可作为鸡的一种蛋白质饲料源。

体重 0.3kg 以上可拌沼液饲喂。一般用 3 份沼液与 7 份饲料混匀。最大比例不要超过 1∶1，否则，鸡、鸭、鹅会出现泻肚现象。

（2）用沼渣作添加剂注意事项

① 必须是正常产气并燃烧 1 个月以上的沼气池中的沼渣，不产气沼气池中的病毒、细菌和寄生虫还没有被杀灭。

② 沼渣取出后，待沼渣稍干，按 5～10cm 的厚度均匀摊开，暴晒至干燥，然后用粉碎机粉碎，即为沼渣饲料。在猪日粮中，沼渣饲料的拌入量为 15%～20%。

③ 沼渣的 pH 值应以 6.8～7.2 为宜。

7.4　沼渣实用技术

7.4.1　沼渣在种植业的应用

（1）沼渣制作棉花营养钵　沼渣中含有较多的吲哚乙酸和有机物质，可以提供作物生长所必需的生长素和肥料，同时沼渣中的有机肥料的肥力释放周期长，可以提供长效肥力。使用沼渣棉花营养钵的优点：发苗效果好，苗期、蕾期较短，现蕾开花早，有利于前伸有效开花结铃期，从而达到增产增收的目的。

① 棉花营养钵的配制　每分（1分＝66.7m²）苗床地用沼渣 50～100kg，钙镁磷肥 2.5kg，氯化钾 1kg，根据棉花品种和当地气候条件选择制钵时间。

② 移栽　当棉花幼苗长至 5～6 片叶进行大田移栽。

一般来说同类棉种比较，使用沼渣的棉花其第一真叶期可以提前 1～2 天，叶片大小和茎粗都有明显提高。同时使用沼渣后的伏前桃密度增大，整体增产效果明显。

（2）沼渣玉米营养土的施用　沼渣肥料作为玉米催苗的基肥使用可以使玉米茎秆粗壮，根须增加，抓地牢固，增强玉米的抗倒伏能力，和其他速效氮肥配合使用可以起到明显的增产作用，每亩可增产 10%左右。同时沼渣和泥土按 6：4 的比例混合后可以制作玉米营养钵用于玉米的早期育苗，当玉米苗长出 2～3 片真叶时进行移栽。这种苗转青快、发病率低，特别适用于早春季及反季玉米的种植。

（3）沼渣种植香菇技术

① 沼渣的选择及处理。选择正常发酵 3 个月的沼气池的沼渣，在阳光下曝晒，干燥后粉碎，剔除石块等大的固形物。

② 基料配方。沼渣 78%，木屑 20%，石膏 1%，糖 1%；沼渣 60%，玉米芯 20%，麦麸 18%，石膏 1%，尿素 1%。培养料含水量控制在 55%左右。配料应保证碳氮比为 30：1，pH 值适中。

③ 装袋及灭菌。筒袋以高密度聚乙烯筒袋为好，先把一端扎紧加热密封后待用。将营养素、磷酸二氢钾、多菌灵用清水溶解后，加足所需水与培养料充分搅拌均匀，使其含水量约 55%，然后将拌好的料装入袋内封好，装袋要速度快、松紧均匀。装好的菌棒及时进锅灭菌，要在 3～5h 使锅内温度达到 100℃，保持 20～24h，中途不得停火、降温、缺水。

④ 接种。接种方法以接种箱接种为宜，接种箱接种无菌条件好，成功率高，每立方米用气雾消毒剂 4～6g（按说明加量）或每立方米用甲醛 10mL、高锰酸钾 5g 灭菌 30min 后常规接种。

⑤ 发菌期管理。发菌期管理的主要任务是调节培养室的温度和湿度，检查处理杂菌。每隔 5～7 天翻垛一次，同时进行刺孔工作。室内温度保持恒温 25℃左右（±2℃），空气相对湿度保持 70%以下，光线越暗越好。接种 15 天左右，接种块菌丝四处蔓延，菌丝圈直径达 6～7cm，应加强通风，达 9～10cm 时应分期分批刺孔。30 天左右菌丝长满全袋并出现瘤状物，要及时翻垛、刺孔，使菌棒成熟一致。50 天左右进入转色期，瘤状物由大、硬、白逐渐变小、软、棕红色并分泌

出水，应及时放出分泌物积水，严防低温和强光刺激，加强温度管理，以达到有效积温。

⑥ 催菇。将转色好的菌棒浸水达原重或达原重的 95%后，出池直立放在太阳光晒着的地方，上下盖铺麦草，上边再盖农膜，白天盖膜，夜晚掀膜，昼夜温差达 10℃以上，反复操作，3～5 天后即有大量菇蕾出现，及时破膜、上棚。

⑦ 菇期管理。出菇阶段要注意温、湿、气、光四要素。子实体发育温度范围 5～25℃均可，但以 15℃最佳，气温低长速慢、菇肉厚、品质优，但产量低；气温高发育快、菇肉厚、易开伞、色黄质差。出菇期以保湿为主，前期以喷水保湿为主，后期浸水与喷水相结合。香菇为好氧生物，出菇期注意通风换气，保持空气新鲜。

7.4.2 沼渣在养殖业的应用

（1）沼渣养猪 沼渣可以作为替代饲料用于肉猪养殖，虽然其增长速度不明显，但其饲料报酬比提高，表现出较好的经济效益；商品猪肉质无异常，胴体瘦肉率提高 1.25%，且生猪在整个生长期中消化道疾病明显减少。

饲养方法：沼渣替代饲料适用于 3 月龄幼崽，在基础日粮的基础上逐步添加沼渣，以使生猪能渐渐适应口味，沼渣日总添加量以占基础日粮的 15%左右为好。

（2）沼渣养鱼 沼渣养鱼是将沼气池内物质充分腐熟发酵后的沼渣施入鱼塘，为水中的浮游动植物提供营养，增加鱼塘中浮游动植物产量，丰富滤食性鱼类饵料的一种饲料转换技术。沼渣养鱼有利于改善鱼塘生态环境。水体含氧量可提高 13.8%，水解氮含量提高 15.5%，铵盐含量提高 52.8%，磷酸盐含量提高 11.8%，因而使浮游动植物数量增长 12.1%，重量增长 41.3%，从而增加鱼的饵料，达到增加鱼产量的目的。同时可减少鱼的病虫害。沼渣养鱼适用于以花白鲢为主要品种的养殖塘，其混养优质鱼（底层鱼）比例不超过 40%。

① 施用方法

a. 基肥。一般在春季清塘、消毒后进行，每亩施沼渣 150kg，均匀撒施。

b. 追肥。4～6 月，每周每亩施沼渣 100kg；7～8 月，每周施沼渣 75kg；9～10 月，每周亩施沼渣 100kg。

c. 施肥时间。晴天上午 8：00～10：00 施用最好，有风天气，顺风泼洒，雨天不施。

② 注意事项 水体透明度大于 30cm 时，说明水中浮游动物数量大，浮游植物数量少，施用沼渣可迅速增加浮游植物的数量，方法是每两天施一次沼液，每

亩每次 100～150kg，直到透明度回到 25～30cm 后，转入正常投肥。

（3）沼渣养殖黄鳝技术　利用沼渣养殖黄鳝，沼渣中含有较全面的养分，可供鳝鱼直接食用，同时也能促进水中浮游生物的繁殖生长，为鳝鱼提供饵料，减少饵料的投放，节约养殖成本（一般可降低成本 30% 左右）。其技术要点如下。

① 筑建养鳝池和巢穴埂　根据养殖规模，确定池容的大小，池深要求 1.7m，不少于 1.5m。池子挖好后，池底铺水泥砂浆，池墙用砖或片石砌好，并用水泥砂浆勾缝，以免黄鳝打洞逃走。筑巢穴埂，沿池墙四周及中央，用卵石和碎石修一道小埂，高 0.7～1m、宽 0.5m，石缝用稀泥和沼渣填满，作为黄鳝的巢穴和产卵埂。也可在中间开"十"字沟，自然长、宽 0.8m，深 0.25m，沟底部要用水泥砂浆抹面，填一些片石，石缝用沼渣和稀泥填满，同样可供黄鳝在石缝中作穴产卵。

② 饲养管理　养鳝池及巢穴埂筑好后，放黄鳝苗前半个月，向池中投放沼渣。方法：将沼渣与稀泥混合投放，厚度为 0.5～0.7m，作为黄鳝的饲料及活动场所；填好料后，放水入池，水深随季节而定，一般夏季、秋季 0.5m 左右，春季、冬季 0.25m 左右。

放养量。每平方米投放 3kg，每条重 25g 左右。

投放饵料量及投放时机。黄鳝活动的习性是昼伏夜出，夜间活动频繁，所以投料通常在黄昏。投放量，小黄鳝下池 1 个月后，每隔 10 天左右投一次鲜沼渣，每平方米 15kg，但要注意观察池内水质，应保持池内良好的水质和适当溶氧量，如发现鳝鱼缺氧浮头时，应立即换水。鳝鱼喜吃活食，在催肥增长阶段，每隔 5～7 天投喂一些蚯蚓、螺蚌肉、蚕蛹、蛆蛹、小鱼虾和部分豆饼等，投喂量为鳝鱼体重的 2%～4%。鳝鱼是一种半冬眠鱼类，在入冬前要大量摄食，需增大饵料的投放量，贮藏营养满足冬眠的需要。

常规管理。冬季为保护鳝鱼安全过冬，可将池内的水全部放干，并在池表面覆盖一层 10～20cm 的稻草，以便保温。夏季气温高，可在池的四周种植丝瓜、冬瓜、豆类等，并搭架为黄鳝遮阳、降温。加强水源管理，防止农药、化肥等有害物质入池。经常注意观察黄鳝的行动，一旦发现疾病及时用药物防治。

（4）沼渣养殖蚯蚓技术　蚯蚓俗称曲蟮，中医称地龙，属杂食性动物，主要以有机物质作为主要食物来源。据大量科学试验表明，蚯蚓内有大量脂肪酸、核酸和衍生物、游离氨基酸，还有大微量元素，如磷、钙、铁、钾、锌、铜以及多种维生素，是人体理想的营养来源之一。其中，蚯蚓体内蛋白质含量十分丰富，新鲜蚯蚓含蛋白质 20% 以上（干制品高达 70%），是动物性蛋白的主要来源。蚯蚓还有很高的药用价值，具有解热、镇痉、平喘、降压、利尿和通经络的功能。利用现代生物技术，可从蚯蚓中提取 4 种防治具有一定抗癌作用及溶解血栓的药品和保健品等。目前我国蚯蚓酶药品已批量投入生产，各地制药厂利用蚯蚓开发上市的地龙胶囊已达数种，蚯蚓制品对治疗心血管病、改善脑血管病引起的瘫痪和语言障碍疗效显著。

蚯蚓是喜温、喜湿、喜安静、怕光、怕盐、怕单宁气味的环节动物。白天栖息，夜晚出来活动觅食。蚯蚓对周围环境反应十分敏感，适于生活在 15～25℃，湿度在 60%～70%，酸碱度 pH 值为 6.5～7.5 的疏松土壤中，栖息深度一般为 10～20cm。

蚯蚓主要以腐烂的有机物为食，腐烂的落叶、枯草、蔬菜碎屑、作物秸秆、禽畜粪、瓜果皮、造纸厂（或酿酒厂、面粉厂）的废渣以及生活垃圾都可作为蚯蚓的食物；在人工养殖中，一般是把动物粪便与一些有机生活垃圾进行充分发酵后的腐熟物质作为饲料来使用。而沼渣作为完全发酵腐熟化后的产品在有机质含量、病虫卵去除和酸碱度等条件上都较简单，堆沤腐熟后的饲料更适合作为蚯蚓人工养殖的饵料。

蚯蚓的养殖可根据养殖户自身实际情况确定合适的养殖方式。目前蚯蚓的人工养殖主要有大田养殖、半地下池养殖、堆肥养殖、大棚养殖和立体箱式养殖。其中立体箱式养殖是工厂化养殖的主要方法，它占地少、养殖密度大、使用人力少、养殖环境容易控制、成品收集简单、生产效率高。

蚯蚓立体箱式养殖方法如下。

① 养殖房选择　废弃的仓库或民房都可以作为养殖用房，但原用于贮存农药、化工原料等有害物质的房子不适用，厂房要求保持良好通风，冬季保温性能较好。

② 养殖箱的制作　养殖箱的尺寸形状可根据养殖条件选择，但应便于移动管理，单箱面积不应超过 1.2m，高度为 30cm 左右，箱体材料可选用木质、塑料。木质箱材质不能选用杉木和其他芳香性针叶木料及含单宁酸或树枝液的木料，这些异味物质易造成蚯蚓死亡或逃逸。

养殖箱底部和四侧要留有排水、通气孔以满足蚯蚓的生长需要，通气孔直径 0.7～1cm 为宜，太大容易造成蚯蚓及蚯蚓粪坠落，太小造成通风不畅而引起箱内温度过高。通气孔面积可占箱壁面积的 20%～35%。

③ 养殖床的制作　为了利用养殖空间，降低饲养成本，可将养殖箱层叠形成塔式立体养殖。养殖架尺寸以养殖箱规格确定，以角铁焊接或竹木搭架，也可采用砖灰砌筑，类似于蚕床。架高 1.5m 左右，一般分为 5～6 层即可。

室内立体层床一般以左右双行建造，养殖床间应设置作业通道以便管理。养殖床的制作要求结构牢固，不出现摇晃现象，层间距均匀。养殖箱取拿方便。

④ 蚯蚓品种的选择及养殖密度要求　目前地球上已知有蚯蚓 2500 多种，在我国分布 160 余种，但适合人工养殖较有经济价值的品种不多，目前主要是一些

引进和后来改良驯化的品种。

"大平二号"于 20 世纪 70 年代末从日本引进，是人工养殖的首选，其趋肥性强、繁殖率高、定居性好、肉质肥厚营养价值较高。"大平二号"单体成虫体长 35~130mm，体宽 3~5mm，体重 0.45~1.12g，身体圆柱形，体色多样，60~70 天达到性成熟，成蚓每 30~45 天产卵茧一次，可孵化幼蚓 2~6 条，单位养殖密度可达 30000~50000 条/m²。

"美国红蚓"属于粪蚯蚓，喜欢吞食各种畜禽粪便，适用于养殖场来消除畜禽粪便对环境的污染。其体长 90~150mm，直径 3~5mm，成虫平均体重 0.5g，繁殖能力强，产量高。

"进农 6 号"又称"秸秆蚯蚓"，是河北邯郸薛进军博士筛选培育而成的一个品种，适宜各种农作物秸秆的处理，这种蚯蚓食量大、生长快、繁殖率高、养殖简便。2kg 蚯蚓种可以处理 1 亩地秸秆，产成蚓 620kg、蚓粪 2t，是进行农村秸秆处理的有效方式。

采用箱式立体养殖单箱的养殖密度应控制在 5000~10000 条/m²，箱体上层覆盖聚乙烯塑料薄膜以保证箱内湿度防止水分蒸发。

⑤ 料配比　从正常产气 3 个月以上的反应器中提取鲜沼渣可以直接作为饲养饵料，饵料湿度以手握刚有水渗出为宜。初次投料厚度 10~15cm（冬季 20cm）左右，以后每次在 5cm 左右，做到薄料多加，夏薄冬厚。

⑥ 日常管理　饲养管理主要是养殖湿度、温度、避光、饵料控制和防天敌、除粪便的管理。

湿度。蚯蚓喜欢潮湿而不积水，不同品种要求湿度不完全相同，但一般可掌握在含水量 70%左右。

饵料。饲料要分批定点投喂，以表面吃光为度，不可堆积过多。

温度。蚯蚓适宜生长的温度为 15~30℃，以 25℃左右为好，高温（35℃以上）季节应采取降温措施。

避光。蚯蚓系夜行动物，怕光，应注意遮光。

适时分床。在饲养过程中，种蚓不断产出蚓茧，孵出幼蚓，而其密度就随之增大；当密度过大时，蚯蚓就会外逃或死亡，所以必须适时进行分床或收集。

防天敌。蚯蚓的天敌主要有蛇、鼠、家禽和鸟类。

防逃逸。由于蚯蚓自身生活习性的原因，在光照、温度过高、湿度过大或过小等条件下蚯蚓容易逃逸。

除粪。蚓粪作为蚯蚓的代谢产物应及时清除，以保证蚯蚓的正常生长环境。蚓粪一般每月清除一次，每平方米养殖床每月可清除粪土 25~30kg。

⑦ 蚯蚓的收集　当养殖箱中蚯蚓达到一定密度时要及时将成虫收取或分箱，

以免因养殖密度过大而造成群体死亡或逃逸。成蚓的收集可以与补料、除粪同时进行也可单独实施。蚯蚓收集的主要方式有光取法、诱捕法、筛取法、电热收取法、料床驱动法和机械分离法。

光取法。利用蚯蚓畏光的特性，将养殖箱放到阳光下照晒，蚯蚓会很快钻入箱底部聚集成团，然后将箱体倒扣即可收集到成团的蚯蚓。

诱捕法。将蚯蚓爱吃的新鲜饵料置于带孔容器中，将容器放入养殖箱中，蚯蚓的嗅觉很灵，在闻到新鲜饵料的味道后会很快钻进容器，3～4 天后容器中即可收集大量蚯蚓。

筛取法。利用筛子将成蚓和蚓粪及幼蚓、蚓卵分开。筛孔直径为 3mm，振动过筛后，筛网上基本全为成蚓。筛出的蚓粪中含有大量蚓卵（茧）和幼蚓及体积较小的成蚓，可以继续装箱养殖。

电热收取法。利用电热吹风机均匀在养殖箱饵料表面吹动，利用热风和声音将蚯蚓驱赶到饵料底层，然后逐层刮出蚓粪或倒置养殖箱即可收取大量成蚓。

料床驱动法。将养殖箱表面饵料用齿耙疏松，由于蚯蚓本身的畏光性和喜静特性使大量蚯蚓钻入下层料床，逐层刮去上层饵料后可在箱底收取成蚓。

机械分离法。对于大型蚯蚓养殖企业为提高养殖效率和降低运行成本一般采用自动机械分离装置。机械分离装置利用蚯蚓的形态和蚯蚓与机械间的作用（黏附力）来实现分离。目前主要应用的有筛网分离器和梳齿式分离器。筛网分离器主要适用于蚓粪较干且易碎的工况下，当水分含量超过 60%时，网眼容易被堵死，蚓粪凝结成团，难于分离。梳齿式分离是通过梳齿的移动收集蚯蚓，这种方法可以收集到纯净的蚯蚓。

参考文献

[1] 李鹏，殷碧祥. 沼渣营养钵有利于培育棉花壮苗. 中国沼气，1997, 15(2): 39-40.
[2] 蔡阿兴. 沼气肥改良碱土及其增产效果研究. 土壤通报，1999, 30(1): 4-6.
[3] 农业部人事劳动司，农业职业技能培训教材编审委员会. 沼气生产工（上、下册）. 北京：中国农业出版社，2004.
[4] 周孟津. 沼气生产利用技术. 北京：中国农业大学出版社，1999.
[5] 孟庆国. 厌氧消化残留液中游离氨基酸含量的测定. 氨基酸和生物资源，1996, 18(3): 34-36.
[6] 刘世凯，梁爽. 沼气肥的生产及应用. 新农业，2015(03): 25-27.
[7] 朱惠芬. 沼肥的养分性质、特点及质量的影响因子. 中国沼气，1984, 1: 16-19.
[8] 黄昌勇. 土壤学. 北京：中国农业出版社，2003.
[9] 陆欣. 土壤肥料学. 北京：中国农业大学出版社，2002.
[10] 苏志读. 利用沼渣沼液栽培地黄技术. 农业开发与装备，2020(05): 214-215.

[11] 胡丽华. 棉花施用沼气肥的效果与技术. 江西棉花，1997, 6: 14-17.

[12] 孙振均. 蚯蚓反应器与废弃物肥料化技术. 北京：化学工业出版社，2004.

[13] 雷赵民，窦学诚，张浩，等. 饲喂沼渣源饲料对猪胴体品质、肉质性状及营养成分的影响. 中国生态农业学报，2009, (04): 752-755.

[14] 顾东祥，杨四军，杨海. "猪-沼-果(谷、菜)-鱼"循环模式应用研究. 大麦与谷类科学，2015, (03): 64-65.

[15] 许翔，卞宝国，李吕木，等. 小麦制酒精废水生产沼气后沼渣饲喂鸡的营养价值评定. 饲料工业，2015, 17: 23-26.

[16] 王继臣. 沼肥养鱼技术要点. 基层农技推广，2013, (07): 73.

第 **8** 章
以沼气为纽带的生态农业模式

8.1 农业发展模式

生态农业、城市农业、白色农业、蓝色农业、绿色农业、数字农业、基因农业、在线农业、沙漠农业和太空农业是现代农业发展的主要模式。农业发展模式是指调动农民劳动热情，引导农民走共同繁荣道路的发展方式。

（1）生态农业 在协调经济和环境的前提下，总结和吸收各种发展农业模式的成功经验，利用生态、经济原则和系统工程方法，根据当地情况制定符合当前农业发展趋势的生态农业，实现高产、高质量、高效、可持续发展。

（2）城市农业 一种以城市为基础的特色农业，主要包括观光农业、工厂化农业、庄园农业和农业高科技园区。城市农业具有经济和社会功能，可为附近城市提供新鲜农产品，特别是绿色食品，满足城市消费者需求，该模式还可为城市居民提供观光和体验农业活动，可拓展城市功能，提高城市品位。

（3）白色农业 生物技术在农业生产中得到了应用，在无菌工厂经营生物技术的人都戴着白帽子，因此被称为白色农业。

（4）蓝色农业 人们开始向海洋资源转移，发展海洋资源的农业被称为蓝色农业。

（5）绿色农业 利用绿色技术进行的农业生产是绿色农业。

（6）数字农业 地学空间和信息技术支持下的集约化农业技术。

（7）基因农业 人们利用 DNA 重组技术、克隆技术等生物技术培育出来新型安全食品的技术。

（8）在线农业 用计算机网络开展的农业信息技术服务，引导农业生产的方式是网上农业。

（9）沙漠农业　建立农业科技推广生产体系，在严重缺水的地方，利用温室栽培和滴灌进行农业生产。

（10）太空农业　利用太空这一特殊环境进行新品种研究，并培育农作物新品种的农业是太空农业。

8.1.1　生态农业模式的基本原理

以沼气为纽带，分析生态农业发展模式的原理。以沼气为纽带的生态农业模式是依据生态学原理，以沼气建设为纽带，将养殖业、种植业等有机地组合在一起，使各单元之间的布置合理、匹配度高，使得物质和能量实现梯级利用，从而使农业生产达到高产、高效、优质、低耗的目的，实现农业生产的生态化和可持续化。20 世纪 90 年代以来，沼气技术在生态农业方面的应用呈现出快速发展的局面，出现了多种多样的以沼气为纽带的生态农业模式，如"四位一体"模式、"猪-沼-果（菜、菇、鱼、蚯蚓）"模式、"五配套"模式、"中部地区生态果园"模式、"沼气生态农场"等。根据这些模式的共性和特点可以将其归为以下 4 种类型：生态温室模式、生态果园模式、生态农场模式和生态庭园模式。本章主要介绍前 3 种模式。

8.1.2　以沼气为纽带的生态温室模式

8.1.2.1　模式组成、原理及特点

以沼气为纽带的生态温室模式的主要组成要件为：沼气池、日光温室、畜禽舍。在此基础上，还可以增加厕所、蚯蚓养殖槽等。在模式各组成要件中，沼气池起着联结养殖与种植、生产与生活用能的纽带作用，处于核心地位。畜禽舍内的家畜和家禽起着为沼气池提供发酵原料的作用，畜禽粪便在沼气池内发酵后，产生的沼气用于为大棚增温及提供二氧化碳气肥；产生的沼液可用作大棚内植物的叶面肥和杀虫剂，还可用来喂猪；产生的沼渣用作有机肥，也可用作蘑菇栽培的基质；另外，畜禽呼吸产生的废气二氧化碳为植物提供光合作用所需的二氧化碳，而植物的呼吸则为畜禽提供新鲜的氧气。模式各组成部分之间的关系见图 8-1。

这种类型的生态农业模式较典型的有北方"四位一体"模式和中部"生态温室"模式。两种模式的结构示意图见图 8-2 和图 8-3。

（1）北方"四位一体"生态农业模式　是辽宁省在 20 世纪 90 年代研究探索出来的一种生态农业模式，目前已在我国北方农村得到了大范围推广，取得了显

著的经济、能源和生态效益。这种模式的特点可归结为以下 6 点。

① 多业结合，集约经营。通过模式单元之间的联结和组合把动物、植物、微生物结合起来，加强了物质循环利用，使得养殖业与种植业通过沼气纽带作用紧密联系在一起，形成一个完整的生产循环体系。这种循环体系达到高度利用有限的土地、劳力、时间、饲料、资金等的目的，从而实现集约化经营，进而获得良好的经济、社会和生态效益。

② 合理利用资源，使资源增值。模式实现了对土地、空间、能源、动物粪便等农业生产资源的最大限度开发和利用，从而使得资源实现了增值。

③ 物质循环，相互转化，多级利用。生态模式充分利用了太阳能，使太阳能转化为热能，又转化为生物能，实现合理利用。通过沼气发酵，以无公害、无污染的肥料施于蔬菜和农作物，使土地增加了有机质，粮食增产，秸秆还田并转化为饲料，达到用能与节能并进。

④ 保护和改善自然环境与卫生条件。生态模式把人、畜、禽、作物联结起来，进行第二步处理，达到规划合理、整齐、卫生，从而保护了环境。同时通过沼气发酵，消灭了病菌。粪便中含有大量的病原体，它可以通过多种途径污染水体、大气、土壤和植物，直接或间接地影响着人体健康。沼气发酵处理粪便使粪便达到了无害化效果。在常温沼气发酵条件下，钩虫卵 30 天被杀灭，蛔虫卵 30 天被杀灭，沙门氏菌平均存活 6 天，痢疾杆菌 40 天被杀灭，减少了对土壤的污染。这就改变了农村粪便、垃圾任意堆放的状况，消灭了蚊蝇的滋生场地，切断了病原体的传播途径。因此，沼气发酵处理粪便，净化了环境，减少了疾病，大大改善了农村的卫生面貌。

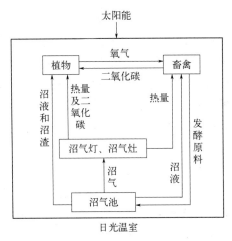

图 8-1　模式物质与能量流动示意

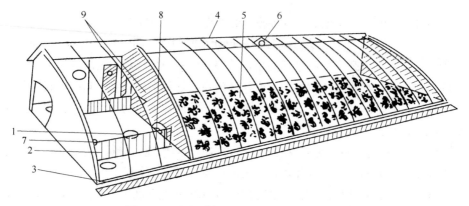

图 8-2 北方"四位一体"模式结构示意

1—沼气池；2—猪圈；3—厕所；4—日光温室；5—菜地；6—沼气灯；7—进料口；8—出料口；9—通气孔

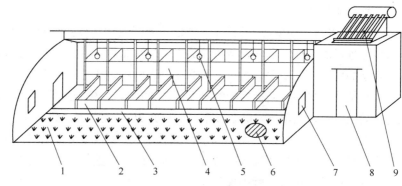

图 8-3 中部地区"生态温室"模式结构示意

1—种植区；2—家畜养殖区；3—工作通道；4—家禽养殖区；5—沼气灯；6—沼气池；7—温室通风窗；
8—看护房；9—太阳能真空管热水器

⑤ 有利于开发农村智力资源，提高农民素质。生态模式是技术性很强的农业综合型生产方式，是改革传统农业生产模式，实现农业由单一粮食生产向综合多种经营方面转化的有效途径，因此，推广应用北方生态模式，极大地增强了农民的科技意识和技术水平，提高了农民的素质。

⑥ 社会效益、经济效益、生态效益提高。高度利用时间，不受季节、气候限制，在新的生态环境中，生物获得了适于生长的气候条件，改变了北方地区一季有余、二季不足的局面，使冬季农闲变农忙；高度利用劳动力资源，生态模式是以自家庭院为基地，家庭妇女、闲散劳力、男女老少都可从事生产；缩短养殖时间，延长农作物的生长期，养殖业和种植业经济效益较高，一般每户年可养猪 20头，种植蔬菜 150m^2，年效益可达纯收入 5000 元。

（2）中部地区"生态温室"模式 是近年来在河南地区发展起来的一种生态

农业模式，其特点可归结为：生态化、立体化、设施化和高效化。

① 生态化。就是运用生态学食物链原理开发宏观与微观生产的物资良性循环、能量多级利用的再生资源高效利用技术，提高资源利用效率，实现物质流动的良性循环，增强可再生资源利用与环境容纳量的持续性。为了实现系统运行的生态化，可采取以下几个措施：一是通过厌氧发酵技术的应用，为模式的生产提供优质有机肥和有机营养液以替代化肥和农药；二是最大限度地利用太阳能、生物质能等可再生能源，减少农业生产过程中化石能源的利用量；三是通过合理的技术衔接，充分发挥和利用动物、植物和微生物之间固有的依存关系，减少生产过程对外来物质的引入。

② 立体化。就是在模式的设计过程中，充分利用地下、地表和空中的空间，以求使设施内的空间得到最大限度的合理利用。在设计方面将沼气池埋入温室的地下，地面空间分成两部分，一部分用于植物种植，另一部分用于家畜养殖，养殖区上部的空间用于家禽养殖。

③ 设施化。为了改变自然环境对农业生产的影响和限制，模式的整个生产都布置在以太阳能日光温室为主体的设施内，从而保证了模式的可控化运行。

④ 高效化。这里所说的高效化可以从两个方面加以理解：其一是系统运行效率高，这主要体现在通过各种技术接口，强化系统内部各组成部分之间的相互依赖和相互促进的关系，从而保证了整个系统运行的高效率；其二是系统的效益高，这主要是由于系统的生产严格遵循了自然规律，也就是实现了生态化生产，所以模式生产的农产品的品质和产量就得到了提高，从而保证了系统的高效产出。

8.1.2.2　模式设计

（1）模式结构布局　模式结构布局见图 8-4～图 8-7 所示。

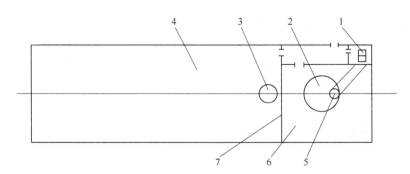

图 8-4　畜禽舍右侧放"四位一体"模式平面结构布局

1—厕所；2—沼气池；3—出料口；4—日光温室；5—进料口；6—猪舍；7—内山墙

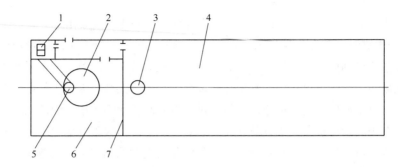

图 8-5　畜禽舍左侧放"四位一体"模式平面结构布局

1—厕所；2—沼气池；3—出料口；4—日光温室；5—进料口；6—猪舍；7—内山墙

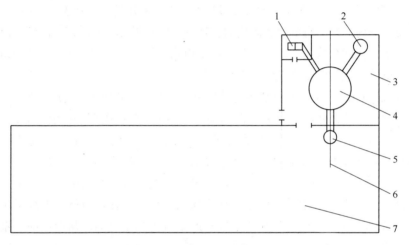

图 8-6　畜禽舍后侧放"四位一体"模式平面结构布局

1—厕所；2—进料口；3—猪舍；4—沼气池；5—出料口；6—猪舍东西宽度中心线；7—日光温室

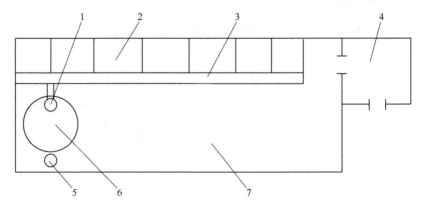

图 8-7　中部地区"生态温室"模式平面结构布局

1—进料口；2—畜禽舍；3—集粪沟；4—看护房；5—出料口；6—沼气池；7—日光温室

（2）模式基本单元之间匹配关系　为实现模式生产的生态化，模式日光温室内作物生长所需的营养成分氮、磷、钾应主要来自沼气发酵的副产物——沼液和沼渣，而沼气发酵所需的原料则主要依赖大棚内所养的猪等家禽和家畜。所以要确定模式各组成单元之间的匹配关系，实质上就是建立各单元间营养成分供需的平衡关系。考虑到棚内动物养殖虽然存在多样性，但主要以养猪为主的情况，这里主要确定猪存栏头数、日光温室面积与沼气池容积三者之间的关系。

实际应用中，多数情况是温室的面积为已知值。所以这里设定日光温室面积，温室内所种蔬菜种类、产量及其对氮、磷、钾的需求量都为已知参数，据此来求猪存栏数量、猪舍面积、沼气灯数量和沼气池的容积。

① 猪存栏头数的确定　首先设大棚面积 A 一定，并设在猪的一个存栏周期内棚内的蔬菜产量 W 一定。由此列出氮、磷、钾的平衡关系式如下。

氮的平衡关系式：
$$\frac{AWn}{666.7} = \alpha C_1 R R_N \tag{8-1}$$

磷的平衡关系式：
$$\frac{AWp}{666.7} = \beta C_2 R R_P \tag{8-2}$$

钾的平衡关系式：
$$\frac{AWk}{666.7} = \gamma C_3 R R_K \tag{8-3}$$

式中　　A——日光温室面积，m^2；

$\qquad\quad W$——蔬菜亩产量，kg/亩；

n、p、k——单位蔬菜产量对氮、磷、钾的需求量，kg/kg；

α、β、γ——1 头猪在 1 个存栏周期内所排粪便沼气发酵后产生的沼肥的氮、磷、钾含量，kg；

C_1、C_2、C_3——满足氮、磷、钾供需平衡的猪的存栏头数；

$\qquad\quad R$——粪便的收集率，一般取 90%；

R_N、R_P、R_K——沼肥中氮、磷、钾的收集率，氮和磷一般取 95%，钾一般取 90%。

根据上述关系式，猪的存栏头数应取：$C = \max（C_1, C_2, C_3）$。

部分蔬菜对氮、磷、钾的需求量情况见表 8-1。

表 8-1　蔬菜作物生产 1000kg 产品所需要的养分量　　　　单位：kg

蔬菜	氮（N）	磷（P$_2$O$_5$）	钾（K$_2$O）	蔬菜	氮（N）	磷（P$_2$O$_5$）	钾（K$_2$O）
番茄	2.7～3.2	0.6～1.0	4.9～5.1	花椰菜	10.9～13.9	2.1～4.8	4.9～17.7
茄子	3.0～4.3	0.7～1.0	4.9～6.6	莴苣	2.1～2.6	1.0	3.2～3.7
辣椒	5.2～5.8	1.1	6.5～7.4	芹菜	2.0～2.4	0.9～2.4	1.1～3.9
黄瓜	2.0～3.0	0.8～1.0	3.5～4.0	菠菜	2.5～4.0	0.9～1.4	4.6～6.9

续表

蔬菜	氮（N）	磷（P_2O_5）	钾（K_2O）	蔬菜	氮（N）	磷（P_2O_5）	钾（K_2O）
西葫芦	3.0～5.0	1.3～2.2	4.5～6.0	油菜	2.8	0.3	2.1
西瓜	4.6～5.0	3.4	4.0	小白菜	1.6	0.9	3.9
冬瓜	1.3～3.0	0.61	1.6～2.4	韭菜	2.0～2.4	0.7～0.9	3.7～4.1
苦瓜	5.3	1.8	6.9	大葱	2.1～4.0	0.5～1.5	1.2～2.4
菜豆	3.4	2.3	5.9	洋葱	2.4	0.7	4.1
豇豆	4.1	2.5	8.8	蒜	5.1	1.3	1.8
草莓	6.0～6.2	2～2.3	6.5～8.2	萝卜	2.3～3.5	0.9～1.9	3.1～5.8
白菜	1.8～2.5	0.4～1.0	2.8～4.5	胡萝卜	4.5～7.5	1.9～3.8	7.0～11.4
甘蓝	3.0～4.5	1.2～1.6	5.1～6.3	芜菁	4.3	2.0	10.0

② 猪舍面积的确定　猪舍的面积根据式（8-4）进行计算确定。

$$F = kn + cn = \frac{V \rho R V_0}{GST} \qquad (8-4)$$

式中　F——猪舍面积，m^2；

　　　k——生猪重量调节系数，一般取 0.8～1.2，小猪取下限，大猪取上限；

　　　c——猪舍通风系数；

　　　n——猪的养殖头数；

　　　V——沼气池净空容积，m^3；

　　　ρ——发酵料液密度，kg/m^3；

　　　G——每头猪每天的产粪量（湿重），kg；

　　　S——沼气发酵原料中干物质的含量，%；

　　　T——原料在沼气池内的滞留时间，d；

　　　R——发酵料液质量分数，%；

　　　V_0——沼气池装料容积，%，通常取 90%。

③ 沼气灯数量的确定　大棚内沼气灯的主要作用是燃烧沼气释放热量和提供二氧化碳气肥。沼气灯数量一般按每 $50m^2$ 大棚面积设置一盏计算确定。当使用沼气灯的目的是增温和增光时，燃烧时间应放在 5：30～8：30；而当使用沼气灯是为了提高二氧化碳含量时，燃烧时间安排在 6：00～8：00，并且大棚放风前 30min 应熄灭沼气灯。

④ 沼气池容积的确定　沼气池的容积由猪所产生的粪便量来确定，可根据式（8-5）进行求取。

$$V = \frac{CM + W}{\rho R} T \qquad (8-5)$$

式中　M——每头猪每天产粪便量，kg/d；

　　　W——每天粪便稀释所需水量，kg/d；

　　　T——原料在沼气池内滞留时间，d；

　　　ρ——进入沼气池的原料密度，kg/m³；

　　　R——沼气池装料率，%，一般取 85%；

　　　C——猪的存栏头数。

沼气池的容积也可按经验值依养猪数量的多少来确定，一般情况下，2～3 头猪（体重为 50kg，下同）需建 6～7m³，4～5 头猪需建 7～9m³，6～8 头猪需建 8～10m³。

（3）模式日光温室设计

① 日光温室的采光设计　为了最大限度地提高日光温室的温度，以满足温室内作物的生长要求，所以应尽可能让太阳光多透入温室内。要使日光温室实现良好的采光，需要对以下 5 个参数进行合理的设计。

a. 最佳方位角的设计。冬季太阳高度角低，为了争取太阳辐射多进入温室室内，建造温室应采取坐南朝北，方位通常为正南，中午太阳光与温室东西延长线垂直。北纬 38° 以南地区，由于冬季气候较温暖，早晨温度又不很低，可早揭帘，且上午光质好，而作物上午的光合作用强度较高，应尽量增强午前的光照，温室方位角采取南偏东 5°～10° 为宜（称之为抢阳），提早 20～40min 接受太阳的直射光，对作物光合作用是有利的。但是高纬度地区冬季早晨外界气温很低，提早揭开草苫，室内温度下降较大，所以，一般采用正南的方位角。而北纬 41° 以北地区冬季气候寒冷，昼夜温差较大，早晨温度低，往往晨雾大，早晨揭帘不能过早，温室方位以南偏西 5°～10° 为好（称之为抢阴），以适当延长午后的光照时间以利于作物发育，并为夜间贮备更多的热量。当然，方位角的确定还要考虑当地冬季的主导风向的影响。如过北纬 41° 以北地区，冬季主导风向为西北风，就不宜采用南偏西的方位。反之，北纬 38° 以南区，如果冬季主导风向为东北风，亦不宜采用南偏东方位。

建造日光温室方位的正南、正北不是磁南、磁北。各地有不同的磁偏角，确定方位角需根据所处的区域加以矫正。表 8-2 为我国不同地区磁偏角。

表 8-2　我国不同地区磁偏角

地名	磁偏角	地名	磁偏角	地名	磁偏角
漠河	11°00′（西）	沈阳	7°44′（西）	南京	4°00′（西）
齐齐哈尔	9°54′（西）	赣州	2°01′（西）	合肥	3°52′（西）
哈尔滨	9°39′（西）	兰州	1°44′（西）	郑州	3°50′（西）
大连	6°35′（西）	遵义	1°25′（西）	武汉	2°54′（西）
北京	5°50′（西）	西宁	1°22′（西）	南昌	2°48′（西）

续表

地名	磁偏角	地名	磁偏角	地名	磁偏角
天津	5°30′（西）	许昌	3°40′（西）	银川	2°35′（西）
济南	5°01′（西）	徐州	4°27′（西）	杭州	3°50′（西）
呼和浩特	4°36′（西）	西安	2°29′（西）	拉萨	0°21′（西）
长春	8°53′（西）	太原	4°11′（西）	乌鲁木齐	2°44′（西）
满洲里	8°40′（西）	包头	4°03′（西）		

b. 采光屋面角的设计。采光屋面角是指日光温室屋面切线与水平线的夹角。日光温室通过透明屋面接受太阳直射光、散射光和地面反射光，三者当中直射光占主要地位。照射到温室前屋面薄膜表面的直射光，一部分被反射掉，一部分被薄膜和其表面附着的灰尘吸收，剩余的才能透射到室内。光线透过率的大小主要取决于反射率。反射率的大小与光线的入射角有关，入射角越小，透过率越大，入射角越大，反射率也越大，透过率就越小，以垂直照射屋面的直射光进入日光温室的辐射量最大。然而当日光温室参数确定以后，由于太阳高度角随时在发生变化，要使光线总是垂直照射日光温室屋面是不可能的。但是直射光对透明薄膜的透过率与光线的入射角不是直线关系。当入射角在 0°～40°范围内变化时，光的透过率与垂直入射的透过率相差不大，光线入射角只要不大于 40°，直射光透过率的下降不超过 4%；而入射角在 40°～45°之间时，透过率减弱的程度也较小；只有当入射角大于 45°时，透过率才明显减小；当入射角大于 60°时（见图 8-8），透过率急剧下降。透明薄膜的这一特性为日光温室棚面设计提供了方便条件。

塑膜覆盖日光温室的光照设计以冬至日为基点。冬至日前后正是北方温室主生产期。当冬至日温室光照符合要求时，其他时日就没有问题了。为了便于分析，可以把光照设计简化为倾角为 α_0 的单斜面温室的光照设计，如图 8-9 所示。

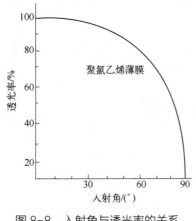

图 8-8　入射角与透光率的关系

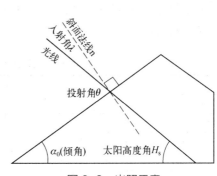

图 8-9　光照示意

当冬至日正午太阳光垂直照射到斜面时，$\lambda = 0$，$\alpha_0 = 90° - H_0$（H_0 为冬至日正午太阳高度角），此时塑膜光照透过量最大。但是满足该条件的温室脊高会太高，结构上不合理。而当非垂直入射时，投射角 $\theta = 90° - \lambda = \alpha_0 + H_s$（$H_s$ 为太阳高度角）。如前所述，当 $\lambda \leqslant 40°$ 时的光照与垂直入射效果相差不大，即当正午满足 $\alpha_0 = 90° - 40° - H_0$ 时，其光照与垂直入射效果差不多。

正午太阳高度角计算公式为 $H_0 = 90° - \varphi + \delta$，（$\varphi$ 为纬度，δ 为太阳赤纬角）。冬至日太阳赤纬角为 $-23.45°$，则有 $H_0 = 66.55° - \varphi$。冬至日正午时刻 $\alpha_0 = 50° - H_0 = \varphi - 16.55°$。通常把满足 $\alpha_0 = \varphi - 16.5°$ 的屋面采光角称之为合理采光屋面角。

从光线的反射率来考虑，在入射角未大于 40° 时，透过率的降低幅度不大，但是这种条件下，只有正午很短时间投射角达到 50°，午前和午后绝大部分时间，太阳对温室采光面的投射角均小于 50°，达不到合理的采光状态，也就不能更多地获取太阳辐射能。因此温室生产仅仅能保证冬至日正午能达到较好的光照条件是不够的。经过多年的实践，农业专家提出了温室生产冬至日前后每日应能保证有 4 个小时以上较好的光照条件。也就是要求冬至日 10～14 时，太阳对温室前屋面的投射角都能大于或等于 50°。这样在进行日光温室采光设计时，应在以冬至日正午入射角 40° 为参数设计合理采光屋面角基础上，在北纬 32°～43° 之间，增加 9.1°～9.28°。这就是张真和提出的合理采光时段理论的基本点。

考虑到太阳位置冬季偏低、春季升高的特点，对用于冬季的温室，主要透光面的坡度应大些，用于春季的温室，主要透光面的坡度应小些。另外，由于每天清晨和傍晚，太阳位置偏低，正午前后太阳位置偏高，透光屋面靠近底脚的部分，坡度应大些，靠近中脊部的坡度应小些。从这个角度考虑，温室前屋面的形状以采用自底脚向后至采光屋面的 2/3 处为圆拱形坡面，后部 1/3 部分采用抛物线形屋面为宜。

图 8-10 为鞍 II 型日光温室不同位置 α 的变化情况。

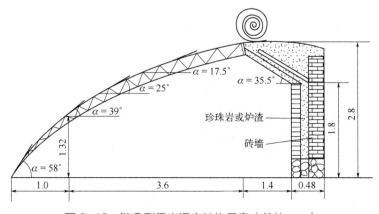

图 8-10　鞍 II 型日光温室结构示意（单位：m）

由图 8-10 可以看出，该日光温室前屋面底脚地面处的切线角度较大为 58°，这主要是为了使温室整体结构、造型以及使用面积和作业空间更合理。

c. 采光屋面形状的设计。节能型日光温室屋面形状有两大类：一类是由一个或几个平面组成的直线形屋面；一类是由一个或几个曲面组成的曲线形屋面。这两种屋面形状相比较，以曲线形屋面为佳，曲线形状可采用椭圆、双曲线、半圆、对数、抛物线等，不论采用哪种曲线形式，光照效果差别不大，从而为曲线形屋面的设计提供了方便。

d. 后屋面仰角和宽度的设计。日光温室后屋面仰角是指温室后屋面与后墙顶部水平线的夹角，后屋面宽度是指其水平投影长度。后屋面仰角和宽度对温室采光影响较大。后屋面仰角的设计以大于当地冬至正午时刻太阳高度角 5°～8° 为宜。在北纬 32°～43° 地区，后屋面仰角应为 30°～40°，纬度越低后屋面仰角就应越大一些，反之则相反。后屋面不应太宽，否则春、秋季节太阳高度角增大时，室内遮阴面积过大，影响后排作物的生育和产量形成，一般后屋面的投影长以 0.8～1.2m 为宜，过小不利于保温。后屋面的仰角应视温室使用季节而定，但至少应略大于当地冬至正午的太阳高度角，以保证冬季阳光能照满后墙，以增加室内的热量。

e. 结构比设计。结构比是指温室骨架材料面积与温室总透光面积之比。结构比小的温室，透光率高，反之则相反。木结构的温室，其屋面的结构比为 0.25；大型金属结构温室，屋面的结构比为 0.2；金属架的塑料温室，遮光率在 5%。选择刚度大、尺寸小的建材，减少窗框、立柱是提高透光率的重要措施之一。

② 日光温室的保温设计 要使日光温室内的温度满足作物正常生育的需要，关键靠科学的采光设计，最大限度地获取太阳辐射能，同时还要尽可能阻止热量流失，用以维持作物生长必需的温度水平，所以合理的保温设计极为重要。日光温室的保温性与温室墙体结构、后屋面及前屋面的覆盖物等有关。

a. 墙体。节能型日光温室的墙体有两大类：其一是单质墙体，即由单一材料做成的墙体，如土墙、砖墙、石墙等；其二是异质复合墙体，即在墙体内层使用蓄热能力强的材料作承重墙，而在承重墙和外层保护墙之间则选用保温能力强的材料所建造的墙体。之所以建造异质复合墙体，主要是考虑到蓄热能力强的材料，其保温性能就差，而保温能力强的材料，其蓄热能力差。所以，要想使温室墙体既保温又蓄热，就应采用异质复合保温墙体。异质复合多功能保温墙体结构如图 8-11 所示。

异质复合墙之间所用的保温材料可采用珍珠岩、干燥处理的稻草、麦秸、炉渣灰等。部分墙体材料的导热性能见表 8-3。

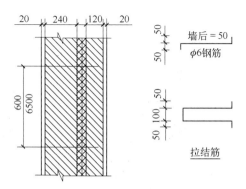

图 8-11　异质复合多功能墙体

表 8-3　材料热导率

单位：W/(m² · K)

材料名称	热导率	材料名称	热导率	材料名称	热导率
砖	0.81	锯末	0.093	聚苯乙烯	0.032～0.042
草苫	0.086	稻壳	0.093	加草黏土	0.76
稻草	0.093	芦苇	0.14	PVC	0.163
夯实土	1.16	干木板	0.058	PE	0.198
珍珠岩	0.02～0.047	炉灰渣	0.22	纸	0.14～0.23

复合墙体保温层的厚度要由热阻计算给出。部分复合墙体的热阻见表 8-4。

表 8-4　复合墙体热阻值

序号	墙体结构（由内向外）	热阻/(m² · K/W)
1	24cm 砖、3cm 苯板、12cm 砖	1.22
2	24cm 砖、4cm 苯板、12cm 砖	1.87
3	24cm 砖、6cm 苯板、12cm 砖	1.82
4	24cm 砖、8cm 苯板、12cm 砖	2.22
5	24cm 砖、10cm 苯板、12cm 砖	2.62
6	24cm 砖、12cm 苯板、12cm 砖	3.02
7	24cm 砖、6cm 珍珠岩、12cm 砖	1.48
8	24cm 砖、12cm 珍珠岩、12cm 砖	2.33
9	24cm 砖、6cm 空气间层、12cm 砖	0.80

b. 后屋面。后屋面的主要功能是保温。后屋面保温对温室来说很重要，其保温性能应优于墙体，一般其热阻值要比墙体高 30%左右，其做法如图 8-12 所示。便宜的做法是采用稻、麦草作保温材料。后屋面的厚度设置方面，在冬季较温暖的河南、山东和河北南部地区，厚度可在 30～40cm，东北、华北北部、内蒙古等寒冷地区，厚度应增至 60～70cm。

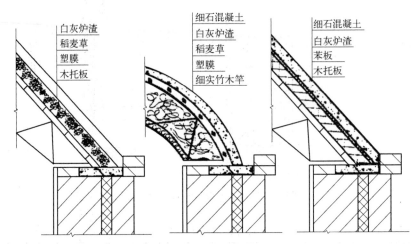

图 8-12　后屋面做法示意

以东北地区为例，后屋面较理想的做法自下而上是：20mm 厚木板（防腐处理或下铺一层彩条布或塑膜）、120mm 厚苯板、1∶5 白灰炉渣找坡 80mm 厚、30mm 厚C20 细石混凝土（内配大孔目的钢丝网）防水层。图 8-12 为几种后屋面做法示意。

c. 前屋面覆盖。透明的前屋面夜间保温至关重要，作为温室主要的散热面，由其散失的热量约占温室总散热量的 73%～80%。

在冬季气候较暖地区，一般以草苫覆盖；在寒冷地区则常常采取双层覆盖，即在草苫下再附加一层纸被，纸被一般由 4～6 层牛皮纸缝合而成；严寒地区则多以棉被和轻质保温被覆盖。草苫作为最传统的覆盖物，由于其本身导热系数小，再加上其中间有许多层空气间隔，隔热保温性能良好，一般稻草苫保温可以提高 6～10℃。在草苫下加牛皮纸被不仅增加了空气间隔层，而且阻断了通过草苫缝隙处的散热，4 层牛皮纸被可以提高 5～7℃，厚度为 0.1mm 的 PVC 膜可以提高 2～3℃。

d. 防寒沟。在严寒与寒冷地区，日光温室四周应设防寒沟，至少在南底脚应通常设防寒沟，对减少地中横向传热损失作用显著。一种做法是南底脚外侧或内侧用 50～80mm 厚聚苯板埋入地面下 800～1000mm，另一种做法在南底脚外侧挖宽 400mm、深 500～600mm 的槽，内填用塑膜包覆的稻、麦草或马粪等物，上部覆土盖实，覆土应向前有坡度避免渗水。

③ 温室跨度及高度设计　温室跨度指从温室北墙内侧到南向透明屋面底脚间的距离。温室跨度的大小，对于温室的采光、保温、作物的生育以及人工作业等都有很大影响。在温室高度及后屋面长度不变的情况下，加大温室跨度，会导致温室前屋面角度和温室相对空间的减小，从而不利于采光、保温、作物生育及人工作业。目前认为日光温室的跨度以 6～8m 为宜，若生产喜温的园艺作物，北纬 40°～41° 以北地区以采用 6～7m 跨度最为适宜，北纬 40° 以南地区可适当加宽。

温室高度是指温室屋脊到地面的垂直高度。跨度相等的温室，降低高度会减小温室透明屋面角度和比表面积以及温室空间，不利于采光和作物生育；增加高度会增加温室透明屋面角度和比表面积以及温室空间，有利于温室的采光和作物生育。据计算：在温室跨度为 6m，温室高度为 2.4～3.0m 范围之内，高度每降低10cm，其透明屋面角度大体降低 1°，这样，2.4m 高温室与 3.0m 高温室相比，其太阳辐射能减少 7%～9%。但如果温室过高，不仅会增加温室建造成本，而且还会影响保温。因此，一般认为，6～7m 跨度的日光温室，在北纬 40° 以北，如生产喜温作物，高度以 2.8～3.0m 为宜；北纬 40° 以南，高度以 3.0～3.2m 为宜。若跨度大于 7m，高度也相应再增加。图 8-13 和图 8-14 分别为辽沈Ⅰ型和改进冀优Ⅱ型节能日光温室结构尺寸图。不同纬度日光温室结构参数见表 8-5。

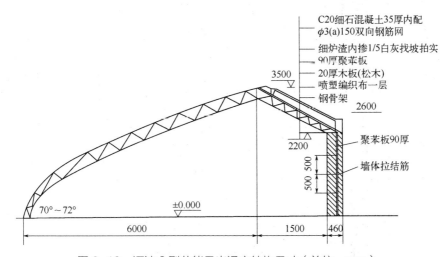

图 8-13　辽沈Ⅰ型节能日光温室结构尺寸（单位：mm）

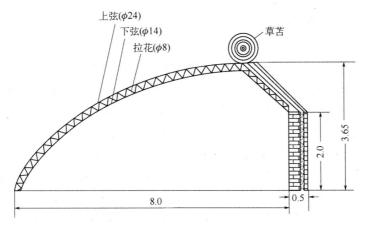

图 8-14　改进冀优Ⅱ型节能日光温室结构尺寸（单位：m）

表 8-5　不同纬度日光温室结构参数　　　　　　　　　　　单位：m

纬度 ＼ 高度	跨度				后坡投影 L_2
	$L=6.0$	$L=6.0$	$L=6.0$	$L=6.0$	
32°	$H_{01}=1.95$	$H_{01}=2.15$	$H_{01}=2.34$	$H_{01}=2.54$	1.00
	$H_{02}=2.67$	$H_{02}=2.94$	$H_{02}=3.21$	$H_{02}=3.48$	
33°	$H_{01}=1.97$	$H_{01}=2.17$	$H_{01}=2.38$	$H_{01}=2.59$	1.20
	$H_{02}=2.68$	$H_{02}=2.96$	$H_{02}=3.23$	$H_{02}=3.51$	
34°	$H_{01}=2.07$	$H_{01}=2.28$	$H_{01}=2.50$	$H_{01}=2.72$	1.20
	$H_{02}=2.79$	$H_{02}=3.08$	$H_{02}=3.37$	$H_{02}=3.66$	
35°	$H_{01}=2.17$	$H_{01}=2.39$	$H_{01}=2.62$	$H_{01}=2.85$	1.20
	$H_{02}=2.90$	$H_{02}=3.20$	$H_{02}=3.50$	$H_{02}=3.81$	
36°	$H_{01}=2.27$	$H_{01}=2.51$	$H_{01}=2.74$	$H_{01}=2.98$	1.20
	$H_{02}=3.02$	$H_{02}=3.33$	$H_{02}=3.64$	$H_{02}=3.96$	
37°	$H_{01}=2.32$	$H_{01}=2.57$	$H_{01}=2.82$	$H_{01}=3.07$	1.30
	$H_{02}=3.07$	$H_{02}=3.40$	$H_{02}=3.72$	$H_{02}=4.05$	
38°	$H_{01}=2.43$	$H_{01}=2.69$	$H_{01}=2.94$	$H_{01}=3.20$	1.30
	$H_{02}=3.19$	$H_{02}=3.53$	$H_{02}=3.86$	$H_{02}=4.20$	
39°	$H_{01}=2.53$	$H_{01}=2.80$	$H_{01}=3.07$	$H_{01}=3.34$	1.30
	$H_{02}=3.31$	$H_{02}=3.66$	$H_{02}=4.01$	$H_{02}=4.36$	
40°	$H_{01}=2.53$	$H_{01}=2.80$	$H_{01}=3.09$	$H_{01}=3.37$	1.50
	$H_{02}=3.29$	$H_{02}=3.65$	$H_{02}=4.02$	$H_{02}=4.83$	
41°	$H_{01}=2.63$	$H_{01}=2.92$	$H_{01}=3.22$		1.50
	$H_{02}=3.41$	[2]$H_{12}=3.40$	[1]$H_{12}=3.50$		
42°	$H_{01}=2.74$	$H_{01}=3.04$	$H_{01}=3.35$		1.50
	$H_{02}=3.53$	[2]$H_{12}=3.40$	[1]$H_{12}=3.50$		
43°	$H_{01}=2.85$	$H_{01}=3.16$	$H_{01}=3.48$		1.50
	[3]$H_{12}=3.20$	[2]$H_{12}=3.40$	[1]$H_{12}=3.50$		

[1]$a_{12}=32.47°$。[2]$a_{12}=34.22°$。[3]$a_{12}=35.42°$。

注：L 为日光温室内跨度，H_{01} 为日光温室脊高低限值，H_{02} 为日光温室脊高高限值，H_{12} 为介于 H_{01} 与 H_{02} 之间的值。

④ 温室骨架设计　日光温室屋面骨架材料在有条件的地方，以选择强度较大的钢骨架为宜，它适宜工厂化生产的日光温室，可以保证温室无柱、断面小、遮光少且承载力高，使用年限长，维护少，缺点是一次性投入较大。

大跨度的钢骨架一般上弦为 3/4″钢管（壁厚 2.75mm），下弦用 Φ14 钢筋，加强筋用 Φ12 钢筋焊接制成；跨度 7.0m、7.5m 日光温室钢骨架一般上弦用 1/2″（壁厚 2.75mm）钢管，下弦用 Φ12 钢筋，加强筋用 Φ10 钢筋焊接制作；跨度不大于 6.5m 钢骨架一般上弦用 1/2″钢管或 Φ12 钢筋，下弦用 Φ10～Φ12 钢筋，加强筋用 Φ10 钢筋焊接制作。架距为 0.9～1.1m。钢制骨架焊好后须平整，平整后刷防锈漆，立架时一定要保证钢制平面桁架的垂直度，纵向拉结筋用 $\Phi10\sim\Phi12$ 钢筋。

另一种较好无柱骨架为 GRC 材料制成，即加筋的抗碱玻璃纤维增强水泥骨架，其特点是轻质、高强、寿命长、免维护。与 GRC 骨架近似的近年发展起来的带筋轻烧镁材料制作的骨架使用效果也较好，但强度不如 GRC 骨架。

竹木骨架，由圆木立柱、柁木、檩木拱杆、悬梁等构成。一般温室纵向 3m 一根立柱，横向 3 排，柱顶部放柁木和悬梁。然后前坡放置 5cm 左右宽竹片，每 $60\sim80cm$ 宽一根，后坡用檩条与后墙相接。

钢筋混凝土预制件与竹木拱杆混合骨架。这种骨架是柱、柁、檩采用钢筋混凝土预制件，而拱架采用竹片或适当粗细的竹竿，做法同竹木结构。

另一种是 8″ 镀锌铁线与竹木钢筋混凝土骨架。这种骨架是柱、柁、檩采用钢筋混凝土预制件，悬梁或斜梁采用圆木杆或圆竹竿，其上纵向每 $35\sim40cm$ 拉一道 8″ 铁丝，作承重拉索，拉索在山墙外埋入地下，用地锚固定在铁丝上，每隔 70cm 左右安细竹竿或竹片，其上覆膜。

无论采用哪种骨架，必须满足承重和风压、雪压的要求。我国部分城市风压、雪压参数如表 8-6 所示。

表 8-6 我国部分城市积雪深、雪压和风压

城市	积雪深/cm	雪压/Pa	风压/Pa	城市	积雪深/cm	雪压/Pa	风压/Pa
哈尔滨	41	450	400	太原	16	200	300
齐齐哈尔	17	300	450	洛阳	25	250	400
长春	18	350	500	济南	15	200	400
沈阳	20	400	450	青岛	19	250	500
大连	16	400	500	西安	22	200	350
天津	16	350	350	乌鲁木齐	48	600	600
石家庄	14	200	300	银川	17	100	500
呼和浩特	30	300	500	兰州	8	150	300
北京	24	300	350	西宁	18	250	350

⑤ 温室场地选择 从采光的角度考虑，为了充分采光要选择南面开阔、干燥向阳、无遮阴的平坦矩形地块。在坡地上建设温室时，应选择向南或东南有小于 10° 的缓坡地较好，有利于设置排灌系统，坡降走向北高南低。

考虑到风力和风向对温室的影响，为了减少放热和风压对结构的影响，要选择避风向阳地带。冬季有季候风的地方，最好选在迎风面有丘陵、山地、防风林或高大建筑物等挡风的地方，但这些地方又往往形成风口或积雪过大，因此，在这些地方选址时，要事先调查了解当地的气象资料。另外，从有利于通风换气和促进作物的光合作用的角度考虑，要求场地四周不要有障碍物，高温季节不窝风，

所以要调查风向、风速的季节变化，结合布局选择地势。在农村宜将温室建在村南或村东，不宜与住宅区混建。为了有利于保温和减少风沙的袭击而确保生产安全，还要注意避开河谷、山川等造成风道、雷区、雹线等灾害地段。

在场地土壤的选择方面，为适应作物的生长发育，应选择土壤肥沃疏松、有机质含量高、无盐渍化和其他污染源的地块。一般要求壤土或沙壤土，最好3~5年未种过瓜果、茄果类蔬菜以减少病虫害发生。用于无土栽培的园艺设施，在建筑场地选择时，可不考虑土壤选择。为使基础牢固，要选择地基土质坚实的地方。否则修建在地基土质松软，如新填土的地方或沙丘地带，基础容易下沉，避免因加大基础或加固地基而增加造价。

考虑到灌溉的需要，要选择靠近水源、水源丰富，水质好，pH中性或微酸性，无有害元素污染，冬季水温高，最好是深井水的地方。为保证地温，有利于地温回升，要求地下水位低，排水良好；地下水位高不仅影响作物的生育，还易造成高湿条件引发病害，也不利于建造锅炉房等附属设施。

为了便于运输和建筑，应选离公路、水源、电源等较近交通运输便利的地方。这样不仅便于管理、运输，而且方便组织人员实施对各种灾害性天气采取措施。为了使物料和产品运输方便，通向温室区的主干道宽度要保证可以使两辆汽车并行或对开。

温室区位置要避免建在有污染源的下风向，以减少对薄膜的污染和积尘。因为设施生产需要大量的有机肥，如果建温室群，位置最好选在有大量有机肥供应的场所，在规模化养鸡场、养猪场、养牛场和养羊场的附近。

8.1.2.3 模式能流分析与计算

模式的生产过程实际上是一个能量与物质的转化过程。在自然生态系统中，通过绿色植物的光合作用，太阳能被转化成为有机物的化学能，贮存于植物体内。这些贮存的化学能随绿色植物进入食物链。在流经食物链各环节的过程中，生物质被微生物消化分解，贮存的化学能亦经过不同的转化过程最终以热能的形式散失到空气中，这就是自然生态系统的能量流动过程。而以沼气为纽带的生态温室农业生态系统作为人为控制和管理的生态系统，其能量流通路径和流量大小不同于自然生态系统，而在很大程度上取决于对该系统的调控与管理，其实质上是对农业系统施加除太阳能以外的其他辅助能量，并通过合理的结构设计，尽可能提高太阳能和这些辅助能量转化利用效率，以增加系统的产出。而通过能流分析和计算，可以发现系统结构是否合理和生产过程中的薄弱环节，从而提出改进措施，以使模式的设计更科学、合理。

能流分析计算时，首先必须将整个系统的结构分析清楚，明确系统、子系统、亚子系统的边界。系统结构及其边界确定后，分析测定能量输入与输出，输入能包括自然输入能和人工辅助能，输出能包括产品、副产品及其废弃物所含的能量。从最低一级的亚子系统开始逐级测定汇总计算出整个系统的能量输入与输出，并绘制出表示系统各组分之间能量交换和流动的能流图。

这里选取"四位一体"模式为例对这类模式的能流情况进行介绍。

从模式大系统分析，进入模式的能量主要是太阳能，其次是辅助能（包括生物辅助能和工业辅助能），最后是自然辅助能。模式输出的主要是各种生物能和散失到环境中去的热能。

进入日光温室的太阳能，有 3 个方面的去向：一是被作物群体反射掉，约占总光能的 10%～20%；二是被作物群体漏射到地面上，被土壤吸收，约为 50%～80%，在高度繁茂的作物群体中，这部分光能可减少到 5%～10%；三是被作物吸收，约占 10%～85%。然而在作物可能吸收的光能中，并不是全部都能用于光合作用，只有波长为 400～700nm 的光，才能为作物叶绿体吸收，这一部分辐射称为光合有效辐射（PAR），约占太阳辐射总量（Q）的 47%～49%。对 PAR 的最大利用率平均为 26.25%，这是光合作用的最大理论效率。实际上光合作用效率受很多条件的限制，最大太阳能利用率大致为 5%（对 PAR）及 2.5%（对 Q）。

除太阳能外，对生态系统输入的其他形式的能量，统称为生态系统的辅助能。农业生态系统接受系统外输入的辅助能，包括自然辅助能和人工辅助能，辅助以太阳辐射能为起点的食物链能量转化过程。自然辅助能的形式有沿海和河口的潮汐作用，风、雨、蒸发作用和流水等，由于"四位一体"生态温室系统是人工控制系统，自然辅助能对其作用可以忽略不计；人工辅助能包括生物辅助能和工业辅助能两种，前者指来自生物有机物的能量，如生物质燃料、劳力、畜力、有机肥、饲料、种子、种畜等，工业辅助能又称商业能、化石能，包括直接工业辅助能和间接工业辅助能，直接工业辅助能指石油、煤、天然气、电等形式投入农业生态系统的能量。间接工业辅助能指以化肥、农（兽）药、机具、农用塑料薄膜、生长调节剂和农用设施等产品形式投入的辅助能，这类以间接工业辅助能形式投入的物质，辅助食物链能量转化为主的农业生产过程。

辅助能输入在人工生态系统中发挥着重要作用，辅助能主要通过改善农业生态系统中的一些生态限制因子，改善农业生态系统机能，从而提高农业生产力。此外，辅助能在高产良种和高产栽培技术等方面的应用也是增产的主要原因。向系统投入辅助能量的边际投入量和边际增产量之间的关系一般呈先升后降趋势。即使在人力、物力、财力比较充裕的情况下，也不应当向系统中毫无节制地投入辅助能量，而应使投能量最佳化。

这里将模式的系统分为 2 级，即模式系统和种植子系统、养殖子系统、沼气子系统 3 个子系统。3 个子系统与整个大系统的能量输入与输出情况见图 8-15。

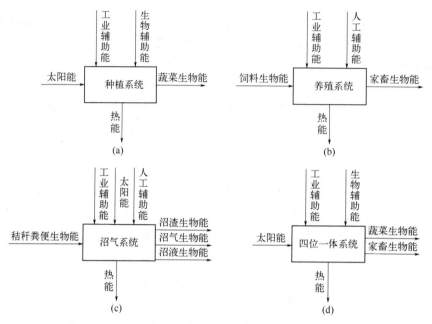

图 8-15 "四位一体"系统及其子系统能量平衡

　　根据系统和各个子系统的能量平衡图明确了各自的能量输入和输出后，接下来的工作就是对各项能量的大小进行测定。能量测定完成后，即可根据测定结果绘制能流图。图 8-16 为一"四位一体"生态温室模式的能流图。

　　为便于读懂能流图，下面对能流图所用到的系统符号语言及其用法加以简要介绍。

　　□ 系统边框（system frame）：用于表示系统边界的矩形框。确定系统边界应界定其三维空间，例如分析一个城市系统要界定其政区边界、地表以下（如 10m）界面和城市上空（如 100m 高）界面三者范围。

　　○→ 能量来源（source，或简称"能源"）：从系统边界外输入的各种形式的能量（物质）均为"能源"，包括纯能流、物质、信息、基因、劳务等。所有从系统外界输入的"能源"均以圆形符号表示，按太阳能值转换率由低至高顺序从左至右排列于矩形边界外，左边下方从低转换率的太阳光能开始到上边、右边排列，直到信息、人类劳务（高转换率）。能量系统图的底边框则不绘任何"能源"符号。

　　S ←----- 流动路线（pathway line）：实线表示能流、物流、信息流等生态流的流动路线和方向；虚线表示货币流；个别要特别强调的物流可用点线表示。箭头表示流动方向，有的线不带箭头表示流动方向不定或双向流动。

　　⏚ 热耗失（heat sink）：表示有效能（available energy，或潜能 potential）消耗散失，成为不再具有做功能力、不能再被利用的热能。此符号表示能量第二定律，任何能量转化过程均有能量耗散流失，故此符号与生产者、消费者、贮存库、相互作用键、控制键等连接。通常在能量系统图四方框的底边绘一个热耗失符号，与系统内存在热耗散的组分相连，表示系统及各组分的热耗失。热耗失只用于表示耗散退化能，故不能与物流路径连接。

贮存库（storage tank）系统中储存能量、物质、货币、信息、资产等的场所，如生物量、土壤、有机质、地下水、海滩河丘等资源。"贮存库"为流入与流出能量的过渡；流入与流出同一类型能量（物质），且度量单位相同。

相互作用（interaction）：表示不同类别能流相互作用并转化成另一能流。低能值转换率的低能质能流从图左边进入，较高能质的能流从上边进入；经过相互作用而转化形成的能流从右边输出。不同能量相互作用和转化，伴随部分能量耗散流失。

生产者（producers）："生产者"符号绘于能量系统图内左方，它接受不同类别的物质和能量，经相互作用"生产"形成产品（products）。因此，"生产者"包含不同类别能量的相互作用和储存过程。有时为了更详尽表示，可在生产者符号内绘上"相互作用键"和"贮存库"符号及它们的关联。"生产者"包括植物类的生物生产者以及工业生产者等。

消费者（consumers）："消费者"符号绘于系统图内右方，它从生产者获取产品和能量，并向生产者反馈物质和服务。生产者可以是动物种群，或者是诸如社会消费群体等。"消费者"符号内常包含"相互作用键"和"贮存库"。消费者在系统中有不同等级之分，一般没有详细表述；二级消费者符号位于一级消费者的右方。

从图 8-16 可以看出，该"四位一体"生态温室模式系统生产过程中，共输入总能量 1109810MJ，输出总能量 25630MJ，输入与输出的比例为 43：1。在各种能量输入中，太阳能是主要的能量来源，占总能量输入的 93.43%，辅助能输入中以有机肥为主体，占辅助能输入的 59.98%。在能量输出中，饲养系统较高，占总能量输出的 45.65%，其次为沼气发酵系统占 28.28%，再次为种植系统占 26.07%。

从上述分析可以看出，该模式种植系统尚未达到我国种植业人工辅助能产投比 2.42 的高标准，也没有达到无机能投入全国高产 38.1GJ/hm² 的水平。因此，对本例所提到的"四位一体"生态温室模式而言，还需对系统进一步进行优化设计。除种植系统因受光合作用效率的限制，且对于大多数作物目前已经实现了保护地高产栽培，光能利用率已经较高，产量上升空间较小外，在提高沼气发酵系统能量转化率、饲养系统饲料转化率和缩短育肥时间等方面尚有很大的提升潜力。

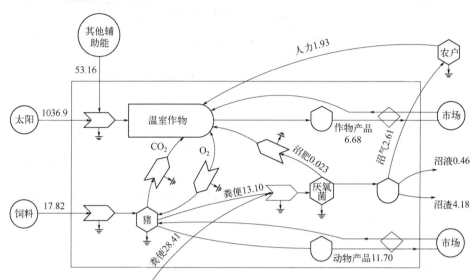

图 8-16　"四位一体"生态温室能流（单位：10^3MJ）

8.1.3　以沼气为纽带的生态果园模式

8.1.3.1　模式组成、原理及特点

以沼气为纽带的生态果园模式的主要组成要件包括：沼气池、畜禽舍和果园。其中沼气池起着为果园的生产提供沼肥和沼气的功能，而畜禽养殖承担着为沼气发酵提供原料的功能。这类模式的设计依据生态学、经济学、能量学原理，以农户土地资源为基础，以沼气为纽带，以太阳能为动力，以牧促沼，以沼促果，果牧结合，建立起生物种群互惠共生、食物链结构健全、能量流和物质流良性循环的生态果园系统，充分发挥果园内的动植物及光、热、气、水、土等环境因素的作用，从而实现无公害果园的产业化和农业的可持续发展。

这种类型的生态农业模式较典型的有北方"中部地区生态果园"模式、南方"猪-沼-果"模式、西北"五配套"模式等。三种模式的组成及功能示意图见图8-17～图8-19。

这些模式的特点可以归纳总结为以下几点。

（1）利用沼气的纽带作用，将养殖业、果树种植业有机联结起来形成农业生态系统，实现了物资及能量在系统内的合理流动，从而最大限度地降低了农业生产对系统外物质的需求，即降低了对农药、化肥等农业基本生产资料的需求，增强了系统自我维持的能力，同时，也使得农业生产的成本显著下降。

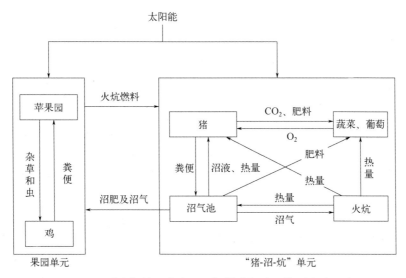

图 8-17 "中部地区生态果园"模式组成及能质流动示意

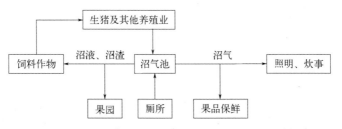

图 8-18 南方"猪-沼-果"模式组成及能质流动示意

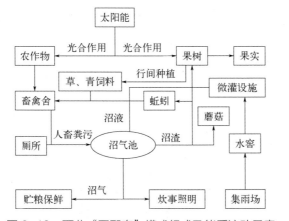

图 8-19 西北"五配套"模式组成及能质流动示意

（2）在基本内容相同的前提下，每种模式充分考虑了与其应用区域的地貌、气候、水土等特征相适应，如"五配套"模式考虑到我国西北缺水的情况，增加了水窖、滴灌等内容，而"中部地区生态果园"模式则考虑到当地冬季气候寒冷增加了猪舍火炕，从而体现了模式鲜明的地域性。符合我国地理纬度跨度大、地理气候差别大的现实，为我国各地因地制宜地选择应用这种生态农业模式提供了技术保障。

（3）这些模式都具有便于建造、操作和管理的特点，与我国农村现有的经济基础和生产力水平相适应，从而为模式的大范围推广应用提供了可能。

（4）在保证模式基本建设内容沼气池、果园、猪舍的前提下，模式建设内容易于扩展，如可增加沼渣种蘑菇、养殖蚯蚓，果园内养鸡、养林蛙等内容，可根据使用者的具体情况对模式建设内容进行丰富，从而最大限度地发挥模式的功能。

8.1.3.2 模式设计

模式结构布局安排的总体指导思想是：在符合生态学原理的基础上，结构布局应有利于实现物质和能量的良性流动，有利于使用者的管理和操作，有利于平面和空间资源的最大限度开发和利用。因此，猪舍和沼气池原则上应建在果园内或者旁边，不宜远离果园。以上 3 种模式的结构布局情况见图 8-20～图 8-22。

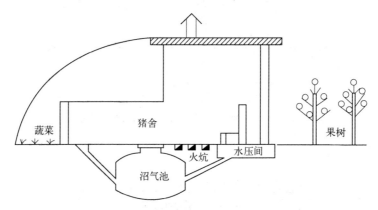

图 8-20 "中部生态果园"模式结构布局示意

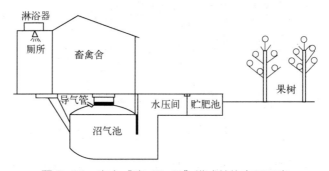

图 8-21 南方"猪-沼-果"模式结构布局示意

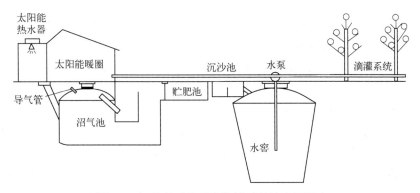

图 8-22 西北"五配套"模式结构布局示意

由于上述 3 种模式在建设内容的设计方面有其地域性，所以从设计的角度分析，内容和侧重点不尽相同，为便于分析，下面分别对 3 种模式的主要建设内容的设计加以阐述。

（1）"中部地区生态果园"模式建设内容设计　从图 8-17 可以看出，模式的建设内容可以分为两部分，即果园单元和"猪-沼-炕"单元，这里重点介绍后者的设计。

① "猪-沼-炕"单元总体设计　该单元作为以沼气为纽带的生态型果园的主要技术接口组合，在模式中发挥着为果园提供有机肥、杀虫剂、营养液、诱蛾燃料等作用，也就是为果园提供实现生态化生产所需主要物质的加工场所，所以其运行效果的好与差将直接影响着果园能否实现生态化生产。

该单元遵循以下工作原理。在果树生长季节，特别是夏季，温度较高，此时应给猪舍提供降温措施以利于猪的生长，该单元采取的措施是让葡萄等藤类植物在温室棚架上攀爬形成遮阳层。同时，这段时间环境温度可以很好地满足沼气发酵的需要，产生的沼气主要用于诱蛾沼气灯，灭杀飞蛾，降低果园虫害的发生。沼液则喷施于果树叶面，一方面为果树提供速效养分，另一方面还可有效杀灭蚜虫、螨虫等害虫。到了冬季，环境温度下降，猪的生长和沼气发酵都受到影响，虽然通过温室可以起到加温的作用，但遇到下雪等阴雨天气，太阳能不起作用，为了解决这一问题，将火炕加温设施加入单元设计中。火炕可以解决两个方面的问题，一是为猪舍加温，二是解决了冬季沼气排空造成的空气污染问题。发酵产生的沼气通过火炕提高了猪舍和其下部的土壤的温度，加快了猪的生长速度，从而可以为沼气发酵提供更多的原料；同时猪舍温度的升高也使沼气池进料温度升高，反过来会进一步提高沼气池的产气率。所以通过火炕使该单元内部各组成构件之间形成了一个相互促进的有机链条。

② 火炕　从上面的论述可以看出，火炕的设置在"猪-沼-炕"单元中发挥着重要的联结作用。单元设计过程中之所以采用火炕作为猪舍的加温设施，主要是

考虑到火炕的热惰性较其他散热装置要大，也就是火炕停火后依靠其自身蓄热还可在相当长一段时间内为猪舍提供热量。另外为了满足养猪过程中对热水的需求，火炕设计成炕连灶形式，灶设计成双燃料灶，除了可以燃用沼气外，还可燃用薪柴——果园有大量修剪下来的果枝可供利用，所以灶膛按燃用柴草进行设计。使用沼气时可以将沼气灶放进灶膛。

为了使炕面温度保持均匀，不致使局部温度过高，对猪造成伤害，在结构设计上采用花洞炕，建筑材料选用砖和混凝土。根据烟气在炕内的流动情况不同，可将火炕分为直洞炕和花洞炕（花直洞炕和花横洞炕），见图8-23。从图8-23可以看出，花洞炕内烟气流动路径是迂回前进的，所以烟气行进路程长于直洞炕，从而延长了烟气在炕内的停留时间，加之花洞炕较直洞炕传热面积大，所以花洞炕的传热效果要优于直洞炕。

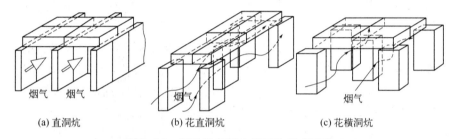

(a) 直洞炕　　　　　(b) 花直洞炕　　　　　(c) 花横洞炕

图 8-23　各种炕洞基本单元的组成示意

同时，为了增加烟囱抽力，要求烟囱保温性能好，考虑到这一点，设计中将烟囱与猪舍墙壁设计为一体，这样就可增加烟囱的保温性能，提高其抽力。火炕平面剖切结构见图8-24。

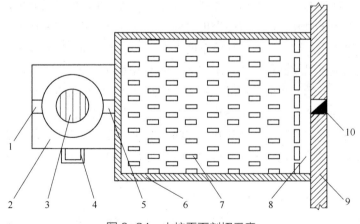

图 8-24　火炕平面剖切示意

1—灶门；2—灶台；3—炉箅；4—落灰坑；5—喉眼；6—炕壁；7—分烟砖；8—烟道；9—墙壁；10—烟囱

火炕的散热面积可根据式（8-6）进行计算：

$$F_{炕} = \frac{Q}{3.6\alpha(t_{炕} - t_{内})P}$$ （8-6）

式中　Q——最冷月每天需火炕加热时间段猪舍散热量，kJ；

　　　α——火炕与猪舍之间对流换热系数，W/（m^2·℃），可取 3～4；

　$t_{炕}$、$t_{内}$——火炕壁面温度和猪舍内部空间温度，℃；

　　　P——最冷月火炕每天供热时间，h。

散热量 Q 可根据式（8-7）进行确定。

$$Q = \frac{3.6PF_{围}(t_{内} - t_{外})}{\dfrac{1}{\alpha_{内}} + \sum\dfrac{\delta}{\lambda} + \dfrac{1}{\alpha_{外}}}$$ （8-7）

式中　$F_{围}$——猪舍围护结构总面积，m^2；

　　　$t_{外}$——最冷月每天需火炕加热时间段猪舍外环境平均温度，℃；

　$\alpha_{内}$、$\alpha_{外}$——猪舍围护结构内外表面换热系数，W/（m^2·℃）；

　　　δ——猪舍围护结构各层材料厚度，m；

　　　λ——猪舍围护结构各层材料的热导率，W/（m^2·℃）。

③　猪舍　猪舍的设计重点考虑满足几方面的要求：猪的活动、喂食、冬季保温、通风、夏季降温、沼气池的进料等。猪舍的结构参见图 8-20。

猪舍的尺寸可按后墙高度 2.6～2.8m，前墙高度 0.8m，南北跨度 6m 进行设计，东西跨度以养猪规模大小按每头猪 1～1.2m^2 的面积确定。在后墙处留 0.8～1m 宽的人行通道，猪床与人行道间的隔墙高 0.8m，下边设饲槽。在后墙或左右墙靠后墙部位留出小门，门高 1.7m，宽 0.7m，以方便到猪舍作业，在后墙中央或左右墙距地面 1.3m 高处留高 40cm、宽 30cm 的通风窗。

猪床要用混凝土浇筑，水泥砂浆抹平处理，要高出自然地面 20cm，猪床地面要按前低后高的方式抹成 5% 的坡度坡向沼气池进料口。在猪舍地面沼气池的进料口顶部要高出地面 2cm，顶口用钢筋做成篦子，钢筋之间的距离以保证粪便顺利进入沼气池为宜。

猪舍前部的拱杆可采用竹竿，也可采用加筋的抗碱玻璃纤维增强水泥骨架，具体可根据当地的经济条件和资源条件加以确定。拱杆尺寸的设计可参考本章 8.1.2 日光温室设计部分。

④　沼气诱蛾灯　沼气灯光的波长在 300～1000nm 之间，许多害虫对于 300～400nm 的紫外线有较强的趋光性。夏秋季节，正是沼气池产气和各种害虫发生的高峰期，利用沼气灯光诱蛾在杀灭害虫的同时，还可利用捕杀的害虫养鸡、养鸭、

养鱼，从而可以一举多得。

沼气灯与沼气池相距在 30m 以内时，用直径 10mm 的塑料管作沼气输气管，超过 30m 时应适当增大输气管的管径。也可以在沼气管中加少许水，产生气液局部障碍，使沼气灯产生忽闪现象，增强诱蛾效果。为起到杀蛾的作用，在沼气灯下放置一只盛满水的水盆，水面上滴入少许食用油，害虫大量涌来后，落入水中，被水面浮油粘住翅膀死亡，以供鸡、鸭采食。

点燃沼气灯诱蛾的时间应根据害虫前半夜多于后半夜的规律，掌握在天黑至午夜 12 时为宜。

（2）南方"猪-沼-果"模式建设内容设计　南方模式的建设主要包括畜禽舍、沼气池和果园 3 部分，每个部分都是模式系统循环利用不可缺少的设施，建设的质量直接关系到模式能否发挥出好的效益。在模式设计时，应做到沼气池与猪舍、厕所的三结合。三结合的布置可根据图 8-25 进行选择。

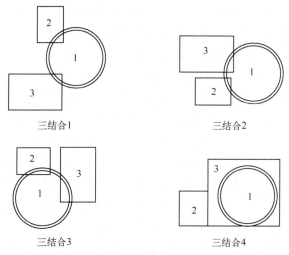

图 8-25　常用三结合沼气池布置示意

1—沼气池；2—厕所；3—猪舍

以下重点介绍模式猪舍和果园的设计。

① 猪舍　猪舍地址选择在不积水、向阳的缓坡，使猪舍阳光充足，地势高燥，利于冬季保温。同时，还需要对水源和土壤进行勘察，选择有充足水量、水质良好、便于取用和进行卫生防疫的水源，于土质结实和渗水性强的砂质壤土处建场。同时要便于日常管理。

猪舍的朝向关系到猪舍的通风、采光和排污效果，要根据当地主导风向和太阳辐射情况确定。猪舍朝向一般为坐北朝南，偏东 12° 左右，或者坐西北朝东南。

猪舍之间的距离，应以能满足光照、通风、卫生防疫和防火要求为原则，不要过大，也不宜过小，一般南向的猪舍间距离，可为猪舍屋檐高的 3 倍，其他类型的猪舍应为屋檐高的 3～5 倍。

猪床作为生猪活动的重要场所，其面积要适宜，做到既有效利用空间，又利于生猪的饲养。猪床的面积一般按一头妊娠哺乳母猪 5.5m²、公猪 10.5m²、断乳仔猪 0.5m²、肥育猪 0.9～1.1m² 的标准进行设计。猪舍活动场地的面积按每头成年猪 1.2m² 的标准进行确定。

猪舍的窗直接影响保温和通风，应该根据猪床面积来确定，但是，南窗比北窗设置多些，一般以窗宽 120cm、高 100cm、距地面 90～100cm 为宜。猪舍前墙一侧设置一个宽度为 60cm，高度为 90～120cm 的门，向内侧开放。

猪舍外围应建排粪和污水沟道，沟宽 15cm、深 10cm，沟底呈半圆形，向沼气池方向呈 2%～3% 的坡度倾斜。南方模式猪舍的剖面图和平面图见图 8-26、图 8-27。

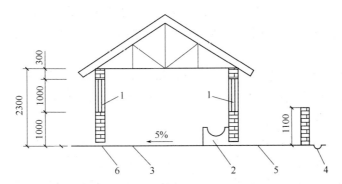

图 8-26　南方模式猪舍剖面图（单位：mm）

1—通风窗；2—食槽；3—猪床；4—沟道；5—运动场；6—溢留口

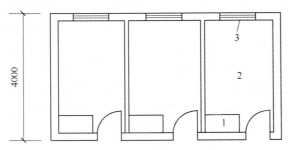

图 8-27　南方模式猪舍平面图（单位：mm）

1—食槽；2—猪床；3—通风窗

② 果园　果园的气候条件、土壤肥力、地下水位等因素是影响果树生长的重

要因素。因此，慎重选择坡地建园，对充分发挥模式的潜力具有极其重要的意义。园地选择好后，应按标准，高质量地建好果园，因为这直接关系到果园的经济生产能力。不同的果树品种，建园的要求是不一样的，我国南方地区栽培面积广的为橙类果树，且这类果树栽培技术和建园标准也比其他果树要求高，同时，考虑到我国南方地区多为低山、丘陵的地理特征，因此，本节主要阐述在这类地区建橙类果树园的建园技术。

a. 园地选择。园地的选择要考虑果树生长对气候、土壤、地形地貌和水源等的要求。从气候角度考虑，应选择温度、湿度、降水、光照等条件适宜的地方；从对土质的要求考虑，应选择土层深厚、质地疏松、肥沃、保水保肥力强和排水良好的轻质砂壤土为好；在地形方面，没有过多的限制，平地、浅丘、深丘、山地、沙滩地和水库、湖泊周围及河流两旁隙地，都可以建园，但要注意避开"冷湖"和"风口"，以免造成冻害。在红壤丘陵地或山地建园，应选择坡度在25°以下的缓坡或坡地，在坡向上，应尽量选择坐北朝南，西、北、东三面环山，南面开口，冷空气能自行排出的地形，在河滩地、平地建园，则要求地下水位低于1m以上，否则会影响果树的生长；考虑到果园取水的方便性，园地应选择离水源近、取水灌溉方便的地方。

b. 园地规划。园地建设前，应根据因地制宜、先进实用的原则，进行合理规划，以提高土地利用率，防止水土流失，方便果园管理。橙类果园建设要重点规划建好道路系统和水利系统。

（a）道路系统的规划。果园的道路系统由主路、干路和支路组成。主路的位置应适中，贯穿全园，少占耕地，布局合理，便于运送果品和生产资料。主路是连接公路和果园的主要运输道路，力求精短，路宽须能保证通过大型汽车，可按5~6m规划。干路是果园内部、小区的联系线，路宽能保证小四轮汽车行驶则可，一般为2.5~3m。支路是生产机具和工作人员的通行道路，宽1~1.5m即可。对于修筑梯田的果园可以利用边埂作人行道，不必另开支路，对于小型果园，只要劳动强度不大，也可以不设置道路，以尽量利用有限的土地。

（b）水利系统。果园内的水利系统主要有两个功能，即"排水"和"灌水"，因此水利系统的规划与设计也围绕着实现这两个功能来开展。坡地建果园要在山顶设立贮水池，其大小以确保果园旱季灌溉为准，并设置排蓄水沟、纵沟和梯台背沟，三种沟相互畅通。在丘陵山地建果园，在最上层梯台的上方和山脚环山公路的内侧，都应各开一条排蓄水沟，以防止山洪冲刷园内梯台和公路，也可用于蓄水防旱。横沟大小根据上方集雨面积而定，一般沟面宽1m、底宽0.8m、深0.8m。山脚环山公路内侧沟可小一些。山腰横沟可不必挖通，每隔10m左右留一堤埂，比沟面低20cm左右，横沟要与纵沟连通，做到排、蓄两便。纵沟顺着果园上下的机耕道、人行道两侧开挖，宽为 0.4m，深 0.2m 左右，在与两侧梯台内壁沟相连处挖一深坑，以缓冲水流，也可蓄水。在每个梯台内侧应挖一条背沟，与纵沟相连，深 0.2m，宽 0.3m 左右，每隔 3~5m 挖一深坑，起防止水土流失和蓄水的作用。当然，沟道的规格不是一成不变的，主要是根据果园的排灌要求确定沟的大小。在平地建园，水利系统就不必这么复杂，重点是要在果园内和四周开挖畅通沟道，解决果园积水问题。

c. 整地。整地包括修筑道路、排灌设施，修整梯台，挖定植沟等内容。

（a）修筑道路、排灌设施。在果园规划完成后，钉上木桩，放线施工。首先修筑主路，然后修筑干路，最后修支路。道路修筑完成后，着手进行排灌设施的修筑。首先开挖果园上方拦洪沟，切断山水，接着测定蓄水池的位置，开挖水池，然后挖出主干道、机耕道两侧的排水沟。

（b）修整梯台。道路和排灌系统施工完成后，果园地即被划分成一个个的小区。在全园统一规划后，可以以小区为单位施工，修筑水平梯台。根据坡地坡度的大小，可采用等高做梯台的方式建园，15°以上坡地，以做等高梯台为宜。梯台由梯面、梯壁、边埂和背沟组成。梯面宽度和梯壁高度因坡度大小而异，以脐橙为例，梯面宽度与梯壁高度可参考表 8-7。随着坡度的增大，梯面加宽，梯壁也相应增高，施工量也就越大，可采用复式梯地或隔坡式梯地，见图 8-28。

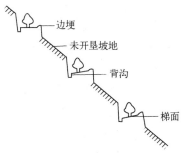

图 8-28　隔坡式梯地纵断面示意

表 8-7　脐橙种植的梯面宽度与梯壁高度参考值

山坡坡度/(°)	梯面宽度/m	梯壁高度/m	山坡坡度/(°)	梯面宽度/m	梯壁高度/m
5~10	8	0.6~1.2	15~20	4	1.3~1.8
10~15	4~4.5	0.9~1.5	20~25	4	1.8~2.4

梯台修筑后，要求梯壁牢固，边埂高出梯面 0.1m，宽 0.2m；梯面外高内低，内斜 5°~7°，横向平整不呈波纹形，比降 0.3%~0.5%；背沟深 0.2m，宽 0.3m，每隔 3~5m 挖一淤沙坑。

（c）挖定植沟。混埋有机肥定植沟宜挖在梯面中心线路偏外沿处，定植沟的宽、深各为 1m。苗木定植前，应在定植沟内混埋粗有机质作基肥，如绿肥、山草、畜禽粪等。待沟土下陷沉淀后，即可定植。

d. 苗木定植。苗木定植是果园建设上的又一项重要内容，应注重苗木定植质量，否则会造成苗木成活率低，久久不能投产。

（a）栽植密度。栽植密度要根据果树品系和砧木、栽培环境、栽培技术等因素综合分析确定，一般情况下，在丘陵山地种植橙类果树的株距为梯面宽度的 2/3。实施计划密植时可在两株间加密一株，而不能安排成梯面窄而株距宽的栽植方式，这样土地、光能利用都不尽合理。在平地栽植时，橙类果树常用的栽植密度为：株距 3.5～4.0m，行距 3.0～5.0m，每亩株数控制在 33～63 株。

（b）栽植方式。果树栽植方式应在确定栽植密度的前提下，结合经济利用土地，便于管理等因素来决定。橙类果树常用的栽植方式有长方形、正方形、三角形和梯地等高栽植等。

Ⅰ．长方形栽植。是当前生产上广泛采用的一种栽植方式，特点是行距小于株距，通风透光，便于机械操作和管理。橙类果树采用这种栽植方式有 2m×1.5m、3m×1m、4m×1m、3m×1.5m、3m×2m、4m×2m 等不同规格。

Ⅱ．正方形栽植。株距和行距相等，相邻四株相连而成正方形。其特点是通风透光良好，管理方便，但不宜密植。

Ⅲ．三角形栽植。这种方式株距大于行距，各行互相错开而呈三角形排列。此种栽植可提高单位面积上的株数，但不便于管理和操作。

Ⅳ．梯地等高栽植。适于坡地采用，这种栽植方式的通风透光条件也较好。

（c）栽植准备和时期。果树栽植前，要先挖好栽植穴，施足底肥。每个定植穴施人畜粪尿 10～20kg、磷肥 0.15～0.5kg、湿沼渣 30kg，与土壤充分拌匀填入穴内。有条件的还可填营养土。定植穴完成一两个月后，可选择春季种植，即果树春芽萌动前的 2 月底至 3 月，也可秋季栽植，即 9 月下旬至 10 月秋梢老熟后进行，春季种植苗木容易成活，秋季种植常会遇秋旱，要注意保证灌溉，且不宜太迟，以免气温过低，不利于根系生长和苗木恢复生机，冬季还应注意抗寒。近年来，赣南地区采取营养钵育苗方式，选择在初夏时节，即春梢老熟后的 5～6 月初种植，成活率也很高。但要防伏旱，及时做灌溉工作。

（d）苗木栽植。将苗木根系充分舒展后，覆满细土，并用手轻轻将苗木向上提，捅动数次，细土填满根际空隙；再用脚踏实后，覆盖一层松土至根茎处。定植苗木忌过浅过深，否则影响成活和生长。定植后，浇足定根水，待水渗透完后，再盖一层松土。定植 1～2 个月后，应注意及时进行病虫防治、施肥、灌水和中耕除草等工作。春季发芽展叶后，应进行成活性情况检查，找出死株原因，及时补栽。

（3）西北"五配套"模式建设内容设计　模式的主要建设内容包括沼气池、太阳能暖圈、集水系统、灌溉系统、蚯蚓养殖等主要内容，其中沼气池和暖圈的设计可参考其他章节，这里重点介绍集水系统、滴灌系统、蚯蚓养殖等建设内容的设计。

① 集水系统　集水系统包括为果园配套的收集和贮蓄地表径流雨、雪等水资

源的集水场、水窖等设施，除供沼气池、园内喷药及人畜生活用水外，还可弥补关键时期果园滴灌、穴灌用水，防止关键时期缺水对果树生育的影响。

集水系统规划设计主要考虑集水能力、水窖容积和为果园节水补灌一次的最低需水量等因子，保证一定面积的集水场能充分蓄积一定的水量，使之满足相配套的蓄水容量和补灌最低需水量。

a. 集水能力设计。气候、地貌、土壤、植被及地面处理等是影响坡面产流的重要因素，在不考虑引导和输水损失时，集水场的集水量根据式（8-8）计算：

$$F_P = \frac{E_y R_P}{1000} \tag{8-8}$$

式中　F_P——保证率等于 P 的年份单位集水面积上的全年可集水量，m^3/m^2；

　　　E_y——某种集水材料全年的集水效率，%；

　　　R_P——保证率等于 P 的年降雨量，mm。

b. 水窖设计。根据结构力学分析，采用拱形窖顶、圆台形窖体的水窖结构，能保证水窖窖体在蓄水和空置时都能保持相对稳定。这种结构的水窖容积和几何尺寸通过式（8-9）计算。

窖顶　　　　　　　　$$V_1 = \frac{\pi f (3d_1^2 / 4 + f^2)}{6} \tag{8-9}$$

窖体　　　　　　　　$$V_2 = \frac{\pi h (d_1^2 + d_2^2 + d_1 d_2)}{12} \tag{8-10}$$

式中　d_1——窖体上口净空直径，m；

　　　d_2——窖体下口净空直径，m，根据理论分析和工程实践，$d_2 = d_1 - 0.5$；

　　　h——窖体深度，m，根据力学分析，$h = 1.5d_1$；

　　　f——窖顶净空矢高，根据力学分析，$f = 0.25d_1$ 为宜。

水窖容积 V 由一定集水面积的集水量 W 决定。

$$V = W = \frac{H_{24P} F N}{1000} \tag{8-11}$$

式中　H_{24P}——频率为 P 的 24h 最大降雨量，mm，水窖设计一般取 $P = 10\%$；

　　　F——水平投影集水面积，m^2；

　　　N——集水场地面径流系数，根据试验，土质路面、场院取 0.45；沥青路面、水泥场院取 0.85～0.9。

c. 沉沙池设计。集水场蓄积雨水，经引水沟渠或暗管引至沉沙池，通过沉沙池降低径流水中的泥沙含量，沉沙池一般放在距水窖进水口 2～3m 处，长、宽分别由式（8-12）计算。

$$B = \sqrt{\frac{F_s Q}{5 V_e}} \quad L = 3 B V_e = 0.563 D_c^2 (r-1) \tag{8-12}$$

式中　B、L——沉沙池的宽和长，m；

D_c——设计泥沙标准粒径，mm；

r——泥沙颗粒密度，g/cm³；

Q——设计流量，m³/s；

V_e——设计标准粒径的沉淀速度，m/s；

F_s——蓄水系数，一般取 2。

② 滴灌系统　设计滴灌子系统是将水窖中蓄积的雨水通过水泵增压提水，经输水管道输送、分配到滴灌管滴头，以水滴或细小射流均匀而缓慢地滴入果树根部附近。结合灌水可使沼气发酵子系统产生的沼液随灌水施入果树根部，使果树根系区经常保持适宜的水分和养分。

滴灌指标设计。滴灌指标包括灌水定额 I、灌水周期 T 和灌水时间 t。

灌水定额是果树在某一生育时期 1 次灌溉的用水量，其值与土壤质地、年份、果树品种和生育阶段等因素有关，常根据式（8-13）计算。

$$I = \frac{0.1 h m (\beta_1 - \beta_2) r_1}{r_2} \tag{8-13}$$

式中　h——计划土壤湿润层深度，cm；

m——土壤灌溉湿润比，%；

β_1、β_2——以土体积百分数表示的适宜土壤含水量的上限和下限，%；

r_1、r_2——土壤和水的容重，t/m³。

灌水周期 T 是前后两次灌溉之间的时间间隔，常用式（8-14）计算。

$$T = \frac{I}{E_a} \tag{8-14}$$

式中　E_a——灌溉中日耗水量，m³/d。

灌水时间 t 是完成一次灌水定额所需的时间，根据式（8-15）计算。

$$t = \frac{I S_1 S_2 \eta}{q} \tag{8-15}$$

式中　S_1、S_2——滴头和毛管间距，m；

q——滴头流量，L/h；

η——滴灌灌水利用系数。

③ 输配水泵及管路、滴头　水泵的选型。水泵的选型包括泵型及牌号的选择，滴灌常用自吸式水泵。牌号的选择主要包括泵功率、设计扬程和流量，在原动机

功率给定的条件下，实际选用的泵功率应为动力机功率的 70%～90%。泵的设计扬程及流量依滴头的工作压力及滴水量选定，考虑到管路压力损失及滴头位置到供水水位的高差，泵的扬程可初步按滴头工作压力的 1.2～1.4 倍选取，待管路参数确定后重新选定。

输水管的选取。输水管常用低密度聚乙烯管（SPE），管内径及长度依照管路许可的压力损失，一般由式（8-16）计算确定。

$$[\Delta H] = H_y - H_g - H_s - \sum \Delta H_i \qquad (8\text{-}16)$$

式中　H_y——水泵的设计扬程，m；

$\quad\quad H_g$——滴头的工作压力，m；

$\quad\quad H_s$——滴头额定压力位置与水源水面的高差，m；

$\quad\sum \Delta H_i$——管路中管件及吸水管部分的压力损失。

上述各项，仅管件的压力损失与输水管内径有关不能预先确定，其余均可预先确定。一般管件压力损失较小，为简化计算，在预选管径时，可忽略不计。

输水管在给定流量条件下的真实压力损失 ΔH 可用式（8-17）计算。

$$\Delta H = S_0 Q^f L + \frac{4 L \xi Q^4}{5 g \pi^3 d^2} \qquad (8\text{-}17)$$

式中　S_0——与管材内径有关的阻力系数；

$\quad\quad f$——与管材有关的系数；

$\quad\quad \xi$——弯管弯曲 $180°$ 时的阻力系数；

$\quad\quad Q$——流量，m^3/s；

$\quad\quad d$——管内径，mm；

$\quad\quad L$——管长度，m。

令真实压力损失不大于许可压力损失，即 $\Delta H \leqslant [\Delta H]$，并预先选出适当的管内径，便可求得管长度。

滴头的选取。滴头选取的主要依据为滴头的滴灌强度不超过土壤的允许滴灌强度，并考虑在原动机功率给定的条件下，所选用的泵能否提供所选滴头所需的工作压力及流量。一般选用抗堵性能好、使用寿命长的低压大流量滴头和调压式滴头，优选补偿式滴头和内镶式滴头。

④ 蚯蚓养殖　蚯蚓是一种喜欢生活在富含有机质和湿润土壤中的环节动物，通过蚓体分泌多种酶来分解易腐性有机物，转化为自身或其他生物易于利用的营养物质，分解转化率约为每条每天 0.5g。在适宜环境和充足饲料的条件下，蚯蚓的生长繁殖速度极快，每年约为 50 倍。蚯蚓具有能够分解转化大量有机废物、快速富集养分和生长繁殖的生物特性。蚯蚓分陆生蚯蚓和水生蚯蚓两类，其中绝大

部分为陆生蚯蚓，在有机废弃物的处理工艺中绝大部分使用的为陆生蚯蚓。从设计的角度考虑，模式利用沼渣养殖蚯蚓主要是对蚯蚓养殖床的设计。要对养殖床进行合理设计，首先应了解蚯蚓的生长受哪些环境因素的影响。蚯蚓的生长繁殖主要受温度、湿度、酸碱度、光照和通气性等条件的影响。

a. 温度与通风。蚯蚓属变温动物，它对温度适应范围较广，一般要求在5～35℃之间，生长繁殖的最适宜温度为15～25℃。当温度降到10℃时蚯蚓停止饮食，降到5℃以下时进入冬眠状态，当温度超过30℃时生长发育受到抑制，温度达35℃时进入夏眠状态，0℃以下和40℃以上时会导致蚯蚓大量死亡。蚯蚓是好氧动物，利用其体表进行呼吸，不断地吸收氧气，并排出二氧化碳。蚯蚓生长的温度环境与通气有很大的关系。在低温状态时，有机质内部的化学反应较缓慢，内外气体交换的速率可充分满足其化学反应中的耗氧需求，而所产生的二氧化碳等废气也可及时被交换出来，所以蚯蚓养殖床内温度可保持动态平衡，此时蚯蚓不会受到高温、缺氧及毒气的伤害。如果蚯蚓养殖床内部的温度随气温而升高到足以使好气性腐败细菌繁殖时，细菌分解有机质的速率增大，内外气体交换的速率和交换量逐渐满足不了对氧的大量需求，最终发生内部缺氧，从而可产生高热的发酵作用代替了氧化分解反应，高温和毒气将威胁到蚯蚓的生存。此时，就需要设法增强蚯蚓养殖床的通气效果。气体流通程度的好坏与小气候环境的平衡运行具有至关重要的调节效应。通气良好，不仅仅是释放热量，平衡了温度，同时有力控制了有机质的毒性反应，保证了氧气的输入交换量和毒气的释放。为保证通气效果，应根据外界温度条件，对饲料堆放的厚度进行控制。

b. 湿度。蚯蚓本身属喜湿性动物，其可在湿度为45%～80%的环境中生存。且在卵茧的孵化中，其对湿度的稳定性要求则更高。适当的湿度是蚯蚓体液平衡、酸碱平衡、代谢平衡的基本保证，是关系到蚯蚓生存的重要因素。因此蚯蚓的饲料必须经常浇水保持湿润，湿度过大过小都会影响到蚯蚓的生长发育。蚯蚓生活环境的湿度保持在60%～70%为最佳，低于55%不利于蚯蚓生长发育，低于40%会引起蚯蚓干瘪失水死亡，高于80%时，通气性降低，含氧量下降，易造成蚯蚓闷气或中毒死亡。

c. 酸碱度。蚯蚓的生长繁殖与饲料的pH值有着密切的关系，蚯蚓能忍受环境的pH值范围比较大，大约在5～9，但是其饵料以中性或微酸性为好。超过此范围，蚯蚓就会出现脱水、变干、萎缩、体色变黑紫，感觉迟钝，或者往外逃走。

d. 光照。蚯蚓对光的要求极其复杂，就其整体大环境而言，蚯蚓畏光避光，就其生理运动和生态要求而言又丝毫不可缺少光。光对于蚯蚓的生理运动，包括蛋白质的分解、维生素的合成等都十分重要。光对于蚯蚓生态环境中的多种平衡要素，如温度、通气、湿度等更显得不可缺少。光对蚯蚓生理运动过程中的需求量极弱，仅仅只需要散射光的反射即可满足能量的需求。在完全无光的条件下，蚯蚓会表现出各种相关的维生素缺乏症,从而严重地影响和破坏肌体内蛋白质的分解与再合成,以致殃及到蚯蚓的生命。但是蚯蚓又极其畏光,稍稍强烈的光,甚至是较强的散光也会给蚯蚓的生理活动带来不利,一旦光照过强或时间过长,蚯蚓表皮即干枯、脱水,表皮对光的敏感性也很快减弱或丧失,自调信号中断,继而被光杀死。所以,在利用蚯蚓处理沼渣时,对光的控制一定要严格。

模式配套用蚯蚓养殖床的修建应因地制宜,可选择在大棚内建造,也可选择建在棚外,可建在地面上,也可建成半地下式。

采用半地下式蚯蚓养殖床,修建时自地面下挖 0.5m 深,地面上修砌 0.2~0.3m,四周用砖砌(不用灰、泥灌缝),下面做成土底。上边盖细铁丝网、牛毛毡或黑色塑料薄膜,以起到防鼠、蟾蜍等天敌,以及遮光和防雨的作用。

采用地上式蚯蚓养殖床,修建时选择地势较高且向阳的地面作蚓床。蚓床下的泥土须拍实。床体用砖围砌,后墙高1.3m,前墙高0.3m。为防止积水渗进床内,床的四周需挖排水沟。为满足通风要求,床的两头留对称的风洞,后墙留排气孔。冬季床面要搭架覆盖薄膜防风,上面加盖草席保温。夏季拆除塑料薄膜,可在饵料上盖 10~15cm 的湿草,并搭简易凉棚遮阴防雨。

8.1.3.3 模式能流分析与计算

本节以中部地区"生态果园"系统为例,并以孟州市东小仇镇中部地区"生态果园"模式示范工程为研究对象分析这类模式的能量流动情况。首先将模式系统划分为生态型猪舍、沼气池、果园 3 个子系统。

(1)生态型猪舍子系统 模式采用的生态型猪舍为砖木结构,主要由太阳能温室、微型地炕、猪舍、蔬菜区等部分组成,猪舍总面积80m²,其中温室内的蔬菜面积为20m²。该猪舍的前拱架由竹木材料搭成,冬季用塑料薄膜覆盖,并依靠微型地炕辅助供暖;夏季用葡萄、丝瓜等绿藤类植物遮阴,降低猪舍的温度。而在猪舍的南墙外部(猪舍皆为东西方向坐落)栽培一些蔬菜,形成太阳能日光温室蔬菜区。由于沼气池、猪舍与日光温室联建,其二氧化碳浓度明显高于普通日光温室的二氧化碳浓度,对蔬菜的生长非常有利,试验结果表明蔬菜的产量和质量都有明显提高,黄瓜和番茄的增产率在 20%~30%之间,维生素 C 和可溶性糖的含量分别增加 10%以上,这是优于普通日光温室的一大特点。

在生态果园中的猪舍内部设微型地炕,冬季可烧枯落物(果树枝)向猪舍内供暖,每年出栏重 100kg 的猪 20 头左右,共需饲料5t,其中玉米 2.8t、麦麸 1.0t、专用饲料 1.0t、精饲料 0.2t,即料肉比为 2.5:1;按每头猪的年排粪便量 600kg计算,每个果园出栏 20 头猪的年排粪量约为 12000kg,粪便的干物质含量按 20%计算,则年排干粪量(总固体量 TS)为 2400kg。生态型猪舍内的 20m² 蔬菜面积,年产蔬菜 250kg 左右。生态型猪舍子系统的能量平衡模型如图 8-29 所示，其能量计算测定结果如表 8-8 所示。

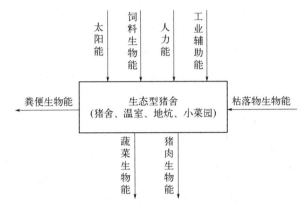

图 8-29　生态型猪舍子系统的能量平衡模型

表 8-8　生态型猪舍分系统的能量平衡结果

项目	每年数量	能量折算系数	能流量/（MJ/a）
太阳能输入	401760.00MJ	1.00MJ/MJ	401760.00
饲料能	5000.00kg	11.19MJ/kg	55950
人力能	578h	0.75MJ/h	433.5
工业辅助能	30.00kW·h	11.90MJ/（kW·h）	357.00
枯落物生物能	200.00kg	17.50MJ/kg	3500.00
干粪便生物能	2400.00kg	17.76MJ/kg	42624.00
蔬菜生物能	250.00kg	0.88MJ/kg	220.00
猪肉生物能	2000.00kg	16.87MJ/kg	33740.00

注：1. 劳动力工作时间的人力能折算系数平均按 0.75MJ/h 计算。

2. 工业辅助能主要指电力，其等价热值按 11.9MJ/kg 计算。

3. 各类生物质能折算系数即低位发热量，按国家标准 NY/T 12—1985 实验测定。

（2）沼气池子系统　本例所涉及的沼气池一般建在果园南端的太阳能温室内，池容为 10m³，粪便自动进入沼气池，经发酵产生沼气，供给系统内居民煮饭、照明和夜晚用来诱捕蛾等用，沼渣作肥料用。平均每年进入沼气池的干猪粪（TS）2400kg，年产沼渣肥（干重）1562kg，年产沼气 840m³，所产沼渣肥全部用于果园。沼气池子系统能量平衡模型如图 8-30

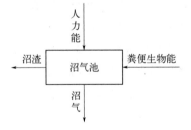

图 8-30　沼气池子系统能量平衡模型

所示，其能量计算测定结果如表 8-9 所示。

表 8-9　沼气池子系统的能量平衡结果

项目	每年数量	能量折算系数	能流量/（MJ/a）
干粪便生物能	2400.00kg	17.76MJ/kg	42624.00
人力能	365.00h	0.75MJ/h	273.75
沼气	840.00m^3	18.10MJ/m^3	15204.00
沼渣能	1652.00kg	15.82MJ/kg	26134.64

表 8-9 结果表明，该子系统的总能量输入为 42897.75MJ/a，其中输入的干粪便的生物质能占 99.36%。系统的总输出能为 41338.64MJ/a，所产沼气能量为 15204MJ/a，利用粪便生产沼气的能量转化率为 32.88%。而所产沼渣的生物能占总输出能的 63.22%，全部作为有机肥料代替化肥施用于果园，能生产出无公害苹果，并使苹果的含糖量增加，口感较好。

（3）果园子系统　本例中的苹果园面积约为 0.3hm^2（即 5 亩左右），成龄苹果树 100 棵左右，树龄均为 8 年，采用长方形栽植方式，株行距为 4m×6m，年产苹果 10000kg。试验结果表明孟州市全年的太阳总辐射能为 5022MJ/m^2，而该示范点的苹果树从 3 月份开始长出第一片芽，到 11 月份叶子落完，在这 9 个月的时间内接收到的总太阳辐射能为 4264MJ/m^2。同时，本文依据国家标准 NY/T 12—1985《生物质燃料发热量测试方法》规定的测试方法，测定出苹果树的空气干燥基低位发热量平均为 17.84MJ/kg，其各部分的空气干燥基低位发热量分别为树干 18.12MJ/kg、树枝 17.50MJ/kg、树叶 19.02MJ/kg、树根 15.88MJ/kg、苹果 18.98MJ/kg。可以明显看出，苹果树各部分的发热量因其土壤类型、生长季节、组成成分、日照强度、植物体内养分含量等的不同而有差别，其中苹果叶的发热量最高，果、枝、干次之，根最低。但苹果树的落叶均归还给土壤，落叶所贮存的能量在系统内继续传递和转化，是土壤中微生物等生命活动的主要能源。因此，作为枯落物之一的落叶中蓄积能量是维持生态系统物质循环和稳定性的重要环节。同时，苹果树生长是一个动态过程，该果园全年依靠光合作用净累积的生物质为 1000kg，其净固定能量达 17840MJ/a，果园有效面积按 2900m^2 计算，则果树接收到的总太阳辐射能为 12365600MJ，即知该果园的光能利用率为 0.14%。果园子系统能量平衡模型如图 8-31 所示，其能量计算及测定结果如表 8-10 所示。

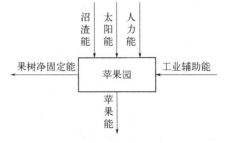

图 8-31　果园子系统能量平衡模型

表 8-10　果园子系统能量平衡结果

项目	每年数量	能量折算系数	能流量/（MJ/a）
太阳能输入	12365600MJ	1.00MJ/MJ	12365600
工业辅助能	200kW·h	11.90MJ/（kW·h）	2380.00
人力能	1095h	0.75MJ/h	821.25
沼渣能	1652kg	15.82MJ/kg	26134.64
苹果能	10000kg	18.98MJ/kg	189800
果树净固定能	1000kg	17.84MJ/kg	17840

（4）生态果园系统能量平衡　生态果园系统能量平衡依据能量转换与守恒定律，采用"黑箱"方法进行，其能量平衡模型如图 8-32 所示，能量平衡结果如表 8-11 所示。

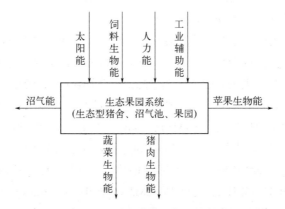

图 8-32　中部地区"生态果园"系统能量平衡模型

表 8-11　中部地区"生态果园"系统能量平衡结果

项目	每年数量	能量折算系数	能流量/（MJ/a）
太阳能输入	12767360MJ	1.00MJ/MJ	12767360
工业辅助能	230kW·h	11.90MJ/（kW·h）	2737
人力能	2038h	0.75MJ/h	1528.60
饲料能	5000.00kg	11.19MJ/kg	55950
蔬菜生物能	250.00kg	0.88MJ/kg	220.00
猪肉生物能	2000.00kg	16.87MJ/kg	33740.00
苹果能	10000kg	18.98MJ/kg	189800
沼气能	840.00m³	18.10MJ/m³	15204.00
果树净固定能	1000kg	17.84MJ/kg	17840

根据上述分析测定和计算结果绘制生态果园系统能流图，见图 8-33。

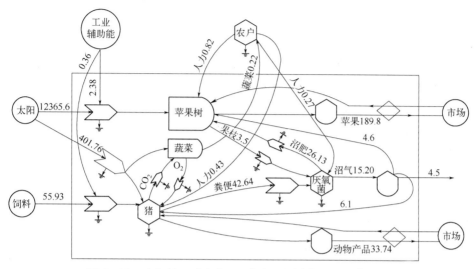

图 8-33　中部地区"生态果园"能流图（单位：10³MJ）

图 8-33 所示中部地区"生态果园"系统能量流动情况表明如下。

① 整个生态果园系统输入的工业辅助能主要是电能，总输入量为 2737MJ/a，占除太阳能之外的总输入能的 4.55%，主要用于生态型猪舍和果园。

② 在整个生态果园系统的运行过程中，人力是不可缺少的主要动力，输入该系统的人力能总量为 1528.60MJ/a，占除太阳能之外的总输入能的 2.54%。用于生态型猪舍、沼气池和果园等子系统的人力能分别为 433.6MJ/a、273.75MJ/a 和821.25MJ/a，即分别占总人力能 28.37%、17.91% 与 53.73%，表明人力能的 50%以上能量投入到了果园子系统。

③ 生态型猪舍子系统输出的生物能为 76584MJ/a，其中猪肉生物能33740.00MJ/a、蔬菜生物能 220.0MJ/a，总共占 44.34%，作为无公害农牧产品全部输出到系统外。而其余粪便生物能达 42624.00MJ/a，全部输入到沼气池子系统中进行沼气化无公害处理，并生产出 840m³ 沼气和 1652kg 的沼渣，沼渣作为替代化肥的有机肥全部用于果园子系统，提高土壤肥力和果品质量。

④ 生态果园系统的总输出能为 238964MJ/a，其中苹果能为 189800.00MJ/a，占总输出能的 79.43%，表明了苹果生产在生态果园系统的主体地位。同时，生态果园系统输出的猪肉生物能为 33740.00MJ/a，占总输出能的 14.12%，已成为生态果园系统输出的一个主要能流。

⑤ 生态果园系统输入的太阳能为 12767360MJ/a，而系统内果树的太阳能转化率仅为 0.14%，当地利用太阳能的潜力还较大。

⑥ 在生态果园系统的运行过程中，输入的饲料能 55931.5MJ/a，占除太阳能之外的总输入能的 92.91%，成为输入生态果园系统的一个主要能流。畜产品猪肉的能量输出为 33740.00MJ/a，且用饲料生产猪肉的能量转换效率高达 60.32%。

⑦ 生态果园中的果树经光合作用，将输入到果园分系统中的太阳能等各种能量转化成生物质能，其中大部分以果品的形式输出到系统外，部分以落叶、枯枝的形式返还给果园，其余的部分则变成果树自身累积的生物质能，果树年净累积生物质约为 1000kg，年净固定能量为 17840MJ/a。

8.1.4 以沼气为纽带的生态农场模式

8.1.4.1 发展背景

以沼气为纽带的生态农场是随着规模化养殖业的发展而发展起来的。20 世纪 90 年代以来，随着中国经济的迅猛发展和人民生活水平的提高，以及政府制定的"菜篮子"工程的顺利实施，中国的养殖业得到了快速发展，且发展呈现出向集约化、规模化和现代化方向发展的趋势，规模养殖占总量的比例上升，规模越来越大，分布趋于集中。据统计，我国规模化养殖场的养殖量约占全国养殖总量的 10%，规模化奶牛场的养殖量约占全国养殖总量的 43%，规模化养鸡场的养殖量约占全国养殖总量的 20%。而且这些规模化养殖场有近 80% 集中分布在人口稠密、环境保护压力大的经济发达地区，如北京、山东、江苏、浙江、上海、广东、辽宁等地区。

畜禽养殖场刚排出的禽畜粪便含有氨气、硫化氢等有害气体，在未能及时清除或清除后不能及时处理时其臭味将成倍增加，产生甲基硫醇、甲硫醚、二甲胺及多种低级脂肪酸等有恶臭的气体，不仅危及周围居民的健康，而且也会影响场内禽畜的生长。同时养殖业还排放有大量的温室效应气体 CH_4。作为温室效应气体的主要成分之一，其对全球气候变暖的贡献率大约为 15%，其中 70% 来自农田土壤活动、农作物秸秆燃烧及禽畜养殖业等 3 方面。

由于大量的畜禽粪便得不到及时有效的处理，所以很多粪便被堆放在养殖场附近的土地上，长时间堆放就会对土地造成污染。此外粪尿中大量氮、磷渗入地下，使地下水中硝态氮、硬度和细菌总数超标。

对规模化养殖场废弃物的处理，目前多采用以生物处理为主的方法，其中以沼气处理技术为核心处理养殖粪便污水的能源与环境工程，由于其所具有的处理过程符合生态学规律，运行成本相对较低，且能使废弃物实现资源化利用等特点日益受到了重视，成为很多规模化养殖场处理污染物的首选工艺。

8.1.4.2　养殖场粪便污水沼气生态化处理模式

在规模化养殖场粪便污水处理工艺的设计方面，应遵循因地制宜的原则，根据养殖场的规模、位置、所处的环境等情况进行具体设计。从综合利用和生态化处理的角度，目前常采取以下 3 种类型的工艺，见图 8-34～图 8-36。

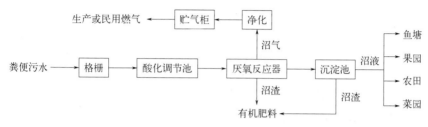

图 8-34　综合利用模式 A 工艺流程

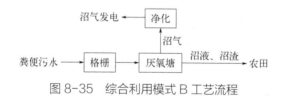

图 8-35　综合利用模式 B 工艺流程

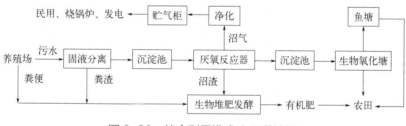

图 8-36　综合利用模式 C 工艺流程

上述 3 种模式适应情况和工艺特点不尽相同，下面分别就它们各自的适应条件和特点加以说明。

（1）模式 A 的适应条件及工艺特点

① 该模式适用条件　产生粪便污水量在 50t 以下的养殖场，如出栏 5000 头以下的养猪场；养殖场周围应有较大规模的鱼塘、农田、果园和蔬菜地可供沼液、沼渣的综合利用；沼气用户与养殖场距离较近；养殖场周围环境容量大，环境不太敏感和排水要求不高的地区。

② 模式工艺特点　畜禽粪便污水可全部进入处理系统，进水 COD 为 10000～20000mg/L；厌氧工艺可采用全混合厌氧池、厌氧接触反应器（ACR）、升流式厌

氧污泥床反应器（UASB）；有机负荷 $1\sim2.5$kg COD/（$m^3\cdot d$），HRT 为 $8\sim10$d，COD 去除率 $75\%\sim85\%$，池容产气率 $0.6\sim1.0m^3/$（$m^3\cdot d$），厌氧出水 COD 为 $1500\sim3000$mg/L；沼气利用方式为民用或小规模集中供气；对沼液、沼渣进行综合利用，建立以沼气为纽带的良性循环的生态系统，提高沼气工程的综合效益。

③ 工艺优点 工艺简单，管理、操作方便；沼气的可获得量高；工程投资少，运行费用低，投资回收期短。

④ 工艺缺点 工艺处理单元的效率不高；处理后的浓度仍很高，易污染周围环境；污染物就地消化综合利用，配套所占用的土地资源多。

（2）模式 B 的适应条件及工艺特点

① 该模式适用条件 大型农场，有充足的土地可消纳沼液和沼渣，沼气用于发电，养殖场周围环境容量大，对环境不太敏感和对排水要求不高的地区。

② 模式工艺特点 畜禽粪便污水可全部进入处理系统，进水 COD 为 $10000\sim20000$mg/L；厌氧反应器多采用塞流式反应器、厌氧塘；有机负荷一般在 1kg COD/（$m^3\cdot d$）以下，HRT 为 $20\sim50$ 天，SRT 为 $50\sim100$ 天，COD 去除率 85% 左右，沼气多用于发电；沼液、沼渣用于农场土地灌溉，提高沼气工程的综合效益。

③ 工艺优点 与模式 A 相同。

④ 工艺缺点 沼气产量受环境温度影响较大，影响发电系统的稳定运行；不适合完全采用水冲方式收集粪便的养殖场，尤其在采用塞流式反应器条件下；反应器达到稳定运行状态耗时较长，可长达 $1\sim2$ 年；厌氧塘防渗层出现问题时易对地下水造成污染。

（3）模式 C 的适应条件及工艺特点

① 该模式适应条件 日产生粪便污水量 $50\sim150$t 的养殖场,如年出栏 $5000\sim15000$ 头的养猪场；养殖场周围应配套有较大面积的稳定塘；养殖场周围应有一定的环境容量，对污染不太敏感，排水要求一般的地区。

② 模式工艺特点 养殖场必须实行清洁生产、干湿分离，畜禽粪便直接用于生产有机肥料，尿和冲洗污水进入处理系统，进水 COD 为 $7000\sim12000$mg/L；厌氧工艺可采用厌氧滤器（AF）、升流式厌氧污泥床反应器（UASB）。有机负荷 $2.4\sim4$kg COD/（$m^3\cdot d$），HRT 为 5 天，COD 去除率 $80\%\sim85\%$，池容产气率 $1.0\sim1.2m^3/$（$m^3\cdot d$），厌氧出水 COD 为 $700\sim1500$mg/L；污水后处理采用稳定塘或自然生态净化设施，HRT 为 $50\sim100$ 天，出水 COD 为 $150\sim500$mg/L；沼气可用于民用、烧锅炉或小型发电；有机肥的生产一般采用简单的生物堆肥工艺。

③ 工艺优点 工艺处理单元的效率较高，管理、操作方便；处理后排放的污

水浓度较低，能基本满足农田灌溉的要求，而且对周围环境的影响较小；工程投资较少，运行费用低，投资回收期较短。

④ 工艺缺点　需要配套较大面积的稳定塘对厌氧出水进行后处理，而且稳定塘的处理效果易受环境条件影响；由于粪便直接用来生产有机肥，所以沼气的获得量相对较低；处理后的污水仍需要一定的自然生态环境消纳。

8.1.5　以沼气为纽带的气肥联产应用模式

关于沼气、沼肥的应用理论、应用方法，很多科研部门、农业生产部门都做了大量的工作，也形成了诸多的具体应用方式，在归纳大量现有经验的基础上，项目构建了基于价值链的生态型猕猴桃产区气肥联产应用模式，完成气肥联产中的价值链，实现气肥联产系统和猕猴桃种植系统以及农业大生产系统、环境大系统的良性协调运行。

8.1.5.1　模式构建与特征分析

生态农业模式主要是指通过吸收和总结国内外农业生产的经验和教训，通过合理开发和综合利用农业资源，建立协调和谐的生态系统，以提高各种资源的利用率；通过合理运用自然界的转化循环原理，建立无废物、无污染的生产体系；通过采用先进技术与工艺，对农林牧渔产品进行加工与利用，实行种、养、加相结合，建立增产增值的生产流程；通过农业生态系统的结构设计和工艺设计，以最大限度地适应、巧用各种环境资源，增加生产力和改善环境。我国地域辽阔，各地区之间地形地貌、经济社会条件和农业资源差异很大，因此，因地制宜地选用适宜的生态农业模式就显得十分重要。

猕猴桃种植地集中在一定范围的区域，虽然有许多相同之处，但各地气候、土壤条件、生产生活方式、经济发展水平等诸多方面存在明显差异。各地发展生态农业的具体道路和模式也应该结合当地实际，因地制宜，充分发挥农民的首创精神，创造出有当地特色的生态农业模式。根据在研究与实践中摸索出的一些经验，总结几种可供借鉴和推广的生态农业模式，结合之前对生态农业、低碳农业的研究积累，项目提出了一种综合模式：基于价值链的生态型猕猴桃产区生物发酵气肥联产模式。项目提出的模式是以沼气为纽带，按照生态规律、经济规律，把养猪业、沼气、种植业有机地结合起来，人畜粪便经过沼气池发酵后，所产生的沼气、沼液、沼渣按物质和能量的生态循环链，为下一级生产、生活活动提供肥料、饲料、添加剂和能源等，从而形成复合型生态系统，更易保持平衡，而物质交换、能量流动均转到有利于人们生产生活的方面。

（1）模式构建原则

① 多样性原则　原料多样性是提高沼气工程产生沼气量的基础，是生态系统得以稳定的前提，有效地保证沼气原料的多样性并充分发挥废弃物资源的潜力，将有力地促进农村、农业的废弃资源的回收利用。

② 良性循环原则　要充分发挥沼气在农村中的重要作用，并在不破坏生态环境的前提下维持稳定生产力，发展靠减少外源投入来降低劳动成本，依靠体系内部良性循环，使物质循环和能量流动向有利于经济效益和生态效益的方向发展。

③ 统筹兼顾原则　保持水土，培肥地力，改良土壤结构，改善农村卫生环境，采取生物措施和工程措施相结合，标本兼治，构筑一个生态协调、资源有效利用、养分平衡、农村环境卫生洁净、能源节约的可持续农业生态结构模式。

④ 经济适用原则　考虑到农村的实际经济状况，应该寻找结构设计简单、功能相对齐全、系统性较强、易操作便推广、劳动力和生产资源投入相对较少、广大农村村民可以且容易接受的模式。

⑤ 因地制宜原则　在修建沼气池时要充分考虑地理环境与气候条件来选择适合的建池材料，以保证建好的沼气池能高效运行、产气多。

⑥ 安全原则　在修建沼气池时，要严格按照规定的操作方式方法与工艺流程进行；在验收沼气池时，要严格按照所规定的技术指标去衡量已修好的沼气池是否可以投入使用；在交付农户使用时，要对农户进行安全使用知识培训。这样才能保证以后农户能安全使用沼气池，以免给农户带来不必要的伤害。

（2）模式总体结构　在生态农业建设中，沼气是系统能量转换、物质循环和农业废弃物综合利用的中心环节，是联系初级生产者、初级消费者和分解者的纽带，它对于改善农业生态环境、建立农业循环体系和增加经济收入起着极其重要的作用。因此，在生态型猕猴桃产区建设中，也最注重沼气事业的发展，结合本地实际，设计、推广各具特色的以沼气为纽带的猕猴桃生态模式，促进农村经济的可持续发展。生态模式是沼气在生态农业中发挥其作用的载体。沼气在生态农业建设中并不是孤立存在的，它必须与养殖业和种植业进行有机结合，组合成生态模式，才能发挥其作用。

关于生态猕猴桃种植模式，在对现有模式研究的基础上，一种模式应该具有抽象的方法论，为能够从实际操作中提取出来的某个凝练的方式。基于模式的基础理论，结合管理学、系统工程学等提供的方法论，项目提出了一套具有范式的生态猕猴桃种植模式框架。该模式包括设计模式、应用模式、管理模式。而模式的体现过程中要包括现场调研、需求预测、方案设计、系统运行、价值评估等不断循环的多个环节，在这个不断循环提升的环节，实现价值链。因此提出如图 8-37所示的模式结构，总体概括为：基于价值链的生态型猕猴桃产区气肥联产应用模式。

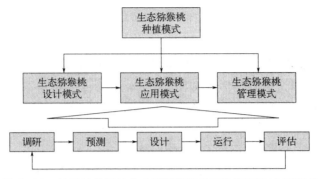

图 8-37　基于价值链的生态型猕猴桃产区气肥联产应用模式

（3）系统要素组成　依据系统论，任何一个系统是由诸多要素在系统环境里，通过一定的方式耦合而成的，以实现系统功能。基于本模式的猕猴桃生态产业作为一个系统，其要素包括设计模式、应用模式、管理模式等多个子系统。根据产业系统与生态系统的同构性原理，本系统也是人造生态系统。在该系统里，各子系统的相对关系是模拟自然生物界的生产者、消费者和还原者之间的关系而建立和运行的，在实现系统的功能时分别扮演着各自对应的角色。系统是一个综合了生产、运送、分解和循环等多项活动的集合体，在该系统通过有形的移动和无形的交流，创造新的价值。这个新价值不仅指单个部分的经济效益，而且还包括整个系统的经济效益、社会效益和生态效益，这几个方面的总和称为生态型猕猴桃产区气肥联产价值链，如图 8-38 所示。

	资源供给	生产经营及销售	消费	回收	
能流	电力供给	物料运输	水资源供给	通讯服务	经济效益 社会效益 环境效益
人流	猕猴桃合作社管理	人员培训		人员交流	
信息流	原料供求信息	猕猴桃、沼气、沼肥等产品需求信息	猕猴桃销售统计与反馈	沼气等副产品分类与分析等	
物流	秸秆、粪便等原料运输、仓储	猕猴桃等产品库存、订单处理	猕猴桃运输、包装等	沼气等副产品分类及回收	
价值链	原料核查、核算及替代品研究	猕猴桃等产品销售模式	猕猴桃营养及使用模式	废弃资源回收和再利用	

图 8-38　生态型猕猴桃产区气肥联产价值链

（4）模式特征　与传统沼气应用及猕猴桃种植模式相比，本模式具有如下特征：

第一，由价值链及模式总图可知该模式不存在废弃资源，在各个环节都没有资源浪费，对所有环节的资源都能够充分合理利用。

第二，该模式是一个往复循环的生态、节能、环保的农村户用沼气发展模式。

每一个单元不仅有自己的功能，还相互提供所需原料。如猪圈为沼气池或沼气罐提供发酵用的猪粪，而沼气池或沼气罐也为养猪业提供饲料——沼液；沼气池与沼气罐为农田提供有机肥料种植猕猴桃等农产品，农田为其提供秸秆作为发酵原料。

第三，方便经济。首先使农民生活变得方便，不用过烟熏火燎的日子，厨房、灶台灰尘少了，比以前更干净，家里的家用电器不会因为停电或是担心用电过多而成装饰品。也为农民带来了更生态、现代的生活方式，更省力，不用花大量的时间去做饭打柴；更省钱，农户因为用沼气、沼液、沼渣，减少了肥料支出，农药支出与电费等；省心，农户不再为停电担心无法打米磨面了；更重要的是，猕猴桃、沼气、沼肥还为农户创造了更高的收入。

第四，很好地实现了资源的多层次利用、废弃物资源化和再循环利用，提高了生物能转化率，把传统农业生产技术转变为农业生产、生态环境治理与保护以及农村经济发展融合在一起的一种新型生态农业体系。

第五，拓宽了产业链。本模式的猕猴桃生产模式除了改善产业结构之外，还拓宽了旅游业、食品加工业等，实现了农村经济可持续发展，这种生态环境的保护与利用相结合，适当注重社会效应和经济效应的做法，遵循了农业发展的规律，符合农民的利益，使农业走向一条健康的持续发展道路。

第六，具有科技特色的现代农业。本模式具有高科技特色，它是"三高"农业的具体体现，大片土地通过平整与规划，用先进农业技术进行开发，由掌握先进技术的人来管理，形成具有相当规模、各具特色的农业整体，成为具有较高的先进农业技术支持和科学管理手段的新型农业。这种农业不论在优质品种、栽培管理技术还是在农业生产工艺、景观外形外貌等方面都是棋高一筹，是一般大田农业区无法比拟的。

第七，低碳农业。以农业多功能为核心的低碳农业，符合经济规律，遵循生态平衡自然规律的要求，实现经济、社会和环境的和谐统一，可以实现经济规律和自然规律的统一，完善以农业为核心的产业链，实现以沼气为纽带的价值链。

8.1.5.2 模式的具体体现形式

在前期研究与实践的基础上，结合国内外关于沼气应用的多种模式，分别从不同的侧重角度，提出以下几种应用模式，也可综合为一种新型的"四位一体"沼气综合运用模式。主要发展的是"四位一体"生态农业模式"殖-沼-电-果（粮）"。这种模式按沼液与沼渣的用途不同，又可以拆分为"猪-沼-粮""猪-沼-菜""猪-沼-果""猪-沼-菇"等多种模式。"殖-沼-电-粮"模式是以种植业为重点、以沼气为纽带的生态农业模式。该模式延伸了农业产业链，形成了农村循环经济的新模式。图8-39为气肥联产运用模式示意图。

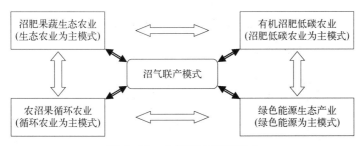

图 8-39　气肥联产运用模式

（1）殖-沼-果模式　它是以沼气为纽带，将传统农业精华部分与现代农业先进技术有机组合的一种先进农业生产适用技术体系。它以户为单元，以山地、大田、庭院、水面等为依托，以养殖业为动力，以沼气为纽带，按照生态循环规律，把养殖业、农村能源（沼气）、种植业有机地结合起来的"三结合"工程，并围绕农业各产业，广泛开展沼气、沼肥、沼液综合利用，按模式化、标准化运作的综合性农业生产方式。根据生态学原理，其本质是通过农业废弃物的沼气发酵，强化了在农业生态体系组合中的生产者（绿色植物）、消费者（动物）以及分解者（微生物）三者之中的微生物的还原功能，成为农业各产业之间，农业与生态环境的链条，在能量转换、物质循环、废物利用和土壤形成四个方面都具有新的和更积极的意义和作用。本模式人畜粪便经过沼气池发酵后，所产生的沼气、沼液、沼渣为下一级生产、生活活动提供肥料、饲料、添加剂和能源等，如图 8-40 所示。"殖-沼-果"能源生态模式适宜推广的地域是淮河流域、湖北、河南以及四川东部以南的属亚热带湿润季风气候或热带湿润季风气候的广大区域。

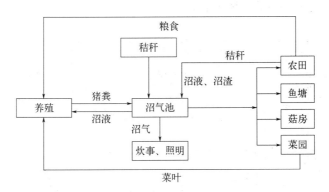

图 8-40　殖-沼-果模式

（2）殖-沼-电-果模式　殖-沼-电-果生态农业模式是指将养猪业的猪粪投入沼气池发酵产生沼气，秸秆经过处理后进入发酵罐产生沼气，沼气用于炊事、照明与发电，沼液用于养猪，沼渣用于肥田的生态循环模式。该模式以猪圈、沼气池、秸秆发酵罐、沼气发电机以及农田为主体。其框架结构如图8-41。

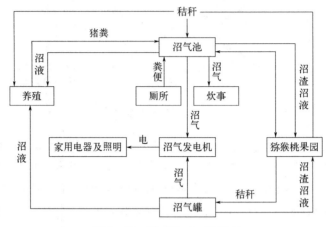

图 8-41　殖-沼-电-果模式

（3）多品种综合生态模式　将沼气池、猪舍、猕猴桃三者互相利用、相互依存。温室为沼气池、畜禽、果树创造良好的温湿条件，猪也能为温室提高温度。猪的呼吸和沼气燃烧为蔬菜提供二氧化碳气肥，可使蔬菜类增产20%，叶菜类增产30%，蔬菜生产又为猪提供氧气。同时，猪粪尿入沼气池产生沼肥，为蔬菜提供高效有机无害肥。在一块土地上实现产气积肥同步、种植养殖并举，建立起生物种群较多、食物链结构较长、能源物流循环较快的生态系统，基本上达到了农业生产过程清洁化、农产品无害化。以沼气池为中心的生态农业户建设后，其养分循环也将发生相应变化（图8-42）。

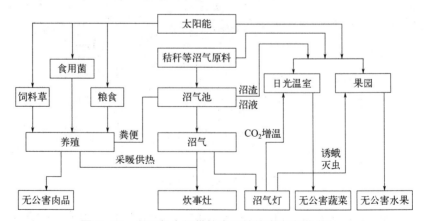

图 8-42　以沼气为纽带的多品种综合生态模式之一

系统在增加沼气池和食用菌两个环节后，养分循环发生了很大的变化，养分在系统内循环的次数增加，促进了系统内生物小循环，由于作物秸秆通过沼气池和食用菌两个环节的转化和再利用，同时调整作物种植结构，提高土地植被指数，从而减少了养分地表径流和渗透流失。产品的养分输出量增大。具体表现生态系统投入和产出的物质少，是一个封闭性较强的系统，内部子系统间的养分交换主要局限于农田和家禽家畜，系统层次少，结构简单，养分在系统内的再循环有限，表现为传统的自给自足式经营方式。系统非生活性养分输出过高，大部分养分通过地表径流损失掉了。人工输入的养分不能抵消输出的养分，系统养分得不到积累，难免出现系统退化的总趋势。增加腐生食物链后，农田中有机肥料的输入量大幅度增加，化肥的施用量减少。系统的封闭性状况得到改善，系统非生活性养分输出降低，养分通过地表径流而损失的数量减少。人工输入的养分抵消输出的养分，系统养分得到积累，土壤肥力不断提高，系统退化的趋势得到有效控制。

　　生态农业生产模式在丘陵区的有坑田种稻与饲养猪、鸡、鸭，筑堤养鱼，高坡种果相结合，集水土保持与林、果、养殖于一体，构成一个良性循环的人工生态经济系统（图 8-43）。如梅州市五华县益塘水库综合开发和利用试验示范基地。

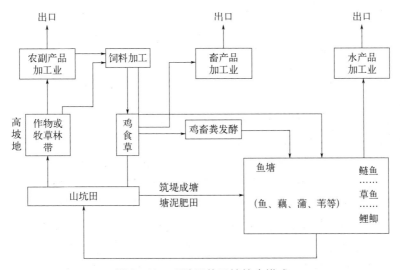

图 8-43　丘陵区牧果粮综合模式

　　（4）绿色能源为主模式　绿色能源生态产业模式是根据中部地理、气候、生产条件和特点，将住宅、日光温室、鱼塘、沼气池、猕猴桃种植田、农副产品初加工车间六部分有机地结合于一体的新型高效农业种养绿色生态模式。这种种养生态模式，以秸秆能源化利用为核心，以绿色无污染农副产品的产出为目的，从而增加农民收益，拓展农村特色产品开发利用，延伸农产品产业链条，提高农民生活用能质量，如图 8-44 所示。绿色生态产业模式的效益更为突出，既解决了农村日常所需能源，大量秸秆、粪肥、污泥的资源化处理又有效改善了农村的环境卫生状况，提高了农民的生活质量和健康水平，同时又可以推动农村种植业和养殖业的发展，促进农业增效和农民增收，加快了节能实用技术在农村的推广，为全面推进农村小康建设发挥作用。同时，它也有效地提高了土地利用率、土地生产率、农村能源利用率、劳动生产率和种养业的经济效益，是维护农业生态环境、保持农业持续稳定发展、发展生态农业、生产无公害农畜产品和绿色食品、创建农村绿色生态家园的新型高效农业生产模式。

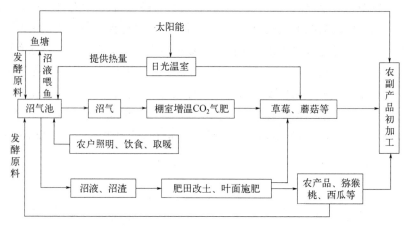

图 8-44　西峡县"六位一体"绿色能源生态循环模式

这种绿色能源生态的产业模式实现了秸秆处理资源化、沼气发展集约化、"三沼"利用产业化、农业生产无害化。以土地资源为基础，以太阳能为动力，以沼气池为纽带，通过生物转换技术，将种植业、养殖业、日光温室、农户、农副产品初加工有机结合为一体，组成了绿色能源生态循环综合利用体系。

从循环模式中可以看出日光温室不仅可以为草莓、蘑菇提供适宜的生长环境，同时还为沼气池的厌氧发酵提供了热量。沼气池不仅对秸秆、鱼塘污泥、生活废水进行了无害化的处理，而且激活了作物所需要的大量的活性酶，产出的沼气可用作农村生活能源和草莓、蘑菇等光合作用的二氧化碳的补充来源，同时沼气发酵的沼液和沼渣还可以通过肥田改土、叶面施肥的方式为草莓、蘑菇、猕猴桃、西瓜等作物生长发育提供优质的有机肥，同时也为鱼塘提供了饲料，沼渣沼液的应用较大幅度地减少了化肥、农药等化工物品的投入和使用，最大程度地确保了食品生产的安全性，多余的沼渣还可以做成复合肥销往市场。

农作物和经济作物的光合作用对农村的空气状况进行了改善、提高了居住的适宜度，并且为沼气池的厌氧发酵提供了原料，同时鱼塘的使用也为沼气的厌氧发酵提供了原料。这些农作物以及鱼，一部分用来满足当地人民的日常生活，剩余部分在后续的初加工中被制成成品或半成品，如猕猴桃干、果汁、罐头、鱼干等。这些副产品销往市场，增加了农民的收入，改善了农民的生活状况，提高了农民的生活品质。

生态住宅作为新农村房屋建设的目标和追求，以可持续发展的思想为指导，意在寻求自然、建筑和人三者之间的和谐统一。首先，在方便农民生产和生活的基础上，要满足农民居住的舒适性、安全性、私密性，以及满足邻里交往、人与自然交往等要求。其次，利用草砖、双层真空玻璃等无毒、无害、隔声降噪、无污染环境的绿色建筑材料，实现住宅环保和外墙保温。再者，住宅在建设过程中，因地制宜地、合理地运用太阳能、风能、地热能、生物质能等可再生的自然资源，实现农村住宅的节能目标。例如一座农村住宅使用被动式太阳能供暖，每年可节能约 0.8t 标准煤，相应减排二氧化碳 2.1t。如果我国农村每年有 10%的新建房屋使用被动式太阳能供暖，全国可节能约 120 万 t 标准煤，减排二氧化碳 308.4 万 t。中国 80%人口生活在农村，秸秆和薪柴等生物质能是农村的主要生活燃料。1998年农村生活用能总量 3.65 亿 t 标煤，其中秸秆和薪柴为 2.07 亿 t 标煤，占 56.7%。因此发展生物质能技术，为农村地区提供生活和生产用能，如沼气供暖、沼气发电，都能有效地实现住宅节能。进行"三改一建"以沼气建设为龙头，实施改水（自来水）、改厕（冲刷式）、改薪（以电代柴，以气代柴）配套工程；在住宅建造过程中要充分考虑建筑节能，充分利用当地方便实用的建筑材料，尤其是一些轻型、节能的新型建筑材料进行住宅建设。新型立体农业循环经济模式由多种生产加工循环链组成，链间相互衔接，各个环节相辅相成、互为依托，形成了一个复杂而较为完善的循环系统。该种模式下的农村经济呈多元化发展，充满活力，为构建和谐社会主义新农村奠定了基础。

（5）循环农业为主模式　传统生产和消费活动中残余物几乎全部进入公共领域，重新返回大气圈和生物圈，会造成严重的环境污染，农业生产的增长也是以资源的浪费和环境的污染为代价的。为了解决传统生产方式带来的诸多问题，在当前社会主义新农村建设中，一种新的发展模式——循环农业正越来越受到人们的重视。循环农业模式形成生产因素互为条件、互为利用和循环永续的机制和封闭或半封闭生物链循环系统，整个生产过程做到了废弃物的减量化排放，甚至是零排放和资源再利用，大幅降低农药、兽药、化肥及煤炭等不可再生能源的使用量，从而形成清洁生产、低投入、低消耗、低排放和高效率的生产格局。

发展沼气是循环农业经济的一个重要途径。农作物秸秆和人畜粪便进池发酵生产沼气，减少了秸秆焚烧对大气的污染和粪便对环境的污染；沼气作为一种清洁能源为农户提供日常用能，节约了电能和用煤费用；沼液又可作为猪、鸡的优质饲料，沼渣则是果菜种植的上等有机肥料，使资源利用达到最大化。由此完成一个循环周期，并开始另一个新的循环过程。资源如此循环利用，无浪费、少污染、低成本、效益高。此循环以沼气为中心，故可称为"沼气循环经济"。

（6）立体农业循环经济模式　立体农业循环经济模式根据循环经济原理，构建一个复合生态链，以人畜粪便、生活垃圾废物以及秸秆为原料，以沼气站为核心，秸秆加工、猕猴桃等的生产加工、养殖、房屋建设环绕周围，基本涵盖了农村的农业生产活动，它使废弃物得到循环利用，实现中小企业带动农村经济发展的目标。模式如图 8-45 所示。

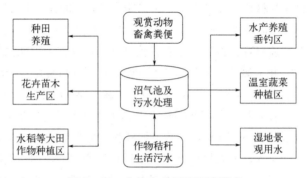

图 8-45　立体农业循环经济模式

生态农业模式建设，不但不会产生环境污染源，而且还可以减少水土流失、培肥土壤、提高土地的利用价值，保护自然生态环境，形成蔬菜-养殖-沼-果的生态模式。不仅可产生大量优质有机肥生物肥供菜田施用，提高土壤有机质含量，而且可产生沼气，为示范园提供燃料源，有利于环境保护。在实施前进一步计算对各子项目的生态效益的具体数据，达到定量分析、科学评价实施生态农业生产效益的目的，对农业经济可持续发展、充分利用资源，都有较大的促进作用。以沼气池为中心的生态农业户建设后，其养分循环也将发生相应变化。

以沼气为中间环节，连接鸡、猪、鱼和农作物，使之形成封闭生物链循环系统。具体内容：饲料→养鸡（喂猪）→鸡粪（猪粪尿）进沼气池，沼气作为生活用能，沼液、沼渣喂鱼→鱼塘泥和部分沼渣肥田。这种模式具有多业并举和互补的特点。

8.2　以沼气为纽带的循环农业模式

8.2.1　循环农业模式基本原理

循环农业模式是指现代环保技术之下将农业生产资源进行多次反复利用，以求节能减排，实现农业健康可持续发展的目的。此模式实施的重点是依据物质循环再生原理及物资多层次利用的特点，对农业废弃物予以针对性的、有效性的处理，进而提高资源利用率和经济效益。

在循环农业的发展过程中，主要有以下三大经典运行模式。

（1）减量化模式　按田间每一操作单元的具体条件，精准地管理土壤和各项作物，最大限度地优化使用农业投入（如化肥、农药、水、种子等）以获取最高产量和经济效益，减少使用化学物质，保护农业生态环境。追求以最少的投入获得优质的高产出和高效益，是"减量化"模式的循环农业，也称为"精准农业"。

（2）生态产业园模式　循环农业的尺度有部门、区域、社会 3 个层次：部门层次主要指以一个企业或一个农户为循环单元；社会层次意味着"循环型农村"；区域尺度是按照生态学的原理，通过企业间的物质、能量、信息集成，形成以龙头企业为带动，园内包含若干个中小企业和农户的生态产业园。

（3）废弃物再利用模式　通过农业废弃物多级循环利用，将上一产业的废弃物或副产品作为下一产业的原材料。如沼气、畜粪等的利用。

8.2.2　以沼气为纽带的三化协同循环农业模式

农业废弃物主要包括植物类废弃物、动物类废弃物、加工类废弃物和农村城镇生活垃圾等 4 大类，通常农业废弃物主要指农作物秸秆和畜禽粪便。从循环农业的角度看，农业废弃物是某种物质和能量的载体，是错位的农业资源。农业废弃物转化成燃料、饲料、肥料、基料等，可有效缓解农村能源短缺，减少环境污染，拓展农业的外部功能，提高农业综合效益。

农业废弃物中作为燃料化部分的类型主要是秸秆类物质，秸秆燃料化利用包括直接燃用和新型能源化利用。秸秆作为一种重要的生物质能，含有 40%的碳量，其能源密度为 14.0～17.6MJ/kg，也就是说，2t 秸秆热能值可代替 1t 标准煤，推广秸秆能源化利用可有效减少一次能源消耗，为农村提供高品位的清洁能源。其中新型能源转化利用技术中沼气发酵技术是目前比较成熟的利用方式，农业废弃物经过微生物的分解和厌氧发酵产生的沼气是一种清洁能源，其主要成分甲烷是一种理想的气体燃料，它无色无味，纯甲烷的发热量为 34000kJ/m³，沼气的发热量约为 20800～23600kJ/m³，作为一种可再生能源，沼气在农村可作为炊事用能，也可用于发电、烧锅炉等。发酵结束后产生的沼液、沼渣，富含作物生长所必需的氮磷钾等营养元素，且病菌、虫卵大部分被杀死，是优质的有机肥料，可用作基肥、追肥、叶面肥和浸种，可以起到改良土壤，节省化肥，提高作物产量、品质和抗病能力的作用。

农业废弃物通过沼气发酵技术实现其燃料化、肥料化和基料化的协同应用，沼气作为能源、沼液作为肥料和基料，提高了资源的再利用率，减少了农业生产的投入，为农业产业结构调整、农民增收、农业生产节本增效提供了有效的途径。

以沼气为纽带的三化协同循环农业模式的主要模式：

（1）家庭养殖-户用沼气-家庭种植模式　该模式又称为家庭模式，以家庭养殖户为单元，通过建设户用沼气池，农户家庭所产农业废弃物投入到沼气厌氧发酵池厌氧发酵，所产的沼气用作农户的生活用能，沼液、沼渣作为有机肥施入田地，同时沼渣也可以用作香菇等菌类种植的基料，农田所产生的秸秆和基料渣可以再次进入此系统中循环利用，形成循环农业的微循环利用模式。

（2）小型养殖场-沼气工程-种植业模式　该模式适合小规模的养殖场，配套建设小型沼气工程，养殖场所产粪污投入沼气发酵池厌氧发酵，所产沼气用于养殖场生产、生活用能或为附近农户提供清洁能源，生产的沼渣用于养殖场自有农田或为周边种植户提供基肥或基料，生产的沼液用于农田灌溉。

（3）农作物秸秆-沼气工程-种植业模式　该模式通常以周边秸秆资源丰富的村委会或农业企业为单元，通过秸秆预处理站对秸秆进行预处理，处理后的秸秆投入沼气池厌氧发酵，所产沼气用于农村集中供气，沼液、沼渣作为有机肥或基料为农产品生长提供养料，所产生的秸秆等废弃物再次进入此循环系统中，实现营养成分不断在作物与土壤间循环流动。

（4）大型养殖场-沼气工程-有机肥-种植业模式　该模式适合规模化的养殖场，通过建设大型沼气工程，配套有机肥、污水处理设施。养殖场采取干清粪工艺，干粪用于商品化有机肥和菌料棒的加工，冲洗水进入沼气池进行厌氧发酵处理，工程所产沼气用于场圈舍取暖、发电或周边农户供气，生产的沼渣用于商品化有机肥和菌料棒的加工，沼液可给周边养殖场的规模化种植企业使用。

8.2.3　以沼气为纽带的冷热电联供农场模式

冷热电联供系统，即 CCHP（combined cooling, heating and power system），是分布式能源的一种，是建立在能源梯级利用的基础上，集采暖、制冷和发电一体化的能源高效利用系统，具有节约能源、改善环境、增加电力供应等综合效益，是城市治理大气污染和提高能源综合利用率的必要手段之一，符合国家可持续发展战略。沼气的组分，主要以甲烷为主。沼气工程获得的沼气，具有价格低廉、来源广、清洁、安全、扩散分布、用途单一等特点，非常适合冷热电联供系统的运行。而沼气发电也一直是沼气高效、高价值利用的热点。利用沼气这种清洁能源与冷热电联供系统这种高效的能源利用系统联合生产，不仅提高了沼气利用的价值，促进了社会稳定可持续的发展，保护了生态环境，而且还降低了我国对化石能源的依赖等。

2004 年 9 月，国家发改委颁布《国家发展改革委关于分布式能源系统有关问题的报告》，支持小型分布能源系统发展，促进我国分布式能源系统的发展。2006 年国家发展和改革委员会同财政部、建设部等有关部门编制了《"十一五"十大重点节能工程实施意见》，明确提出"建设分布式热电联产和热电冷联供；研究并完善有关天然气分布式热电联产的标准和政策"。

从技术上来说，沼气工程开展冷热电三联供能系统是可行的，并且和煤、石油和天然气相比，净化后的沼气用于冷热电联供系统，还具有排放量更低、成本更低等优势。此外，对沼气工程推广冷热电联供系统，还能促进国家能源结构的合理化调整，具有可以根据沼气工程的需求以及不同地域环境进行调节等优势。

冷热电联供系统，在实际工程中将能源系统分散布置，优先满足当地用户的需求，不会因为电厂事故等出现大面积的停电现象。因此，在现有的电力系统基础上，基于节能环保、资源合理利用、能源安全、能源利用效率和用电调峰等角度考虑，依靠大中型沼气工程，大力发展分布式冷热电联供系统，有利于一定区域的能源结构和安全。

沼气发酵原料来源很多，农场中的畜禽粪便、农业废弃物、餐厨垃圾等都可以作为厌氧发酵产沼气的原料，经过净化、提纯后可以像天然气一样用于冷热电联供系统。在农场中建立沼气冷热电联供系统对于农场来说具有深远的生态效益和社会效益。在沼气冷热电联供系统运行过程中，净化高纯度的沼气带动燃气轮机、微燃机或内燃机发电机等燃气发电设备运行，产生的电力供应农场的电力需求，系统发电后排出的余热通过余热回收利用设备（余热锅炉或者余热直燃机等）向农户供热、供冷。通过这种方式大大提高整个系统的一次能源利用率，实现了能源的梯级利用。还可以提供并网电力作能源互补，整个系统的经济收益及效率均相应增加。

冷热电联供系统的组成形式有很多种，其最大的优势在于，可以根据实际情况的不同进行优化设计。图 8-46 为农场沼气冷热电联供系统的组成示意图。由图 8-46 可以看出，冷热电联供系统主要由发电、供热、制冷和控制系统四部分组成。系统的发电系统主要用于发电，供热系统主要用于输出热能，制冷系统主要输出冷能，控制系统主要是保证冷热电联供系统运行和对系统进行优化。工作的基本原理为：燃料在发电机中燃烧发电，然后高温的烟气进入余热回收系统；余热回收系统通过对热能的梯级使用，实现供热和制冷的功能。若余热量不够，不能满足供热负荷和制冷负荷，则可以通过部分燃气直接引入供热子系统或者制冷子系统来完成。

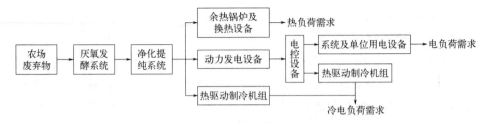

图 8-46　农场沼气冷热电联供系统的组成示意图

　　冷热电联供系统的动力设备，主要用于发电，而产生的余热主要用于吸收式制冷系统生产冷负荷和热负荷的供应。而冷热电联供系统的制冷机组主要有，吸收式的制冷机组和吸附式的制冷机组两种形式，再辅佐以电驱动的制冷机组以满足系统对冷量的需求。对热负荷的供应，冷热电联供系统主要是通过动力设备的余热经过换热设备和部分燃料在余热锅炉中直接燃烧获得。此外，在冷热电联供系统中的电控设备也是极为重要的，必须根据环境的变化来调节制冷量、供热负荷和电负荷。因此，系统的效率和经济效益、运行状态都需要电控设备来进行调节。

参考文献

[1] 王兆骞. 中国生态农业与农业可持续发展. 北京：北京出版社，2001.

[2] 张壬午，卢兵友，张振钧. 农业生态工程技术. 郑州：河南科学技术出版社，2000.

[3] George T. Wastewater engineering: treatment and reuse. 北京：清华大学出版社，2003.

[4] 方正明. 刘金铜生态工程. 北京：气象出版社，2002.

[5] 王凯军. UASB 工艺的理论与工程实践. 北京：中国环境科学出版社，2000.

[6] 蓝盛芳. 生态经济系统能值分析. 北京：化学工业出版社，2002.

[7] 周孟津. 沼气实用技术. 北京：化学工业出版社，2004.

[8] 骆世明. 农业生态学. 北京：中国农业出版社，2001.

[9] 苑瑞华. 沼气生态农业技术. 北京：中国农业出版社，2002.

[10] 李长生. 农家沼气实用技术. 北京：金盾出版社，2004.

[11] 杨世关，张全国，李刚，等. 生态果园模式中"猪-沼-炕"单元研究与设计. 中国沼气，2004, 22(3): 31-34.

[12] 张全国，杨世关，徐广印，等. 中部地区生态果园的沼气系统. 太阳能学报，2003, 24(1): 85-89.

[13] 张全国，沈胜强，原玉丰，等. 中部地区生态果园能量系统的数学模拟. 高等学校工程热物理学报，2005, 4(4): 360-366.

[14] 马世俊，李松华. 中国的农业生态工程. 北京：科学出版社，1987.

[15] 陈阜. 农业生态学. 北京：中国农业大学出版社，2003.

[16] 邱凌，杨改河，杨世琦. 黄土高原生态果园工程模式设计研究. 西北农林科技大学学报，2001, 29(5): 65-69.

[17] 张培栋. "四位一体"生态农业模式能流研究. 兰州：甘肃农业大学，2002.

[18] 农业部科技教育司、辽宁省农村能源办公室. 北方农村能源生态模式. 北京：中国农业出版社，1995.

[19] 张福曼. 设施园艺学. 北京：中国农业大学出版社，2001.

[20] 杨世关. 内循环（IC）厌氧反应器实验研究. 郑州：河南农业大学，2002.

[21] 张杰. IC 反应器处理猪粪废水条件下厌氧污泥颗粒化研究. 郑州：河南农业大学，2004.

[22] 陈贵林. 蔬菜温室建造与管理手册. 北京：中国农业出版社，2000.

[23] 武宇鹏，李支莲. 蚜虫防治技术与研究应用新发展Ⅲ. 山西农业科学，2003, 31(2): 18-20.

[24] 张全国，李鹏鹏，倪慎军，等. 沼液复合型杀虫剂研究. 农业工程学报，2006, 22(6): 157-160.

[25] 李改莲. 畜禽粪便厌氧发酵液产品的开发及其防虫特性试验研究. 郑州：河南农业大学，2004.

[26] 吴乃薇，边文冀，姚宏禄. 主养青鱼池塘生态系统能量转化率的研究. 应用生态学报，1992, 3(4): 333-338.

[27] 吕志跃，杨海明，颜亨梅，等. 早稻不同生育期水稻-白背飞虱-拟水狼蛛食物链的能流动态研究. 湖南师范大学自然科学学报，2002, 25(2): 70-75.

[28] 陈一帆. 沼气工程的冷热电三联供系统的研究和分析. 南宁：广西大学，2017.